区域经济与区域地理丛书

黄河明清故道考察研究

（第二版）

执行主编：刘会远

副 主 编：陈庆秋　张汝翼

河海大学出版社
HOHAI UNIVERSITY PRESS
·南京·

图书在版编目（CIP）数据

黄河明清故道考察研究 / 刘会远执行主编. -- 2版
. -- 南京 : 河海大学出版社，2022.2
ISBN 978-7-5630-6669-8

Ⅰ. ①黄… Ⅱ. ①刘… Ⅲ. ①黄河－水利史－研究－明清时代 Ⅳ. ①TV882.1

中国版本图书馆 CIP 数据核字（2020）第 265202 号

书　　名　黄河明清故道考察研究(第2版)
书　　号　ISBN 978-7-5630-6669-8
责任编辑　龚　俊
特约编辑　韩雨橙　梁顺弟
特约校对　吴　淼　丁寿萍
封面设计　徐娟娟
出版发行　河海大学出版社
地　　址　南京市西康路1号(邮编:210098)
电　　话　(025)83737852(总编室)　(025)83722833(营销部)
经　　销　江苏省新华发行集团有限公司
排　　版　南京布克文化发展有限公司
印　　刷　南京迅驰彩色印刷有限公司
开　　本　718毫米×1000毫米　1/16
印　　张　28.5
插　　页　10
字　　数　383千字
版　　次　2022年2月第2版
印　　次　2022年2月第1次印刷
定　　价　139.80元

納百川

谷牧

丁丑秋

区域经济与区域地理
丛书编委会

图 1

考察队出发前，黄委会副主任庄景林前往黄河博物馆送行并与队员合影

图 2

沿现黄河大堤东行，经柳园口途中，淤沙埋没的旧民居

刘会远　摄

图 3

为商丘地区黄河故道内梯级水库供水的兰考县三义寨引黄闸

刘会远　摄

图 4

故道内大堤之土被挖掘制砖情景

刘会远　摄

图 5

商丘市虞城县境内的利民镇，故道黄河大堤的土质肌理截面

黄海碧　摄

图 6

商丘水利局副局长李化德向考察队员介绍利用黄河故道修建水库情况

黄海碧　摄

图 7

利用黄河故道河槽修建的商丘地区八级水库之一的民权县任庄水库

黄海碧　摄

图 8

故道滩区内绿茵茵的麦田和葱郁的林带

刘会远　摄

图 9

在安徽砀山县岳庄水库旁，县水利局局长向考察队员介绍依托黄河故道修建的该水库因无客水补给而处于荒废的情景

黄海碧　摄

图 10

穿流于徐州市区的故黄河，不仅发挥着防洪疏浚的重要功能，而且也美化了都市景观

刘会远　摄

图 11

建于铜山县张集乡城头村南黄河故道中泓上的橡胶坝

王恺忱　摄

图 12

泗阳县境内的黄河故道中泓及傍河开发的鱼塘

黄海碧　摄

图 13

故黄河主槽傍泗阳县城而过，其水从大运河引来

黄海碧　摄

图 14

考察途中，刘会远队长与有关水利部门座谈交流。左一为黄河河口专家王恺忱，右一为全国人大代表、黄河泥沙专家潘贤娣

黄海碧　摄

图 15

洪泽湖的主要出口——淮阴市（今淮安市）三河闸远眺

刘会远　摄

图 16

涟水县境内的故道河槽——堤窄河湾

王恺忱　摄

图 17

考察队员在故道沿途测量临背差

黄海碧　摄

图 18

响水县境的黄河故道仍发挥着水运的作用

王恺忱　摄

图 19

在江苏滨海县黄河故道入海处，县水利局总工程师向考察队员介绍附近海岸的侵蚀情况及整治工程

黄海碧　摄

图 20

考察队登上黄河故道入海口——淤黄河闸时的情景

黄海碧　摄

以上为第一版图片

以下为第二版新增图片

图 21

图 22

冒雨考察新三义寨引水工程东分干渠沉沙条渠（沉沙池），长度 7 km，底宽 100 m。渠道比降 1/15 000，设计流量 56 m^3/s。东分干渠专为商丘供水，建在兰考境内，由商丘负责清淤

刘会远　摄于 2021 年 10 月 9 日

图 23

2021 年 10 月 9 号，吴屯水库，自右向左：商丘市水利局建管科科长高岩、商丘市水利局总工王卫宁、二次考察队成员刘龙海、商丘市引黄办主任徐效超 、二次考察队成员刘会远、商丘市水利学会会长李化德、二次考察队成员唐麦臣、韩雨橙

图 24

2021 年 10 月 11 日，淮阴水利枢纽。右一淮安水利局卫爱玲、右二刘会远、右三江苏省杨庄闸管理所所长狄大鹏、右四淮安水利局石文静

韩雨橙　摄于 2021 年 10 月 11 日

图 25

从新建的杨庄闸上，看建于 1936 年的老杨庄闸（杨庄活动坝）工程

刘会远　摄于 2021 年 10 月 11 日

图 26

2015—2016 年新建的黄河明清故道口门控制工程——杨庄闸

刘会远　摄于 2021 年 10 月 11 日

图 27

建在黄河明清故道上的古黄河水利枢纽控制工程（后又改名为古淮河水利枢纽工程）

刘会远　摄于 2021 年 10 月 11 日

图 28

古黄（淮）河水利枢纽河床式水电站出水口

虽然古黄河水利枢纽控制工程主建筑上方的招牌将古黄河三字改为古淮河，但院内办公地点名称没有变，仍然是古黄河……

刘会远　摄于 2021 年 10 月 11 日

图 29

第二版出版说明

1996 年，由正大集团赞助，水利部黄河水利委员会、华北水利水电学院（现华北水利水电大学）、深圳大学专家组成的考察队全程考察了黄河明清故道。

1998 年 9 月，由深圳大学文化科技公司赞助，河海大学出版社正式出版了《黄河明清故道考察研究》。

《黄河明清故道考察研究》是河海大学出版社出版的《区域经济与区域地理丛书》中的一本，该丛书由当时的深圳大学副校长郑天伦任主编，著名地理学家任美锷、梁溥为顾问，由一批经济学、地理学等方面的专家组成编委，先后出版了《黄河明清故道考察研究》(1998)、《澳门与中国的对外开放》(2000)、《珠江三角洲港口群》(2000)、《中国水价水权及水市场》(2002)。正如丛书总序所指出的："'30 年代和 40 年代，我国人文地理研究出现了相当繁荣的局面。不幸的是，50 年代在苏联地理界的影响之下，人文地理学受到了政治批判……'① 但即便是在这种情况下，人文地理学的重要分支经济地理学依然得到了长足发展……"总序还引用李旭旦教授 1979 年在广州举行的中国地理学会第四届代表大会上的话："目前在中国复兴区域地理的同时，更应复兴全面的人文地理学。"在当时，区域经济是一门新兴的多学科交叉的迅速发展的学科，我社出版的《区域经济与区域地理丛书》应运而生，为人文地理学的复兴和区域经济学的发展做出了努力。

---

① 吴传钧《人文地理学》丛书序言，江苏教育出版社，1996。

光阴荏苒，转瞬已是二十余年。

2019年9月18日，习近平总书记在“黄河流域生态保护和高质量发展座谈会”上发表了重要讲话，有力推动了人民治黄事业。2020年，为纪念该讲话发表一周年，沿黄各省、区、市形成了“黄河大合唱”。此时，《黄河明清故道考察研究》一书，更加显示了它的独特价值。

山东省菏泽市于2020年7月31日成立了“黄河研究院”，把黄河明清故道的开发利用，也纳入整体的“大黄河”研究中①。2020年8月，由河南省省长主抓，投资20亿元，聘请26位院士成立“河南黄河实验室”，将来还要联合黄河流域其他省区形成国家级“黄河实验室”。

习近平总书记指出：“黄河流域生态保护和高质量发展，同京津冀协同发展、长江经济带发展、粤港澳大湾区建设、长三角一体化发展一样，是重大国家战略。国家发改委要会同有关方面组织编制规划纲要，按程序报党中央批准后实施。党中央成立领导小组，统筹指导、协调推进相关重点工作。”

从山东省菏泽市和河南省新成立的两个机构来看，落实这项重大国家战略是积极主动的，是执行习总书记“以功成不必在我的精神境界和功成必定有我的历史担当，既要谋划长远，又要干在当下，一张蓝图绘到底，一茬接着一茬干，让黄河造福人民”这一指示的具体举措，而把黄河明清故道的开发利用也纳入国家战略，应该急迫地摆上日程。

为此，河海大学出版社与深圳市九藤文化教育基金会达成协议，决定出版《黄河明清故道考察研究》第二版。

二十多年过去了，因形势的发展，原丛书总序内容有些过时。

---

① 该研究院由荷泽市委、市政府牵头，采取校地共建模式与荷泽学院联合成立，于2020年7月31日揭牌。该研究院由市长亲自挂帅，全市近20多个部门直接参与。

本书第二版不再刊登，但仍保留编委会名单。而当年为本书题词的全国政协副主席谷牧，为第一版作序的徐福龄先生、王克修先生、丛书编委会中的三位前辈和作者中的范承泰先生已离开了我们，为本书题写书名的国务院副总理邹家华和曾对本书做出重要批示的中国工程院宋健院长也年事已高，在此向曾经支持本书第一版出版和传播的领导和专家表示诚挚的感谢！

第二版开本变了，字号放大，但原目录中“综合篇”“故道与黄河治理篇”“故道开发篇”中除商丘李化德、杨本生文补充了一些新的材料（从而也变成了今天的视角），其他基本未变，这是考虑到第一版具有文献性（华北水利水电大学孙东坡教授语）。

第一版中的文章，只有“根治黄河的战略设想——金垣运河工程”没有继续选用（因其曾在《科技导报》1996 年第二期发表过，其主要观点刘会远“依托黄河中下游及明清故道开发黄淮海海现代水利大系统”一文引用时注明了出处，且作者在新浪实名博客上也有转载）。

主编刘会远在 2020 年应允担任菏泽黄河研究院顾问以来，多次到黄河沿岸和黄河明清故道有关地区考察。特别是 2020 年 9 月签了出版《黄河明清故道考察研究》第二版合同后，尤其关注故道的几个重要节点。1958 年，河南的开封、商丘，山东的菏泽共同兴建了三义寨引黄工程。1992 年 11 月—1994 年 4 月，河南又新建了“中南线结合”的“新三义寨引黄工程”（该工程的南分干工程 2008 年完成，2009 年通水）。而江苏省淮安市的淮阴区，是黄河明清故道、淮河、京杭大运河交汇处。因此，刘会远主编组织了包括特约编辑韩雨橙等人组成的一支小规模考察队，考察了兰考、商丘、菏泽、淮安，与当地水利工作者座谈，修改旧的文稿，收录了新的文章。当然，不能说黄河明清故道沿线的其他地区不重要，实在是因为受到各方面条件的限制，这个小规模的二次考察队无法覆盖第一次考察的全部地区。

第二版“第一线 新视角”篇，就反映了这次考察座谈的成果。增加了来自第一线水利工作者在小浪底水库、南水北调中线、新三义寨引黄南线等工程建成并开始运作的新的条件下用今天的视角写的文章。这些反映治理黄河、开发利用黄河故道动态过程的新作，使读者在阅读二十多年前旧文的同时，也了解新的情况。

有一点需要说明的是，2001年淮阴市更名为淮安市，淮阴县更名为淮安市淮阴区，这是本书第一版1998年出版以后的事情。因考察队1996年考察后分工研究时，曾以淮阴市划界；除了淮阴市水利界前辈范承泰，多位作者的文章都提及淮阴。我们保留了第一版风貌。

河海大学出版社

2021.10

第二版序（代）

——1999年元月深圳大学谢维信校长给中国工程院宋健院长的信

（并附宋健院长批示）

中国工程院

尊敬的宋健院长、

尊敬的关注黄河的院士：

一九九八年中国工程院百余名院士联名呼吁关注黄河的治理，在全国特别是在科技界引起了强烈反响。恰在此时，由我校区域经济研究所发起的《区域经济与区域地理丛书》问世，首先推出的也是一本关注黄河治理的著作《黄河明清故道考察研究》。

大家还记得，两年前我们曾以极大的热情庆祝了黄河安澜五十年的伟大胜利，然而一些科学家也冷静地指出：人民治黄50年的成绩应该充分肯定，但是50年的不决口也使地上河高高的河床更加抬高了，从而更增加了大决口、大泛滥的危险，因此必须为黄河准备一条新的河道。科学家讲出的是应该考虑的自然规律，可是在人口密集而又贫穷的黄河下游地区，哪里找得到地方，又哪有那么多资金来为黄河准备新的河道呢？

我校区域经济研究所副所长刘会远副教授提出了第三种观点：把有七百年行河历史、现在依然保持着较完整河床形态的黄河明清故道开发利用起来，为现黄河分洪、分沙。这既可从根本上解除黄河泛滥的威胁，而且可利用黄河的水沙资源，建立起黄（河）淮（河）海（河）海（洋）现代水利大系统，并以此为依托兴利除害，建设新中原、大中原。刘会远同志没有只把设想停留在纸面上，1996 年在正大集团的赞助下，他率领由黄河水利委员会、华北水利水电学院、深圳大学多种学科的专家组成的联合考察队全程考察了贯穿豫、鲁、皖、苏四省的黄河明清故道。之后，在一年多的时间里主持完成了考察队的总结报告，撰写了他的研究报告《依托黄河中下游及明清故道开发黄淮海海现代水利大系统》，并将考察队员和其他有关专家的报告和论文汇编成《黄河明清故道考察研究》一书。黄委会著名的前辈治河专家徐福龄和华北水利水电学院院长王克修教授对这本书的成功和刘会远同志的工作成果都给以了很高的评价（见序一、序二），国务院副总理邹家华亲自为这本书题写了书名，原政协副主席谷牧亦为该书题词——“纳百川”。我们想这两位国家领导人所鼓励和赞赏的是这本书中所透出的“大地理观”。这本书为可持续发展战略提供了一种具有前瞻性的选择。

1998 年，在这本书的印刷过程中，长江流域发生了百年不遇的特大洪水。流行的解释是：受厄尔尼诺现象的影响，这一年副热带高压比较弱，未能把冷暖空气交汇的降雨锋面向北顶托……。在欢庆取得战胜长江流域特大洪水辉煌战果的同时，懂行的人也不禁捏了把汗：如果副热带高压够强，把降雨锋面顶托到中原一带，那么黄河和淮河下游肯定会遭到难以设想之灾害，因为黄河和淮河加起来的泄洪能力也不足今年长江洪峰七、八万秒立方流量的四分之一。专家们如果读到刘会远同志运用系统科学理论将黄河、长江、海河、淮河及近海海域作为一个大系统来统一规划、综合治理的方案，会感到释然、欣然。而刘会远主编的这本书所汇集的众多专家对明清时期治理黄河的经验教训的总结，对现时治理黄河的工作亦有借鉴的作用。

现向各位领导和专家呈上《黄河明清故道考察研究》一书，望不吝赐教。

此致

敬礼！

深圳大学校长

谢维信

一九九九年元月三十一日

附宋健批示件（部分）

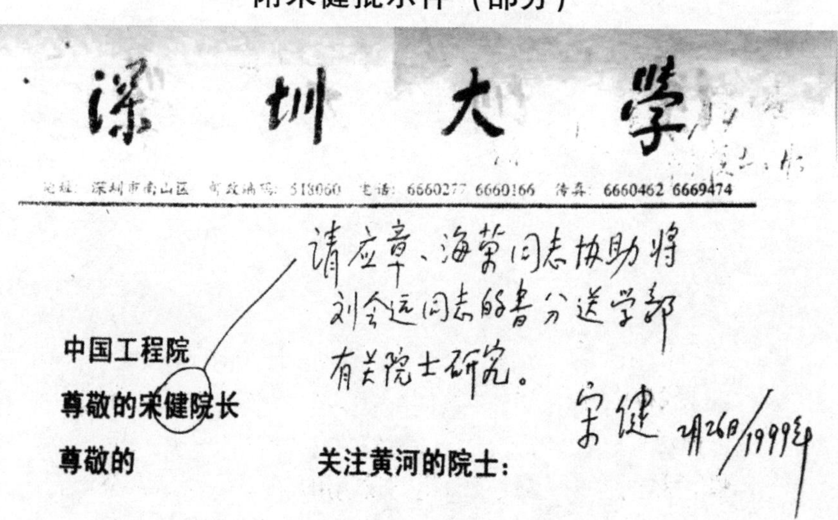

深圳大学

地址：深圳市南山区 邮政编码：518060 电话：6660277 6660166 传真：6660462 6669474

请应章、海荣同志协助将刘会远同志的书分送学部有关院士研究。

宋健 2月26日/1999年

中国工程院

尊敬的宋健院长

尊敬的　　　　关注黄河的院士：

第一版序一

在人民治理黄河50周年之际，深圳大学区域经济研究所刘会远同志倡导及组织的由黄河水利委员会、华北水利水电学院和深圳大学三个单位的一些专家及青年学者组成的黄河故道考察队，对目前保留较为完整、有数百年行河历史的黄河明清故道进行了跨学科的全程实地考察，并在考察研究的基础上撰写了《黄河明清故道考察研究》一书。这是给隆重庆祝人民治理黄河50周年献上的一份厚礼，意义深远。

在中国数千年的历史长河中，黄河这条多灾多难的大河，曾北犯海河，南夺江淮，有过五次大规模的改道。其中1855年的一次大改道中，黄河在河南兰考铜瓦厢决口，夺大清河从山东利津入渤海。这次大改道，结束了金元明清黄河700余年夺淮入海的行河历史。黄河明清故道虽废弃了140多年，但故道的河床形态和两岸大堤还保存得较为完整，沿故道两岸的县市，对故道也分段进行了局部整治。但由于缺乏统一的治理规划，故道开发的潜力还很大。如何发掘明清故道的潜在利用价值，确是很有探讨意义的重要科研课题。此书对这一课题做了许多有益的探索。书中考察队员们提出“黄河是一条宝河，黄河故道是这条宝河不可分割的一部分”；“黄河故道是可综合开发利用的宝贵资源”；“依托黄河和黄河故道，依托郑州、开封、济南、徐州等大城市，可建立起一条沿陇海铁路（欧亚大陆桥）的新城市带，与正在崛起的长江城市带并驾齐驱”和“利用黄河故道进行引黄蓄水是解决徐州以上故道地区水资源短缺的重要途径”等论点，是很有新意和有一定学术价值的。该书从故道地区经济建设和社会发展的战略高度，为综合开发利用明清故道的前期论证提出了建设性意见和重要依据，这是很可贵的。

此书在探讨明清故道这一宝贵国土资源的潜在开发价值的同时，还结合明清故道探讨了现黄河的治理方略问题。刘会远提出的要充分应用现代科学技术，通过多学科协作的方式进行多目标跨流域治理黄河的设想，运用现代系统工程学理论构筑黄淮海并治的思路，都是值得借鉴的。

开发利用明清黄河故道，将是一项“变废为宝”的巨大举措，有利于国计民生。我相信，此书出版后能使更多人了解明清故道的全貌及开发利用的重要性、紧迫性，有助于增强国家和故道沿线各级地方政府保护明清故道和开发明清故道的共识，从而使明清故道这条巨龙早日腾飞，造福人民。

[signature]

1996年12月

第一版序二

黄河，中华民族的摇篮，哺育了五千年的华夏文明。然而，这条母亲河以善淤、善决和善徙著称于世，曾给中华民族带来过“洪水横流，尸漂四野”的沉重灾难。黄河之患一直是我们民族的心腹之患，自古代大禹治水的传说起，炎黄子孙就一直前赴后继为抗御黄河之患而求索着。特别是中华人民共和国成立后，我国人民在中国共产党的领导下谱写了史无前例的治黄新篇章，取得了连续50年岁岁安澜的辉煌成就。但是，黄河之患远未得到根治，黄河下游河段泥沙淤积仍比较严重，“悬河”形势日趋加重，下游洪水威胁和逐年延长的断流形势仍非常严峻。目前，我国不仅有一大批水利工作者仍在锲而不舍地探索着治黄之策，而且社会各界的许多非水利专业的学者也不断加入到探索治黄之策的队伍中来。深圳大学的刘会远同志于1996年5月组织黄河水利委员会、深圳大学和华北水利水电学院的一些不同学科的研究人员组成黄河故道考察队，对有数百年行河历史的黄河明清故道进行了跨学科的综合考察，就其治河工程和治河历史、滩区的治理和开发现状，故道沿线地区区域经济发展状况等问题进行了广泛和深入的调查研究，并将考察活动的研究成果和一些学者撰写的论文汇编在一起，成了《黄河明清故道考察研究》一书。一位从事区域经济和国土资源开发规划研究的学者如此关注治黄事业，令我敬佩。

今天的治黄工作，是过去治黄工作的发展和延续。历史上，我国人民在驯服黄河的斗争中，积累了丰富的治河经验，提出了许多治黄方略。分析借鉴历代治黄经验将非常有助于我们做好今天和明天的治黄工作。黄河明清故道的行河历史经历金、元、明、清四个朝代，在其数百年的行河期间涌现出潘季驯、靳辅、陈潢等一批著名的治河巨匠。这些治河巨匠以黄河明清故道为载体谱写的治河历史是留给后代人挖掘不尽的宝贵财富。《黄河明清故道考察研究》一书收编了黄河水利委员会治黄专家王恺忱先生分析总结黄河明清故道治河经验的两篇力作。王先生在其撰写的论文中系统地阐述了黄河明清故道尾间维持较长时间的原因和故道海口治理的经验。王先生的论述对于现黄河尾间和入海口的治理工作很有借鉴意义。

横贯豫、鲁、苏、皖四省，蜿蜒700公里的黄河明清故道与其它黄河故道相比，其河床形态和河道大堤保存最为完整。如何发掘黄河明清故道这一特殊国土资源的潜在利用价值是颇有探讨意义的科研课题。由黄河故道考察队向黄河水利委员会提交的黄河明清故道考察总结报告——《黄河明清故道是可综合开发利用的宝贵资源》，对如何开发利用黄河明清故道做了一些较为深入的研究。该报告对明清黄河故道兰考至徐州段的引黄蓄水功用，徐州至淮阴段故道河槽的治理与滩区的综合开发，淮阴至入海口段的输水排涝功用，规划中的中山港如何发挥黄河故道的作用，以及黄河明清故道作为人文旅游资源的潜在开发价值等问题做了颇有新意和颇有见地的探讨，为综合开发利用黄河明清故道提出了一些很有价值的建议。在贝塔朗菲创立一般系统论后，系统概念迅速遍及各个领域，在各专业领域中，“系统”成为科学术语而外延和泛化，人们已建立起现代科技界必不可少的系统观，确立了一种新的系统思维方式。在钱学森等著名科学家的大力推动下，系统观和系统工程学方法在我国的各个领域得到广泛的应用。刘会远同志在他完成的报告中，运用现代系统论的观点和方法对黄河明清故道及黄河冲积扇上所有（自然和人工的）河流进行了

"系统思考"，指出明代的潘季驯在其治河实践中就已创造了一个符合现代系统工程学原理的治水大系统，并研讨了创建黄淮海海现代水利大系统的构想。黄河下游"地上河"河道作为一条天然输水大干线，高踞于黄淮海平原的脊部，年复一年地向北岸的海河流域和南岸的淮河流域自流供水和补给地下水，成为黄淮海平原许多城市和农村地区的重要水源。黄河的治理开发工作同淮河和海河两大流域的水利建设在一定程度上是不可分割的。此外，对于黄河这样一条多沙的巨川，其对入海口周边的地理环境影响力是相当巨大的，人类治理和开发黄河与入海口周边地区的海岸线和海域的开发建设也是密不可分的。刘会远同志针对黄河的特殊性，突破流域界线运用现代系统论方法探讨跨流域的水利建设战略是有益的尝试，值得称道。

除上述两份研究报告探讨了黄河明清故道开发利用问题外，该书中还有数篇论文讨论了黄河明清故道的开发问题。这些论文都提出了一些值得进一步研究探讨的开发利用黄河明清故道的思路。

我国的国土面积辽阔，降水量和径流量在时间和空间上分布都很不均衡，在空间分布上呈现"北方水少，南方水多"、"三江水富，四河紧缺"的状况。兴建远距离跨流域的调水工程可以有效地改善我国水资源空间分布不均衡的地理特性，调剂地区间水资源的贫富不均，缓解黄河、淮河等贫水流域的水资源供需矛盾。目前我国拟议中的巨型战略性调水工程——南水北调工程规划有东、中、西三条路线，刘会远同志在其报告中探讨了南水北调中线工程与黄河故道的开发利用及黄河和淮河治理互为一体的水利建设规划，指出"中线调水工程利用黄河及故道可充分发挥联系江、淮、黄、海（河）四大水系的纽带作用"，提出"利用南水北调中线工程引清刷黄"和"利用南水北调中线工程、黄河（包括故道）解决淮河水资源不足和污染严重的问题"等建议。刘会远同志关于南水北调中线工程的许多论述，对于南水北调工程的规划论证有参考意义。另外，刘会远同志在其报告中还提出了“小西线”和“新东线”两条跨流域调水路线，作为调剂我国水资源空间分布不均衡的远期调水方案。“小西线”和“新东线”两个调水方案是很有讨论价值的。

明清期间关于黄河治河方略的辩论空前激烈，其中南流与北流之争便是那个期间争论的一个热点。南流派在明代占据了上风，明代著名的治河官员万恭、潘季驯等出于漕运关系，都反对另议北流的新河。而在清代北流派则占了上风，在1855年铜瓦厢决口改道之前，胡渭、魏源就大力主张自大清河入渤海的治黄观点，当1855年黄河在铜瓦厢决口夺大清河北流入海后，清政府高层统治者从各自的利益出发，对是否将黄河复归故道进行了激烈的斗争，当时的历史背景让北流论者占据了上风，致使黄河明清故道被废弃至今。《黄河明清故道考察研究》一书的部分论文作者站在现代社会经济发展和科学技术水平的背景下讨论了黄河的入海流路问题。该书所收编的黄河水利委员会治黄专家滕国柱先生撰写的论文，针对黄河这条举世罕见的多泥沙河流的造陆功能专门阐述了“黄河远期的入海流路应行南线入黄海为好”的观点。刘会远同志在他的报告中从黄河入海流路对海洋渔业生态环境的影响和对我国领海和领土面积的影响等角度宏观比较了黄河北流入海与南流入海的利弊。刘会远同志讨论问题的视野开阔，他提出的黄河南流入海更有利的主张也是现代水利学者具有胆识的见解。另外，治黄专家王恺忱先生在《黄河明清故道尾闾演变及其规律研究》一文中分析故道尾闾维持较长时间的原因时指出：黄河明清故道入海口的海域条件比较好，黄河故道入海口位于黄海，海域较渤海广阔，容沙能力大，有利于维持尾闾的相对稳定。这是从尾闾和入海口治理的角度谈及了黄河南流入海优于北流入海的观点。总之，《黄河明清故道考察研究》一书中诸位学者关于黄河入海流路的分析讨论很值得有关部门在制定远期治黄规划时予以足够的重视，抉选一条有利于我国长远国土建设，有利于黄河长治久安的理想流路。

在当前世纪之交的年代，全国人民正团结在以江泽民同志为核心的党中央周围，实施“科教兴国”的伟大战略，将中国带入21世纪。在这特殊的时代，《黄河明清故道考察研究》一书的出版是对党中央“科教兴国”之战略的积极响应，意义深远！治理和开发黄河是一项极其复杂的系统工程，是一项需要炎黄子孙顽强不懈地探索的伟大事业，是一项需要不断认识、实践、再认识、再实践的艰巨任务。我希望此书的编者和作者能以《黄河明清故道考察研究》一书的出版为起点，对书中提出的治黄观点、治黄思想进行更深入更全面的研究，继续为伟大的治黄事业献计献策。

王志修

1997年6月

前　言

黄淮海大平原上有数条黄河故道，目前仅有局部河段得以利用，大堤相对保护较好，沿故道依然能看出老堤及河道形势。多数故堤均因数百数千年不再行水而长期废弃，只留下高岗。昔日宏伟的险工或繁华的城镇，多数已夷为平地或残留废墟。黄河故道渐渐被人们遗忘了。研究人员只能从历史文献中、从实地考察中、从高低起伏的地形中想象出当年行河的线路。

根据近代水利科学的概念，地表水的汇集区称为流域。早在30年代人们便以此明确划分了黄、淮、海河流域的边界和范围。现行黄河河道高悬于大平原，南北两条大堤成为淮河流域与海河流域的分水岭。因黄河故道都不在黄河流域之内，故黄河水利委员会的科研人员一般不跨流域去研究它；又因它高悬又不行水，即使发大水也淹不到它，故海河与淮河水利委员会的科研人员也不去研究它，于是黄河故道一度被人们所忽视，许多科技文献中称之为“废黄河”。

由于学科的多样性和黄河这条古老河流的特殊历史地位和影响，研究中国水利史，研究黄河变迁史，研究历史地理等所谓“冷门”学科的专家学者，对黄河故道格外垂青，不断取得新的研究成果。这些成果发人深思，引起更多人的关注。

因为黄河是一条悬河，所以人们形象地称黄河大堤为“水上长城”。遗留的数条故道是不同历史时期的“水上长城”。这“水上长城”足以与万里长城相媲美，无论从工程技术的复杂性，还是从历史上累计投资数来看，都远远超过了万里长城。因此，中国水利史研究会前会长姚汉源先生说“长城是中国的象征，三千五百多里的运河又何尝不是？数千里的黄河大堤，二千多里的海塘，几亿亩的水田又何尝不是？”（姚汉源《中国水利史纲要》）只是古代水利工程不如长城保护得好。

黄河古堤保护是研究中国历史的重要物证。从治水的角度看，黄河故道是1∶1的历史模型（周魁一，《略论水利的“历史模型”在水利现代化建设中的意义》，水科院水利史研究室五十周年学术论文集）。总结研究历史实践的经验，可以为现代黄河的治理以及相关学科领域提供许多有益的历史借鉴。黄河故道的研究价值，大致有如下几个方面：

可以推测现行河道的寿命（参见徐福龄《黄河下游明清河道和现行河道演变的对比研究》，《人民黄河》，1979年第1期）；

可以借鉴故道上成功的治河措施直至治河方略：蓄清刷黄、分洪滞洪、双重堤防、堵口等；

研究故道出海口的变迁规律，有利于河口治理与海港建设；

研究与今河道相似河段的演变规律和治理措施；

研究故道区的经济开发治理；

研究黄河变迁对黄淮海大平原地貌与水系变化的关系；

研究故道的水利文物与保护；

研究故道旅游资源的开发。

早在30年代，曾先后担任华北水利委员会委员长、导淮委员会委员兼总工程师、黄河水利委员会委员长等职的我国著名水利专家李仪祉先生（1882—1938），针对各流域机构“井水不犯河水”的工作现状，大声疾呼：“华北（海河）、导淮（淮河）、黄河三水利委员会有联合工作之需要。”（《李仪祉水利论著选集》，水利电力出版社，1988年11月）新中国成立后，黄河水利委员会主任王化云（1908—1992）曾跑遍大河上下，并亲自调查过明清故道。1973年、1975年、1977年连续三次派出考察队，有的研究明清治河经验与河口演变规律（王恺忱《黄河明清故道海口治理概况与总结》、《黄河明清故道尾闾演变及其规律研究》，见本书），有的研究利用故道分洪分凌（徐福龄《明清故道分洪调查报告》载《河防笔谈》）。在晚年，他最后一次部署了黄河西汉故道的考察。考察队出发前，他对考察队员语重心长地说："我老家在馆陶县，是黄河故道流经的地方，县东面一条干沙河，西面一条干沙河，究竟是什么时候留下的，请你们这次出去帮助弄清楚。"这次考察情况见《河南武陟至河北馆陶黄河故道考察报告》，此文载1984年第3期《黄河史志资料》。

明清故道是黄河遗留的距今时间最近的一条故道，河床形态和河道大堤保存较为完整。1984年10月，南京师范大学从开发利用的角度，组织了一次范围局限在江苏境内的故道综合考察活动，并在1985年写成了约30万字的《黄河故道综合考察报告》。1996年适逢人民治黄50周年之际，先后有三支考察队分别从不同的角度对故道进行考察。4月份有黄委会组织的水利文物考察，5月份有跨学科的全程综合考察，10月份有山东河务局组织的对徐淮故道与山东黄河的对比考察。其中，5月份的综合考察是历史上规模最大的一次。这次考察活动是由深圳大学区域经济研究所刘会远副教授发起的，考察队由黄河水利委员会、华北水利水电学院和深圳大学联合组成，成员有水利工程、河道泥沙、河口港口、区域经济、人文地理、文物考古、文艺、摄影、摄像等多学科的20多位教授、专家。考察得到正大集团经济上的赞助，考察过程中得到水利部、黄河水利委员会支持和沿途政府及水利部门的关心和帮助，借此机会向他们表示深切的谢意。

考察结束后，考察队写出考察报告和笔记，并将有关专家的论文汇编成《黄河明清故道考察研究》一书。（本书主要反映这次考察与研究的成果，同时也适当选些别次考察的研究成果。）邹家华副总理在百忙中为本书题写了书名。国务院原副总理谷牧为本书题写了“纳百川”三字[1]，我们深受鼓舞。黄河有纳百川的气量，治理黄河也应打破流域的界限，进行纳百川式的系统思考。为了把黄河的事办好，更应吸纳各方面的人才，百花齐放，百舸争流。

全书由三个方面的内容组成：

一是考察与学术报告、考察笔记。《黄河明清故道考察总结报告》提出黄河故道是可综合开发利用的宝贵资源。商丘地区利用故道修成串联水库，滞蓄洪水，以利于引水灌溉，利用故道高出周围地面，水库蓄水可自流灌溉。淮阴地区利用故道分泄洪泽湖洪水，又是故道地区以及中山港重要淡水来源。刘会远同志的学术报告题目是“依托黄河中下游及明清故道开发黄淮海海现代水利大系统”。作者从故道区域经济研究出发，搜集各种科研成果，进行加工整理，汇集大量科研信息，提出科学远景设想，尤其侧重论述近期经过努力能实施的部分，即具有可操作的内容。虽然有些设想近期还不易实施，但作者的思路是大黄河的思路，与许多水利界前辈的思路不谋而合，即黄河的开发与治理应该包括黄河故道，其范围既包括黄河汇流区，又包括黄河流出区，既包括现行黄河流经区，也包括历史上和未来可能流经区，既包括黄河防洪保护区，又包括引黄灌溉区，这也就是黄淮海治理的不可分割性。作者运用钱学森倡导的巨系统工程的科学方法，运用多学科交叉进行跨流域的研究，其研究方法和报告的表述方式独具一格。

二是黄河故道研究与现行黄河治理研究。这类论文的作者是多年从事治河的专家，其中《浅论黄河下游的治河方略与黄河明清故道的利用问题》一文作者提出逐步贯通故道用作黄河分洪分凌的设想并对其可行性进行了论述。《黄河明清故道尾闾演变及其

---

[1] 考察队在徐州附近黄河故道“苏三闸”遗址发现了一块题有“纳百川”字样的古碑，国务院原副总理谷牧欣然为此题词。

规律研究》一文作者根据明清故道尾闾的演变规律，提出现黄河口治理中值得借鉴的历史经验。

三是黄河故道区的经济开发与治理研究。论文作者是长年从事本地区水利工作的专家和大学的教授；论文有当地水利经济发展的经验总结和最佳开发的远景规划。

其他还有对治河的科学设想的讨论；故道保护与利用研究；不同黄河故道利用的对比研究等等。

本书前后附有实地考察中摄下的珍贵照片，以反映考察队的活动，故道沿线水利风貌、开发利用现状，以及沿线水利文物和名胜古迹。

本书最后刊载了考察笔记，并与有参考价值的照片相对应，图文并茂，引导读者进入考察场景。笔记中将重点工程的来龙去脉一一作了交待，还有作者触景生情的评述。

《黄河明清故道考察研究》是有志于考察与研究故道的人必读之书，是热爱黄河、关心黄河的人的有价值的参考书。本书对于借鉴明清治河的历史经验，对系统、科学、合理开发黄河明清故道有重要参考价值。本书是黄河、淮河、海河、运河以及故道地区水利与经济工作者十分有用的工具书，对一般水利、水利史、科技史、文物考古、历史地理、经济地理等学科的学者来说也是一本难得的好书。

本书萃集多学科论文，各篇文风体裁不强求统一，尽量发扬学术民主。论文由刘会远主持编选，黄海碧策划与摄影，张汝翼和陈庆秋分编部分稿件，王梅枝和赵林华参与了编校。

由于成书仓促和编者水平所限，书中错误和缺点在所难免，欢迎读者批评指正。

编　者

1997年1月

目　录

综 合 篇

故道与黄河治理篇

故道开发篇

其　　他

第一线　新视角

综　合　篇

黄河明清故道是可综合开发利用的宝贵资源

——黄河明清故道考察总结报告

由刘会远副教授发起，正大集团赞助，黄河水利委员会、华北水利水电学院[①]和深圳大学区域经济研究所联合组成的黄河故道考察队，于1996年5月7日启程，途经河南、安徽、江苏、山东四省的20多个县市，行程共3 300多km，对1855年以前的明清黄河故道进行了全面系统的考察，除部分补点工作外，至5月底基本完成了考察任务。

在考察期间，考察队采用现场查勘、座谈等形式，就故黄河的治理经验、黄河故道的历史与现状、黄河故道沿线规划治理及开发利用情况，当地水资源状况等问题进行了广泛的调查研究，收集整理了大量翔实的资料，并由此取得了许多新的认识。这次考察活动的开展，对于重新认识黄河故道，指导黄河故道区域经济的开发建设，为现黄河的整治开发提供借鉴经验，均具有重要的现实意义。

本报告即是在此次考察活动的基础上，就黄河故道的形成发展历史、现状，故道河槽的引黄蓄水、输水排涝功用，故道滩地和相关地区农业、人文资源的开发利用途径、对策、前景，故黄河河口三角洲的建港规划以及所存在的问题等，进行了多方面的论证分析，以期能够为今后黄河故道的开发提供建设性意见和重要依据。

---

① 该校原在北京，文革中迁出，2013年更名为华北水利水电大学。——第2版注

1 黄河明清故道现状

1.1 明清黄河的形成及演变历史

黄河是中华民族的摇篮和象征，同时也因多沙善徙而闻名于世。千百年来，黄河下游由于泥沙的强烈淤积而易决善溃，频繁迁徙，有史以来规模较大的改道就有 26 次之多，影响范围波及海河、淮河两流域下游，河口则摆动于长江口与海河口之间。若依黄河决口后影响范围较大、能形成一个新的长期固定河道、具有完备的堤防工程作为黄河大改道的标准，那么黄河历史上真正的大改道只有五次。其中，南宋建炎二年（公元 1128 年），东京留守杜充在河南滑县以西扒开黄河，由此引发了黄河的第四次大改道，逐渐演变形成了涉及豫、鲁、皖、苏四省的明清黄河（亦有人称之为南河）（图 1）。其演变过程大体可分为下述三个阶段：

第一阶段是起源阶段（1128—1508 年），计 381 年。1128 年杜充决河后，黄河呈多股分流态势，主流南泄入淮，泥沙主要淤积在河南境内，河患问题尚不突出。1194 年前后，黄河之水全部南流入淮，由云梯关入黄海。其后，黄河屡屡北犯，至明弘治以后，为保漕运和皇陵安全，采取了固守北堤、分水南下的治河策略，后人所说的“重北轻南”即缘于此。1493 年刘大夏主持治河，于 1495 年在北岸修筑了自河南胙城，经滑县、长垣、东明、曹州、曹县到虞城，长达 180 km 的太行堤，又称遥堤。加上临河修筑的缕堤，黄河北岸有了双重屏障（图 2）。至 1508 年，全河大势已尽趋徐州，这标志着黄河的演变与整治进入了一个新的阶段。

第二阶段是形成阶段（1509—1592 年），计 83 年。此阶段的初期，黄河多处于分流状态；至 1558 年，徐州以上的 12 条分流支河全部淤塞，流路仍“忽东忽西，靡有定向”。1572 年，万恭总

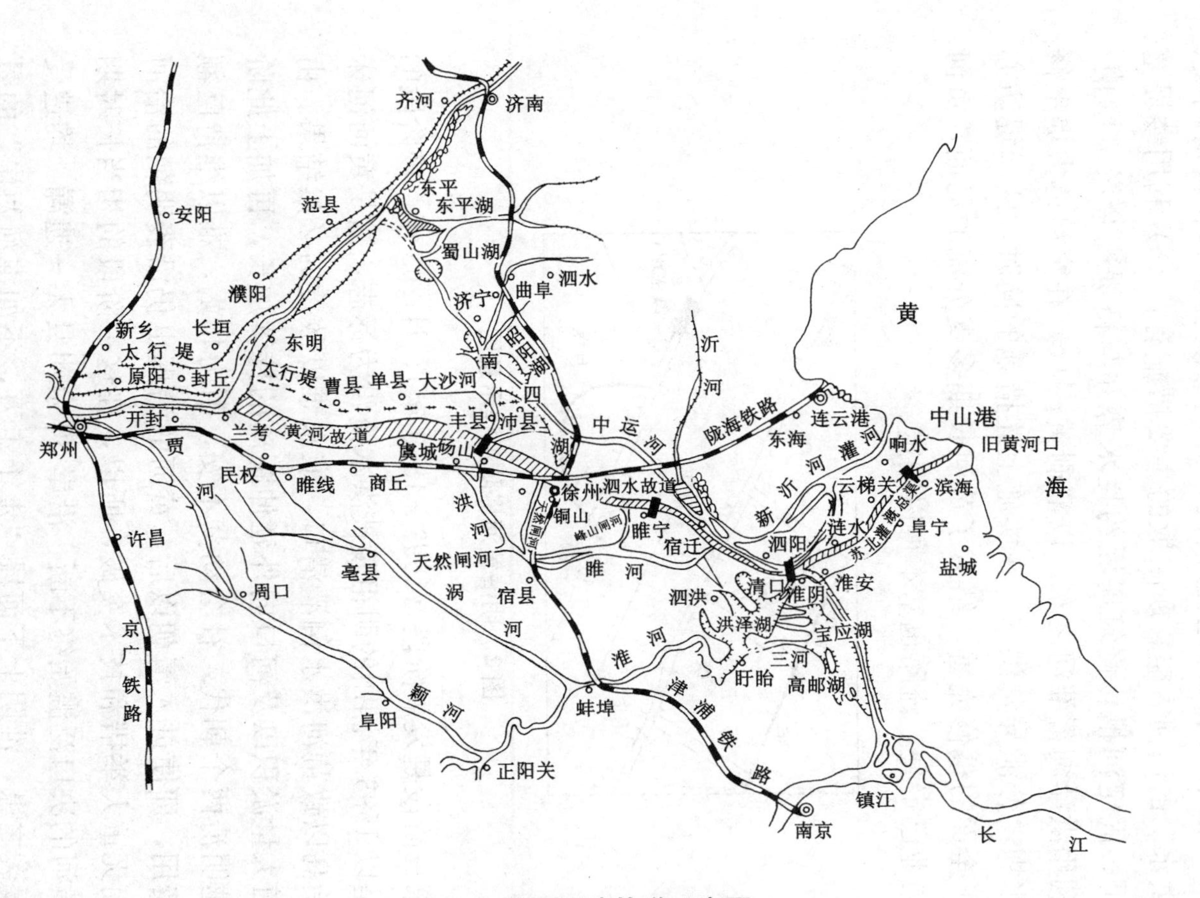

图1 黄河明清故道示意图

注:带“■”号者为黄河故道(截断处)分段点。

理河道，提出黄河“不宜分流”的观点，从此治河思想开始转变；1578年，潘季驯第三次主持治河，提出“筑堤束水、籍清刷黄、分疏洪水”的治河方略，所采取的主要措施有：（a）利用缕堤塞支强干、固定河槽，修筑遥堤约拦水势并与格堤配合淤滩刷槽；（b）利用洪泽湖蓄淮河之水，以清刷黄；（c）在窄河道大堤上修建减水坝，分泄异常洪水。在实施上述措施的同时，两岸堤防亦进行了全面的整修完善，结束了黄河长期多支分流的局面，黄河的格局业已定型，流路也基本得以固定。

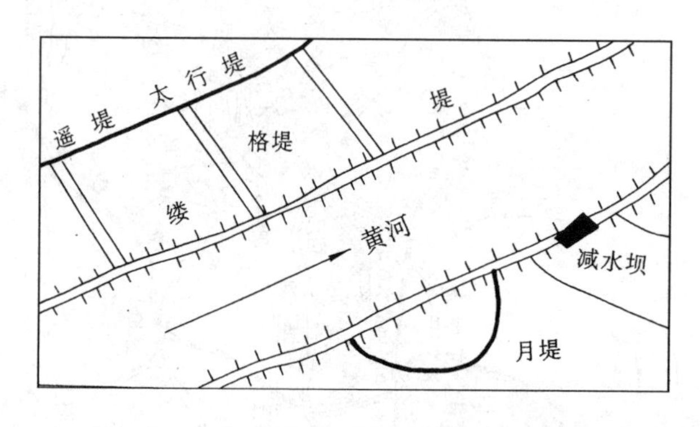

图2 明清黄河堤防工程示意图

第三阶段是发展阶段（1593—1855年），计263年。该阶段的初始是以1593年泗州的明祖陵被洪水淹没为标志，这是黄河河床持续抬高以致黄河洪水倒灌清口，淮水难以敌黄的必然结果。由于河道大量淤积以及河口向外延伸距离的持续加长，再加上此阶段跨越明清两个朝代，社会动荡不安，财力枯竭，难以维持巨额治河费用，即使进入清朝以后，黄河的治理也仍沿袭明朝的治河方针而无重大举措和技术突破，所以，在这一阶段的相当长时期内，黄河的决口泛滥始终不断，沿岸30余州县无一遗漏，均遭受洪水侵袭之患，淮阴上下河段“走千走万，不如淮河两岸”的景象荡然无存。1624年，黄河由奎山堤决口，大水将徐州城淹没，历时3年，水退之后，徐州成为死城。1796年以后，其决口部位大多在徐州以上；1851 年，黄河在江苏丰县之蟠龙集决口进入昭阳、微山两湖，形成现今之大沙河，以下到徐州的河道逐渐淤塞，行洪不畅；到 1855 年 6 月，水势异涨，黄河在铜瓦厢决口北上劫夺大清河，改由山东利津入海，结束了长达 700 余年南行的历史。

纵观 1128—1855 年黄河演变的历史，不难发现河流经历了由漫到分、由分到合的发展过程，并且随着黄河河口的不断淤积延伸，同时塑造形成了淮北平原的主体。以位于响水县境内的云梯关的变迁为例，云梯关原为我国东南沿海最古老的海关，并有“千古海运之权舆”之称。随着黄河的南流夺淮，这里成为黄河入海口，大量泥沙由此入海，海岸线则逐步东移，至 1804 年，“自云梯关外至海口，以沿河程计算有三百六七十里，河面逐渐宽阔”，明清黄河三角洲得以形成。可以说，云梯关是黄河、淮河河口变迁的历史见证。

1.2　黄河明清故道考察研究的范围

黄河明清故道的考察研究范围涉及今后黄河故道开发利用的原则、标准、规模、布局、方式、途径等重要环节。就狭义的角度而言，黄河故道仅包括两岸大堤和大堤之间的河道两部分。若只局限于此范围进行考察研究，意义显然不大。

在这段故道形成发展的过程中，其影响波及范围广大、涉及水系众多，并由此逐步形成了包括遥堤在内的、宽达数公里乃至数十公里的堤防和较完备的防洪工程体系。在其行河期间，包括淮河、泗水在内的诸多水系格局发生明显变化；一些年代悠久的河流湖泊因泥沙沉淤而逐渐萎缩消亡；同时，也诞生或人为形成了许多新的河流与湖泊，如丰县境内的大沙河、滨海县境内的中山河以及位于故道两岸的南四湖、骆马湖、洪泽湖等。所有这些，都是黄河明清故道密不可分的有机组成部分，与黄河明清故道的形成与演变息息相关。因此，从广义的角度而言，上述与黄河故道有关的堤防工程（如属于遥堤的太行堤）、河流与湖泊均应纳入考察的范围之内。

淮河、泗水、京杭大运河等较大河流水系与黄河故道之间存在着千丝万缕的联系。对这些河流水系进行大规模、高标准、多目标的整治与开发利用，既是黄河故道的开发利用得以健康、稳定、持续发展的基本条件，也是黄河故道开发利用总体战略布局中必不可少的组成部分，缺少这些，就难以形成规模和缺乏持续发展的后劲。

尤其需要指出的是，黄河明清故道大面积三角洲的存在更是其研究和开发利用的重要组成部分。众所周知，河口三角洲地区处于海洋、大陆、河流三者的结合部，具有得天独厚的条件和优势，三角洲每一寸土地的经济价值之高、开发潜力之大，其他区域将无法与之抗衡。据统计，在世界上百万人口的大城市中，港口城市就占了45%，而港口城市中，河口地区就占了2/3。就国内情况而言，目前长江、珠江等三角洲均已成为全国经济、科技文化发达地区和对外开放战略的支撑点，并带动着相应流域经济的持续稳定发展。因此，在进行黄河故道开发利用的同时，绝对不能忽略河口三角洲的重要地位和深远影响。

明清黄河在其演变过程中涉及、影响的县市多达30余个，直接流经的县市有22个，这些隶属于不同行政区域的县市，通过黄河故道这条长长的纽带紧密有机地联结在一起。毫无疑问，这片横贯黄淮平原、面积达上万平方公里的广大区域，为我们开发利用黄河故道提供了广阔的发展空间，是我们开发利用黄河故道的主战场。

1.3 黄河明清故道的河道特征和开发利用现状

1.3.1 黄河明清故道的河道特征

黄河明清故道途经豫、鲁、苏、皖四省，蜿蜒738 km，其河道的演变发展实际上经历了两个过程，即1855年以前的塑造形成过程和1855年改道后的自然衰变、人为改造过程。换言之，现今黄河故道的河道特征是这两个过程作用和影响的结果。

1.3.1.1　堤防工程方面

明清黄河下游初步形成较完备的防洪工程体系是在明万历六年（1578年），潘季驯第三次主持治河以后，这些工程主要包括遥堤、缕堤、月堤、格堤、减水闸坝等。在清朝，这些形式的工程也屡有兴建和修缮。然而，由于1855年铜瓦厢决口改道以后年代久远，再加上自然侵蚀、人为破坏等因素影响，现存工程已不多见。即使有些工程得以保存，也已是残破不全。两岸大堤虽保存相对完好，但考察途中随处可见有人利用大堤黏土制砖和进行其他不合理利用等现象。这种现象如不加以制止，故道大堤亦将难逃厄运。

1.3.1.2　河道形态方面

黄河明清故道横断面同现行黄河下游河道相似，属复式河槽。自上而下，其河床平面形态特征情况如表1所示，有所不同的是，黄河故道除了个别年份出现较大洪水（如1933年黄河在兰考小新堤决口，二坝以上黄河故道最大流量达1 500 m^3/s，持续时间20余天）外，其余绝大多数的年份行水流量极其有限，导致河槽逐渐萎缩，杂草丛生，真正能够行水的河道宽度不过数百米。目前，受人为和自然因素的制约和影响，黄河故道的平面形态自上而下实际已表现为宽窄相间的藕节形特征。

表1　黄河明清故道特征

迄止河段	河段长度（km）	堤距（km）	河道纵比降（‱）	河道横比降（‱）
东坝头—徐州	297	2.3～20.2	1.00	2～1.63
徐州—淮阴	260	0.4～8.7	1.00	5～3.3
淮阴—故道河口	181	0.5～7.8	0.70	16.7～10

1.3.1.3　河道地势地貌及土壤方面

受大量泥沙沉积影响，故道多为高滩悬河，一般高出附近地面3～6 m，有些地段达8 m左右，黄河故道因此而成为淮河与沂、沭、泗等河的分水岭。根据此次考察活动的有关资料统计，黄河故道自上而下其海拔高程和土壤沿程变化的状况如表2、表3、表4所示。由于黄河故道地势高亢，地貌复杂，而滩区河槽及大堤内外多为故黄河所遗留的沙土、两合土、淤土、盐碱土，土壤肥力相对较差。

再加上洪、涝、渍、旱、风沙、盐碱灾害的频繁交替发生，使得故道滩区的经济大都相对落后于周围地区。同时，随着水资源的日趋紧缺，故道内有关水利工程的修筑利用也由过去的泄洪排涝为主开始向蓄、保水资源为主的方向发展。

表2　淮阴以上黄河明清故道滩面高程沿程变化

地段位置	现行黄河东坝头断面	兰考红庙	民权扈庄	商丘刘庄	砀山官庄	丰县二坝	徐州铜山房村镇李庄	睢宁袁圩	泗阳与淮阴交界
高程（m）	76	74	68	60	51	46	35.5	27	20

表3　淮阴以下黄河明清故道堤顶、河底平均高程沿程变化表

地段位置	二河口	杨庄闸	淮涟交界处	肖渡	石人庙	二塘	新庄	陈码	七堡
堤顶高程（m）	18.85	18.85	16.5	15.5	14.9	14.3	14.5	12.9	10.6
河底平均高程（m）		5.8	3.2	3.2	1.9	4.6	2.0	1.8	0.4

表4　黄河明清故道部分地区土壤组成情况

区域	面积（万 hm^2）	各类土壤所占比例（%）							
		沙土	两合土	淤土	盐碱潮土	飞沙土	砂姜黑土	褐土	其他
兰考县	8.55	36.33	39.02	2.32	11.50	1.37	0	0	9.46
商丘地区	84.1	6.01	52.19	27.92	5.18	0.76	4.26	0.04	3.63
徐州市	82.53	16.99	16.92	15.02	18.50	2.87	6.00	9.39	14.31
泗阳县	10.05	50.57	13.93	12.22	2.47	3.98	5.73	11.10	0
合计、平均	185.28	14.72	33.80	20.14	11.26	1.90	4.92	4.80	8.46

1.3.1.4　黄河明清故道的分段及径流情况

目前的黄河明清故道由于种种原因已形成五个大段（图 1），各段具体情况整理后如表 5 所示。

表 5　黄河明清故道分段情况

<table>
<tr><th>序号</th><th>区间</th><th>长度（km）</th><th>河道面积（km²）</th><th>分段原因及过程</th></tr>
<tr><td>1</td><td>兰考三义寨至丰县二坝</td><td>300</td><td>1 658</td><td>1851 年黄河在丰县蟠龙集决口，屡堵屡决达 4 年之久，口门以下徐州河段渐被淤塞形成分段</td></tr>
<tr><td>2</td><td>丰县二坝至睢宁徐洪河</td><td>194</td><td>885</td><td>1976 年至 1978 年开挖形成的徐洪河，全长 120 km，连通微、骆、洪三湖，在睢宁袁圩水库附近截断黄河故道</td></tr>
<tr><td>3</td><td>睢宁徐洪河至淮阴杨庄</td><td>130</td><td>330</td><td>杨庄以上原为泗水河道，杨庄以下为淮河河道，黄河故道在这里与大运河、二河等交汇，形成分段</td></tr>
<tr><td>4</td><td>淮阴杨庄至滨海竹林</td><td>132</td><td rowspan="2">348</td><td rowspan="2">1934 年 11 月至 1937 年 5 月，江苏政府组织开挖了长 169 km 的中山河，黄河故道来水由此河下泄，其滨海竹林以下黄河故道遂告废弃</td></tr>
<tr><td>5</td><td>滨海竹林至淤黄河闸</td><td>53</td></tr>
</table>

根据分段的原因和过程来看，单纯由于明清黄河自身演变所造成的分段只有一处，余者均与 1855 年以后人们对故道的治理有密切关系。黄河故道的分段，使得其流域内降雨所产生的地面径流分别注入不同的河流和水系，如二坝以上的地面径流注入南四湖，二坝以下徐州地段的降雨径流则流入徐洪河。由于二坝以上黄河故道内修有多座水库，故除个别年份外，一般不产生径流，即没有地表水量向二坝以下河道排泄，至于徐州市黄河故道地段，解放以来因暴雨共出现过三次较大洪水，1963 年徐州城区最大洪峰流量 98.6 m³/s，1971 年王庄站测得洪水流量 87.7 m³/s，1982 年又一次发生较大洪水，导致市内 1919 年所建的利济桥被迫拆除。淮阴黄河故道，是其境内 18 条主要河流之一，故道内杨庄闸

水文站多年平均流量 85.6 m^3/s，最大流量 681 m^3/s（1958 年 8 月）。

1.3.2　黄河明清故道相关地区的水系格局

此次考察结果表明，按照水系和工农业用水来源的差异，明清黄河故道沿线地区的水系格局明显分为三个不同的区域，自上而下依次为：河南兰考县—安徽砀山县（北为江苏丰县）、江苏徐州铜山县—淮阴县、淮阴县—海口，现简述如下。

安徽砀山县以上区域包括河南兰考、民权、商丘（市）、虞城，山东曹县、单县，江苏丰县，安徽砀山共 8 个县市。这一区域水系格局的主要特征是以黄河故道为界，南为淮河水系，主要河流有涡河支流、浍河、沱河等，呈南北走向，这些淮河支流的源头均始于黄河故道；北为南四湖水系，包括黄河故道和大沙河，主要河流包括万福河、红卫河、复新河，这三条河流的支流多发源于黄河故道，最终都注入南四湖。该区域水源匮乏，引用黄河来水是该地区水利规划开发的重要内容。

江苏徐州铜山县—淮阴县区域涉及沛县、铜山、徐州、宿迁、睢宁、泗阳、淮阴（市）共 8 个县市，由于黄河故道的分隔，实际上也成为两个不同水系和流域（图 3）。北部为泗、运、沂、沭水系，由南四湖及其支流、中运河、京杭运河及支流、沂河和沭河等组成，水流均归注于骆马湖，由新沂河（灌河）流入黄海；南部为睢、淮河水系，其水流最后向南注入洪泽湖；而高亢的黄河故道则基本自成流域。该区域有微山湖、骆马湖、洪泽湖三大湖泊，是南水北调东线工程的必由之路。80 年代中期，骆马湖蓄水全部北调徐州，原骆马湖的来龙、船行、皂河等灌区则改由洪泽湖供水，使徐州市工业、航运用水和不老河两岸广大农田灌溉由南四湖下级湖水改为骆马湖供水，下级湖蓄水不再经蔺家坝（始建于 1719 年）向不老河供水。不老河和徐洪河（1976 年动工兴建，全长 120 km）是该区域南水北调工程的骨干工程，两河均分三个梯级控制。目前，洪泽湖以上向徐州境内送水分为两路，一路沿中运河、骆马湖、不老河通过 6 个抽水站到达蔺家坝，流量为 50 m³/s，一路沿徐洪河到达睢宁县沙集，流量 30 m³/s。

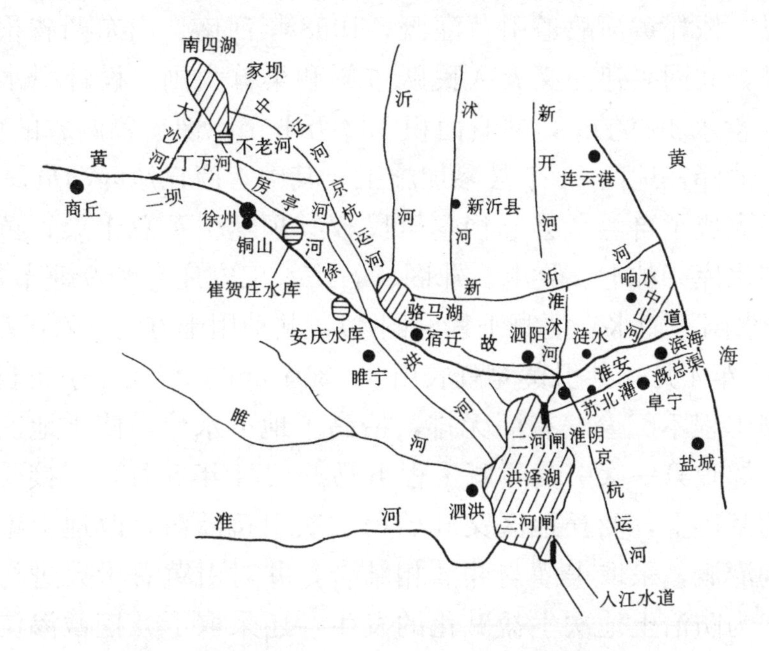

图 3　徐州铜山县—淮阴县区域水系格局示意图

至于淮阴县—海口区域，仅涉及淮阴、淮安、涟水、响水、滨海 5 个县市，以黄河故道为界，北有盐河、洪河、中山河，南有苏北灌溉总渠、射阳河等，水系格局简单且河流较短。

1.3.3　明清黄河故道的开发利用现状

1855 年，黄河在兰阳（今兰考）铜瓦厢的决口并改由山东入海，使得故道沿线的人民基本摆脱了黄河洪水的威胁。然而，对于黄河故道堤防工程的保护乃至故道的开发利用，则因社会长期战乱、动荡不安和政治腐败，以及经济、技术条件所限而几乎一片空白。

新中国成立后相当长时期内，受诸多客观因素和人们思想观念的束缚和制约，黄河故道大部分地段的治理开发和利用并未引起当地有关政府部门的足够重视，部分地区即使有过一些举措，也往往是局部和临时性的，其规模和效益十分有限且多注重于除害，谈不上什么开发。相对而言，位于故道上段的商丘地区则起步较早，依托黄河故道引黄灌溉，1958 年河南、山东两省报请国家批准，共同兴建三义寨人民跃进渠和渠首大闸。设计引水 520 m^3/s，蓄水 40 亿 m^3，灌溉面积 132 万 hm^2。豫、鲁两省的商丘、开封、菏泽三地区 21 个县参加施工。其中，商丘地区动员民工 60 万人，完成了自兰考县二坝寨至民权县坝窝引黄总干渠、黄河故道 5 座水库（林七、吴屯、郑阁、石庄、王安庄）和 9 座节制闸、5 座分水闸等输水、灌溉工程（图 4），共动用土方约 9 700 万 m^3。至 1961 年 4 月，共引黄灌溉农田 30.8 万 hm^2。但由于引黄自流灌溉控制工程不配套，有灌无排，抬高了地下水位，使土地次生盐碱化，导致第一次引黄灌溉工程下马。1974 年 5 月，在接受前次教训的基础上，商丘地区又开始第二次引黄灌溉，改地上渠灌溉为深沟灌溉，采取渠灌与井灌相结合，并对引黄总干渠进行清淤疏浚，为防治土地次生盐碱化的发生，还采取了开挖截渗沟的工程措施，如图 5 所示。

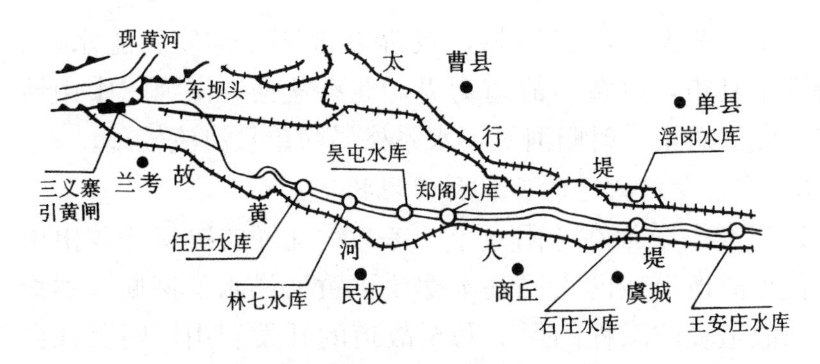

图 4　商丘地区黄河故道水库示意图

与此同时，在山东境内，位于黄河故道和太行堤之间洼碱地带的太行堤水库群也相继兴建，与位于故道河槽内的水库群（如

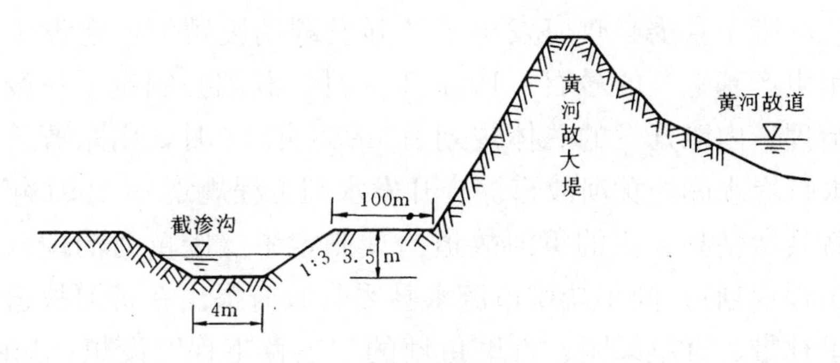

图5　截渗沟工程示意图

前述河南商丘境内的5座水库）相互呼应。这两大水库群均具有两个特点：一是依附黄河故堤或高滩而建；二是水资源均主要来自现黄河。其中曹县境内太行堤水库全长约75 km，平均宽约3.5 km，总面积247.7 km^2，共有7个水库串联而成（各库间筑有格堤），自闫谭引黄闸引水；单县境内的浮岗水库，面积18 km^2，设计蓄水量9 630万 m^3，它利用黄河故道，通过焦庄引水渠和张集“跌水”引用三义寨放来的黄河水。遗憾的是，在相当长时期内，由于工程质量差、缺少截渗工程导致土地盐碱化和灌区工程不配套等原因，这些水库的作用并未得到充分发挥。直到80年代末，随着水资源供需矛盾的日益突出，当地人们才充分认识到：利用太行堤水库拦蓄引黄水量，是解决当地水资源供需矛盾的唯一途径，因此，对太行堤水库进行了重新规划和配套工作。其中，曹县太行堤水库采取了打通格堤、修建引水涵洞及引水闸、开挖引黄送水干渠和截渗沟等措施，其综合开发工程规划的净收益预计可达6 000万元；单县浮岗水库则采取了北部调蓄、南部还耕的方案，但因水源问题（拟从闫谭引黄闸引水）尚未解决，故这一措施尚未见效。

其他地段。自70年代以后，黄河故道的治理亦有所突破。至80年代末和90年代初，故道沿线各级政府部门制定的一系列关于开发治理黄河故道的远景规划和措施相继出台和实施。1987年2

月，江苏睢宁县委县政府发出了“开发利用废黄河，建设十万亩商品粮生产基地”的号召；1987 年 7 月，泗阳县制定了《废黄河中泓治理、内滩开发的总体规划》；1989 年 12 月，山东曹县制定了《太行堤水库、黄河故道综合开发水利工程规划》；1991 年，徐州市就其所辖县、区的黄河故道治理制定了《废黄河治理（徐州段）工程规划》；同年盐城市涟水县委县政府提出在黄河故道内建设百里林带、百里果园、百里鱼塘的“三百工程”设想；1995 年 6 月，安徽砀山县提出《故黄河综合治理项目建议书》，并于 1996 年成立了砀山县故黄河综合治理工程指挥部；1996 年，山东单县相继提出了《黄河故道 15 万亩高产田开发项目建议书》《黄河故道经济林生产基地项目建议书》《黄河故道桑园开发与配套项目工程可行性研究报告》《关于开发三万亩黄河故道发展渔业生产的可行性论证报告》……所有这些，标志着黄河故道的开发利用工作进入了一个崭新的发展阶段。

通过此次考察分析得知：目前黄河故道的开发利用在总体上是围绕两个方面进行的，一个是对水的控制运用，一个是对滩地的整治开发利用。从对水的控制运用方式来看，以徐州为界有所不同，徐州以上是通过在故河槽中泓或堤外兴建平原水库等途径，以蓄水、保水灌溉为主，如商丘境内的 8 座梯级水库以及单县的浮岗水库等；徐州以下则通过在主槽内修建多级闸、坝和堤外抽水站、水库等方式，以排、输、抽、补水为主，如铜山周庄闸、丁楼闸、城头橡胶坝、温庄闸、睢宁古邳黄河闸、淮阴杨庄闸等。之所以产生如此差异，显然与当地水资源、河流水系的状况有密切关系。至于故道滩地的开发利用，虽然由于各地的自然环境、经济状况不同而各具特色，但其开发利用的主要途径和方式均是改造中、低产田及盐碱地，开展种植果树林木及有关经济作物，利用水面发展水产养殖，进而改善故道及相关地区的生态环境，促进区域经济多方位全面发展。

尽管黄河故道的开发利用工作在某些地区和河段形成了一定规模，并取得了相对明显的社会经济效益，但仍存在着这样或那样的问题和不足，制约黄河故道开发利用工作进一步向纵深发展的突出问题有二：

一是未能充分发掘黄河故道的行水、输水潜力，河槽疏浚、开挖、整治的力度不够。部分地段即使实施了河道主槽中泓的疏浚开挖并相应修建了一些闸坝、水库，但由于相对忽略了引水、输水等配套工程的建设和投入，结果导致部分工程无水可蓄，甚至干涸废弃或者有水引不出去，不能充分发挥工程的作用，从而造成巨大浪费。如河南商丘地区的王安庄水库、安徽砀山县境内的岳庄水库、江苏徐州境内的安庆水库、崔贺庄水库等。

二是整个黄河故道的开发利用工作基本处于各自为政的非系统协调状态，部分黄河故道地段开发利用的规划设计指导思想以及相应工程设施的布局、规模、标准、模式等大都局限于本地区、本部门的利益，尚谈不上从战略的眼光和全局的观点看待和处理上述问题。由此所带来的后果则是：黄河故道被人为割裂而难以发挥整体优势，有些治理措施对于整个黄河故道区域经济可持续性发展而言，甚至是破坏性的开发利用。故道不同地段的治理开发利用现状也参差不齐，同时，有关水源分配以及洪水出路的纠纷也屡有发生。

除了以上所述的两个主要问题外，在目前黄河故道的开发利用过程中，还不同程度地存在如下问题：部分地区有关治理工程的标准偏低，对生态效益、水源污染以及故道堤防和现存工程的保护工作不够重视，故道开发利用的途径、手段、功能和目标单一，没有充分考虑农田灌溉节水技术的推广与应用，以及交通、旅游资源开发利用等。对于上述问题和现象，必须认真研究并加以协调和统筹解决。

总之，欲使黄河故道得到进一步的开发利用，就必须遵循科学的流域开发治理五原则，即系统开发原则，综合开发原则，以水资源开发为中心、多种资源相互匹配、多目标反复权衡原则，分区开发原则，立体网络开发原则。只有这样，方能真正实现黄河故道“一河多用”的开发目标和故道区域经济的全面腾飞。

2 黄河故道是可综合开发利用的宝贵资源

2.1 黄河明清故道兰考—徐州段的引黄蓄水功用

2.1.1 明清故道兰考—徐州段的引黄蓄水大有可为、势在必行

早在70年代末，治黄专家徐福龄先生就曾指出：“充分利用（黄河）故道输水，发展两岸农田灌溉，是大有可为的。”近20年后的今天，这句话仍不失其重要的现实指导意义，就目前黄河故道沿线的水资源情况而言，“引黄东进”已不仅仅是大有可为，而是迫在眉睫、势在必行。

2.1.1.1 徐州以上黄河故道地区的水资源状况评价

众所周知，缺水问题业已成为严重影响和制约我国社会稳定和经济全面高速发展的至关重要的因素之一。因此，作为我国经济、社会、资源与环境协调发展的行动纲领，1994年3月25日国务院第16次常务会议讨论通过的《中国21世纪议程——中国21世纪人口、环境与发展白皮书》就特别强调“从长远看，中国水资源的问题主要是短缺和不足”，“水污染严重和水资源短缺已成为中国水资源可持续利用的两大重要障碍”。

徐州以上故道地区的水资源形势不容乐观，有关统计结果如表6所示，由表6可以看出，如果用“山穷水尽”来评价黄河故道徐州以上地区的水资源形势毫不过分。这里绝大部分地区的人均水资源占有量在全国平均值的23%以下，即使相对较好的徐州地区也仅有73%。故道考察队在安徽省砀山县考察期间，就曾了解到如下事例：因水源匮乏，果农不得不排队购水兑农药喷洒治

虫，每立方米水的价格竟高达 3 元之多。其缺水问题发展到如此境地，令人触目惊心。可以预料，黄河故道沿线的缺水问题将成为当地社会经济持续稳定发展的一个“瓶颈”。因此，上述地区尽快解决水资源危机问题实是当务之急，势在必行。

表 6　徐州以上黄河故道地区水资源情况

县、市	土地面积（km^2）	人口（万）	水资源总量（万 m^3）	人均水资源量（m^3）	与全国均值之比（%）
兰考县	1 367	68.4	16 098	235	10
商丘市	10 120	614.9	22 8400	371	16
曹　县	1 974	109.4	29 261	267	11
单　县	1 647	91.8	46 743	509	22
丰　县	1 444	95.8	52 000	543	23
徐州市	11 258	720.0	1 220 700	1 695	73
合计、平均	27 810	1 700.3	1 593 202	937	40

2.1.1.2　利用黄河故道引黄蓄水是解决徐州以上故道地区水源短缺的重要途径

解决徐州以上故道地区水源短缺的途径应从“开源节流”入手，就开源而言，从长远来看要解决北方地区的缺水问题，修建大规模的跨流域引水工程势在必行。但这些工程的兴建又不是短期内能够实现的，而且农业的效益较低，难以承受远距离调水昂贵的成本。打井取水虽可缓解一时用水紧张局面，但地下水储量毕竟有限。况且长期不合理抽取地下水易造成地下水区域性下降漏斗等严重后果。此次考察结果表明，利用黄河故道进行引黄蓄水，不失为一种解决徐州以上故道地区水源短缺的重要途径。河南商丘地区在这方面的成功实践即是例证。

黄河故道途经商丘地区的四个县市，在 1958 年就开始了利用黄河故道进行引黄蓄水灌溉的大胆尝试并形成一定规模。目前，在长度为136 km的故道内，已陆续兴建有断堤头、任庄、林七、吴屯、郑阁、刘口、马楼、石庄、王安庄等多座梯级水库，库容1 200万m^3至4 500 m^3不等。其引黄输水工程包括总干渠1条，长56 km；干渠10条，长600 km；支渠37条，斗渠1 031条，农渠15 150条。仅1987年引黄水量就达5.4亿m^3，灌溉农田约12 hm^2次，灌溉范围包括民权、宁陵、柘城、睢县、虞城、商丘县及商丘市7个县市。当然，其他县市在这方面也进行了有益的探索和实践。总之，利用黄河故道引黄蓄水不仅灌溉了农田，发展了当地经济，同时对补充地下水资源也起到了明显的作用。

实施“引黄东进”（同时大力推广和发展节水技术），对于解决该地区的水资源危机问题，保证黄河故道沿线地区经济的持续发展和腾飞，具有极其重要的现实意义，应该成为有关决策部门亟待解决的首要问题。

2.1.2 明清故道兰考—徐州段的引黄蓄水的可行性

明清故道兰考—徐州段全长376.4 km，河道面积2 630.34 km^2，一般均高于周围地面6～8 m。其首端兰考地段滩地高程最高为75 m，末段徐州段为46 m左右，平均坡降0.77/10 000。纵观黄河故道引黄历史和当地水资源的现状，不难看出：利用此段黄河故道进行引黄蓄水不仅是必要的，而且也是可行的，同时还具有其他开发水源途径和方式所不能比拟的多种优势。

首先，愈来愈严重的水资源危机现实和经济持续稳定发展的要求，使沿线人民越发认识到进一步开发新的水源、节约用水的必要性和紧迫性。结合黄河故道的开发治理，修建引黄蓄水工程，已成为当地人民普遍关注的焦点和自觉行动，成为沿线各级政府部门所面临的亟待落实解决的头等大事。这为“引黄东进”，充分发挥黄河故道的引黄蓄水功用提供了强大的社会基础。

其次，利用黄河明清故道引黄蓄水，由于故道地势一般高于周围地面，自流输水和灌溉以及管灌、喷灌、滴灌、渗灌等节水技术的实施较为容易和方便，黄河来水可避免受到较大程度的污染；再加上该段故道毗邻现行黄河，在很大程度上又克服了远距离调水的“地形复杂、技术和施工难度较大、需要强大动力及众多设备进行提灌、沿途水源浪费严重、成本昂贵”等弊端和缺陷；同时，黄河故道行河达数百年之久，河形明显，经过适当开挖整治即可恢复其输水能力，既不需要专门另行开辟新的河道，又可利用现有相关工程，依附大堤改建、兴建平原水库。所有这些，都充分表明了其引黄蓄水的经济合理性。

再者，就引黄蓄水的技术可行性而言，经过故道沿线地区有关部门以及众多科研人员数十年的不懈努力，引黄蓄水在部分地区取得了突破性进展，在引黄蓄水灌溉的规划设计，处理与解决引黄蓄水所带来的诸如泥沙淤积、土地次生盐碱化等问题方面，均找到了一些途径和掌握了许多方法，并积累了大量经验。

需要特别说明的是，引黄蓄水不仅为当地的工农业生产提供了宝贵的淡水资源，同时对补充地下水资源也具有不可估量的重要作用和价值。总之，科学、合理地利用黄河故道实施引黄东进，进行蓄水灌溉，不仅是明清故道沿线地区经济持续稳定发展的内在要求，而且对故道区域经济的长远发展规划及腾飞也具有极其重要的战略意义。

2.1.3 明清故道兰考—徐州段引黄蓄水所存在的问题及解决途径

黄河明清故道兰考—徐州段的引黄蓄水，不可避免地要遇到许多问题和矛盾，尚须进行多方面的大量工作，妥善解决。就目前情况而言，所涉及到的主要问题有：

a. 引黄蓄水不可避免地要涉及黄河下游沿黄地区水资源的优化配置和可持续利用发展战略等问题。由于受地理位置、行政区划、气候以及经济技术条件的制约和影响，各地合理有效利用黄河水资源的程度不一，每立方米水所产生的效益差异明显，黄河水资源的不合理利用问题十分突出。目前黄河径流的年内、年际间变差大，时空分配不均，断流频繁发生等问题，又加剧了其水资源开发利用的难度。

b. 由于徐州以上黄河故道横贯豫、鲁、苏、皖四省，受不同行政区域管辖以及沿线河道、水系情况不一所限，再加上沿线各级政府部门多基于本地区的实际考虑故道的开发利用，故使得目前黄河故道的开发程度和现况参差不齐，在故道洪水出路、引黄水资源分配等问题上所产生的水利纠纷也时有发生，由于缺乏有效的故道流域水资源管理措施，往往“近水楼台先得月”，乃至以邻为壑，上游开发截流，致使下游河流干涸，地下水位下降，造成人为的缺水。这种“各自为政”的状况严重制约着整个相关地区引黄事业的发展壮大。因此，欲充分发挥此段黄河故道的引黄蓄水功用，就必须打破行政区域的界限，克服地方主义的观念，既立足于各地区实际情况，又着眼于整个黄河故道，在“充分协商、统一规划、统一部署”的前提和基础上实施引黄东进。不然，将难以发挥黄河故道的整体开发优势，引黄蓄水的举措亦将难以实施和充分发挥效益。

c. 实施引黄东进，进行蓄水灌溉，必须与农业节水灌溉技术的应用和发展同步进行。有关资料表明，我国农业用水量约占总用水量的80%左右，但有95%以上的耕地仍采用地面灌溉方式，水流漫灌，损失极大，每公顷灌溉用水竟达到15 000 m^3，水的利用率不到40%，与国外某些国家的灌溉水有效利用率高达80%～90%以上形成鲜明的对比。因此，借鉴国外先进经验，积极推广管灌、喷灌、滴灌、渗灌等节水灌溉措施，是保证引黄蓄水工程顺利发展的关键步骤，必须给予足够的重视，否则，引黄蓄水的作用和价值将难以体现。

d. 较大规模实施引黄蓄水工程将不可避免地带来诸如引黄河道的泥沙淤积以及次生盐碱化等问题，虽然对上述问题的处理解决方法人们已经积累了不少的经验教训，但仍有一些问题和矛盾还没得到有效的解决，必须通过卓有成效的科研工作加以补充和完善。利用黄河淤积泥沙制作新型建筑材料，不仅避免了引水河道的严重淤积，同时又遏制了现行制砖等行业浪费大量耕地的现象，可谓一举两得。在强调“保护耕地，就是保护我们的生命线”的今天，加强这方面的研究并尽快付诸于实践，尤其显得必要和具有深远意义。另外，由于黄河故道仍属“悬河”，较大流量引用黄河水，有可能对堤防安全造成的威胁也是实施引黄蓄水不可忽视的重要问题之一。但通过对黄河故道进行必要的整治，实现一定流量的引黄是完全可行的。

e. 实施引黄蓄水工程可能遇到的最大矛盾是，春灌干旱季节故道沿线需要引用黄河水时，同期的黄河水量较小或发生断流以致无水可引。解决此问题的途径可从两个步骤入手：第一步骤是在不影响黄河故道宣泄自身流域洪水的同时，想方设法尽可能引用汛末和凌汛期黄河来水。虽然此举风险较大，但在目前形势下这是解决此问题的值得探索的方法。采取科学的态度，在这方面进行大胆有益的探索和尝试，对于黄河故道的未来以及现行黄河的引黄事业均具有深远的指导意义。徐福龄先生在 1977 年的一篇文章中就曾提到：“建议结合黄河下游防凌，可研究向故道分水的措施，既能减少三门峡水库的防凌库容和减轻山东凌汛威胁，又可发展故道两岸水利，达到一举三得。”第二步骤是大力发展故道沿线的平原水库。将在汛末和凌汛期引用的黄河来水储存起来，以备灌溉时节提用。当然，实现这两个步骤同样需要进行大量艰苦细致的工作。另外，在枯水季节黄河仍有部分弃水未得到充分利用，也是需要研究解决的问题之一。

f. 在落实与解决上述有关问题的同时，必须抓紧抓好黄河故道自身的规划、治理与开发工作。引黄蓄水是开展黄河故道规划、治理与开发的重要前提和组成部分，而黄河故道成功的规划、治理与开发又将进一步促进引黄事业的发展，两者相辅相成，缺一不可。显然，诸如大堤的整治修复、河道主槽的开挖疏浚、配套工程的设计兴建等等，无疑需要进行充分的规划、比较和论证；工程的实施还需投入大量的人力、物力和财力。因此，尽快落实相关规划及科研课题、多方筹集资金，开展引黄蓄水的前期工作，对于成功实施引黄蓄水工程具有至关重要的作用，不可等闲视之。

g. 引黄蓄水工程一旦得以实施和运转，其系统、完善、高效、合理的管理方式和手段是引黄蓄水工程成功运行和持续稳定发展的必要条件，也是保证引黄蓄水工程成功与否的关键所在。因此，设立统一的管理机构，改革和完善引黄蓄水的管理机制势在必行。

2.2 徐州—淮阴段故道河槽的治理与滩区的综合开发

2.2.1 徐州—淮阴段河槽及滩区的特点

2.2.1.1 河槽的特点

徐州—淮阴段故道系指始于丰县二坝，止于淮阴二河截断处的黄河故道。考察队实地考察发现，该河段河槽与其前后两段相比有三个较为显著的特点：一是该段河槽经过数十年“分段治理、各找出路”的整治已被截成数段，成为沿途各县市相应区域的排涝蓄水通道；二是该段河槽虽经过一定开挖整治，但仍有不少河槽内生长芦苇、水草，有严重阻水现象，部分区段则由于泥沙淤积及种植的影响，已经没有明显河槽，水流极不通畅；三是该段河槽目前既没有丰县二坝上段的引黄蓄水功能，也没有淮阴二河截断处下段的跨县界调水功用，其功用比较单一，主要是作为滩区综合性农业生产的一个“水利部件”，为抗御滩区洪、涝、渍、旱服务。

2.2.1.2 滩区的特点

徐州—淮阴段故道滩区主要有如下四个方面的特点：

一是滩区水资源贫乏，水资源利用率偏低。徐州—淮阴段黄河故道滩区属泗水与淮河流域的分界线，地表水资源量相对较小，年平均降雨量 950 mm 左右，且时空分布不均。因故道中泓调蓄能力较差，平原水库又很少，滩区拦蓄降雨径流的能力差，使得滩区内的雨水利用率很低。同时，由于滩区浅层含水层不厚，地下水可采量十分有限，再加上目前滩区井灌水利设施很不完善，开发利用地下水的能力较差，故滩区旱季的用水多依靠外水补给为主。

二是滩区耕地土壤类型复杂，土地质量不高。黄河故道滩区耕地土壤类型具有多样化特点，主要有淤土、壤土、砂土、飞沙土、盐碱土五种。其中淤土主要分布在原河道岸边缓流地段，砂土主要分布在原河道水流较急的地段，而盐碱土在滩区内则不多见。就整体而言，滩区土地质量不高，以徐州地区的土地状况为例，1～2 级土地仅占 14%，3 级土地占 30%，4～5 级土地达到了 56%。

三是光照和热量资源充裕，农业生产的气候条件较优。徐州—淮阴段黄河故道滩区处于暖温带与亚热带气候过渡地带，气候具有明显的过渡性，冬季干冷，夏季炎热，春季回暖快，秋季天高气爽，四季分明，气候温和，无霜期长，光照充足，热量资源较为丰富。总的说来，作为土地组织要素的光热条件较优越，滩区农业生产潜力较大。

四是滩区地貌类型以河槽高地为主，耕地限制因素多，生态环境较脆弱。塑造黄河故道滩区地貌类型的主控因素是河流，滩区内微地貌发育，河滩高地是滩区主导地貌类型。滩地的土壤地貌特征导致了黄河故道滩区洪、涝、渍、旱、沙、碱等灾害交错发生，并且出现频率较高。由于滩区耕地的耕作受到土壤侵蚀、水土流失、盐渍化及灌溉条件等多种因素的制约，使得滩区的自然生态环境较为脆弱，故在各县市农业区划上黄河故道滩区都被划为独立的农业区。

2.2.2 徐州—淮阴段滩区治理开发的现状和开发潜力

2.2.2.1 滩区治理开发的现状

新中国成立后，故道两岸的人民对滩区进行了以治水改土为中心的治理开发，先后兴建了安庆、崔合庄等数座中小型水库，总蓄水量达数亿 m^3 之多；还修建了新工、古邳、王山等翻水站，故道河槽也局部进行了整治疏浚，两侧高滩地的灌溉排涝沟渠初成体系。伴随着滩区水利条件的改善，滩区85%以上的低洼易涝地已得到不同程度的治理，80%的盐碱地基本被治理，有效灌溉面积已占滩区耕地总面积的一半以上，许多原来的纯旱作区变成了水旱混作区，复种指数提高了，昔日一片风沙、盐碱和沼泽的荒凉景象已发生了根本性的变化。新中国成立以来，尤其是在十一届三中全会以后，黄河故道沿线地方政府在广泛开展滩区水利建设的同时，利用滩区相对的自然条件优势，因势利导，大力发展林果业、渔业和牧业，使滩区农、林、牧、副、渔各业的发展都已初具规模。

尽管滩区治理开发取得了许多成就，但仍存在一些问题。首先，以治理故道河槽为中心的滩区水利建设明显滞后于滩区综合性农业开发，在滩区水利建设过程中缺乏全局观念，各县市行政区划内的滩区水利建设也很不平衡；其次，滩区农业生产结构不甚合理，农业生产水平较低，林业、牧业、渔业没实现规模经济，缺乏木材、干鲜果、肉、禽、蛋等的深加工企业，没有形成“种、养、加”一条龙的生产体系；再次，目前滩区的综合开发建设多注重于近期的经济效益，对远期及生态效益缺乏应有的重视，以滩区农、林、牧、副、渔各业得到长足发展的同时，滩区生态环境的脆弱状况未得到根本性的改变，滩区抗御洪、涝、渍、旱、沙、碱等灾害的能力依然偏低。

2.2.2.2 滩区综合性农业开发潜力

徐州—淮阴段故道滩区的农业生产气候条件比较优越，光温生产潜力较大，具有发展农、林、牧、副、渔综合性农业生产的地貌条件和水域条件，滩区综合性农业开发蕴藏着很大的潜力。其中，农业深度开发潜力有中低产田改造、低产园地改造以及低产林业改造三部分，农业广度开发潜力主要有荒滩区开发潜力和荒芜水面开发潜力两类。目前，仅徐州地区的黄河故道滩区的耕地中就有55%的中低产田，这些中低产田与邻区田地相比，粮食单产每 hm^2（公顷）低750～1 500 kg；棉花单产每 hm^2 低225～375 kg。总之，故道滩区的土地利用尚不充分，是徐州地区荒地分布比较集中的一个区域，其中，可开发的荒地有6 666多 hm^2，荒芜水面4 000多 hm^2。

2.2.3 河槽治理在故道滩区综合开发中的地位和作用

2.2.3.1 河槽治理是挖掘滩区农业开发潜力的主要途径

考察结果表明，制约滩区农业生产提高的因素有洪、涝、渍、旱等，其中"旱"占据了主导地位。因此，利用故道河槽引调客水，增加滩区的有效灌溉面积，是彻底抗御滩区旱灾和治理中低产田的根本途径，为滩区旱改水创造了条件。故道地区睢宁、铜山等地滩区农业开发项目的运作实践表明，将甘薯、玉米、大豆等秋季旱作改为水稻种植，每 hm^2 可增产粮食3 000 kg以上。显然，通过旱改水方法改造中低产田是经济效益比较显著的一种方式，这使得通过开挖故道河槽，引调滩外水源，将滩区内的部分中低旱作田改为水稻田成为可能。总之，要合理地开发利用故道滩区现有各类土地资源的生产潜力，水是关键。治理故道河槽，建立以河槽为轴心的滩区灌排体系，是挖掘黄河故道滩区农业深度开发潜力和广度开发潜力的主要途径。

2.2.3.2 河槽治理是改善滩区生态环境，实现滩区农业生产可持续发展的支柱

黄河故道滩区沙壤土居多，土壤瘠薄，易于水土流失，其农业生态系统因位于暖温带与亚热带气候过渡地带而处于一个特殊

环境，具有许多区别于一般农业生态系统的特征，即波动性、脆弱性、低效性和难控性四个特征。从上述四个特征入手，剖析滩区农业生态环境的现实状况，可知滩区所面临的主要生态问题是水土流失和综合性农业发展水平的偏低。因此，治理水土流失以及大力发展综合性立体农业是改善滩区生态环境的主要对策。

由于降雨集中月份的降雨强度一般较大，加之滩区微地貌发育，表土较松，植被覆盖较弱，使得滩区的水土流失现象十分严重，如徐州滩区的沙土地段，其土壤单位侵蚀量有时高达 4 500 t/（km^2 · a）。水土流失不仅带走了大量土壤养分，而且还造成一些水库的淤积。故开挖治理河槽，建设以黄河故道中泓为轴心的农田沟渠系统，不仅可以有效地控制降雨所形成的径流流态，拦截径流和泥沙，而且也为治理滩区水土流失的农业生物措施营造了良好的实施条件。可以说，在治理滩区水土流失过程中，不管是采取工程措施，还是采用农业生物措施，都应首先治理河槽。

故道滩区微地貌发育，适宜发展林、果、桑、牧、渔等综合性农业生产。尽管近几年滩区在这方面有一定的起色，但相对于滩区自然资源和生态状况而言，滩区综合性立体农业发展水平仍偏低。从不同空间配置滩区农业，并从农、林、牧、副、渔多方面对滩区自然资源进行深度的开发利用，大力发展用较少的投入获得较大综合效益的综合性立体农业生产，不仅能获得较好的经济效益，而且能有效地改善滩区的生态环境。综合性立体农业可以调节气候、涵养水分、防风固沙，对滩区地面、地下和空间的生态环境具有多方面的积极影响。但是，高效的滩区综合性立体农业要依靠滩区完善的灌排水利设施来支撑，而完善的水利设施的建立在很大程度上又要依赖于故道中泓河槽的治理。因此，欲实现并建立可持续发展的滩区农业生产综合体系，进而改善滩区的生态环境，必须以河槽卓有成效的治理为依托。

2.3 明清故道淮阴—入海口段的输水排涝功用及开发对策

2.3.1 故道淮阴（杨庄）—入海口段的分洪输水排涝功用

淮阴（杨庄）—入海口段黄河故道全长 180 多 km，滩面一般高于两侧地面 6～10 m，海口附近为 3～4 m，纵比降万分之 0.8 左右，云梯关以上堤距较窄一般有 1～2 km，涟水附近最窄处仅 800 m，云梯关以下渐宽，七套处最宽近 5 km。该段河道过去堤防林立，险工众多，是决溢问题相对突出的地段；自 1855 年黄河北徙以来，两岸堤工日渐衰落，河道萎缩，因故黄河淤高，淮水不能自复故道，淮河来水大多南下入江且河患尤甚，故在清末民国初期，人们便考虑利用黄河故道导淮，并对河道进行了一定规模的疏浚。即使这样，根据 1916 年江淮水利测量局的测量结果，淮阴杨庄河底高程已与洪泽湖底接近持平，当杨庄水位在 13 m 以下时已没有分洪价值[①]。

1921 年，淮河大水，洪泽湖最高水位 16 m，最大下泄流量 15 200 m^3/s，三河占 96%，张福河占 4%；杨庄最高水位 15.19 m，进入黄河故道的最大流量 183 m^3/s，当水位降至 14 m 以下时，流量降为 64 m^3/s。1931 年，淮、沂、泗水齐涨，8 月 8 日，洪泽湖蒋坝最高水位 16.25 m，杨庄最高水位 15.82 m，黄河故道出现 339 m^3/s 的洪峰，引起沿岸群众慌恐。

1934 年 11 月，江苏省政府自淮阴县杨庄，经西坝、涟水、菱陵佃湖、云梯关至七套开始疏浚黄河故道，并在七套以下至套子口开挖新河，计长 168.59 km，新河开挖工程于 1937 年 5 月完工，定名中山河，因当时经费受限，泄水流量由 1 500 m^3/s 减至 455 m^3/s。在 1935 年 11 月—1937 年春建筑杨庄活动坝，以控制洪泽湖入海水量（该活动坝后毁于战火）。1937—1949 年，因受抗日战争和解放战争影响，黄河故道非但无法治理，而且因多被用来构筑军事

① 洪泽湖湖底高程 10～11 米，水位一般维持在 12 米多。

工事而屡遭破坏。

中华人民共和国成立后，为控制淮、沂、泗进入黄河故道的水量，节制中运河的航运水位，1951 年 10 月开始修复杨庄活动坝，于 1952 年 6 月竣工，设计流量 500 m^3/s。并通过兴建丁坝，搞砖石护坡，做临时埽工，增设防冲槽等形式，加固沿河的险工堤段。淮阴（杨庄）—入海口段黄河故道开始全面发挥其分洪、灌溉、排涝的综合功用。

在分洪方面，中华人民共和国成立初期的分洪任务较重，其分洪情况如表 7 所示。此后，随着分淮入沂工程的实施以及入江水道的加固，黄河故道的分洪流量相对减小，一般控制在 300 m^3/s 左右，如在 1964—1981 年的 18 年中，分洪流量大于 400 m^3/s 有 4 年，大于 300 m^3/s 有 6 年，有 8 年不足 300 m^3/s。80 年代末至 90 年代初，其分洪流量一般不大于 300 m^3/s。尽管如此，由于此段河道一直承担分洪任务，而河床土质又系粉沙，水大则淌，水小则淤，河床不断摆动，滩岸冲刷严重，险工难以稳定，其河床的摆动与行洪流量的大小存在密切关系，曾一度给沿岸工农业生产形成较大威胁。

表 7　淮阴（杨庄）—入海口段黄河故道分洪情况

年　份	分洪情况	备　　注
1951—1953	最大行洪流量 300 m^3/s	
1954	最大分洪流量 454 m^3/s，其中超过 300 m^3/s 的有 38 次，超过 400 m^3/s 的有 9 次	淮河洪水，全年分洪 19.53 亿 m^3
1957	最大分洪流量 585 m^3/s，超过 500 m^3/s 的有 25 次	沂沭泗洪水，全年分洪 48.8 亿 m^3
1958	最大分洪流量 612 m^3/s，超过 500 m^3/s 的有 27 次，超过 400 m^3/s 有 4 次	涟水县城附近实测流量达 681 m^3/s
1960	承泄流量突破 500 m^3/s	
1962—1963	承泄流量突破 500 m^3/s	

在输水灌溉方面，1951 年苏北灌溉总渠的兴建，使此段黄河故道逐步演变成为分洪道，兼作渠北地区（即南傍苏北灌溉总渠，北至黄河故道，东达黄海的一狭长地带）唯一的灌溉河道，实现了数百年来黄河故道行洪的转折。淮阴、盐城人民通过建闸控制、整治河床、清除行水障碍、险堤加固等手段，基本达到了故道蓄泄兼顾、蓄淡保灌、挡潮御卤以及确保汛期安全运行的目的。仅盐城 1960—1982 年就在故道大堤上修建了穿堤建筑物 36 座，其中翻水站 10 座、套闸 2 座、引排闸洞 24 座；1978 年，盐城将黄河故道列为以灌溉为主的河道，1979 年大套翻水站建成向故道输水 50 m^3/s，灌溉沿岸 8 万 hm^2 农田。需要指出的是：由于黄河故道地势较高，由洪泽湖通过故道向涟水、滨海等地输水要受到洪泽湖水位的限制，一旦遭遇枯水年份，则极易导致涟水、滨海等地水源紧张。考察队了解到：1993 年大旱，黄河故道来水极少，严重影响涟水县城居民的生产生活，自来水公司迫不得已只好在黄河故道内建坝拦水，以解燃眉之急。由此可见，在故道淮阴（杨庄）—入海口段在干旱年份亦存在水源不足问题。

利用黄河故道排涝是淮阴、盐城渠北地区机电排涝的重要组成部分。由于苏北灌溉总渠的兴建，使得本地区雨水没有出路（图 1），故于总渠北堤下上至淮安、东迄海口，平行开挖一排水渠；但因排水渠河道浅、河线长，上、下游地势悬殊大，下游洼地承受上水压境和倒灌之苦；且日渐淤积，水草丛生，水流不畅，排涝功能锐减，因此在低洼地区兴建排涝站，抽排当地涝水入黄河故道下泄入海。以盐城为例，1979 年在大套建立临时翻水站，涝时向黄河故道排涝 50 m^3/s，1980—1987 年分别在周门、单港、北沙兴建 3 座机械翻水站，抽排雨水入黄河故道，设计排水 70 m^3/s。

2.3.2 故道淮阴—入海口段进一步开发利用的对策

淮阴、盐城两地区位于淮、沂、沭、泗水下游，地势低平，淮河入江水道、苏北灌溉总渠、黄河故道、新沂河横穿东西，京杭大运河、淮沭新河纵贯南北，襟带骆马湖、洪泽湖等，境内沟渠纵横、水网密布，古时就有“交通、灌溉之利甲于全国”的美誉。因此，考虑该段黄河故道的实际状况，为充分利用当地沟渠纵横、水网密布的优势，应通过如下几个方面的对策和途径加大该段黄河故道的开发力度。

a. 随着全球水资源危机的加剧和水资源污染程度的日益严重，淮阴、盐城等地市的用水紧张局面亦不容乐观，现今淮阴市区的地下水位正以每年 2.8 m 的速度下降。因此，大力整修故道大堤和开挖疏浚河槽，最大限度地扩大其河道的输水排涝能力，利用其地势高于周围地面，既可节省大量提灌设备和动力，实现水流输送以及管灌、喷灌、滴灌、渗灌等节水技术，又可避免较大程度污染，充分满足故道沿线地区的工农业用水以及未来中山港建设运转的供水要求（关于利用该段黄河故道向中山港的供水问题，详见 2.4 部分）。

b. 在此基础上，利用故道沿线地区水源供给充足，且距离较近的优势，通过兴建错落有致、首尾衔接的众多梯塘，大力发展螺旋藻等保健食品的养殖，实现渔农兼作的新式耕作方法（参见本书第 96 页第 5 部分）。

c. 考虑洪泽湖以下黄河故道的现状，目前直接利用其实施大流量的分洪难度大，但可依附高亢的黄河故道作为一天然屏障，在其旁开挖修建一条高标准的泄洪通道，用来宣泄淮河洪水则完全可能。现此规划正在实施之中。

d. 利用故道沿线丰富的治黄历史遗迹和人文景观，全面系统开发旅游资源，弘扬和宣传黄河文化，让更多的海内外有志之士充分关注这片古老黄河土地的治理开发，通过多渠道吸引资金，为这项宏伟工程的保护和开发利用提供强大精神动力和物质基础（详见下文 2.5 部分）。

2.4 黄河明清故道入海口附近海岸的建港条件与建港规划

2.4.1 黄河明清故道入海口附近海岸的建港条件

2.4.1.1 中山港的位置

明清黄河故道口大淤尖在南宋至明清时期曾是苏皖一带为京城和辽东驻军提供漕粮、贡品和补给的重要通道。本世纪 90 年代，随着国家改革开放政策的日益深入，沿海地区经济的迅猛发展，有关政府部门和有识之士提出了建设海上江苏的宏伟设想，正在规划拟建中的中山港即是其不可缺少的重要组成部分。

中山港位于江苏省滨海县境内的明清明清黄河故道三角洲，地处江苏中北部海岸的最突出部位，明清黄河故道以北，中山河以南，地理坐标为北纬 34°18′，东经 120°。该港在我国沿海中部，连云港与长江口之间，与日本、韩国隔海相望，与日本长崎的距离约 460 n mile，比大连、青岛和连云港要短。总的说来，中山港具有较优的地理位置。

2.4.1.2 中山港具有优越的自然条件

中山港所具有的优越自然条件归纳起来主要有六个方面：(a) 深水贴岸；(b) 海床平稳，锚地广阔，航道稳定；(c) 平均潮差小，泊稳条件好；(d) 环境承载容量大；(e) 地质构造稳定；(f) 气候条件良好。

2.4.1.3 建设中山港的区域经济意义

综合剖析中山港建港的一些论证及规划报告，可以看出，中山港的建设和运转具有较大的区域经济带动效应，具体表现在如下四个方面：

一是从江苏省区域经济发展和“三沿”（沿江、沿海、沿线）战略来看，沿（长）江经济已经腾飞，沿（陇海）线经济区正在发展，唯独沿（黄）海经济尚处于落后状况。建设中山港有利于加快苏北沿海经济贫困地区的发展步伐。

二是从淮河流域区域经济的发展来看，淮河入海口需要布局港口。我国从南到北，几乎所有大江大河的入海口都有港口分布，就连普遍认为无法建港的黄河入海口，也建成了一个 5 000 吨级泊位的港口，黄河海港已初具规模；中山港的建设，对于处在我国中部的淮河流域地区的经济振兴，将发挥重要作用。

三是从中山港在我国版图上所处的地理位置来看，中山港可望成为一个内外联系的区域交通轴心。中山港位于我国淮河流域东部沿海开放地带的脐部，介于发达的长江三角洲和胶东半岛之间，处于我国东部地区 π 型经济结构的重要节点，经海路可直航日本、韩国及上海、大连，对内可通过疏港高速公路与 204 国道、宁连高速公路相接；通过淮河入海通道串联京杭大运河，通榆运河，促进苏北经济的发展。

四是从亚欧大陆桥东桥头堡的作用看，中山港一旦建成，可与连云港共同构成亚欧大陆桥真正的东桥头堡。目前，亚欧大陆桥的西桥头堡鹿特丹港年吞吐能力达 3 亿多 t，而连云港作为东桥头堡年吞吐能力只有 2 000 多万 t。连云港的发展，加上中山港的建设，总吞吐能力可达 2 亿多 t，就能成为名副其实的东桥头堡。

2.4.2 规划布局中山港应充分考虑发挥黄河故道的作用

中山港的具体港址在滨海县东部的黄河故道入海口附近，中山港与黄河故道在客观上存在一定的内在联系。考察队在剖析中山港现有规划布局方案时发现，该方案尚缺乏对如何发挥黄河故道作用的考虑。实际上，在规划布局中山港时，合理利用黄河故道并发挥其作用，对于提高中山港的建设质量和充分发挥中山港的区域经济带动效应有重要意义。现具体分析如下：

2.4.2.1 黄河故道对中山港港区给水的潜在作用

考察队实地参观获取的信息表明，中山港港区远离城镇，无城镇供水系统可依托，需建立港区自己的给水系统，其水源近期主要依靠引调的过境地表水。考察队认为，引调水源的较佳方案是通过黄河故道引调通榆河的水。从滨海县目前的水资源及河道分布状况来看，黄河故道是向中山港引调过境地表水的最经济输水路线。

另外，随着农业用水量的不断增加，通榆河等河流可提供给港区的水量将不断减少，而随着港区规模的扩大，中山港港区用水量将急剧增长。根据中山港的货物种类和规模来分析，到2000 年末，港区日最大用水量约为 5 100 t；2010 年日最大用水量为 13 900 t；2020 年日最大用水量约为 25 900 t。虽然港区沿海含水层埋深 150 m 左右及 220～230 m 处水质较好，具有生活用水价值，但因港区是河流冲积而成的三角洲地带，其地下含水层赋存的地下水一般都为孔隙水，与海水直接相连通，在海岸地带抽取地下水很容易导致海水入侵，使地下水源盐化。显然，企望依靠港区地下水来满足不断增长的港区需水量是不现实的。我们认为，在过境地表水可引调量减少及地下水大量开采不可取的情况下，如依托黄河故道入海段建设平原水库，可有效地改变因境内降水和过境地表水时空分布不均导致水量“丰”而“不实用”的状况，为港区提供稳定可靠的水源。

2.4.2.2 黄河故道作为中山港疏港航道的潜在功用

水运价格较为低廉，大宗散货货种采用水运比较合理。发展港口后方内河水运，在中山港后方集疏运工程中占据举足轻重的地位。尽管中山港腹地的现有内河航道不少，但这些航道的级别普遍偏低，航运能力较差。目前中山港的集疏水运航道主要寄希望于淮河入海道-苏北灌溉总渠的扩建开挖，使得疏港航道达到三级航道标准。

考察队认为，随着港口远期集输运量的不断增加，东西方向的内河主要依赖于苏北灌溉总渠将不能满足中山港货物集、疏、运的实际需要。故开挖黄河故道及翻身河是远期发展中山港东西向疏港航道的一个颇有论证价值的方案。

2.4.2.3 黄河故道对拓展中山港经济腹地的潜在效应

中山港与相邻区域内待建及发展中的港口距离较近，各港的腹地交叉重叠部分较大，未来中山港腹地将自东向西沿运输通路向内陆县市延伸，并且从海河联运的主体框架格局来看，中山港腹地范围应以未来淮河入海水道为基点进行选择和分析。从中山港的区域经济带动效应分析，该港是依托淮河入海口而优选的一个港址，该港应该对整个淮河流域的经济产生一定的带动效应。如将行洪数百年的黄河故道整修成一条水运航道，将使中山港对整个淮河流域区域经济产生带动作用成为可能，进而充分发挥中山港对发展区域经济的潜在作用。同时也为沿黄河故道地区的经济大发展创造条件，形成一条类似于长江中下游经济带的黄河故道经济带。该经济带以河南商丘市、江苏徐州市及淮阴市为轴心，以商丘、徐州铁路交通枢纽的优势，徐州地区丰富的煤炭资源，以及广大地区巨大的综合农业开发潜力为经济起飞带动点，以中山港作为该经济带对外交流的窗口，可望构筑一经济高速发展的条形区域。这一条形区域客观上就是中山港的经济腹地。

江苏中山港是一待开发的港口，运输腹地的形成和拓展将有一个过程。在这一过程中，将黄河故道的开发利用有机地统一起来，将会更加高效地发挥中山港的区域经济带动效应，合理有效地拓展中山港的经济腹地。

2.4.3 中山港的布局规划应考虑未来利用黄河故道分输水沙可能产生的环境影响

黄河故道曾行河700多年，随着现黄河河床的不断淤积抬高，防洪压力的日益增大，明清黄河故道可能具有再度行河的必要。利用黄河故道分输黄河来水来沙，使黄河下游形成两条行河路线，其中黄河故道的来水方式和流量大小均在人为的控制之下，这就避免了利用黄河故道分输黄河水沙可能对沿线人类生存环境产生大的负面影响。

若将来利用黄河故道来分输黄河来水来沙，必然也会对中山港港区的环境产生诸多影响。考察队实地考察后认为，其主要影响有四个方面：（a）将会使港区近岸水域含沙量加大；（b）将会对港区潮流输沙产生影响；（c）将会改变港区岸滩的冲刷状态；（d）将会对航道及港池产生比较大的淤积危害。

中山港目前的所有规划论证研究报告无一涉及黄河故道可能分输黄河水沙的情况，更没有提出当黄河故道携带大量泥沙从中山港附近海岸入海时的防范措施，这势必会对中山港的规划建设、长远发展带来不利。中山港的建设的确具有极其重要的战略意义和价值，但还须对黄河故道未来分输黄河水沙时可能对其造成的诸多影响给予足够的考虑，使中山港长远发展规划与合理利用黄河故道协调一致。

2.5 黄河故道作为人文旅游资源的潜在开发价值

2.5.1 从历史意义谈黄河故道的旅游开发价值

黄河故道是人工堤防约束下形成的一条“地上悬河”，故道大堤是我国古代人民与黄河洪水长期斗争的产物，换言之，黄河故道是在人类与自然力相互抗争的过程中逐步形成的。从旅游的角度来评估黄河故道价值时，应将其归属为人文旅游资源，历史意义是评价古迹类人文旅游资源开发价值的主要指标，纵观明清黄河的行河历史，许多重大的历史事件都与其存在着一定的联系，诸如明朝末年由李自成领导的农民起义及清朝年间由洪秀全率领的太平天国运动，均与当时的黄河存在这样或那样的联系。黄河故道可以说是其行河700多年间中国历史和社会变迁的重要佐证。考察队认为，黄河是中华民族的摇篮和象征，在炎黄子孙乃至外国人的心目中具有特殊的形象和地位，对旅游者来说更具有很强的吸引力（现黄河的中下游成了中国开发较为成功的宝贵旅游资源可证明这一点）。所有这些，决定了黄河故道是颇有潜在开发价值的旅游资源。作为中国古代人民抗御洪水泛滥灾害的伟大建筑物——黄河故道大堤，从其建筑工程量、历史内涵等诸方面并不比长城逊色多少，尤其是它在抗御自然灾害方面的地位和作用更是万里长城所无法比拟的。因此，从某种意义上而言，明清黄河故道大堤也同现今的黄河大堤一样，是一道名副其实的“水上长城”。通过卓有成效的开发与宣传，黄河故道之旅游价值一定是非常巨大的。

另外，在这条故道行河期间，亦涌现出许多载入史册的杰出治河人物。如明朝的潘季驯即是其典范和代表之一，他所提出的“筑堤束水、以水攻沙、藉清刷黄”等治河方略，在当时的治河实践中取得了明显效果，至今仍受到水利界人士的广泛关注；那些关于河流、水沙规律以及辩证的治河思想，至今仍放射着璀璨的光芒。漫步黄河故道，纵观大河上下，我们发现许多彪炳史册的历史风云人物在黄河故道都曾留下芳踪，使故堤增辉，如鸦片战争期间的风云人物林则徐，亦曾参与过当时的治黄工作。历史人物与黄河故道的结合，有效地提高了黄河故道作为人文旅游资源的历史内涵。

2.5.2 从美学意义谈黄河故道的旅游开发价值

旅游是人们在自然界和人文景观中进行直接的综合性审美实践。如何对旅游资源的美学意义进行评价是一个较为复杂的问题，但任何旅游资源的美学价值都是客观存在的。旅游资源之所以吸引人们去开发和观赏它，是因为其蕴涵了美，旅游资源美学意义的高低在一定程度上决定了其开发价值的大小。

黄河故道作为可开发的潜在人文旅游资源蕴涵了丰富的美学价值。归纳起来主要有三个方面：首先，黄河故道是古人通过建筑束河大堤而形成的一条行洪数千乃至上万流量的“地上悬河”遗迹，具有鲜明的文化建筑个性美；其次，黄河故道行河期间，社会是典型的封建王朝制，“神权治河”在当时的治河思想中占据上风，受其影响，围绕黄河故道大堤这一伟大古代水利工程留下了许多优美动人的神话传说，因此黄河故道具有丰富神话传说的潜在美；再次，黄河故道的行河历史为古代的文人墨客提供了丰富的创作源泉，黄河故道沿线留存下的大量涉及故道的诗文、词赋和碑刻，有较高的文学艺术美。

总之，黄河故道具有诸多方面的自然美和人文美，必将使人类从中获得许多美的享受。

2.5.3 从科学意义谈黄河故道的旅游开发价值

黄河是世界上著名的多沙河流，年平均输沙总量达 16 亿 t，居世界之冠，黄河在过去的 3 000 年中决口上千次，重要改道 26 次，南夺淮河，北袭海河。时至今日，虽然黄河正在由害河向宝河转化，但黄河之洪患仍是威胁中华民族的一个不可忽视的潜在因素，今天的水利学者及一些关心黄河的仁人志士仍在苦苦探索治患兴利的方略。明清黄河故道行河期间虽决溢数百次，但河道基本是固定的，没有发生大改道，保障了被称为当时国脉的漕运。明清黄河之所以能相对稳定行河数百年，与当时的治河策略和大量的财力投入是分不开的。将黄河故道作为人文旅游资源加以开发，既能有助于“束水攻沙”理论提出和发展所依赖之载体的保护，也有助于国内外治河学者对以黄河故道为载体发展起来的治河理论的研究。考察队认为，明清黄河故道的治理在黄河治理科学发展史上的地位和成就，使其富含较高的学术价值，进而提高了黄河故道作为人文旅游资源的开发价值。

黄河故道不仅具有可供挖掘、总结古人治河经验的学术意义，而且具有科学普及和科学教育价值。我国人民很早就从事了防治水患和兴修水利的生产实践活动，许多学者在研究总结我国古代水利工程时，认为我国古代有都江堰、灵渠、京杭大运河和坎儿井四大著名水利工程。考察队认为，蜿蜒数百公里、凝聚着古人无数心血的黄河故道大堤也应归属为古代的一大著名水利工程。事实上，从历史内涵、工程规模以及对社会产生的效应分析，这

一工程并不比以上所述的四大水利工程逊色。因此，应将黄河故道堤防工程列为我国古代第五大著名水利工程

人类对黄河的认识经历了曲折而漫长的历史过程，行河历时700余年并给后人留下大量治河遗存和宝贵治河经验的明清黄河，在中国水利科技的发展历程中有着很突出的地位。将黄河故道作为人文旅游资源加以开发，能让游览它的人了解我国人民治河的智慧，并从中提高自身的科学技术素质，不仅起到了大众科普园地的作用，而且还可以起到水利专业教育基地的作用。

2.5.4　从组合状况谈黄河故道的旅游开发价值

组合状况优劣是评判旅游资源开发价值高低的一个重要准则。依据考察队沿途实地考察所了解到的情况，从组合状况来讲，黄河故道这一潜在旅游资源具有独特的优势。

黄河流域长期作为我国政治、经济、文化和交通中心，孕育了灿烂的中华文明，明清故道沿线地区的历史文化更是积淀深厚，古迹众多。对黄河故道这一潜在的旅游资源加以开发，可构筑一条黄河故道旅游线，该旅游线在突出明清黄河故道主体的前提下，以沿线内容丰富的著名旅游景点为依托，实现旅游项目的丰富多彩和旅游内容的多样化，避免单调乏味、彼此雷同的游览安排，可使旅游自始至终游兴饱满。

另外，从组合的角度看，黄河故道这一潜在旅游资源的开发也将有助于提高故道沿线一些现有旅游景点的旅游价值。考察队考察期间了解到，故道沿线部分经过初步开发的旅游景点，如河南商丘境内的葵丘寺，江苏境内的汉祖陵、明祖陵、云梯关等，其历史文化内涵尽管很高，但因景点单一偏僻而未体现出应有的价值，游客甚少。如对黄河故道这一潜在旅游资源加以开发，构筑一条故道旅游线，将能有效地提高这一类历史文化含量较高，但却处于冷落状态的旅游景点的旅游价值。

3 考察研究和开发利用黄河明清故道的战略意义、若干思考及结论

3.1 考察研究和开发利用黄河明清故道的战略意义

考察研究、开发利用黄河故道，是一项泽被后世的宏大系统工程，具有极其重要的现实意义和战略价值。

首先，深入分析研究明清黄河的演变特性，是黄河故道开发利用的一项重要内容，也是对黄河故道一种无形的开发方式，由于明清黄河与现行黄河之间存在众多相似之处，两者之间具有很强的可比性，它可以使人们能更充分地认识和掌握现行黄河的演变规律和发展趋势。所以，徐福龄先生说，明清黄河就是现行黄河得天独厚的1∶1的历史模型。历史是一面镜子，明清黄河的演变发展历史更是我们研究与治理现行黄河绝无仅有的教科书，它在某些方面的作用和影响将丝毫不亚于现被广泛采用的物理模型及数学模型。

其次，通过充分发掘明清黄河演变历史过程中的具有重要价值的治河思想、方略、技术、措施乃至体制，可为当代黄河的治理开发提供有益的借鉴。尽管有关学者对此也开展了多方面的研究总结，但还不够系统和深入。

黄河故道开发利用的重要目标之一，是将其作为未来的黄河辅助流路。其出发点有二：一是黄河在1855年的决口改道并最终固定于山东入海，并不能说明黄河明清故道的行河潜力已到了极限。这与当时因社会动乱和政治腐败而未能及时堵复也有密切关系。虽然黄河故道废弃已达140余年并经人们多方利用已发生较大变化，但经过系统有效的合理整治，恢复其行河能力，为后人留下一条完整的黄河流路还是完全可行的。二是根据现行黄河来水来沙及河道演变情况，欲保持其无限期的行水困难极大。尽管

人们想方设法进行水土保持、利用滩地及两岸放淤、利用干支流水库减淤、实施中游支流治理减沙等途径和措施，以试图减缓黄河下游的持续淤积抬高，但黄河下游河床的淤积升高趋势并未得到有效遏制（有关数据如表 8 所示），悬河形势更加严重，黄河的洪水灾害依然是中华民族的心腹之患。更何况随着河床的日益抬高，其兴建维护防洪工程的规模和费用将成倍加大，洪水的威胁和影响亦将更为严重。1996 年 8 月 5 日，在黄河花园口仅仅出现 7 600 m^3/s 的洪峰流量，其水位就已比 1958 年 22 300 m^3/s 时的水位高出 0.91 m，结果导致黄河下游大面积滩地（包括 1855 年以来从未上水的高滩）普遍过水，人民财产蒙受了巨大损失。此严峻现实再一次向我们敲响了警钟。

表 8　黄河下游各水文站不同时期 3 000 m^3/s 流量时水位变化（m）

水文站名	1950—1960 年	1960—1964 年	1964—1973 年	1973—1985 年	1985—1993 年	1950—1993 年
花园口	1.19	−1.30	1.93	−0.43	0.88	2.27
高　村	1.16	−1.33	2.37	0.04	1.04	3.28
艾　山	0.56	−0.75	2.25	−0.05	1.22	3.23
泺　口	0.26	−0.69	2.63	−0.10	1.20	3.73
利　津	0.20	0.01	1.64	−0.56	1.28	2.57

有关学者在 20 世纪 70 年代曾预测现行黄河的寿命可达 60 余年甚至更长一些，但在此以后黄河的出路如何，仍是莫衷一是。举世瞩目的小浪底水库的兴建，虽可大大减缓下游河道的淤积速率，但欲藉此彻底解决黄河下游的持续淤积问题显然不现实，因为小浪底水库的减淤作用毕竟有一定时间和数量的限制，而不像其防洪、防凌、调节洪水、灌溉、发电那样可长期保证。人无远虑，必有近忧。因此，结合黄河故道的开发利用，落实其作为黄河未来辅助流路的地位是极有探讨研究价值的。

黄河故道开发利用的重要意义之一还在于对国家未来经济整

体发展战略布局的补充、协调、完善和支持。黄河故道地区是豫、鲁、苏、皖四省相对贫穷落后的地区，究其落后根源，与水、土资源状况密切相关。过去，黄河泛滥，泥沙淤没良田，洪涝灾害频繁发生，人民流离失所，难以安居乐业；现在，每逢干旱时节故道内外黄沙弥漫。水利基础设施相对薄弱、水资源短缺，严重制约着当地经济的持续稳定发展，其中徐州以上地区尤其如此。黄河故道地区东临黄海，西属中原腹地，南踞江淮平原，北接齐鲁大地，历来是兵家必争之地。同时京杭大运河与京九、陇海、津浦三大铁路干线也在此交汇。优越的地理位置，便利的交通条件，丰富的煤炭资源和源远流长的历史文明为此地区的经济发展腾飞提供了难得的机遇和条件。因此，及时抓住这一有利时机，以黄河、黄河故道系统的综合开发利用为契机，推动沿线地区经济的全面发展和腾飞，与相对发达的长江流域经济带并驾齐驱，进而实现国家未来经济发展的π型战略布局（图6），是历史赋予我们这一代人的神圣使命。

3.2 考察研究和开发利用黄河明清故道的若干思考

在此次考察黄河故道的过程中，我们不止一次地感受到：尽管明清时代的黄河多灾多难，但朝廷大都给予了足够的重视。清朝康熙皇帝就曾将“三藩、河务、漕运”列为治国安邦三大国事，有些年份的治河费用可达当年财政收入的40%以上，乾隆四十八年黄河青龙岗合龙耗资达2 000万两白银即是例证。同时，治河官员也大多官高爵显，掌握财、政、军大权。我们提到的潘季驯即是如此，这也为他有效地实施有关治河方略提供了重要条件和坚实的基础。因此，从某种程度上说，明清黄河的治理是在集权统治和高度统一的背景下进行的。正如钱正英同志所言：“统一治水的要求，促进了国家的统一，而统一国家的形成，又大大促进了统一治水。”

随着国民经济的迅速发展和综合国力的不断提高，国家对黄

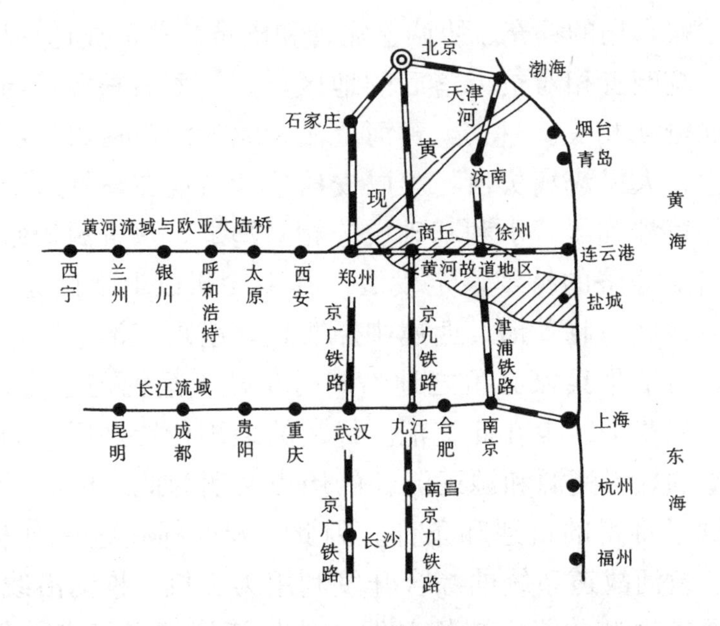

图6　黄河、黄河故道支持未来经济发展π型战略布局示意图

河下游治理的经费投入却相对不足，而作为流域管理机构的黄河水利委员会，其权限也相对有限。以黄河水资源的管理为例，黄河水利委员会只受命管理下游水资源，上中游水量调配隶属于另一个机构，即黄河上中游调度委员会，黄河水利委员会只是其成员之一。一条黄河，在水资源的管理上被人为分割，割断了水资源多种功能和经济发展的内在联系，水资源的优化配置调度难以在全流域有计划的实施，有些地区大量水资源被人为浪费，再加上各地商品水的意识比较淡薄，“一千吨黄河水只值一瓶矿泉水”，因而导致黄河在来水减少的情况下频繁发生断流。张光斗先生就此提出，低水费政策是黄河频繁断流的重要社会原因。众所周知，流域管理机构在促进聚合治理开发和水资源综合利用中占有重要的地位，理所当然是流域开发的主体，但黄河水利委员会作为黄河流域管理机构却授权有限，权威不够，缺乏经济实力，难以成为黄河开发的主体。据此，有关学者发出呼吁：

(a) 加强流域机构的权限，赋予更广泛的职责；(b) 流域机构要普遍实行委员制，由流域内各省、自治区、直辖市和各有关部门代表组成，协调和组织实施本流域江河治理开发与水资源开发利用；(c) 建立流域开发集团（公司），实现流域机构既具有行政职能，又是经济实体的经营管理模式。

1996年6月江泽民总书记在视察黄河小浪底工程时曾强调指出："治水是一个系统工程，一个很大的工程，要统一规划，科学管理，合理利用。水利不单纯是工程建设，也要搞经营管理，也要进入市场，搞社会主义市场经济，要建立机制，良性循环。"有投入就要有产出，这是每一个企事业单位进入市场经济领域所必须遵循的法则。那么，人们不禁要问，黄河水利委员会的产出在哪里？答案很明显，其中之一就是黄河安澜对下游两岸地区所产生的巨大防洪效益。从这一角度出发，所谓的"黄河水利委员会只管一条线，不管两大片"未免有失公允。事实上，黄河水利委员会既管了一条线，也影响着两大片。因此，问题的关键在于国家能否调整政策，使得黄河的治理开发与两岸地区经济的发展互为依托、相互促进，并从黄河巨大的防洪经济效益中提取必要的、也是应该得到的部分收益，用来维系和支持黄河治理开发工作的正常运转和良性循环。这样，既使得两岸地区的社会安定和经济发展更有保障，也提高了治黄职工的生活水平，从而彻底改变目前治黄资金捉襟见肘的困难局面，改变治黄基层职工艰苦、贫困的问题。

考察途中，在寻觅、领略昔日泱泱大河气势和治河经验的同时，所见所闻也使我们的心情尤感不安和沉重：故道上下，一方面是水源奇缺、洪涝渍自然灾害和盐碱化频繁发生，严重影响当地经济发展；另一方面则是相关水利设施的残破陈旧以及黄河故道输水输沙功能的日渐削弱，昔日逶迤千里的输水大动脉面临衰亡的危险。

诚然，黄河故道大规模的开发利用、乃至将来分输黄河来水来沙，将不可避免地触及故道部分地区的利益，并有可能打乱和削弱现有故道沿线部分水利工程的布局和作用，甚至产生一些不利影响，这是一个不容回避的客观现实。也难怪故道沿线地区的有关人士曾作如下表示："我们不要黄河的水，也不要黄河的沙。"的确，黄河的水沙在过去相当长时期内，毕竟给这片土地带来了无尽的灾难；即使在黄河北徙140余年后的今天，当地的人们对其仍心有余悸。我们理解这些人士的心情，但问题的实质在于，随着水资源危机现状的日益严重，在未来的岁月中，又有谁能、谁敢胸有成竹地说："我们不需要黄河的水。"对于沙，不能把它看成是毫无用处的"洪水猛兽"，黄河泥沙是一种宝贵的自然资源，随着现代科学技术的不断发展，它的开发途径和应用领域亦将不断拓展扩大。以新型建筑材料——混凝土空心砖为例，它以水泥、河沙、石子或煤渣、陶粒等工业废料作为原料，具有保温、隔热、隔音等特点，在国外已有近百年的历史，并已占到整个墙体材料的60%以上。相比之下，我国空心砖仍处于起步阶段，墙体普遍使用实心黏土砖，而生产黏土砖每年则要毁掉良田2万hm^2左右，在我国人均耕地占有面积不足世界三分之一的情况下，若任其蔓延发展，后果不堪设想。因此，即将出台的《城市住宅建设标准》规定"限制使用黏土砖"。此无疑向世人表明，一度被冷落的河沙将在未来的建筑材料中身价倍增，大显身手。面对这样的发展趋势，我们又怎么能断言"不要黄河的沙!"

对黄河故道进行开发利用，最直接显见的社会经济作用是以此带动整个故道地区的经济腾飞。这与故道沿线地区人民群众希望社会安定、经济稳定持续快速发展的迫切要求高度一致，因此，绝不能因为开发利用黄河故道要造成一些局部利益的损失以及暂时的负面影响，而"因噎废食"、瞻前顾后、斤斤计较、停滞不前，从而贻误黄河故道开发利用大业的进程。以贯通黄河故道、合理分输黄河水沙为例，有关人士对此举措可能会顾虑重重，甚至提出反对意见，但我们相信，在现实可行的基础上，只要科学决策、合理规划，那么随着此举措的逐步实施和运行，故道地区便可有充足的水资源作保证，人们便可藉此改造大量盐碱、沙荒地，优化农业种植结构，发展水产养殖及相关工业，从而达到既能大大改善当地生态环境，又能促进故道区域经济快速发展的目的。

3.3 结论

3.3.1 黄河故道不是废黄河，也不应该是废黄河

20余天的考察结果表明，将明清黄河故道称之为“废黄河”明显不妥。其理由有二：

其一，单从语言学的角度而言，“废黄河”与“明清黄河故道”的称谓具有本质的区别。“废”字的本意是没有用的，那么推而广之，既然是没有用的黄河流路通道，自然就可以不加节制地甚至是破坏性地开发利用，至于由此造成的遗患和后果（如原本是一条输水大动脉而被人为截断）则无关紧要。不言而喻，“废黄河”称谓的错误导向，是造成明清黄河故道人为破坏严重的思想根源所在。

其二，就目前黄河故道的整治利用情况来看，尽管存在一些不合理的成分，但仍有80%以上的河段不同程度地发挥着输水、蓄水、泄洪和排涝的功用，并且，依附故道大堤兴建平原水库，也已成为黄河故道地区特有的水利工程布局模式。由此看出，将明清黄河故道称之为“废黄河”显然不合情理。

黄河故道不应该“废”，也不能“废”，应当是我们面对黄河故道时的唯一选择。这不仅仅是因为黄河故道以实物的形式记载了沿线人民战天斗地、与洪水抗争的壮观历史，而且从某种意义上讲，它更集中体现了一种坚韧不拔的意志，一种不屈不挠的精神；它凝聚了古人的无数心血，是现代人和后代子孙们不可多得

的历史教科书和宝贵的精神财富。尤为重要的是，黄河故道的存在及其开发利用，对于现行黄河的未来，对于故道地区区域经济的腾飞，对于国家经济整体发展战略的布局，均具有不可估量的潜在作用和价值。如果说现在的黄河故道已濒临“废”的边缘的话，那么通过卓有成效的开发利用将其变“废”为宝，则是我们这一代人责无旁贷、义不容辞的神圣使命。黄河故道的“废黄河”称谓，可以休矣！

3.3.2 黄河故道是可综合开发的宝贵资源，其开发利用具有广阔的发展前景

黄河故道是可综合开发的宝贵资源，蕴藏着内容广泛的开发利用潜力和价值，这是黄河故道考察队所有成员最深的感触，也是本考察报告重点阐述的主要内容。这些功用和潜力主要包括：(a) 故道河槽的输水、蓄水、泄洪和排涝功用；(b) 故道滩区实施综合性立体农业开发的潜力；(c) 利用盐碱地的改造进行水产混作养殖的潜力；(d) 故道沿线人文资源的潜在开发利用价值；(e) 对现行黄河的治理开发和未来流路安排的潜在利用价值；(f) 对故道沿线地区乃至淮河流域区域经济腾飞的带动效应；(g) 对苏北地区港口（中山港）建设的潜在利用价值；(h) 对国家经济整体战略布局进行补充和完善的潜在地位和价值。

因此，黄河故道具有广阔的开发利用前景。

3.3.3 可靠的充足的水源保证和泥沙的有效处理是黄河故道开发利用的关键

黄河故道的开发利用绝对离不开可靠的充足的水源作保证。这一问题解决得好坏与否，直接关系着开发利用黄河故道的成败。考察结果和初步分析表明：利用黄河故道引用现行黄河水源是最为经济、合理、有效的途径和方式，并且具有其他途径和手段所没有的优势和特点。如有多年的引黄实践经验和一定的工程基础，故道地势高亢可避免较大程度的污染，易于开展实施农业节水技术

等。但引用黄河水源，将不可避免地带来泥沙的淤积和处理问题，显然，这是制约黄河故道开发利用进程的首要因素之一，也是开发利用黄河故道的关键所在，必须采取行之有效的措施加以解决。

3.3.4 黄河故道开发利用的条件亟待落实

黄河故道开发利用的设想是宏伟的，所遇到的各方面的困难和阻力亦将是巨大的，但困难和阻力不应该成为我们忽视和怀疑黄河故道开发利用的理由。任何工程的成功实施必须基于有无现实必要，有无技术依据，有无实施条件三个原则，毋庸讳言：故道开发利用实施的条件（如国家的决策安排、资金和具体实施单位的落实、沿线地方政府及部门的配合和支持等），都还有待于进一步落实。但这也为我们在开发利用黄河故道这项宏伟工程上提供了努力的方向和突破口。

3.4 结语和建议

黄河故道是可综合开发利用的宝贵资源。对这些资源进行全面、合理、高效地开发利用，将是一项长期、复杂、艰巨的系统工程。由于考察时间短和缺乏有关资料，有关黄河故道开发利用设想、途径和对策的分析仅是初步的和粗线条的，尚不够成熟和全面，有待于在今后开展大量调查研究的基础上予以补充和完善。

同时需要说明的是，上述有关黄河故道开发利用的设想、途径和对策尽管针对的是某一具体河段，但这并不意味着这些设想、途径及对策不能应用于其他河段。事实上，除了中山港以外，其他设想和途径对于整个黄河故道的开发利用均具有普遍性的借鉴价值和指导意义。

必须指出：对黄河故道的河槽进行系统的整治，进而贯通黄河故道全线，恢复和保持其合理规模的行水能力，为故道地区的开发建设提供源源不断的水资源，既是沿线黄河故道开发利用的必要步骤与前提条件，也是利用黄河故道作为未来黄河辅助流路的必然要求，必须给予足够的重视。

黄河故道的开发利用决非旦夕之功，在其规划与实施当中，必须认真对待和处理好如下几个方面的问题：

a. 必须立足当地实际，因地制宜，在充分协商、统一规划、统一部署的基础上，分期、分区实施有关开发利用工程。

b. 要坚持以"水"为本，以多目标、多功能作为区域经济发展方向。

c. 要协调和处理好局部利益与整体利益、短期效应与长远目标、分段开发与保持故道全线贯通的关系。

d. 要量力而行、循序渐进，切忌急于求成、盲目急进。

综上所述，我们建议：

a. 故道沿线相关地区的各级政府部门应确实加强对黄河故道这一宝贵资源的保护工作。尤其是故道大堤、治河工程遗迹以及相关文物的保护工作更应得到足够的重视。

b. 对黄河故道进行更为系统深入、细致完整的考察分析研究工作，对其现状和功用有一个客观、公正的评价，使未来黄河故道的整治开发利用工作有依据、有目的、有方向、有措施。

c. 成立由黄河水利委员会，淮河水利委员会，豫、鲁、皖、苏四省联合组成的"黄河故道管理委员会"，统一管理、部署和协调黄河故道沿线地区的有关黄河故道的整治开发利用工作。

d. 近期应尽快落实人员和资金，开展"利用黄河故道实施引黄东进的可行性和对策"研究工作，为黄河故道的整治开发利用工作提供可靠的科学依据。

在即将进入21世纪之际，对黄河故道这一宝贵的国土资源的不合理开发利用，或者不去开发利用都将是一种极大的浪费。我们不能再坐失良机，听任具有悠久历史的黄河故道在我们手中逐渐衰败消亡。我们期待着黄河故道这条巨龙能早日腾飞，为中华民族，为故道沿线的人民再现辉煌。

写作组成员

刘会远　王开荣　陈庆秋　李国庆　孙东坡　张　平　刘　烨

附录

明清黄河故道联合考察队成员

顾　　问　庄景林　黄河水利委员会副主任

徐福龄　黄河水利委员会教授级高级工程师

胡一三　黄河水利委员会副总工

丁六逸　黄河水利委员会总工办主任

郑天伦　深圳大学副校长

李梦梅　深圳大学经济系主任

赵中极　华北水利水电学院副院长

技术指导　王恺忱　黄河水利委员会教授级高级工程师

队　　长　刘会远　深圳大学区域经济研究所副所长

潘贤娣　黄河水利委员会教授级高级工程师

副 队 长　郭雪莽　华北水利水电学院水利系主任（博士）

孙东坡　华北水利水电学院水利系副教授（硕士）

队　　员　李国庆　华北水利水电学院水利系教授（硕士）

陈庆秋　华北水利水电学院水利系讲师（硕士）

王贵香　华北水利水电学院水利系讲师（硕士）

刘　烨　华北水利水电学院水利系硕士研究生

张　平　深圳大学区域经济研究所办公室主任

王开荣　黄河水利委员会水科院工程师

陈书奎　黄河水利委员会水科院工程师

黄海碧　郑州文化艺术研究中心副研究员

王　峰　郑州铁路电视台摄影记者

吕建新　河南省外事车队司机

周世成　河南省外事车队司机

依托黄河中下游及明清故道开发黄淮海海现代水利大系统[①]

刘会远

1 黄河是一条宝河，黄河故道是这条宝河不可分割的一部分

黄河，我们的母亲河，她是温柔慈祥的，又是暴虐无常的。

史书留给我们太多黄河泛滥的可怕记载，以至于我们常常忘记了母亲河的温柔慈祥。但客观总结几千年的历史，黄河应该说是利大于害，简言之，没有黄河，就没有今天的中华文明。

还有一种说法：“黄河百利，唯独一害，害在泥沙。”此说也不妥，没有黄河带来的泥沙，就没有今天的黄淮海平原这个大粮仓，那么古代中国的东部就仍将是一片沼泽，而西部又主要是反差很大的戈壁、沙漠、干旱的黄土高原，我们祖先和我们当代人

---

① 本文原为刘会远在“综合开发利用黄河及黄河故道讨论会”上的主题报告。1995年是黄河铜瓦厢决堤后改道140周年；又是明代著名治河专家潘季驯逝世400周年。8月14日，深圳大学区域经济研究所刘会远副所长，利用暑假到黄委会讨教，并在讨论会上作主题发言。1996年是黄河安澜50周年，2月10日，刘会远利用寒假带着整理出的文字稿再赴郑州，向黄委会汇报；同时还参加华北水利水电学院的同样性质的讨论会并作主题报告，均得到与会领导和专家的热烈反响和积极支持；三方决定成立联合考察队在正大集团的支持下，于5月考察黄河故道。在第二个讨论会上对原稿做了新的补充。考察后，再一次做了修改和补充。“黄淮海海”中的“黄淮海”在传统的用法上既代表黄河、淮河、海河三条河流，又用来命名这三条河流贯穿的华北平原，此处包含了这双重含义。而第二个“海”代表了对黄河故道入海口附近黄海海域的开发，本文第8部分展开这方面内容。

的生存空间将受到极大的局限。

历史发展到今天，出现了温室效应。海平面正在上升，海岸线将不断倒退，沿海土地会大面积盐碱化；而无节制地燃烧矿物燃料所形成的酸雨又会使许多土地酸化；黄河的泥沙将被视为战胜这些灾害的宝贵资源。而地上河又正是输送泥沙的大动脉，洪水则是泥沙的最佳载体。

华北进入了持续的干旱期，水面面积大量减少，地下水位严重降低，黄河已连续多年断流，变成了一条季节性河流。[①] 在这种情况下，雨季的洪水更应该被看作是不可浪费的宝贵资源。

黄河是一条“宝河”，黄河的水是宝贵的资源；黄河的泥沙虽说是上中游水土流失的产物，但如果善加利用，同样也可以视为有用的资源。地上河并不可怕，反而是输送并向沿途分配水和沙的最佳通道。而且，地上河的河床和河堤还为发展管道输煤、管道输油等现代交通运输业提供了一个依托。

1995 年夏天，长江中下游出现罕见的高温伏旱，沿江各省眼看着滔滔江水白白流走却难以利用或利用不多。为什么？因为长江除洪峰到来时的荆江段外，并不是地上河，提灌需要大量的动力和设备。相比之下，地上河要优越多了。

地上河还有一个优点，可以避免污染。与黄河在地理上接近的淮河遇到严重的污染问题，中央和地方政府下了很大决心，投入大量资金，计划五年将淮河水基本变清。黄河下游就不会遇到这个问题，不但污水很难流进去，同时自身净化能力强，因而是

---

① 断流始于 1972 年，在 1972—1996 年的 25 年间，有 19 年出现河干断流。1987 年后几乎连年出现断流，其断流时间不断提前，断流范围不断扩大，断流频次、历时不断增加。1995 年，地处河口段的利津水文站，断流历时长达 122 天，断流起始位置上延至河南开封市以下的陈桥村附近，长度达 683 km，占黄河下游（花园口以下）河道长度的 80%以上。1996 年，地处济南市郊的泺口水文站于 2 月 14 日就开始断流；利津水文站该年先后断流 7 次，历时达 136 天。1997 年，断流达 226 天，为历时最长的断流。从 2000 年开始，随着小浪底枢纽一期工程竣工开始发挥调蓄工作，黄河断流现象停止。（第二版新加注）

一条输送净水、输送生命之水的大动脉。这就为治理污染，建设城乡结合的生态城市提供了很好的先决条件。

由于黄河在我们称为黄淮海平原的黄河冲积扇中处于中心的隆起地势上，这就使她在我们将营造的跨流域的现代水利大系统中成为关键的因素。

总之，黄河的水是资源，黄河的沙是资源，使黄河成为地上河的高高的河床和堤坝也是宝贵的资源。这些资源都不容浪费。今天出席讨论会的温善章先生也早就提出过："治黄思想应从以往的除害兴利为目标，变为兴利除害为目标，将除害寓于兴利之中，最大限度地开发和提高黄河河流资源的利用程度。"

林一山先生也有句名言："黄河是一条宝河而不是害河。"他还形象地提出应把黄河水沙喝光吃净。这些话在今天我们面临温室效应等许多新问题的时候，越来越显示出它的分量。

但要真正做到林一山先生所说的把黄河的水和沙喝光吃净，除了发挥现有河道的作用外，还应利用现存的黄河故道来分洪分沙，同时也为将来交通分流（管道输煤输油等）打下基础。而黄河明清故道不但拥有黄河的全部优势，还因其具有连通黄淮的特殊战略地位而极具开发价值。

新中国成立初期，黄河下游河道同黄河故道之间存在较大的高差，没有人提出利用黄河故道的问题，是当时的条件不具备①。今天，黄河下游已经长高了几米，大堤也加高了三四米，缩小了与明清故道的高差。据徐福龄先生测算，兰考杨庄一带（即 1855 年铜瓦厢决口处）河段，1983 年临河滩面只比背河老滩平均低 2.19 m 了，这就使大规模分洪成为一种可能。现在的黄河故道已遭到或正遭到迅速蚕食和破坏。如果我们这一代人不提出保护利

① 从会上徐福龄先生发言中得知，自清末以来，不断有人提出这一问题。而 1933 年（建在铜瓦厢黄河故道口的）小新堤决口，是大自然"神操作"的一次向明清故道分洪。

用黄河故道的问题，那么在我们的后代看来，这将是我们的不可原谅的罪过。

下面从七个方面来论述黄河及黄河故道的价值，以说明为什么要让黄河在黄淮海（河）海（域）现代水利大系统中担纲。

2 黄河分洪分沙需要利用明清故道

2.1 黄河故道与现行黄河下游河道的比较

在华北大平原有着明显地貌特征或尚有迹可寻的故黄河河道，有豫东至苏北的黄河故道（明清故道）、豫北黄河故道（汉至宋故道）等，保存最完整、形成最晚的是明清故道，也是本报告所要阐述的对象。这倒不是说尚有局部完好河道的豫北故道等不能利用，而是以明清故道为例，将其利用价值全部展现出来，人们也自然不会忽视其他故道的潜在价值了。而且明清故道凝聚着潘季驯、靳辅、陈璜等水利科学家的心血，体现着一脉相承延续至今的“束水攻沙”“束水归槽”的治河传统。总结历史的经验教训对今天的治河有重要的现实意义。

因此，以下在没有与其他故道并列时所称的黄河故道指明清故道。

对这条故道，徐福龄先生做过深入调查研究，本报告中的部分资料就引自徐福龄先生的著作。

2.1.1 黄河明清故道研究范围的界定

见《黄河明清故道考察总结报告》中1.2部分有关资料。

2.1.2 黄河明清故道形成的历史及现状

见王恺忱《黄河明清故道尾闾演变及其规律研究》第2部分“黄河夺淮的历史演变情况”及《黄河明清故道考察总结报告》中1.1部分有关资料。本文“2.2”、“6.1”和“7.2.1.1”亦将提及。

2.1.3 黄河故道分洪、泄（分）沙的能力更强一些

与现黄河下游相比，同为地上河，明清故道由于在700年形成过程中，沿河广大地区地表的整体抬高，在这个意义上，它向周围地区分洪的能力更强一些。

现今的黄河下游，由于解放以后防洪工作做得好，未发生过溃决，河床和大堤不断增高。然而越是不决堤，堤坝越陡峭、单薄地加高，就越潜伏着大溃决、大灾难的可能。

那么，在它的旁边，尚有使用价值的黄河故道为什么不利用起来呢？

由于温室效应，北半球灾难性暴雨的情况会增多，但降雨量并不增加，这意味着降雨分配更不均匀：一方面洪涝增多，另一方面干旱时间延长、受旱面积增加。我们必须同时提高抗洪标准和提高分洪、蓄洪的能力，这将迫使我们不得不把黄河故道利用起来。

由于黄河故道具有连通黄淮的重要战略地位，是建立"黄淮海海现代水利大系统"的关键，部分恢复黄河故道可使有些为黄河分洪分沙的措施，同时也成为改造淮河或其他流域水环境的措施（详见7.2），从而增加它们之间的相关性。

本报告研究的范围包括与黄河及故道有着密切的相关性，因而可进行整体性开发的有关流域淮河、海河、长江的支流汉江等。

2.2 黄河故道给我们的重要启示

2.2.1 潘季驯"以水攻沙"及"藉清刷黄"思想深刻揭示了黄河（与其他河流比）水少沙多的根本性问题

中华人民共和国成立后，党和国家领导人对黄河的治理非常重视，但由于种种原因，治黄事业走过一些弯路。正如钱正英同志所指出的："最大的失误是1955年有关治黄方案的决策。由于对客观规律认识不足，制定的'节节拦泥，层层蓄水'的治黄规

划，要求以水土保持、支流拦泥水库和三门峡水利枢纽等三道防线把黄河的洪水和泥沙全部拦蓄在上中游，解除下游的防洪负担，并使黄河下游变清。但实践证明这个决策是错误的：水土保持不能达到预期效果；拦泥水库的代价太大，大多不能修建；三门峡的淤积严重，超过预计，特别是淤积部位向上游发展，形成‘翘尾巴’，威胁西安……”①

吃一堑，长一智，今天，我们对黄河的水沙关系已经有比较清醒的认识了。黄河（与其他河流比）最根本的问题是水少沙多。长江每 2 000 m^3 径流量才携带 1 t 泥沙，黄河每 30 m^3 径流量就要携带 1 t 泥沙，因而淤积速度快。

潘季驯（1521—1595 年）早就提出了“藉清刷黄”，这是大家都知道的史实，可是研究者往往偏重其保漕运的价值，而忽略了潘老前辈早就指出了的黄河需要外水支援这个基本河情。其实西汉时大司马史张戎已提出了“以水刷沙”说，他认为“黄河水一石水六斗泥。关西诸郡引河、渭、山水灌溉，致春夏水少，干流淤浅，洪水时决溢，筑堤俞高如水行墙上。应禁引水灌溉，导水刷沙”。② 潘季驯跨流域的蓄清刷黄，从理论到实践上都比张戎前进了一大步。认真地挖掘整理前人的治黄经验，可以使我们少走一些弯路。

今天的黄河，东平湖等沿黄湖泊没有洪泽湖蓄淮河水那样的蓄清水条件，而引黄（包括支流）的规模却远远超过了历代，因此，若不解决客水协助攻沙的问题，现黄河下游河道的寿命肯定不如明清故道。

本人认为潘季驯“藉清刷黄”的思想至今还有现实意义，并将在下文中探索新的“藉清刷黄”“引清刷黄”工程体系。

---

① 引自钱正英《中国水利的决策问题》。

② 姚汉源：《中国水利史纲要》，水利电力出版社，1987 年 12 月第 1 版第 59 页。

2.2.2 明朝就存在一个符合现代系统工程学原理的治水大系统

适应治河和封建农耕文明的需要，潘季驯创造了“束水攻沙”的治河体系。

这个治水体系按现代系统工程学的观点，可以看作是一个包括缕堤、格堤、遥堤、月堤、减水坝等若干子系统的大系统。在这个大系统中，围绕着“以河治河，以水攻沙”的治黄总方略，各子系统相互配合，互为一个有机整体，缕堤子系统不仅担负束水攻沙任务，还与遥堤子系统联手“重门待暴”，同时运用格堤子系统促淤（以形成较高滩唇），月堤子系统加固，减水坝子系统导疏，并配以遥堤上的溢流坝，形成了完整的堤防体系。

这是世界治河史上的创举，是水利学的经典之作。

今天我们有了例如建混凝土大坝、建钢铁大闸门、建橡胶坝等许多新的技术条件，又有了三门峡水库等一些已建好的枢纽工程，已没有必要照搬明朝的工程。但潘季驯治河体系的系统性，依然对我们有指导意义。我认为目前我们存在依赖大工程而忽略子系统给以配合的错误倾向。现在黄河许多河段失去了窄深河槽，从而使输沙能力大大降低，便是我们数典忘祖的一个严重过失。

而且潘季驯的治水体系是一个开放的而不是封闭的系统，他提出把黄、淮、海、运联在一起全面整治，“通漕于河，则治河即以治漕；会河于淮，则治淮即以治河；合河、淮而同入于海，则治河、淮即以治海”①，这种把兴利与除害结合起来，实行跨流域统一规划的“当观全局”的“治河之法”在当时的历史条件下是非常难能可贵的，至今仍有重要的现实意义。对此，下文第 7 部分将继续深入探讨。

---

① 《行水金鉴》卷 32，转引王锡爵撰《潘公季驯墓志》。

2.2.3 潘季驯治水大系统的核心是保持河道的完整，保持国家的统一

2.2.3.1 明清两代治河保持了惊人的连贯性

明朝、清朝的统治者虽然来自不同的民族，每一个皇族中也都有争夺王位的残酷斗争，但他们对维护黄河完整的治河体系和河道的完整，却保持了惊人的连贯性。

潘季驯治河对“刷黄”和“济运”抓得紧，对淮河却注意不够，这是他的不足之处，终因淮河大水淹没泗州城，危及城北明皇祖陵而被弹劾罢官，归乡后三年卒。此时主张分黄导淮等分流之说再起，议论纷纭，有代表性的是总河杨一魁，虽采取措施一时解决了泗州及祖陵淹没问题，但总体上并没有成功的实践来支持他的理论与潘氏抗衡。

有趣的是清朝却基本上完整地继承了前明潘季驯“当观全局”的“治河之法”。

由于晚明河政废弛和明清之交战乱的影响（包括李自成等义军与明王朝的战争及明、清之间的战争），清初在河务方面面临着一个烂摊子。从清朝入关到康熙十五年（1644—1676 年）33 年中，黄河大小决口竟多达 32 次，几乎每年都有，且多集中在洪泽湖以东，黄、淮、运三河交会处，并形成了“黄河南行，淮先受病，淮病而运亦病”[①] 的连锁反应。

原安徽巡抚靳辅被康熙皇帝选任为河道总督（简称“总河”）后“遍历河干，广咨博询”，提出了“审其全局”“河道运道为一体，彻首尾而合治之”的综合治理方案；并“将两河（黄、淮）上下之全势，统行规划，源流并治，疏塞俱施”。[②]

靳辅的治河理论和实践，得到了康熙皇帝始终一贯的有力支

---

① 《清史稿》卷 127《河渠二·运河》，转引自彭云鹤《明清漕运史》，首都师范大学出版社，1995 年 9 月第一版。

② 靳辅《治河之略》卷 2《中河》，转引自与前注同。

持，这段能给后世的帝王和领袖以有益启示的历史，值得史学家们去认真挖掘，在此，只做简要介绍。

少年天子康熙，“听政”后，即将河务、漕运同“三藩”并列，“三大事，夙夜廑念，曾书而悬之宫中柱上”[①] 平定“三藩”之后，他又说：“今四海太平，最重者治河一事”[②]，而且，康熙本人对“从古治河之法”亦深有研究，他不但在靳辅作为前线指挥的二十余年里是他的坚强后盾，后期从三十八年至四十六年还亲自谋划指挥，他的几次南巡均有关注河务、漕运的记载。比如自潘季驯起，高家堰便是“蓄清刷黄”的关键工程，靳辅大事加固之，并增修了清口至周家桥的堤堰，使淮水尽出清口，得以敌黄保运。后来，成龙错误地关闭减水六坝之半数，一度使水患重演。不久，康熙命新任总河张鹏翮另改用了三个滚水坝，并增筑了高家堰月堤，遏制了洪泽湖水外溢……

我们考察队实地观测了一道清代的高家堰月堤，虽然高家堰上已有公路，人来车往的好不热闹，可是这一已有300年历史的月堤依然固若金汤地捍卫着洪泽湖的堤堰。因为是第二道防线，你听不到惊涛拍岸的喧嚣，月堤静静地伫立着，显出长城般的宏伟（实际高度高过长城的城墙）和月牙似的长长的优美曲线。齐整的石壁（护岸）因年代久远而呈暗色，增添了几分肃穆。当你渐渐远去，回头眺望时，你又会感到月堤宛如半圈黑色的回音壁，回响着辉煌而又厚重的历史的回声。很奇怪，这个宝贵的人文景观竟然没有被开辟为旅游景点。

经过康熙君臣的努力，“淮、黄故道，次第修复，而漕运大通”[③]“清水畅流敌黄，海口大通，河底日深，黄水不虞倒灌”。[④]

---

① 《清圣祖实录》卷154“康熙三十一年二月辛巳”条。

② 《大清圣祖仁皇帝圣训》卷33《治河一》。

③ 《清圣祖实录》卷229“康熙四十六年五月戊寅谕吏部”。

④ 《清史稿》卷127《河渠二·运河》。

再现了一百年前前明潘季驯治河时“……（黄淮）两河归正，沙刷水深，海口大辟，田庐尽复……”的情景，明清两代治河保持了惊人的连贯性。

今天，我们拥有了似乎能改天换地的现代科学技术（至于是否应该改天换地去和自然对抗又另当别论），但是当我们要做出重大决策的时候，像当年（尚还年轻的）康熙皇帝一样认真批阅“前代有关治河之书”，反复详考“从古治河之法”还是会大有裨益的。我想目前我们应尽量使国家的水利政策保持一定的连续性，避免出现大幅度摇摆，例如，包产到户虽然调动起了农民的生产积极性，是生产力的一次解放，但由于没有相应的水利政策跟上，造成了对水利设施（也就是对另一种生产力）的破坏。致使“1985年以后，全国粮食产量连年徘徊在4亿t左右，农业形势日益严峻”。[①]

2.2.3.2 表面上的保漕运、保皇祖陵，蕴含着保持河道完整和维护国家统一的深刻需要

自马克思提出亚细亚生产方式概念以来，关于亚细亚生产方式问题的争论成为二十世纪世界上最大的学术难题，已经历过数次世界范围的大讨论。而中国展开对亚细亚生产方式研究，主要是在改革开放初期，而且有一个重要抓手，即抓住了对魏特夫《东方专制主义》一书的批判。魏特夫“治水社会”“东方专制主义”等提法可能别有用心，但我们也不能为了批判而批判，从明清两朝治河的经验来看，只有国家统一，并中央集权，才有治河体系的完整。

2.2.4 晚清黄河大改道并不能否定前明潘季驯以来一脉相传的治河思想

2.2.4.1 铜瓦厢决口事件的发生有其客观的气候变化背景

历史上黄河“善徙”“善决”“善溢”的特征很大程度上是由黄

---

① 引自钱正英《中国水利的决策问题》。

河水沙条件所决定的，而黄河水沙条件很大程度上又取决于黄河中上游产流产沙的大小。气候状况与中上游黄土地区的来水来沙量密切相关，黄河中上游地区的气候变化，尤其是降水的变化，不仅直接影响黄河下游的径流量，同时也影响着黄河来沙量和输沙能力。

中国科学院地理研究所的王英杰同志在《论历史时期气候变化对黄河下游河道变迁的影响》[①] 一文中研究了黄河在历史上的26次大改道与周期气候变化的关系，发现26次改道在时空分布上无一定规律可循，但与气候变化有某种必然联系。26次改道中除最先一次改道和最后一次改道处于气候的暖期外，黄河下游的较大改道大多都发生在气候的冷暖转折时期。至于公元前602年（周定王五年）有史记载的首次大改道所处的气候暖期的气候水文情况，由于时间久远，资料不全，资料的可靠性差；而发生于公元1938年（民国二十七年）的决口改道则完全是人为所致，属特殊例子。由此可知，黄河河道的变徙改道与气候变化有着内在的相关性，河道决溢变迁发生的高频率主要集中在气候的冷暖和干湿转折时期，而黄河1855年大改道前所处的一段历史时期的气候正经历着气候冷暖的转折时期。我国著名的科学家竺可桢通过对故宫档案等的研究，得出结论：1801—1850年期间比其前1751—1800年和其后1851—1900年期间更为温暖，1855年铜瓦厢决口大改道前后数年的气候背景处于17世纪以来寒冷气候中气候冷暖波动的转折期，这种特定的不稳定气候时期正是黄河下游河道变迁发生的高频率时期。

王涌泉等人在对铜瓦厢大改道的研究过程中发现：1776—1818年的43年间，黄河中游地区以干旱为主，持续时间较长。在这以后，1819—1856年的38年间，又转而处于异常多雨的湿润时

---

① 《黄河流域环境演变与水沙运行规律研究文集》（第三集），地质出版社，1992年第1版。

期，其中1819—1830年和1841—1856年两个丰水段的28年间，天然径流大于均值的有21年。这种由较长时期的干旱时期转化为异常多雨的湿润时期的气候变化历史背景，使得黄河下游河道在1855年决口前承受了较大的来沙量。①

降雨强度对黄河中游自然侵蚀产沙量影响甚大。在1855年前数十年间，降雨在黄河中上游地区多以暴雨出现，在1855年前的干湿气候转折期，尤其有1819—1844年期间，黄河中游连年出现大暴雨和特大暴雨，暴雨区一直在中游高产沙区徘徊，泾河、黄河北干流上段和潼关以下干流、渭河先后都曾出现特大洪水和大洪水。明清期间，渭河及其支流泾河水势暴涨暴落及高含沙的情况在文献中屡有记载："泾水汹涌，沙石滚滚而来，则渠口塞而不能入，即入者流不百步，水势稍缓，沙石并沉，渠身亦中满而难通" "今泾水上流其势甚急，奔雷怒霆，数月之力不能当其一泻"②，这些记载说明导致泾河洪峰暴涨并引发高含沙造成引泾灌溉渠道严重淤积的暴雨具有相当的强度。黄河中游产沙区出现大量暴雨，势必使水力和重力侵蚀同时剧增，造成高含沙量洪水，使黄河下游在1855年前数十年的来沙量大。另外，暴雨不仅造成了来沙量的增大，而且也是1855年决口大改道的直接营造力。该年由于黄河流域遇上大雨气候，使黄河下游普遍漫滩，这次大雨气候带来的洪水形成了兰考铜瓦厢的决口条件，使黄河改为从山东独流入海。可以说，当时的气候条件是造成黄河变迁史上此次重大改道事件的主要原因。

2.2.4.2 铜瓦厢决口事件是大自然对明清期间人类大规模破坏黄土高原植被的"回报"

中国科学院地理研究所的钮仲勋研究员在《论人为因素在黄

---

① 转引自王英杰《论历史时期气候变化对黄河下游河道变迁的影响》，见上注。

② 《雍正陕西通志·水利》，转引自中国科学院地理所王守春《历史时期渭河流域环境变迁与河流水沙变化》。

河变迁中的作用》[1] 一文中指出："黄河中游地区大规模开垦荒地，破坏植被以及所引起的水土流失，是下游决溢改道的症结所在。"这一结论透彻地揭示了历史上人类大规模破坏黄河中游植被的行为与黄河下游决溢改道的内在联系。黄土高原植被变迁史可以说是人地矛盾的运动史。黄土高原的大片河谷平原和黄土台塬地区，由于人地矛盾的尖锐，产生的环境后果——侵蚀产沙越来越突出。在中国历史上，随着社会的发展，人口的膨胀，作为人地矛盾主要方面的人对粮食、燃料等需求的急剧增加，加快和加重了对土地、植被资源的索取，导致了人类大规模在黄河中游地区开垦荒地、破坏植被。

吴祥定等在《历史时期黄河流域环境变迁与水沙变化》[2] 一书中指出：历史时期人类活动对黄土高原植被破坏可以分为五个阶段：战国和秦代以前为第一阶段，汉代至唐代为第二阶段，宋末至明初为第三阶段，明清期间为第四阶段，本世纪为第五阶段。隋代以前，黄土高原植被的变化不显著。唐宋时期植被表现出明显变化，但这一期间植被的变化是由自然原因引起的变化，而自宋代末年以后，由自然原因引起的植被变化表现得不明显，被人类大规模对植被的破坏所掩盖。唐宋时期是人类活动对黄土高原植被破坏的转折时期。在唐代，一方面人类活动对黄土高原植被破坏加剧，另一方面在黄河中游的许多山地地区还保持着较好的生态系统，而到了宋代，随着农业在黄土高原上逐渐向北推进，对植被与生态系统的破坏发生了根本性的变化。在宋金元时期，黄土高原的植被不仅要满足本地区的木材和薪炭的需要，而且还要供应域外地区的需要，使宋金元时期黄土高原的植被破坏加剧。而到了明清时期，黄土高原植被的破坏进入一个登峰造极的阶段。

---

① 《黄河流域环境演变与水沙运行规律研究文集（第三集）》，地质出版社，1992 年第 1 版。

② 气象出版社，1994 年。

明代沿黄土高原北部和西部修筑长城，驻守大量士兵，并移民垦种。因此，晋西北和陕北地区土地开恳率很高。明代官员庞尚鹏在《清理山西三关屯田疏》一文中有详细记述：“三关平原沃野，悉为良田。若问抛荒，惟孤悬之地间有之，亦千百十一耳。其余山上可耕者，无虑百万顷，巨岭南人，世本农家子，常叹北方不知稼穑之利。顷入宁武关见有锄山为田。麦苗满目，心窃喜之。及西渡黄河，历永宁入绥，即山之悬崖峭壁无尺寸不耕。”[①]明代除了由于开垦土地破坏自然植被外，还大量砍伐黄土高原北部，特别是山西省北部长城沿线的树木。明代马文升记载了晋北长城沿线在明代初期林木茂密，到明代后期被砍伐一光的情况：“自偏关、雁门、紫荆、历居庸、潮河川、喜峰口直至山海关一带，延袤数千里，山势高险，林木茂密，人马不通，实为第二藩篱，……永乐、宣德、正统间，边山树木无敢轻易破伐……自成化年来，在京风俗奢侈，官民之家争起第宅，木值价贵，所以不同官府规利之徒，官员之家，专贩筏木，……纠众入山，将应禁树木，任意砍伐，中间镇守，分守等官……私役官军，入山砍木……其本处取用者，不知其几何，贩运来京者，一年之间，止百十余万……即令伐之，十去其六七，再待数十年，山林必为之一空矣。”[②] 黄土高原的天然植被，到明代后期已遭到较大程度的破坏。

清朝年间，由于人头税被取消后人口的大增，导致向长城以北地区的草原地区大量移民和开垦，破坏了大片草原植被，另一方面，在黄土高原地区内部，人们向那些保存较好的自然植被的山区开垦。尤其是清朝几位皇帝施行“招民垦荒”政策，使清代对植被的破坏在广度上又大大超过了明代。清朝初年荒地很多，

① 庞尚鹏：情理山西三关屯田疏，《明经世文编》卷三五九。

② 马文升：为禁伐边山林木以资保障疏，《明经世文编》卷六三。

随处可见“地亩荒芜，百姓流亡”的景象，所在地方官吏，大有“无民可役”“无地可税”之慨。针对这种情况，清廷颁布了“招民垦荒”的政策，于顺治年间一再下令，允许各处流亡人民开垦“无主荒田”，所垦土地由州县官给以“印信执照”，“永准为业”。凡农民垦荒，一般可以免税三年，个别的还可以免税五年或六年。从康熙十年（1671 年）开始，康熙帝为了加速荒田开辟，又陆续放宽垦荒起科年限，将三年宽至四年，又宽至六年，再宽至十年。除在税赋上给予减免优惠政策，同时还积极鼓励地主乡绅垦荒，以赏给官职作为引诱。凡贡监生员富民垦地二十顷以上，能通晓文墨者授为县丞，不能通晓文墨者授为把总，而垦地至一百顷以上，能通晓文墨者授为知县，不能通晓文墨者授为守备，这实际是借用地主之力以招徕农民垦荒。到了康熙末年，全国荒地基本上得到开辟①。清政府的“招民垦荒”政策虽然使当时的农业经济得到恢复和发展，但也诱导了人类大肆破坏黄土高原地区的植被。在清代，吕梁山、黄龙山、子午岭、六盘山、秦岭、陇山等黄土高原地区的诸多山地上保存的天然植被都遭受了很大程度的破坏。

水利史学家在总结清代治河历史时，常常提到靳辅和陈潢这两个人物。靳辅在康熙十六年至二十七年（1677—1688 年）任河道总督，他主要依靠布衣出身的幕友陈潢（1638—1689 年）的建议来治河。他们亦主张“束水攻沙”，提出了“治河当审全局，必合河道、运道为一体而后治，始可无弊”的治河思想，这一治河思想是对明代潘季驯治河思想的继承，潘季驯并没有深究黄河下游沙的来源，而陈潢却曾亲自查勘过黄河上、中游至宁夏灵武，了解黄河水沙来源，并在《河防述言》中开始对黄河多沙的原因与河患根源做了基本正确的描述：“按元临川朱思本所述河源较为详确，其言：自星宿发源行十数日犹清浅可涉而渡，又行数日水

---

① 李培浩：《中国通史讲稿［隋唐—明清］》，北京大学出版社，1983 年第 2 版。

渐浑浊，则河源本清与他水无异不益可信哉，是其挟沙而浊者皆由经历既远，容纳无算，又遭西北沙松土散之区，于焉流愈疾而水愈浊，浊则易淤，淤则易决耳，河之浊非其本然也。”① 陈潢领悟到要从黄河的中上游的来水来沙条件剖析黄河之河患的本源。这较明代潘季驯治河当观全局时，只观到黄河下游，只考虑了黄、淮、运的关系，是一大进步。陈潢关于河患认识的这一大进步的出现是否与当时大肆破坏黄土高原植被，造成“西北沙松土散之区”不断扩张的形势有着某种必然联系？本人在此不敢妄加推断，但本人觉得：陈潢作为清朝的一名治河官员，虽认识到了威胁朝廷命脉之漕运的河患与“西北沙松土散之区”的存在有某种内在联系，却没有向清朝的最高统治者进言保护黄土高原植被，控制“西北沙松土散之区”的面积，实在让人感到遗憾！可能，他的发现与当时的某条圣旨相悖，所以他只作了基本情况的描述而未敢主动进言。可见帝王过多干预治河事务的负面影响。我想，如陈潢向清朝最高统治者冒死谏言保护黄土高原的植被，并被统治者采纳了，那么 1855 年的铜瓦厢决口未必会发生。可以说 1855 年铜瓦厢的大溃决与明清期间人类大肆破坏黄土高原的植被有着一定程度的“因果报应”关系。铜瓦厢决口事件是大自然对人类不尊重自然规律大肆破坏黄土高原植被之行为的一种报复。

2.2.4.3 清朝中叶以后官场贪污腐败、河工舞弊成风也是造成铜瓦厢决口的原因之一

清朝到了乾隆、嘉庆时期，官场已开始全面腐败，贪污成风。被康熙列为治国安邦三大国事之一的“河务”领域的河官和河工的贪污舞弊之风甚烈。《黄河河政志》一书中记载了：“河工舞弊之风古已有之，到了明代渐见剧烈。清代黄河灾害尤甚，漕运受阻，清政府投入巨资治河，这些巨资却成了河工舞弊的渊薮。到

① 转引自赵得秀：《治河初探》，西北工业大学出版社，1996 年。

了清中叶以后，河工贪污之风弥漫全河，几乎无法收拾。”

当时清朝的最高统治者也意识到了河工舞弊之风，雍正元年（1723年）雍正皇帝诏：“近闻管夫河官，侵蚀河夫工食，每处仅存夫头数名。遇有工役，临时雇募乡民充数塞责，以致修筑不能坚固，损坏不能提防，冒销误工，莫此为甚。”（《续行水金鉴》）。嘉庆帝于十六年（1811年）也曾下谕说：“河工连年妄用帑银三千余万两，谓无弊窦，其谁信之?”清政府意识河工贪污舞弊之况后“为控制河工贪污浮冒，制定了一些罚赔制度。规定凡所修河工不坚，一旦从此决口，所用银两，只准报销六成，其余四成由道府以下文武汛员赔偿。这种制度看似严格，但实际上河官们在修工时，即将罚赔之款已预先冒领，反而助长了河官们的贪污之风。”① 嘉庆年间（1796—1820年）河政腐败发展到相当严重的地步。当时贪污的手段甚多，如“嘉庆十一年（1806年）每垛5万斤，官家出银200两，市场价可买30万斤，这样就虚报了六倍，实际这些秸料都是向沿河农民按田亩摊派，农民无偿上缴或贱价出售。收料后，搭成垛形，往往中空如屋，每垛不过三四万斤。河工上集料常以万垛计，可见河官们每年贪污百万以上银两就不足为奇了。”②在1796—1820年的25年内虽然河官频频撤换（25年内有15次调换河督、河官，共达46人次），但也没有能扼制河道官员贪污腐败、弄虚作假之势，在财政日衰的清末，河工经费却猛然激增。魏源曾指出：1782年后，费用数倍于开国初，嘉庆后期，又大大地高于乾隆朝。以河南为例，乾隆六年年拨银七万两，道光初年，每年动用100万两，道光十一至十四年，年用银110万两，1854年则达到140万～150万两。大型堵口工程（清代叫大工），乾隆时不过10万两，1798年的睢工136万两，1803年衡工200万两，1814年睢工380万两，1819年马营工1 000万余两!

---

①② 引自《黄河河政志》。

不到一百年，岁修费膨胀十余倍，大工费增至百余倍，嘉庆年间，全河年费三千万两。清政府不断膨胀的巨额治河经费投入，换来的却是："修筑不能坚固，损坏不能提防"，河道状况江河日下，河患愈演愈烈。面对如此河务现实，魏源在 1855 年铜瓦厢大溃决发生之前（咸丰二年，公元 1852 年）就带有预言性质地感叹道：因河政的腐败和河患的日趋严重，黄河河道状况已到了"无法可治"的地步，黄河在河南一带的改道只是指日可待的事了。

治理黄河的过程，从本质上讲是社会化的人类与自然界抗争的过程，在这一过程中，政府治河官员的素质、才能、品行的高低直接影响着治河的效率。清朝中叶以来，官场腐败不仅导致了国家治河财政投入的产出效益低下，而且导致了治河贤才不能得到重用，而恰恰相反地让许多善于骗上哄下的庸才充满了河道衙门内外，造成了治河效率低下，河势日渐糜烂。在这种背景下出现了清官郭大昌倒成了一种偶然。郭大昌是在河政十分腐败的嘉庆年间出现的一位较有成就的治河人物，他出身于普通家庭，十六岁时到河工当上一名抄写的小书记员，二三年之内就熟悉了河工财务，"尤明于水性衰旺"，精通埽坝工程。1774 年，河决清江浦老坝口，河督无奈，请郭大昌帮助堵口，条件是钱粮五十万两，限期 50 日，郭大昌仅用十万两，二十日就堵口成功，创造了当时河工史上的奇迹，郭大昌只用了文、武官员各一，不要其他官员到工，料物工款也由他独立完全支配，杜绝了贪官偷银偷工。1796 年，河决丰县，郭大昌又抵制了官方庞大的预算计划，1808 年，马港口复决，河官意让其泛滥，郭大昌坚持治理清口、淤塞和复出原河口，他的建议被两江总督百龄采纳了……郭大昌一生秉性刚直不阿，勤于事而讷于言，对工程坚持节约开支，办事认真，然而这样一位有才有德的治河贤才却一直受到打击而不被重用，这对清王朝河务事业不能不说是一大损失。

由上可知，清朝中叶以后官场贪污腐败，河工舞弊成风不仅致使清王朝治河财政投入效益低下，而且致使许多正直廉洁的治河贤才不能得到重用，从而使黄河抵御洪水的能力大大降低。

2.2.4.4 在铜瓦厢决口演变为河道大迁徙的过程中，清王朝政局不稳和统治者的人为意志起了决定性的作用

上文阐述了铜瓦厢决口事件是气候变化、人为破坏黄土高原植被及河政腐败等诸多因素综合作用的结果。这些直接或间接诱发黄河下游河道淤积决口的因素，不仅营造了1855年兰考铜瓦厢决口，在1855年之前就已经营造了一系列的决口事件，并且1855年之前的许多决口的规模都超过了铜瓦厢决口。本人认为，决口口门的宽度和决口是否形成夺溜可作为判断决口规模大小的重要指标，据《清代黄河流域洪涝档案史料》一书的记述，在1801—1854年之间，至少发生了8次规模大于1855年的决口事件（详见表1），表1中列出的8次决口都形成了夺溜，且决口口门的宽度都宽于铜瓦厢决口，然而这8次决口都基本被堵住，没有造成黄河下游河道的迁徙，而1855年铜瓦厢决口却导致了历史上黄河下游河道的一次重大迁徙改道事件，虽客观原因诸多，其中主要原因是：1855年铜瓦厢决口前后正逢帝国主义列强大肆掠夺中国和国内太平天国等农民起义风起云涌，清朝政府正处于政局极不稳定的时期，当清政府镇压平息了太平天国农民起义后，又因清政府统治阶层内“北流论”占了上风，而人为地不让黄河堵归故道。可以说，清王朝政局动荡及统治者的人为意志导演了1855年铜瓦厢由决口演变成河道大迁徙之事件。

表1　1803—1854年间的决口事件

决口日期	地点	口门宽	洪水经行路线
嘉庆八年(1803年)九月十三日	封丘县衡家楼	180余丈，塌宽至200余丈	大溜东北经封丘、浚县、滑县、长垣、范县达张秋穿运，东经利津入海

续表

决口日期	地点	口门宽	洪水经行路线
嘉庆十六年(1811年)七月初七日	砀山县上汛李家楼	101丈	夺溜七八分，水分三股，一股由永城县之部集入境，至永宿集出境；正南一股由夏邑积善村入境，从顾家堤口出境，西南一股由虞城县小乔集入境，汇注永城县之巴沟河……
嘉庆十八年(1813年)九月初六日	睢州下汛二堡，薛家楼	146.8丈，塌至195丈，复塌至215丈	全黄首注亳州之涡河，经蒙城、怀远入淮，经盱眙、泗州汇归洪泽湖
嘉庆二十四年(1819年)七月二十三日	兰阳县八堡	180余丈	掣溜九分，漫小由凤、颍涡、淮等处纡曲串注，汇入洪泽湖
嘉庆二十四年(1819年)八月初七日	武陟县马营坝	200余丈	夺溜东趋，穿运注入大清河
道光二十一年(1841年)六月十六日	祥符县上汛三十一堡	300余丈	全溜建瓴而下。冲破祥符县护城堤，漫水下注，一由蒙城、怀远入淮，一由阜阳、颍上入淮，均经凤阳、盱眙入湖
道光二十三年(1843年)六月二十七日	中牟下汛九堡	100余丈，续塌宽至300余丈	漫水决堤掣动大溜。溜分两股，一股入大沙河入淮，一由惠济河入涡河汇淮，统归洪泽湖
咸丰元年(1851年)八月二十日	丰县下汛三堡	185丈	漫水溜分两股，一由华山行走，一由威山行走，俱入衡山、昭阳、南阳等湖，漫口以下正河断流
咸丰五年(1855年)六月十一日前后	兰阳下北厅关阳汛三堡(铜瓦厢)	初漫刷宽70～80余丈，以致夺溜	漫口夺溜，下游正河断流，漫水经由西南趋向东北，穿越运道灌入大清河，由利津入海（自此黄河改道由大清河入海）

摘引自《清代黄河流域洪涝档案史料》，中华书局，1993年。

《黄河河政志》一书在分析历代治河经费时指出：“从史书中看，历代为治理黄河付出的资金，往往占国家年赋税总收入的一部或大部，并曾出现过个别年份付出的治河经费超过国家年赋税总收入的事。为治理黄河国家历次动员的劳动力人数，少者数万、十数万，多者乃至上百万人。历史上曾有过‘竭天下之力以事河’的记载。”“历代治河经费的数额，每因治河工程的多少、工程规模的大小以及国家财政承担能力的强弱而不尽相同……战争频繁、经济拮据的年代对治河投入的经费要少，社会稳定、经济繁荣的年代对治河投入的经费就相应地增多。”1855 年铜瓦厢决口期间，清政府可谓是内外交困、财政拮据。1840 年爆发了第一次鸦片战争，结果是帝国主义用大炮、鸦片和廉价的商品打开了中国的大门，迫使清政府签订了近代的第一个不平等条约——中英《南京条约》，不但割让土地，还要从本来就困难的国家财政中筹措赔款；1851 年国内又爆发了规模空前的太平天国农民起义，直接威胁动摇着清王朝的统治，迫使清政府竭尽全部财力和物力来镇压农民起义；1856 年（铜瓦厢决口的第二年）清政府又直面第二次鸦片战争，战争的结果还是腐败无能的清政府向外国列强割地赔款。可以说在铜瓦厢决口的前后数十年正是清政府内外交困几乎临于绝境的时期。

铜瓦厢决口没及时堵复主要归因于当时封建王朝政局不稳的社会政治背景。而当清政府将太平天国农民起义镇压下去，清政权得到相对的巩固，国家财政收支状况有了好转后，也没有将在铜瓦厢和张秋之间南北迁徙摆动的黄河堵归故道，而是在决口泛道修筑堤防构筑新河道，最终使黄河改从大清河入渤海至今，这完全是当时统治阶层人为意志所致。尹学良同志在《黄河下游河道的演变、改道和寿命》① 一文中指出，其实近代黄河改道或不改道，全视人类的需要与可能而定，1855 年铜瓦厢决口后，堵或不堵，改或不改，争论了 30 余年，倘若当时“堵派”占优势，明清

① 《黄河流域环境演变与水沙运行规律研究文集（第三集）》，地质出版社，1992 年第一版。

故道将继续沿用下去，寿终之期，实难预料。[①] 清代铜瓦厢堵与不堵之争，实际上是由来已久的黄河下游南流论与北流论之争。因北由大清河入海，所经河流被称谓为“大清”，象征了清帝国祥瑞，这一点在充满了神权治河封建迷信色彩的清朝年间促成北流论占据了上风。另外，铜瓦厢决口后数十年内，不堵论（即北流论）者能占据上风，也因之确实有一定的道理。王恺忱高级工程师在《黄河下游大改道问题的探讨》[②] 一文中回顾分析了这一段历史：“到同治十二年（1873 年）闰六月李鸿章等议奏，认为旧河身高三丈左右，引河无法排深，十里宽口门难于进占合龙，势难挽复，且对漕运无甚裨益。同时，鉴于改道后河道流路经过近 20 年的演变已逐渐稳定了下来，泛区地面亦普遍淤高，北面金堤业已巩固，南面也创筑了东明新堤，山东沿河民埝多已成型，水患相对有所控制，全面权衡利弊后，方下决心因势利导，改由山东利津入海”。从李鸿章的疏奏可以看出，在铜瓦厢久拖不堵数十年后，“痛下决心因势利导，改由山东利津入海”之北流决策，在当时的社会政治经济技术条件下还可称得上是审时度势的决策。不过，也有人指出，当时一般都把黄河当作害河，安徽籍的李鸿章与江苏籍的翁同龢支持北流论是维护自己家乡的利益（特别是李氏要维护“淮军”军事集团的利益，而且替代漕运的海运又掌握在李氏主办的招商局手里）。从今天黄河下游山东的卡脖子段来看，当年确实没有为新河规划一个合理的河道，李鸿章难以摆脱“以邻为壑”的嫌隙。总之，在铜瓦厢决口后，历史选择了北流

---

① 1938 年 6 月，国民党政府企图利用洪水阻止日军西进，扒开花园口大堤，黄河向东南泛滥于贾鲁河、颍河和涡河之间地带近十年，如不在 1947 年 3 月堵归故道，而是在扒口的泛道筑堤，那么现黄河下游河道将会有与明清黄河故道同样的命运，被人称为“废黄河”。

② 《黄河水利委员会水利科学研究院科学研究论文集第三集（泥沙·水土保持）》，中国环境科学出版社，1992 年。

论，当时北流论占据上风的清政府高层统治阶层的人为意志决定了自铜瓦厢决口后黄河北流至今的历史命运。

2.2.5 潘季驯的治水系统需要弥补和发展

其实"北流论""南流论"的论争，只是河流流向的选择，并没有道出治河的关键问题。而"筑堤束水"与"分流论"的争论才是真正接触到了"导河之策"的本质。

大禹治水的故事在中国是家喻户晓的（其实禹的伟大治绩，实际包括前后几百年，千万人的治绩，以禹为代表、为象征），大禹不但成为了被炎黄子孙万世敬仰的英雄，被列为经典的《禹贡》所记载的他的"疏导"式治水思想也成为了一种典范，长期指导着或束缚着后人。后来的"以经义治河"者往往和当时的实际情况相脱离。世间万物总是不断地发展变化的，大禹处在华夏民族从原始耕作向奴隶制较大规模农业转化的时代，疏导分流不但减少了洪灾，还可以使黄河的泥沙将大量古代的大泽、洼地淤为良田。可是到了宋、元、明、清时代，更为先进的封建农耕文明已经很成熟了，人口也大量增长，越来越难找到空间来疏导、分流。

正是在这种情况下，由明朝人万恭首先提出"不宜分流"，潘季驯进而发展了的"筑堤束水"思想是对大禹以来疏导式治水传统的逆向思维。

世间没有亘古不变的真理，人类对世界的认识有一个螺旋式上升的思想轨迹，被大禹否定了的共工和鲧的治河思想，在万恭、潘季驯身上又现出了痕迹，当然，这只是一种升华了的"复古"。潘季驯的治河理论与治河实践标志着中国封建社会治河史上第三次高潮的到来，标志着传统水利中的治河理论与实践的成熟。徐海亮在《中国水利史讲义》[①] 一书中认为潘季驯在16世纪居于世界上河流泥沙科学、河工科学的首位，实属受之无愧。然而，从

---

① 华北水利水电学院，1990年9月。

铜瓦厢决堤，黄河大改道以来，人们对自潘季驯至靳辅一脉相承的筑堤束水的导河之策又开始了新的反思，潘季驯作为一位历史人物，他不可避免地存在局限性。他治河只限于河南以下的河段，对于泥沙来源的中游地区未加治理，源源不断而来的泥沙，只靠“束水攻沙”这一措施，不可能将泥沙全部输送入海，势必有一部分泥沙淤积在下游河道里。

前文 2.2.4 中为铜瓦厢决堤指出了四条客观原因，同时我们也必须承认悬河的存在是决口的根本原因，而自战国以来长期的人工筑堤又是黄河下游形成悬河的根源。但我们又不能不看到潘季驯、靳辅的治河确实收到了阶段性的效果，靳辅、陈潢的工程又较潘氏为大，在某种程度上可以说是为康乾盛世的出现奠定了一定的基础。

在新一轮的反思中，疏导论、分流论又以一种新的面目出现了，那就是“黄河下游人工改道论”。改道论者也看得很清楚，在人口稠密的黄淮海平原，难以实行旧式的疏导和分流，因此，以避免天然改道时的灾难和损失为目的，他们提出应为必然要改道的黄河下游预先准备一条人工的河道。

其实，改道论只是阶段性的疏导论，一旦黄河按计划改道后，也依然要筑堤，筑堤又会形成悬河，就像 1855 年改道后黄河下游今天依然成为悬河一样。

至今改道论者的方案一直未被中央政府采纳，我国的水利工作者在早已超过临界高度[①]的黄河下游，依然沿袭着潘氏“束水归槽”的传统。

而在这新一轮的反思中，力主继承和完善潘季驯治水系统的我，反倒吸收了历史上分流论的一些合理成分，提出应把潘季驯

---

① 改道论者赵得秀在《治河初探》（西北工业大学出版社，1996 年 10 月）一书中指出“黄河自有堤坊，形成悬河，达到一定高度（一般是 5 m 左右），决口改道是它的必然规律……”

时代的黄河故道利用起来分洪、分沙。

利用黄河故道的方案比开挖新河道的方案不知要节约多少倍，但这一方案最主要的价值还在于把“筑堤束水”带来的遗憾——地上悬河这一许多人眼里灾难的渊薮，当作了宝贵的资源来加以利用，使之向沿线分洪、分沙，从而弥补发展了潘季驯的治水系统。

本文将由浅入深，由局部到全局一步步推出发展潘季驯治水大系统的总体设想。

2.3 小浪底水库工程将成为分沙、分洪的枢纽

开发黄河故道不是与现在的黄河下游争水，而主要是分洪、泄沙。实现这一目标的主要途径是利用小浪底水库。

2.3.1 两位有高度责任感的老专家的方案

黄委会水利科学研究所吴以敎副所长提出“……在小浪底水库修一条隧洞作为输沙廊道，用高含沙量水力吸泥清淤办法，把淤在水库的泥沙吸排出来，经过输沙廊道、输沙渠道，用高含沙水流输送至适当的淤区……”①，曾任水利水电科学研究院泥沙研究所副所长的方宗岱先生也提出类似的方案②。这两位著名老专家早就想到了要利用小浪底水库来分流黄河的清水和浑水。

2.3.2 渠道输沙方案的不足之处

把清水排到下游，清水依然会卷起河槽中的泥沙，下游虽然用到的还是浑水，但清水能刷深主槽，总算对黄河做出了贡献。

而输送“高含沙量水流”的渠道修在哪里呢？若修在堤内的高滩上，大洪水会漫过渠道，冲毁或淤死之。修在堤外背河的低地上，地形复杂，工程量大。

最根本的缺陷是渠道输沙浪费了水库高水位的势能。另外为

---

① 《当代治黄论坛》第122页，科学出版社，1990年10月第1版。

② 《当代治黄论坛》第132页。

了带动大量泥沙，即使是非牛顿体（宾汉体）的高含沙量水流也需要大量的水，而几乎年年断流的黄河，已经分不出在主槽之外再搞一条输沙渠道的流量了。

2.3.3 对吴、方二老方案的补充方案

建议利用管道输沙。管道架在小浪底大坝下游黄河的南堤上。

为什么要用管道呢？封闭的管道可以充分利用小浪底水库高水位的强大压力（如果把这条管道看作虹吸管，那就是要利用强大的虹吸力）来分洪分沙。

为何选择南堤架设管道呢？1855年改道决堤的是北堤，故道的南堤与现黄河的南堤是相连的。因此可向故道分洪、分沙。

我设想根据资金情况，管道工程分三期完成。

2.3.3.1 第一期管道工程从小浪底大坝出沙涵洞到山口的邙岭山麓

黄河南堤从小浪底水库至郑州段堤岸附近多山，为中岳嵩山的余脉邙岭。这就为我们打破常规、向高峡分洪提供了条件。传统的拦蓄洪水方法是修建平原水库，但平原有的地方近地表的地下水为咸水，一旦修平原水库后，水库周围地下水位提高会造成土地盐碱化。把洪水引向人口较少的高山峡谷（只要它的海拔略低于小浪底大坝），相信更能得到群众支持。嵩山余脉中适于建坝的峡谷不少，只因为峡谷本身的集雨面积不够，溪流总体流量小，修水库的价值不大。但如果我们有了一条与小浪底坝内连通的密封管道，我们就可以在这些峡谷中建坝，于洪水季节利用高水位的压力将小浪底坝内本来要泄洪白白放掉的含沙量高的洪水，通过这条密封管道压到沿线的高峡水库中去。大堤上的管道与高峡水库之间可以在山中凿斜井衔接，而小浪底大坝中还应从泄洪高度（接近顶部）至泄沙隧道间留有可以从不同高度泄洪、放水的竖井。这样泄沙的隧道和管道就有泄沙和分洪、分水多种功能。

2.3.3.2 第二期管道工程从山口至现黄河的东坝头进入故道，接连故道的半永久性窄深河槽

关于在一定流量的保证下，黄河下游窄深河槽中可形成高含沙量水流的研究已进行了多年，取得了可喜的成果。

但问题是：第一，自 1987 年以来，黄河下游几乎年年断流，而且断流时间呈延长趋势（1996 年达 136 d），断流使得河槽淤浅；第二，每一次行洪，中泓都有变化，在许多河段，两个大堤之间河道根本一直就是游荡性的，难以形成窄深河槽，而且游荡性河道常常形成 S 型大弯，俗称“套”，套一多就等于降低了比降，也不利于输沙。再者断流和行洪期河槽改变之间有一种互为因果的恶性循环关系。也就是说断流使河槽淤浅，这样行洪时河道容易游荡，而游荡后的 S 型河道流速减慢，渗漏增加，更易形成淤浅和断流。黄河故道目前不行洪，因此可人工将弯套取直，挖成半永久式窄深河槽，这样可形成适宜高含沙水流远距离运移的河床形态。“高压高含沙水流”脱离了管道的高压后，可利用南水北调中线工程适当补水，以促使在固定的窄深河槽中较易形成非牛顿体高含沙水流，这样就可以利用故道实现像吴老说的那样将泥沙“送至需要放淤又可能放淤的地方即可”。

2.3.3.3 第三期管道工程，是等国力进一步强盛后一直将输沙管道修到故道入海口

这一工程比较宏大，牵扯到故道被其他河渠切断处的立交问题，但考虑到河口得到泥沙补充后会停止蚀退并得到多目标的开发，投资是值得的。明清黄河故道河口海岸线因强烈侵蚀而迅速后退，自 1855 年到 1980 年间后退了 18 km。蚀退平均速度为 144 m/a，共蚀去了 1 400 km^2 的土地①。有专家预计故道河口如得不到泥沙补充将会在若干年后退回到云梯关故淮河口，那我们将丧失大片

① 引自江苏盐城教育学院凌申《淮口历史变迁述略》。

领土和领海（如果这里被定为黄海的基准点）。

得到黄河泥沙所带来的矿物质和有机质营养的补充，将有利于黄海生物链的发展，以使海洋给我们提供更多的食物。

同时与泥沙一起到来的淡水，又将使港口建设、工农业生产出现生机，下文第8部分详述。

2.3.4 利用三门峡水库做实验

三门峡水库坝址的地质条件比小浪底好得多，因此可利用三门峡水库做输沙实验。

原由苏联专家设计的三门峡水利枢纽工程，泄沙能力严重不足，我国不得不进行改造，从大坝旁山体的岩层中打了两个隧洞，配上闸门，用以泄沙，效果良好。

建议在这两个隧洞下方（如果地质条件许可）再打一个隧洞直通坝内现已成为死库容的接近底部的位置，而坝外则用管道与隧洞连接，管道通到黄河岸边山西平陆县的沟壑中。

平陆为典型的黄土高原地貌，从塬上粗看，地势是平的，实际上布满了沟沟壑壑，这些沟壑可以消化掉输沙管道输来的三门峡库内的泥沙，沉下泥沙后的清水（除被当地利用外）可排入黄河及其支流。这样，不断地消化库区的泥沙，可使平陆县一步步出现大片真正的平陆。此一实验意义重大，因黄河中游一带的沟壑地形水土保持非常困难，是大量向黄河输沙的地区。填平沟壑不仅消化了其上游输来的泥沙，而且地形变得有利于水土保持后将大大减少向下游输沙。当平陆淤平后，可按同样的模式向北岸的夏县、垣曲，南岸的渑池等地发展。

三门峡的实验不仅将为小浪底输沙工程的设计提供准确的数据，而且也可使三门峡枢纽在多功能开发方面闯出新路，起码库区泥沙减少，死库容可有相当部分变为活库容，且溯源冲刷可降低上游（包括支流渭河）的河床高度，使西安摆脱洪水的威胁。另外衰退了的渭河黄河间的航运亦可得到恢复。

前文 2.2.4 已提到潘季驯、靳辅束水攻沙的理论虽收到阶段性的效果，但终因气候的难以掌握，上中游植被的不断破坏等原因而无法改变黄河下游河床不断抬升的趋势。

我们现在对于窄深河槽有较强的输沙能力的认识已比潘季驯、靳辅精确多了，如将三门峡、小浪底两个枢纽的输沙工程联合运用，在黄河中游多暴雨、多沙的年份和季节，控制住下游的输沙量，而把多出的泥沙消化在平陆等地的沟壑、与小浪底水库由管道联通的高峡水库以及下文 3.4 提到的多种受沙工程中，使下游窄深河槽的输沙能力不超过极限，这样就可使下游河床的高度稳定在我们可控制的水平内，从而使我们在根治黄河和充分利用黄河地上河资源方面迈出一大步。

2.3.5　利用管道传输的泥沙逐步恢复明清故道

小浪底工程及三门峡枢纽的改造给我们提供了一个解决黄河泥沙问题的机会，根据上述方案，黄河上中游的泥沙最终会通过小浪底大坝，经由吴所长、方所长设计的排沙隧洞，以及我提出的输沙管道，一举送到黄河故道。同时，又可间歇式地将洪水送至沿线的高峡水库（具体应按水—沙—水、或水—沙—水—沙—水的程序运作，一头一尾必须是输水，用以清除管道中的淤沙）。黄河故道就可以利用每年送来的这大批泥沙来修补被人为破坏和自然损毁的堤坝，从而逐年被修复并恢复行水（当然这指的是我们刚才说的“高含沙量水流”）。

也许有人会问：花那么大的代价去修复黄河故道值得吗？我的回答是值得的！除分洪泄沙外，黄河故道尚有多种功能。

3　分洪带来抗旱的好处

3.1　水已向中国亮出了“黄牌”

水利部长钮茂生最近指出，水已向中国亮出了“黄牌”，中国水资源短缺日趋严重，人均占有量不足世界平均量的1/4……气象统计资料表明，70年代开始至今，华北地区的持续干旱期，造成了华北水面面积的大量减少，微山湖、东平湖都在缩小，白洋淀也多年出现干涸，许多历史上的大泽、湖泊、陂塘、水柜已无迹可寻。

3.2　黄河的洪水是必须要充分利用的资源

黄河水量只及长江的二十分之一，“因为水量少而十分宝贵”。相对于长江，黄河的洪水是必须要充分利用的资源。

试想一下，高出地面4～5 m，甚至7～8 m的黄河故道，就像一个个紧密连接、连绵不断的水塔，只要一走洪水，在洪峰的巨大压力下，水会迅速渗透到久旱的地下，充分补充地下水，地下水位抬高后，微山湖等湖水的水面也会得到恢复，从而增加蒸发量，使小气候得到改良。

3.3　煤矿塌陷区可消化部分洪水和泥沙

值得注意的是，黄河故道沿线还有大片废弃煤矿的塌陷区，分属枣庄、兖州、徐州、淮北几个矿务局。这一带煤矿的矿井一般采用钢支护，每一层煤开采时还留下煤柱，好似楼房的框架结构。当矿井报废时，会跟当地农民谈判，赔偿土地的费用，并告之井下钢支护拆除以后，还有煤柱支撑，不会造成灾难性塌陷，但会在多少年以内，塌陷多少米，因此不应在塌陷区盖房。

如果引黄河洪水注入地下废矿井，可减缓塌陷的破坏，洪水洗去矿井周围的黑色污染，使塌陷区变成可发展水上种养的湖面，悬浮种稻、水下养鱼（关于水上种养，详见本文第5部分）。

3.4　引洪、蓄洪的最大问题是如何消化大量泥沙

并不是所有的地方都像塌陷区那样连水带沙都要，根据故道范围河南三义寨和山东闫潭两条引黄渠的经验，黄河水受欢迎，但每年清淤的负担很重，而且扯皮的事情也多。1993年扩建的新三义寨引黄工程，就把兰考和商丘的用水分开。东分干渠专门向商丘供水，建在兰考境内的沉沙条渠（沉沙池）的清淤工作，完

全由商丘承担。仅仅是把清除的泥沙堆到一边而已。

要调动起故道沿线分洪分沙的积极性，必须解决泥沙的出路问题。

3.4.1　首先应将洪水中的粗沙、细沙、粉沙、黏土分开

从黄泛区了解到，洪水所带来的泥沙从沉沙量和泥沙的成分构成上都很不均匀，有的地方留下了大片沙漠景观，有的地方却有大片黏土。这说明泥沙的各种成分需要流速、流量、地形等不同的沉淀条件，于是初步设计了以下的分离法。

受明朝潘季驯格堤建设的启发，可在宽阔的游荡性河道中开辟一些沉沙池（见图1）。

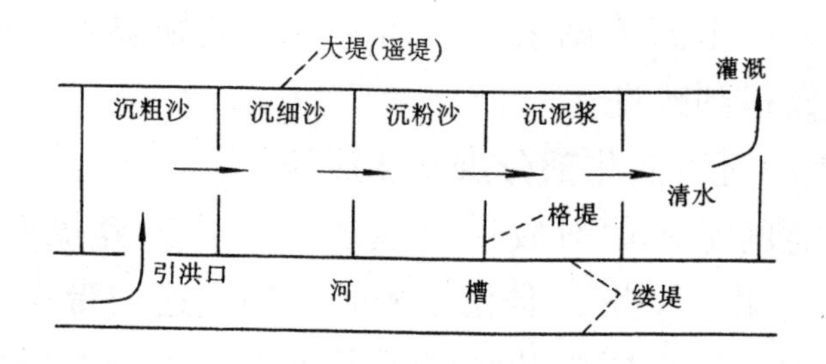

图1　格堤式沉沙池

如图1所示，洪水导入第一个宽阔的沉沙池，流速骤然减缓，会沉下比重较大的粗沙，然后通过狭窄通道导入第二个沉沙池，流速再一次减缓，沉下比重次之的细沙，这样一个接一个，把粉沙和泥浆（黏土）留在第三、四沉沙池，清水通过引黄闸引走。这个工程的长处是造价低，一旦大洪水到来，充其量漫过或冲毁格堤泄洪（若这些格堤具有护堤、护滩、束水归槽的作用，则加以维护）。这只是分离水、沙、土的一种物理方法，还有其他的物理方法和化学方法来进行分离、处理，甚至进行表面改性来提高它们的价值。

清水是久旱大地上的甘露，人们欢迎，粗沙可做常规的建筑材料，用来搅拌混凝土，人们也欢迎，黏土泥浆可用于土壤改良，

用来加高加固大堤或生产传统的砖瓦建筑材料，但这样太可惜了，经仔细分离了的纯度较高的黏土，价值已大大提高，它可以用来做水利工程的防渗层，可用于防止已污染的地下水扩散的隔离工程，可作为橡胶、塑胶制品的凝胶剂、填充剂、增强剂，并广泛应用于石油钻探业等工业生产项目①。

3.4.2 细沙和粉沙的处理问题需要重点解决

3.4.2.1 利用新技术制砂砖

黄委会科教局刘晓燕高工早已解决了用细沙、粉沙制砖的技术难题，所制的砖比黏土砖强度更高，造价也并没贵出多少。难以推广的原因可能有两方面，一是砂砖掺入了石灰，成品呈白色，不符合群众用青砖、红砖的传统习惯；二是砂砖自重比较高，不适用于高层建筑。

其实砂砖“强”和“重”的特点正好适合于河工，清道光年间东河总督栗毓美推行砖工，抛砖抢险扩建砖坝都取得了成功的经验。今天应认真发掘并大力推广之。有关治黄大计，又是黄委会的成果，河务上不带头用砂砖，对群众又怎能有说服力呢?

推广砂砖能节省大量耕地，并使引黄后带来的粉沙有了出路，因此具有重要的战略意义。国家和地方政府应从政策上给以支持，除在河务上带头储备和使用外，应明令黄河下游沿岸农村盖房和城市里铺设人行道一律用砂砖。同时应继续组织技术力量对影响砂砖推广的问题进行攻关研究，比如将砂砖做成空心砖，可减轻自重；再比如设计大规模机械化生产线，可降低成本。

另外由日本某株式会社②于 90 年代初研制出的高性能固化剂

---

① 参阅第三十届国际地质大会新闻资料 38。

② 引进该项技术的公司要求我暂时保守商业秘密，故未注明研制及代理该产品公司的名称。

Aught-Set 系列产品[①]，也完全可以用来处理黄河的泥沙，使之成为很好的建筑材料。我国某公司已买断此项技术在中国的使用权，并委托有关单位进行了大量的试验，取得了比较理想的试验结果。

Aught-Set 是以普通标号水泥为主体，掺入了特殊的激发元素。它与水泥的主要区别在于水泥只能与一定规格的建筑用沙和石料混合，而 Aught-Set 却可以固化各种类型的土壤，使之用于道路、机场、堤坝、港口以及各种立体建筑。它的工程特点是：固化速度快、相对强度高、收缩量小……与传统的处理技术相比，省时、经济、施工简单。这为我们下文将提到的利用各种工程来消耗黄河的泥沙提供了必要的条件。

另有消息报道，科学家受“蚁穴”的启发，通过“仿生”技术已制造出一种新的泥土固化剂。相信随着现代科学技术日新月异的发展，还会不断出现值得我们推广的各种处理泥沙的新技术。

3.4.2.2　需要堆土的工程可消化大量沙土

砂砖推广需要一个过程，况且使用量也有限，而需要堆土的工程亦可消化大量沙土。

3.4.2.2.1　高峡水库

前文说到与小浪底排沙管道配套的高峡水库，因其集雨面积不大，受洪水威胁小，可建堆土坝。坝中只是防渗层用黏土，其余均用沙土。这些高峡水库的堆土坝的建设可利用管道每年送来的洪水，按前文 3.4.1 的方式分离出黏土和沙后，用以逐年加高。大坝面向库区的一面可使用 Aught-Set 固化剂混合泥沙进行固化。

3.4.2.2.2　南水北调中线工程

国家计委刘颖秋研究员在《关于南水北调工程的论证意见和建议》一文中指出：“南水北调中线引水线路从陶岔至北京全长

---

① 作者写作时提供相关资料的企业家已难以联系。但从网上搜可以看到该材料已有中文名称“奥特赛特”，并且已在国内的工程中得到应用。——第二版注

1 241 km，沿线目前没有可利用的调蓄工程设施，调度运行的安全性和可靠性差。水从渠首流到京津约需 15 天，而当这两大城市缺水时，要等半个月。而渠首按引水流量 630 m^3/s 最大流量引水时，海河流域一旦出现特大暴雨，调来的南水只能增加我们抗灾的负担，因此必须修几处调蓄工程①。而黄河出山口处正是南水北调中线工程关键的中段位置，按规划，引水工程将在这里跨越黄河，此处南有邙岭山麓，北有太行山脉，有许多山谷适于修建水库，可按前文提到的高峡水库的方式，就地利用黄河的泥沙资源，修建堆土坝。

而且引水工程明渠的开挖，在靠近黄河的渠段也可改成以土堆堤的方式，或在大量堆土后少量开挖（比如在坡地上，渠的基部一定是开挖后的实土，而下坡的堤则用土堆），同样，堤的内侧和渠底亦用 Aught-Set 固化剂进行处理。

这样，南水北调的调蓄工程和渠道工程都将消耗大量泥沙。

3.4.2.2.3　沿黄及故道修建平原水库

现有沿黄的平原水库，一般都是依大堤外侧而建，另外三面以土堆堤，为了抗旱的需要（特别要对付一年比一年严重的黄河断流问题），沿黄的平原水库会越修越多。

黄河故道现有连串的河床水库，随着故道引水量的加大，河床水库会逐步搬到堤外来，像挂葫芦一样，在故道这个长藤上挂出一连串的平原水库，这样又用去大量泥沙。

3.4.2.2.4　沉沙池也是一种功能性的平原水库

前文 3.4.1 提到的受潘季驯的启发，建在高滩上的由格堤分隔的连串沉沙池能分离沙土和黏土，由于这种沉沙池是建在大堤内的，这就容易给当地人造成一种取巧的机会：只取走需要的黏土，而把细沙、粉尘留在滩上等大水到来时冲走。

① 参阅《科技导报》1996 年第 5 期。

虽然对于局部河槽已高于滩地的二道悬河河段来说，这种堤内的沉沙池能导出高槽中的泥沙，因而有一定积极意义。但是对大部分河段来说，应坚决把连串的分类沉沙池修到堤外去，这样有利于彻底消化分离出的所有泥沙。而且也不应受格堤构成的方形的影响，而应根据流体力学的原理和实际堆沙的需要采用最佳的设计。

我初步设想以“穿糖葫芦”的方式建组合式沉沙池（图 2）。

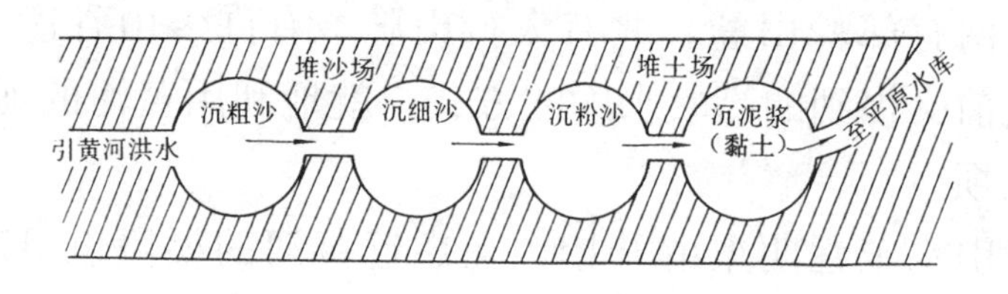

图 2　“穿糖葫芦”式组合沉沙池

如图 2 所示，这种给泥沙分类的工程本身也就消耗了大量泥沙和洪水，它是平原水库的配套清淤工程（每一个大的平原水库应配有三组以上的沉沙池以轮流分洪、沉沙、清沙），或者说它本身就是一组小型功能性的平原水库。

平原水库有分洪、分沙、蓄水抗旱等多方面功能，相比北金堤分洪、滞洪工程能发挥更大的作用，因此应大力推广，当合理布局又逐渐增多的平原水库的滞洪库容超过了北金堤、东平湖滞洪工程后，这些老的滞洪工程可暂时停止使用。

3.4.2.2.5　其他工程

下文我们将提到利用黄河及故道大堤修建高速公路以及在黄河两侧堆填梯级台地建设城乡结合的生态城镇等工程都将消耗大量泥沙。

3.5　利用工程消耗大量泥沙有利于现黄河河道的稳定和黄河水沙资源的综合开发

3.5.1　按传统方式分洪已不合时宜

黄河明清故道有 700 年历史（一说 661 年），保持了河道的基本稳定。这除了“筑堤束水，以水攻沙”“蓄清刷黄”的作用外，利用减水坝有意识地分洪分沙以及在防范不及的情况下，时有发生的决堤都分走了不少泥沙，从而也减轻了河道的负担。

今天，尽管有规划中的减水坝和滞洪区，但区内人口已相当稠密，乡镇企业又常常不遵守各种限制而盲目发展，除非到了万不得已的时候，我们很难下决心开闸分洪（北金堤滞洪区就没使用过一次），而且滞洪区本身也有个寿命问题，用几次就会被淤平，对东平湖滞洪区来说，失去了湖面也许是更大的灾难。关键在于，以往的分洪没有和抗旱及黄河水沙资源的综合开发有机地联系在一起，只是以局部的牺牲来保全局，以小害来避大害，因而不易得到群众支持。

现黄河 50 年安澜是一个奇迹，但 50 年沉积的泥沙也无疑给河道造成了沉重的负担。1996 年 8 月 5 日黄河花园口实测 7 600 m^3/s 流量的洪峰，最高水位竟达 94.73 m，超过了 1958 年 22 300 m^3/s 流量的洪峰水位，也超过了 1855 年黄河决堤改道时的水位。“黄河下游河南温县至夹河滩段出现漫滩，部分控导工程漫顶，封丘、长垣、开封等堤段南岸开始顺堤行洪，守护人员退至大堤防护……”①，这为我们敲响了警钟。

3.5.2 利用小浪底水库的死库容存沙，是一种考虑不够周全并容易使人（对治河产生）麻痹大意的设计方案

现在人们有一种糊涂观点，以为利用小浪底水库 76 亿 m^3 的死库容来拦沙，可以使黄河下游河道 20 年不淤，从而救了现黄河的急。这种似乎已被官方认可的思想，在以下几方面都是站不住脚的。

3.5.2.1 小浪底大坝合龙前依然有发生大洪水的可能

1996 年流量超过 7 000 m^3/s 的洪峰，仅相当于 1958 年洪峰流

---

① 新华社郑州 1996 年 8 月 5 日电。

量的 1/3，水位已高过 1958 年，历史上还有过 1761 年 32 000 m^3/s 的大洪峰，不要说这些多少年一遇的大洪峰，只要 1761 年洪峰 1/3 的流量，1958 年洪峰 1/2 的流量，就可能使我们遭受灭顶之灾。一旦黄河泛滥、改道，下游两岸多年营造的各种引黄工程都将前功尽弃。

现在有了铁路、公路等交通命脉，运河已不如过去重要，而且也不再有怕皇祖陵被淹的顾忌。但是今天人民的生命财产同样不能被忽视，而且洪水对于铁路和公路（像对过去的漕运一样）也有极大破坏力。为了国家和民族的利益，为了社会的长治久安（且不去讲黄河的多目标开发），仅就防洪这一点来说，要力争万无一失。

3.5.2.2　小浪底水库不应有如此大的死库容

按照前文所述，吴老、方老和我的观点，小浪底水库内的涵洞和外接的管道可以把泥沙作为有用的资源输到需要利用它的地方。水库自然能够拦沙，但这绝不应是"死库容"（除了涵洞以下实在无法利用的空间），而是一种沙的"调蓄工程"。试想一下，现在死库容与有效库容的比例是 76∶51，如果把 76 亿 m^3 死库容中的一半 38 亿 m^3 变成调蓄沙的有效库容，小浪底水库的投资效益不就更高了吗？而且当大洪水到来时，通过涵洞和管道将水库底部黏稠的泥沙像挤牙膏一样，排到预留的堆沙场去（此时已来不及排到一般的沉沙池去分离沙土、黏土了），可腾出更多的有效库容来滞洪。三门峡水库由于设计不合理，实际可利用的防洪库容仅 30 亿 m^3，按照我们的建议，小浪底水库多出 30 多亿 m^3 的有效库容，就等于多建了一个三门峡水库，而三门峡按同样的原理改造后亦可大大增加防洪库容。

3.5.2.3　小浪底水库的死库容只能救一时之急

"死库容"只能救一时之急。20 年在历史长河中只是短短的一瞬，20 年以后怎么办？

3.5.3 需要建立新的防洪、抗旱统筹兼顾的工程体系

今天，为了适应气候变化、人口增长和现代农业、现代工业、交通以及第三产业的发展，必须从正面把黄河的洪水和泥沙都当作资源来利用，并设计出新的系统的防洪、抗旱工程体系（来取代北金堤、东平湖的单纯分洪、滞洪的体系），而这些工程体系本身也可以长久地消耗掉大量泥沙。

本文 2.3 中，谈到了小浪底水库工程为我们提供了一个解决黄河泥沙问题的机会；接着又在 3.4 等部分提到了可与小浪底工程配套的高峡水库以及（南水北调的）调蓄水库，平原水库，串糖葫芦式的沉沙池等等，一种新的综合开发利用黄河水沙资源的方案已经显出轮廓了。但我们还可从不同的角度来谈谈黄河的多目标开发，然后再以更广阔的视野，更现代的高度来设计一个跨流域整治黄河并促进流域经济综合发展的新的系统工程体系。

4 地上河的河床和河堤为发展多层次、多种类的现代交通运输业提供了基础

人们都说长江是黄金水道，可能正因为此，国家才重点发展上海浦东，希望它成为一个龙头带动整个长江流域。黄河下游和故道，都是地上河。按照传统观念，地上河的航运价值不大，因其高高在上，与其他河流不交汇，即使交汇（如大运河），也要修建船闸或设船只升降机解决水面高差的问题。现在华北又处于持续干旱期，黄河年年断流，这就更没有航运价值可言。

但是随着现代科学技术的飞速发展，已为我们或将为我们提供许多新的运输手段。

4.1 铺设输油管道、输煤管道

管道输油在我国已有 20 余年历史。最近，中、日、美三国签

订合作书，修建一条输煤管道把山西的煤输送到海边。管道输煤是将煤液化后，用管道运输。管道输煤和输油，最好能一直保持稳定的比降，也就是说少加压，甚至不加压，煤浆和油体也能流动。那么，再也没有比黄河和黄河故道更适合铺设输煤及输油管道的地形了。而且从高高在上的地上河主管道向周围低地的炼油厂、化工厂、热电厂等分流水煤浆和油，也同样是节能的。

黄河河套地区、中游的山西、河南西北部都蕴藏着丰富的煤炭资源。从内蒙或山西的北部、中部往东面修建输煤管道，可以想象，在那些多山的地区，得打多少山洞，修建多少桥梁，而如果沿黄河铺设输煤管，造价将便宜几倍、十几倍。

目前我国的石油业，东部的主要产油区已逐渐萎缩，未来的开发重心在大西北。未来西部向东部输油从陕西以西可以利用一段黄河支流渭河的河床，过潼关以后，就可以利用黄河及黄河故道铺设输油管道。

这些输煤管道、输油管道及输沙管道，可架设在大堤上，也可埋在河滩或大堤里面，根据其不同的比降要求而定。这些工程不会影响大堤的牢固程度，因为这些钢铁和水泥的管道以及支持它们的坚实基桩，只能使大堤更牢固，并在大堤受洪水冲刷出现险情时，成为抢险固堤的新的支点。

4.2 真空隧道里面的磁悬浮列车

根据新华社的报道，中国第一台磁悬浮列车已在国防科技大学研制成功。这使中国继德国、日本、英国、苏联和韩国之后，成为世界上第六个成功制造悬浮列车的国家。悬浮列车消除了摩擦力，可以高速运行，理论时速可达 500 km。而且没有噪音，没有振动。另据报道，为发展磁悬浮列车，国家科委组成了两个课题组，分别研究设计时速达 500 km 的沪杭高速磁悬浮列车和时速为 200 km 的北京市中心至京郊的低速磁悬浮列车的技术和经济问题。科学家们还提出一个大胆的设想，即让磁悬浮列车在封闭的隧道里运行，并把隧道里的空气抽到近于真空（当然这样做的前提是悬浮列车客车车厢像飞机一样具有密封舱，舱内保持接近一个大气压），使列车运行时没有空气的阻力，运行速度将大大加快。一旦建成，则可长期受益。特别是若采用超导磁浮技术，在极低温的超导状态下，电力损耗极小，具有极强的竞争力，若再利用隧道铺设光缆或与输油输气管道等同时施工或设计成多用隧道，则经济效益更可观。

随着航空事业的日益发达，空中航线也开始面临拥挤、阻塞及由此引发的交通安全问题。医学家又发现，经常乘坐飞机者受宇宙射线的影响易患癌症（据国外有关报道，空中小姐乳腺癌的发病率就比较高）。既能保持像飞机的高速，又能避免产生这些问题的，目前看来只有真空隧道的磁悬浮列车。而且，它的工程费用主要是开挖隧道，既然在黄河和黄河故道上铺设输煤管道和输油管道最经济，同样道理，利用大堤中空部分修建高速磁悬浮列车专用的真空隧道也是再合适不过的。

需要说明一下，这里一再提到的“大堤的中空部分”，根据我的设想，是指加厚的大堤的中空部分，亦即为保险起见，原大堤不变，各种隧道、管道铺设在大堤的外侧，然后再盖上泥沙。这样有几大好处：施工方便、成本低、不影响大堤原结构反而使之更牢固、黄河的泥沙又多了一个利用的途径，堤面加宽后更具备了开发成高速公路的价值（见下文）。

4.3 被我们忽略的常规“航运”

4.3.1 对黄河断流的再认识

黄河下游断流使其航运业基本停滞。形成断流的原因是自然因素（主要是气候原因）和人为因素的作用。对于黄河上、中游过度引水，并且投巨资于各种灌溉工程，其实际的效益值得研究。根据有关专家计算，宁夏某项利用巨额贷款兴建的规模宏大的多级提灌工程，农民种出来的粮食还不够付电费，更别说还贷。人口稀少的黄河上游地区过量的引水，造成了黄河的经常性断流，这不仅破坏了人口稠密、城市密集的下游地区应分享的水利资源，而且使黄河河流资源综合性、整体性的开发难以实现（比如下游没水了，气垫船等本来吃水很浅的船也无法行驶；没有了水无法使煤变成水煤浆，管道输煤就受到了很大的限制）。华北平原的一些大中城市、国家重要的石油化工基地都可能因此而陷于瘫痪。黄河综合开发的方向和效益需要重新评判。

根据发达国家和地区的经验，常规农业是耗水最高、经济效益相对较低的产业，常常在干旱季节（给农民一定的补偿）以农田休耕来保障工业、航运和城市用水，台湾近年来就是这样做的。我们特别建议国家加强黄委会的作用，统筹黄河全流域的引水灌溉工程，以求合理地从整体上综合利用黄河的河流资源，尤其是广大的干旱、半干旱地区，（出于节水及保护生态）应限制常规农业和畜牧业的规模，而较多地发展林业，并在林业产生效益前，适当地组织一定比例的移民。比如，一家三兄弟可由政府安排一个移民新区，一个出外打工，另一个必须留守，称为“把根留住”。如气候等条件允许，有可能恢复生态的地方不应该（像有些地方当“先进经验”宣传的那样）搞整村和整个大家族的迁移。当地的荒漠化某种程度上是他们祖先的过度开发造成的，他们有责任协助国家恢复当地的生态；打工者和移民赚了钱也应该回来帮助家乡的兄弟发展。而家乡的兄弟在政府和科技部门的指导下，逐渐尝到了林业的甜头，也会吸引外出者回来投资、合作办林业。这样国家建设“三北”防护林及其他生态工程的成本会大大降低，上游不但会减少得不偿失的引水，反而可以改变生态、涵养水资源。

前面谈到解决黄河排沙问题后，黄河多出原用于冲沙的200亿 m^3 的水流量，就使一条黄河变成两条黄河。长江三峡大坝落成以后，由三峡库区或上游其他地方向黄河流域供水的“南水北调”

西线（及下文将提到的“小西线”）工程，还可为黄河带来一些流量。而且前文提到的南水北调中线工程中的调蓄工程也可在京、津不缺水时向黄河调剂水，另外，再加上黄河中游小浪底等一系列新的水利工程的调节，不仅使黄河下游，而且连黄河故道都可以在滩中的窄槽中常年保持一定的流量。如果在槽中每隔一段设一个可升降充气坝，使槽中保持 1.5 m 左右的水深，那就既保证了民间现有船只的航行，又为发展新型船舶的航运提供了可能。

4.3.2 对被新式造船技术和新式船舶所改观了的现代及未来航运业的再认识

我国已经步入造船大国的行列。近年来将航天技术等高科技应用到造船业中，取得可喜成绩。譬如，上海为香港远东水翼船务有限公司制造的“南星号”铝质自控高速船，一次可载客 300 人，依靠喷水推进，在水翼的作用下，船身可举离水面 1.5 m，时速可达 80 km①。这种船也可能适合于改造后的黄河河道。

至于货运方面，由福建省船舶科学研究院承担的国家“八五”攻关重点项目“超浅水运输船舶”的研究已取得可喜成果②，这种船舶的吃水浅到可以闯过险滩，但船体不够大。

而日本正在研究的高速货运气垫船，船长 127 m、宽 27 m，航行气垫状态吃水仅 1.4 m，航速可达 50 节，动力为喷水推进泵 4 台，上升力由 4 台离心式风扇提供。如果这样的船舶在黄河投入使用，定可缓解我国华北地区空运、铁路及公路交通的紧张。而且这种船可以河海联运，促进航运业的发展。

提到气垫船，我国已成熟地掌握了其设计制造技术。由航天系统所属北京空气动力研究所设计，在南通批量生产的多种型号全垫升气垫船已广泛行驶在我国江河湖海的水面、冰面、沙滩、

---

① “南星号”已通过验收，现航运在港澳客运线上。

② 中央电视台 1995 年 11 月 6 日新闻联播。

泥浆地、沼泽地……（图 3）另外，由中国科技开发院牵头，联合北京空气动力研究所和湖北水上飞机研究所研制的第一个型号的地效飞行器首批 10 架正在生产。专家预言：由于地效飞行器兼具飞机和舰船的优点，将成为 21 世纪最受青睐的水上（或沙漠、草原上的）高速交通运输工具，它比气垫船更能适应黄河上复杂的航行条件。

图 3　北京空气动力研究所研制的 HT-901 气垫船正在泥滩上垫起驶向深水区

我们相信，根据黄河的需要，我国造船业会不断设计、制造出新型的气垫船、水翼船（俗称飞翔船）、超浅水运输船等各种船只。未来的黄河为了满足各色新型船只繁忙的运输需要，可能要将原河滩中的单槽变成双槽，或局部地区的多槽，来分流上、下行或快、慢行的不同船只。

4.4　被我们忽略甚至封杀了的常规运输手段——公路运输

黄河的河堤是天然的公路路基。过去，出于对洪水的恐惧，为了保护大堤，一般禁止在堤坝上行车。有一些特殊地段不得不允许行车（实际上形成了“路”），也严禁被覆路面，担心堤岸公路被复后，一旦需要加高大堤，加高层与原堤坝间不宜亲合，形成易被洪水冲毁的断层。

我觉得在发展经济并急待开发各种交通资源的今天，应重新研讨这些传统的保护堤坝的措施。

首先应试验一下大堤上行车到底能把堤岸压得更严实呢，还是会把堤坝震松？如果大型车辆的通过对堤坝有破坏作用，那一般的中小型客货车、农用车等也不应受到牵连。著名的地上湖——洪泽湖的大堤，数十年来是苏北通往南京的重要公路干线。实践证明，大堤做公路使用是行得通的。近年来黄河下游沿岸抽黄河水淤堤背，已使许多段大堤加宽了，这又为我们建公路提供了有利条件。

至于堤坝（公路）不得被复的禁令，起码可以从三个方面重新认识。第一，由于上游降雨减少，水土保持得较好，黄河的泥沙已呈减少趋势。加上以后的各种治沙措施，以及把沙当作资源取走，河滩河堤的高度会相对稳定若干年。第二，就算河滩因泥沙沉积而逐年长高，可是被复的路面也会因沥青或水泥的老化及破损而再被复。也即是说，滩在长高，堤上的路面也在长高。第三，我们还有一本经济账，如果华北地区的持续干旱局面结束，降雨和泥沙增多，大堤急于大幅度加高，那么我们也可以采取工程措施，将路面的水泥或沥青通通砸掉。这个工作完全可以交给路政当局和有关公司去做，他们经营了多年收费公路，早已收回了修路成本。加高大堤并重修路面的工作，他们依然会乐意去做，因为经济上划算。这实际上也节约了我们加高大堤的费用。

4.5 多层次的立体交通

我国理论物理学的奠基者何祚庥院士在 1996 年 8 月进行的“理论物理学在国民经济中的作用研讨会”上说：“中国的资源，包括矿产资源、水能资源和水资源是逆向分布的，现实使中国的人和物的分布呈巨大反差……”“……中国（可能增长并稳定到）

的16亿人口，必将形成‘世界第一’的客运量，中国的‘人多’和‘物博’在地理分布上的巨大反差，必将有占‘世界第一’的货运量……毫无疑义，在中国的交通运输问题，必须既‘快速’又‘重载’，中国无疑需要发展磁浮列车，包括超导磁浮列车，中国也需各种大吨位又相当快捷的火车，轮船以及飞机等……还要发展多种‘管道运输技术’，包括‘水煤浆’，以避免运煤列车的返程空载问题。”何老的宏论为我们发掘黄河及故道运输潜力的研究提供了高层次的理论指导。

在我国人口高密度的平原地区，为适应巨大“运量”的需要，仅发展须占用大量土地的平面运输显然是不行的。

据科学家预测，未来的交通向多层次、多环路发展，使城乡更紧密、更自然地联系在一起。而黄河与黄河故道为这一理想的实现提供了方便条件。

我们设想，未来黄河河滩和大堤的中空部分铺设各种隧道和管道，大堤顶部是高速公路，而跨河的铁路、公路一律从河床下打隧道，根本不必架桥（实际上隧道的造价低于桥梁，而且过隧道的车辆也因不必爬跨越地上河的大桥的高坡而节约了能源和时间），这样就为在河槽和河滩上行“船”留下足够的空间。

5 以黄河和黄河故道为依托，建立一系列未来型的城乡结合的“生态城镇”，带动“流域”内广大农村地区的发展

黄河及黄河故道是多层次、多种类运输方式的“黄金”通道，在其沿线可建立一系列枢纽城市。而利用两个河道的地上河、泥沙资源，修建一连串的平原水库，又为这些城市的建立和发展提供可持续利用的淡水资源。

前文提到大量堆土的工程可消耗掉黄河的泥沙。这里我再设计一种新的工程方案，就是用河槽或滩中的泥沙，直接在大堤外堆出阶梯式的几级台地，建设城乡结合的生态城镇。

5.1 第一台地

城市依大堤而建，分布在各平原水库之间。以堤内泥沙填造与大堤等高或略高于大堤的城市第一台地。如果两岸同时填，在这一段，黄河就变成相对的地下河了。第一台地利用交通便利和黄河的秀丽景色发展第三产业，如黄河旅游业、金融业、服务业等，并发展高档住宅区，这部分城区的建设可按著名科学家钱学森教授提出的“中国未来城市的模式——山水城市”进行[①]，把城市最美丽的一面展现给河面和沿河通道上的旅客。当然，这里所说的“山”，除了利用沿岸自然的山、丘之外，还要用河中泥沙堆出一些假山，既能美化环境，又为抢险储备了土、石、树木等资源。

5.2 第二台地

城市的第二台地位于大堤外、第一台地之下，低于第一台地2～3 m，与第一台地由地下和地上交通相连，第一台地部分建筑的地下室就成了第二台地的地面一层。

第二台地主要发展第二产业，发展项目首先考虑当地资源，例如用当地的粮食生产味精，而生产后的废料又可以作为饲料供给周围农村，还可以利用当地的果品生产罐头、果酒等。

待地上河多层次、多种类的运输业发展起来后，也可发展来料加工工业，还有运输业的支持工业（比如各种交通工具的制造厂和修理厂等）。

此外还需修建为第一台地服务的排污设施，比如第一台地的生活污水，可排入第二台地的沼气池发酵、灭菌，提供城市热能，

---

① 深圳特区报1995年2月28日：“他主张，中国应该建设‘山水城市’，这与目前国际上正在提倡的‘生态城市’的主张是完全一致的……，三个特点：第一是有中国的文化风格；第二是美；第三是科学地组织市民生活、工作和娱乐。”

固体肥料和肥水则用来发展城市绿化和支援周围农业。

5.3　第三台地及台地以下和两侧地区

位于堤外第二台地以下的第三台地，是农业区的发展中心，建立相应的行政中心、科技中心和服务中心（种子公司、肥料公司）等。

第三台地以下和两侧全部是农业区。在连接平原水库的过渡带，可建一种新的农业基础设施“梯塘”，即在黄河大堤（或故道大堤）旁的平原水库到堤外农田之间，利用过渡带的高差修建连串的梯次错落的水塘。

5.3.1　梯塘可发展未来型农业——藻类养殖

目前全世界40亿人口，每年所消耗的粮食总计达12亿t。随着人口的继续膨胀，寻找常规农业之外的新的食物源，以及（得到这些新食物源的）对自然破坏较小的养殖方法成了人类的当务之急。

科学家认为，未来人类最有前途的食物源是藻类植物。藻类植物种类多，产量大，然而到目前为止为人类认识和利用的甚少。

5.3.1.1　小球藻

我国过去利用过的是淡水藻中的小球藻，其蛋白质含量达50%，脂肪含量10%～30%。营养价值相当于鸡蛋的五倍，花生仁的两倍。过去北方因水源等方面原因未能大面积推广，而黄河治理后，其下游及故道两侧连片的梯塘为大规模发展小球藻的养殖提供了条件。

5.3.1.2　螺旋藻

螺旋藻是联合国粮农组织推荐的“21世纪人类最理想的保健食品”。原产于非洲乍得湖，其蛋白质含量高达65%，氨基酸、维生素B_1、多糖、γ-亚麻酸、藻兰素等的含量也较高。而且形体比小球藻大100倍，比较易于管理。

我国云南省于1989年在程海湖建成第一座螺旋藻的中试基地

并取得成功，之后海南、广东、江苏、山东等地相继建起了螺旋藻的生产基地。特别值得一提的是中科院曾呈祥院士、吴伯堂教授等，已成功地把这种生长于热带、亚热带内陆盐碱性湖泊中的蓝绿色藻类，经过精心筛选、驯化，培养出了适合海水养殖、品质和产量都明显提高的SCS品系，并以此为原料，生产出高附加值的“海力健”“天然色素藻兰素”等产品。这说明了螺旋藻的“适应性”“可塑性”还有潜力可挖。

黄河故道沿线有大片盐碱地，引黄河水冲洗盐碱后的“盐碱水”能否收集到塘里（或直接抽取地下碱水）培养螺旋藻呢？

在其他地方淡水养殖螺旋藻，还需在水中添加大量苏打水，以保持水的碱性。那么黄河沿线的“盐碱”能否化害为利、变废为宝、成为培养螺旋藻的有用资源呢？利用春夏秋中原一带足够的气温和当地特有的盐碱水，发展高附加值的螺旋藻养殖业值得一试。与黄河同纬度的日本，是成功的螺旋藻生产国，相信条件更好的黄河下游及故道，一定能取得更大成功。

5.3.2 梯塘中还可渔农兼作

在错落有致、首尾衔接的梯塘中，还可发展渔农兼作的新式耕作方法。

5.3.2.1 第一种是空间上的渔农兼作

即水面种稻，水下养鱼、虾、蟹、龟等。1990年中国科学院学部委员徐冠仁教授提出在“流动的土地”上发展水上种植业的大胆设想。中国水稻所的科技人员利用浮体材料、复合肥料及其配套工程技术，在0.09 hm^2水面上无土栽培水稻获得成功，取得亩产496 kg的好收成。1991年开始了“水稻水面种植示范试验”，中国水稻研究所浙江水上种植协作组的科技人员在湖泊、水库、内荡、外荡、山塘、鱼塘六种不同水域进行试验，普遍获得成功。接着他们又开展了其他农作物水上种植以及“水上种稻、水下养鱼”立体水体农业试验，也获得了可喜的进展和成功。这些技术完全可以应用在未来黄河下游（及故道）周围的水库和梯塘里。

5.3.2.2　第二种是时间上的渔农兼作

在洪水季节注满水的梯塘，由于蒸发和渗漏，在干旱季节水面会大幅度降低。这样，在高层梯塘只能放养当年捕捞的鱼苗。多年生的淡水鱼、螃蟹等须在底层梯塘放养。到深秋的种麦时节，可将高层梯塘的水放走，补充下面的塘，而高层塘“竭泽而渔”后，耕塘底种麦。塘泥是绝好的肥料，塘的堤坝又可为越冬的麦苗挡风，并成为病虫害传播的屏障。我们建议播种时合理密植，在适当时候以“间苗”方式收获一茬未施用过化肥和农药的“小麦草”。

现在美国医学界认为小麦草是很好的药用和健康食品，其制成品已打入我国南方市场。我们也可利用小麦草生产出高附加值的产品，或直接将新鲜小麦草提供食用。第二年初夏麦收后，等洪水注满梯塘，又可在水面种稻、水下养鱼。这样一年两季农作物、一季鱼，可大幅度提高农民的收入。

5.3.3　改变传统灌溉方式

在平原水库和梯塘储存大量淡水，不但保障了传统农业的丰收，也为高科技新型农业的发展提供了比较充足的水源。农民应逐步改变传统的灌溉方式，由于平原水库和梯塘的位置较高，犹如水塔的作用，可以充分利用来发展喷灌、滴灌等节水的灌溉技术，以更有效、合理地利用水资源。

5.3.4　避免污染

为了农业的持续发展，应坚决避免第二台地未经处理的工业废水流入下游农田。可在第三台地修建污水处理厂，处理第二台地城区的工业污水。

有的工业污水含大量富营养的有机物，可以在梯塘或农田中“生物净化”，变废为宝。

有的工业废弃物是难以净化的，可在台地以下的低地中先做水泥或黏土衬底，然后用 Aught-Set 将污染物进行固化，再用黄河带来的泥沙掩埋，并对企业征收高额处理费用，用于城乡的环保事业。

5.4 台地可组团跳跃式发展

5.4.1 随着经济的发展，第一台地的城市用地和第二台地的工业用地都不够了，怎么办？千万不要就地推进，使已建立起来的城乡结合的生态系统受到破坏。应按下列步骤发展。

5.4.2 从平原水库方向突破，但这绝不是破坏分洪体系。

5.4.2.1 以无害的建筑垃圾或特意烧制的空心沙砖①在原平原水库的部分库区填出新的第一、第二台地，上面再覆盖沙土，这样地下仍存在一个“水库”。

5.4.2.2 在填原平原水库时保留一个分洪渠道通往从大堤向外推移了的新的平原水库（可能面积更大）。

5.4.3 在新的平原水库和与其连结的分洪渠道旁组团建立新的三个台地的城乡结合的生态城镇。

5.4.4 台地和平原水库组团延伸发展可以大量消耗黄河的洪水和泥沙，并改善相邻河流的水环境（详见下文 7.2.3.4 及图 15）。

5.5 从黄河大堤向上发展的台地

前文已述，在局部河段附近可利用小浪底水库的输沙输水管道，以及嵩山余脉的一些峡谷修建高峡水库。也谈到了在出山口附近黄河两侧邙岭及太行山麓修建南水北调中线工程的调蓄水库，那么在大堤与这些高峡水库和调蓄水库之间，又可以向上修几个台地，发展工农业。

5.5.1 向上台地最高一级的高峡水库有明显的节能作用

高峡水库还有节能的作用。比如，郑州市旁边的邙山的峡谷

---

① 空心砖的技术要求是最好能既保证地下水的渗透性，又防止泥沙渗入。

如果被开发作为（与小浪底水库由管道、隧道相连的）高峡滞洪水库，那么峡谷中略低于小浪底大坝的第一个水库，实际上就成了沉沙池；初步沉沙后的水经过滤设施导入下面的第二个水库；再经氯气消毒后，流入山坡上一个密封大水池——自来水水塔。这个半天然的自来水厂的取水和水处理过程基本不用耗能，因为水都是自流的。山坡上经过三层过滤和处理后的“大水塔”里的水，依然高过城市里的多层建筑，那么从山坡水塔向市区供水也依然可以自流。有洪水的季节，正好是城市因广泛使用空调而造成耗电高峰的炎热夏季，这也是耗水的高峰季节，高峡滞洪水库附设的半天然自来水厂，正好可以在这个季节取代原城区从地下抽水的高耗能的老自来水厂（也使地下水资源得到保护），发挥节能效益。

5.5.2　高峡水库及调蓄水库间可建调峰电站

上下两级高峡水库或高峡水库与南水北调调蓄水库之间还可建抽水蓄能电站，为主要依靠火力发电的电网调峰。

5.6　建生态城镇的模式也适用于建设较大城市

其实，我们这些几层台地的生态城市的设想，不仅适合于广大乡村地区的城市化，也适用于沿河低地大城市（如郑州、开封、济南等）的改造。应坚决把这些大城市的新区或卫星城市建到大堤旁边来。

5.6.1　把治河与城市发展及房地产的开发联系起来

城市在黄河边规划了新区，房地产商自然而然就会从大堤内取沙来填起由它发展的第一台地，这样治河就与城市发展及房地产的开发联系了起来。国家还可节约治黄投资，并在出现紧急汛情时比较方便地调动城市资源，用于抗洪。

5.6.2　黄河边有建造城市地下建筑的得天独厚的条件

过去十年，一些发达国家的地下世界缤纷多样：试验室、图书馆、体育馆、文化中心、居民区、运输中心以及某些工业设施

（如仓库、废品处理工厂等）纷纷在人们的脚下建成，其中令人津津乐道的有 1993 年在挪威利勒哈默尔举行的冬奥会地下体育设施，加拿大多伦多、蒙特利尔以及美国亚特兰大的地下商业区，法国巴黎的地下商场，西雅图的地下公共汽车，还有在美国得克萨斯州沃克希哈奇市建造的超导和超磁碰撞试验隧道，等等。

地下建筑给人们提供了一种全新的发展环境：安静、不受季节和天气影响、不占耕地、安全（包括抗震）而又节能。

由于我国人口众多，经济又保持高速发展，为了节约耕地，相信人们很快会到地下去寻找新的空间。而黄河下游（包括故道）两岸，建造“地下”建筑有着得天独厚的条件。其实就是在填第一台地前，先在大堤外侧的低地上建好建筑物，做好防渗处理，然后再用滩内泥沙将其掩埋。

在黄河下游及故道旁搞大型建筑、建城市，一定要与整个流域开发的整体规划联系起来，千万不可在卡脖子的狭窄河道旁搞建设，以免妨碍将来拓宽河道。

5.6.3 “零排出物”工业网络

在黄河边建较大规模的城市，更要特别注意防止污染的问题。现在发达国家有的地区已提出“零排出物”的概念。不要误会其取缔了制造业，他们只是努力建立一个完整的工业网络。在这个网络中每一种工业都可以有效地接收另一种工业的副产品。

而我们为综合开发黄河下游资源而设计的多级台地，也很适合于这种“零排出物”工业网络的发展。建在高台地的“上游”企业的“副产品”会方便地“流入”或“滑入”下游企业。

5.6.4 在大堤外台地上建城市有利于黄河的整治

5.6.4.1 迁出滩地人口有利于泄洪

1996 年花园口实测 7 000 m^3/s 以上的洪峰，在下游行洪不畅，致使第 2 个洪峰追上，究其原因，滩区人口膨胀、房多、树多，影响行洪。滩区人口被城市消化，将有利于行洪。

5.6.4.2 可使黄河变成相对地下河

城市及其所带动的城乡结合的小镇不断发展，台地不断加长、连接起来，使悬河又逐渐成为相对地下河。

5.6.4.3 有利于故道恢复行水

故道滩区人口迁到堤外，有利于故道恢复行水，从而使其得以纳入综合治黄体系，甚至更大的水利系统，得到全面发展。

5.7 新型城市和城市带

黄河为我们提供了建设立体的城乡结合的生态城市和城镇的条件。

黄河也为我们提供了发展多层次立体交通的条件。沿着这一交通轴线可发展出新的城市带、新的发展极。

5.7.1 亚欧大陆桥经济带的东端需要一个龙头

鉴于人口增长、农村剩余劳动力的迁移，国家制定了未来15年设立432座新型城市的计划。经过四十多年的建设，特别是十几年的改革开放的促进，我国沿海纵向已形成五大城市群，即珠江三角洲、长江三角洲、辽东半岛、山东半岛和京津唐城市群。在这五大城市群中，从长江三角洲至山东半岛有一大片经济相对滞后的地区，就是黄河故道“流域”。而我国横向沿陇海铁路和黄河流域也形成了以乌鲁木齐为中心的天山北坡经济带和以库尔勒为中心的石油化工基地，以兰州为中心的黄河上游能源化工基地、河西走廊有色金属基地，以西安为中心的关中工业区。这条被亚欧大陆桥所贯穿了的经济长龙，在它的东端应该有一个具强大带动作用的“龙头”，可惜黄河下游及故道地区始终未能恢复它历史上的风采。

5.7.2 黄河、中原的历史地位及我们的责任

近代地理学的奠基人洪堡说过：“如果我不是敢于探索一些最显著的人类现象，我所要描述的自然景象将是不完整的。”① 马克

① 转引自张小林等：《人文地理学》，江苏教育出版社，1996年，30页。

思说得更透彻：人类对自然资源的附加劳动是“合并到土地中”了，与自然资源浑然一体了。[①] 对黄河及黄河故道的考察研究更需要自然地理和人文地理的两个视角。

黄河中下游包括泾、汾、洛、沁等支流，是中华文明的摇篮，从史前的仰韶文化、龙山文化，到司马迁所说的“昔唐都河东、殷人都河内、周人都河南，夫三河在天下之中”“三河在天下之中，王者所更居也”（见图 4），我国最初的农业文明就诞生在黄河两岸的冲积沃土上。

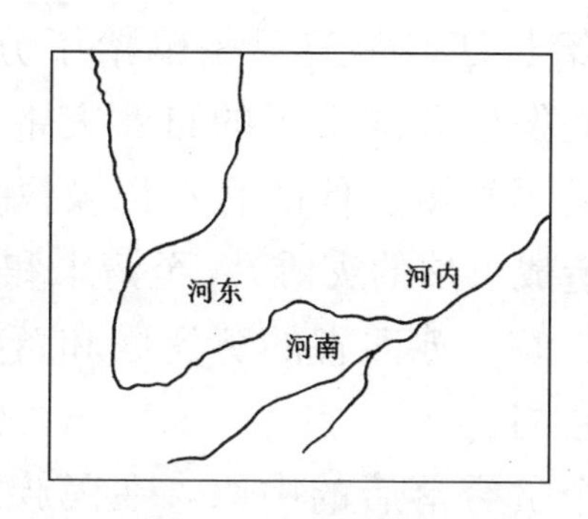

图 4　三河示意图

引自胡兆量等《开放后的中国》第 111 页

战国时期，秦以引泾灌区而富强进而统一中国。西汉初，又是以关中为根据地而东向争天下，再统一中国。东汉初，曾以丹沁灌区所在的河内为根据地又统一中国。

以黄河为代表的中华文明有着顽强的生命力，虽然自东汉末年黄巾起义至公元 4 世纪北魏统一北方为止，中国进入了分裂、动荡的历史时期，黄河流域的经济发展受到致命打击，不过，随着隋唐统一政权的确立，悠久的成熟的农耕文明和深厚的历史基础使黄河中下游再度兴盛起来，重新成为全国政治、经济与文化的重心，并执世界科技、经济、文化之牛耳。

① 马克思《资本论》第三卷 727 页，人民出版社，1966 年第 2 版。

安史之乱使中原的经济又一次受到重大打击。

至北宋，中原在经济上再度繁荣，但由于女真人的南下，又走上了衰退。此时，黄河流域出现了第三次，也是历史上最大的一次人口大规模南迁。

由于数百年来移民对南方农耕文明的推动，随着赵宋王朝迁都江南，全国经济的重心从黄河流域转到了长江中下游。不过，从另一个角度讲，由于是中原移民先进的耕作技术促进了江南的发展，所以江南的繁荣应视为中原灿烂经济、文化的延续。

黄河并没有输给长江，黄河只是输给了分裂、输给了战争，以及由战争和分裂而发生并加重了的自然灾害（例如南宋赵构王朝、明末李自成起义军和镇压他的官军以及民国的蒋介石部队都人为决过黄河堤，造成可怕的灾难）。至清末和民国，中原的一大部分，包括豫、鲁、皖、苏四省的黄泛区和黄河故道“流域”成了贫穷与落后的代名词。

然而，正是这个贫穷落后的中原，在民族危亡的抗日战争时期，再一次显示了它捍卫传统中华文明的顽强意志，正面战场的台儿庄大战、敌后战场的百团大战等无数次战斗使侵略者受到了重创。

在两种命运抉择的解放战争淮海战役时，豫、鲁、皖、苏四省根据地的人民献出了种子，献出了门板，甚至（为抢救伤员和运送弹药）献出了生命，支援 60 万解放军打败了 80 万美式装备的强大国民党部队。数千年来，多少英雄逐鹿中原，这一次规模最大，最惨烈，最悲壮，战果也最辉煌。它显示了中原人民渴望结束内战，渴望新生活的不可遏制的力量。淮海一战，使蒋介石手中的主力部队丧失殆尽，解放军进而百万雄师过长江，直捣南京、上海。

然而解放四十多年了，这一地区依然还比较落后，我们的党和政府，我们的经济理论工作者和科技人员，有责任帮助这一落后地区迎头赶上，并挖掘中原的潜在优势，使其再现辉煌！

5.7.3 “台湾‘新中原论’站不住脚”

最近见到台湾有人提出“经营大台湾，建设新中原”，台湾有多大自不必说，而后半句话显然是要与大陆争做中国优秀传统文化的代表。中国大陆自1978年“三中全会”否定“文化大革命”之后，经过反思，正在努力恢复、继承优秀的传统文化。中原既是地理概念，也是文化概念。而从这两个层面，自古以来又都与黄河这条母亲河联系在一起。而且中原代表着正宗，代表着大一统。

5.7.4 让新中原、大中原在我们这一代手中诞生

依托黄河和黄河故道，依托郑州、开封、济南、徐州等大城市，可建立起一条沿陇海铁路（亚欧大陆桥）的新城市带，与正在崛起的长江城市带并驾齐驱。让我们以现代科学技术为武器，重新认识和利用黄河，重新“逐鹿中原”，让新中原、大中原在我们这一代人手中诞生，并使之在中国的统一、中国经济的腾飞中发挥重要的作用，这样，我们才无愧于母亲河，无愧于先人，无愧于子孙后代。

6 恢复黄河明清故道铜瓦厢至徐州段并尽快实施南水北调中线方案

6.1 黄河明清故道的开发现状

1855年黄河在铜瓦厢（现属兰考）决口北去夺大清河入渤海，原来夺淮河入黄海的河道便成了故道，史称明清故道。目前，这是一条保存（相对）最为完整的黄河故道。清末，民国时期，黄河明清故道这一宝贵的国土资源基本处于废弃状态，故道内外滩区和附近历史上的黄泛区，洪、涝、渍、旱、沙、碱等自然灾害频繁发生。

中华人民共和国成立后，故道两岸豫、鲁、皖、苏四省的群众逐步开展了以治水改土为中心目标的治理工作，同时创造性地实施了一些开发利用黄河故道的水利工程。

依托和利用故道的水利工程主要有两种形式：一是引黄渠道，一是蓄水水库。利用黄河故道布局引黄渠道，最早出现于故道临现黄河的豫东地区。1958 年，河南的商丘地区与山东的菏泽地区联合兴建了旨在解决农业灌溉用水的三义寨引黄工程，该工程兴建后没使用几年便因次生盐碱化问题而停止使用了很长一段时间。1974 年因商丘地区水资源贫乏状况日益严重，三义寨引黄工程被恢复使用。到了 1992 年河南省水利部门又对老三义寨引黄工程进行了较大规模的改造，兴建了新三义寨引黄供水工程，该工程行水能力达 56 m^3/s，年引水量达 6.5 亿 m^3，不仅提供农田灌溉用水，而且还提供城镇用水和区域地下水的补源用水。可以说，新三义寨引黄供水工程有力地拓展了黄河故道引黄蓄水的潜在开发价值。无独有偶，在山东境内依托明清故道的遥堤——太行堤，起自现黄河闫潭闸也有一个引黄供水工程，为鲁西南摆脱经济上的落后局面做出了贡献。

以修建蓄水水库的形式开发利用故道的活动则在许多地区都广为开展，河南的商丘、山东的菏泽、安徽的砀山、江苏的徐州等地区都兴建了不少水库。例如商丘地区依托其境内黄河故道的有利地形，从上至下规划了任庄、林七、吴屯、郑阁、刘口、马楼、石庄和王安庄 8 个梯级河床水库。虽然因与相邻省份有争议而未能全部建成或按设计标准运行，但其中已完工的 6 个水库在调蓄雨水和引蓄黄河水方面已发挥了重要作用。

商丘地区设有专门的引黄管理局，在利用黄河故道引蓄黄河水，回补地下水等方面，创造出了许多宝贵的运行管理经验①。今

① 商丘引黄管理局领导总结的经验已编入本书。

后在推广商丘经验的同时，应对利用黄河故道引黄河水实行跨省统一调度，以克服地方主义的制约。

与故道主河槽的梯级河床水库平行，山东闫潭引黄工程依托故道的古遥堤修建的太行堤水库，也为当地经济发展做出了贡献。考虑到扩大引黄规模主要还得依赖黄河故道的主河槽，对太行堤引黄工程就不详细讨论了。

1996 年 5 月，由黄河水利委员会、华北水利水电学院和深圳大学区域经济研究所组成的黄河故道考察队对明清黄河故道这一具有综合开发价值的宝贵国土资源进行了全程实地考察。考察队成员一致认为黄河故道在引黄蓄水方面具有很大的开发利用价值，可进一步将三义寨引黄工程向纵深地区发展，但对纵深延伸发展范围出现了两种不同观点。一种观点认为应将故道引黄工程纵深延伸发展到徐州地区，该观点认为徐州地区的许多县市都缺水较为严重，引黄是解决这些县市水资源紧缺问题的较佳方案。引黄给徐州地区供水可实现自流，调水成本要比经过十级提水的江水北调小东线工程的成本低得多，虽然黄河可供水资源目前较为紧张，但黄河汛期的水还是利用率甚低，在向徐州地区引调黄河水时，可依托河南兰考铜瓦厢附近的地形地貌，探索以综合利用黄河水沙资源的方式处理汛期水泥沙问题的技术思路和工程措施，适当通过故道引蓄黄河的汛期水。另一种观点则认为将故道引黄工程纵深延伸发展至安徽的砀山为妥，该观点认为黄河近几年出现较长时段的断流现象，1995 年断流长达 122 d，1996 年进而达 136 d，在黄河可引水资源较为紧张的形势下，不宜将故道引黄工程向纵深地区发展过远，故道引黄工程延伸至水资源贫乏且又无客水资源补给的安徽砀山比较合适。

6.2 南水北调中线工程为进一步开发利用黄河故道提供了来水条件

南水北调工程论证专家组已于 1996 年 1 月正式建议国家优先

实施中线调水工程。而“这次全面论证的前提是：东、中、西三条调水线路互不替代，各自任务不尽相同……”①

如果我们把黄河故道远距离输水的潜在功能开发出来，那么，黄河下游及故道就在中线和东线两条南水北调输水线路之间联结起了一条互相调剂的纽带。当然，从地形上看，中线高，东线低，肯定是中线为东线调剂水多。但换一个角度看问题，长江水也不是取之不尽的。在长江的枯水季节会发生船只搁浅和上海等长江口城市因海水倒灌而吃咸水的问题。这时中线及中线的调蓄工程有较多的存水或余水支援东线，就可使东线少提取长江水，这是另外一种跨流域的、全局意义上的调剂。另外，考虑到中线能够涵盖东线的部分受水区，就应集中资金优先把中线完成，使其尽快发挥效益，这是更高层次上的资金的调剂。

南水北调中线输水线路有如下几大优势：

6.2.1 中线全线自流，不必像东线那样要十几级提水消耗大量能源

6.2.2 利用黄河下游河道及故道向东线调水也是自流

包括利用前文（2.3.3）提到的架在（或埋在）黄河下游及故道中的输沙管道，在小浪底水库不排沙时可用来输中线调水工程的清水（不走河道就不会卷起河床的泥沙）。

6.2.3 中线调水工程利用黄河及故道可充分发挥联系江、淮、黄、海（河）四大水系的纽带作用

黄河及故道地势高亢，是天然的分水岭，其北面为海河及沂沭泗河、南面为淮河流域，利用之，可使中线工程充分发挥枢纽作用，下文将详细讨论。

6.2.4 中线的水质好

中线工程是从汉江的丹江口水库引水，该水库水质是Ⅱ级。

---

① 刘颖秋：《关于南水北调工程的论证意见和建议》，科技导报5/1996第10页。

而且沿伏牛山、嵩山、太行山山麓北行，经过的都是淮河、海河水系各支流的上游未经污染和少有污染的地区，因此中线的水质好，而且黄河及故道的净化能力比较强，可通过其向污染相对严重的东线区域输送生命之水。

专家组建议，为保证全线水质良好，在引水渠全线与沿线各流域河流及水渠等交汇处，均采用工程措施立交。

对专家组的这一建议，我不赞同。我国水利事业长期以来存在着一种片面的思维倾向，即把治水仅仅看作是修工程，而不是对整体水环境的综合管理，同时对工程的多种潜在效益也往往挖掘不够。

全线立交方案第一个问题是投资过大；第二个问题是等于我国向世人宣布，我们的第一原则是保证京津用水不被污染，而与中线调水线路立体交叉并流向广大地区的各条河流不在保证范围内，因而可适度放纵，其结果必然是污染地区的农村和中小城市包围京津等大城市，而且这种包围是从空中到土壤到深层地下，整体污染的水环境的立体包围；第三，也是我最感遗憾的问题是，把一个能沟通江、淮、黄、海（河）四大水系并发挥多种功能的工程仅仅变成了一条输水渠道。

因中线调水线路具有多方面优势，所以专家组关于“优先实施中线调水工程”的建议在总体上讲是正确的。下文 7.3.2.4 本人还提出了一个南水北调“小西线”方案，这些建议一旦被采纳就为黄河故道的进一步开发利用提供了来水条件。

6.3　把黄河故道从铜瓦厢恢复到徐州接徐洪河

黄河故道自铜瓦厢（兰考杨庄）到徐州段基本保持着完整的河床形态，除了 1851 年黄河在丰县（现属徐州市）蟠龙集决口，形成了一条连接故道与南四湖的河流——大沙河，使故道二坝以上的地面径流通过大沙河流入南四湖。

徐洪河与黄河故道本来是可以立体交叉的，由于宿迁的城区建设占用了大量滩地，河道萎缩，大沙河以下黄河故道的降雨径流对其形成威胁。所以宿迁坚决要求徐州开挖徐洪河时切断黄河故道，并以此作为徐洪河占用宿迁部分土地的代价。现在徐洪河一方面是黄河故道大沙河以下（在暴雨时）向洪泽湖泄洪的通道，另一方面又是江苏省南水北调工程（为区别于国家的东线工程而被称为小东线）的一部分。

黄河故道徐洪河以下情况比较复杂，还有几处被截断，恢复起来难度较大。而利用南水北调中线工程的客水，将三义寨引水工程延长到徐洪河，并逐步扩大之，使这段故道逐步恢复“大河风貌”还是有现实客观条件的。恢复行水后，故道的多重功能会被一一开发出来。

6.3.1 有利于黄河下游防凌

黄河下游山东段和河南东北部经常受到凌汛威胁，凌汛的情况主要有两种，一种是春天上游解冻，大量冰排一路上对桥梁等设施造成危害，人们不断要对冰排重新冻结后形成的冰坝进行爆破，爆破后的碎冰经过较为温暖的河南中部后，从铜瓦厢折向北方，碎冰在较为寒冷的山东和河南东北部易形成二次凌汛。还有一种在暖冬的情况下，河水本来也并不一定有浮冰，突然北方的寒流袭来，山东河段河面反复冰封形成冰坝，河水陡涨，淹没山东及河南东北部河段大量滩地及滩地中的村庄，甚至威胁大堤。

利用黄河故道，可以将第一种凌汛中带大量浮冰的洪水排入黄河故道，流向较为温暖的东南方存入洪泽湖，从而避免了二次凌汛。出现第二种情况时，将大量中游来水排入黄河故道，也能减缓下游形成冰坝后洪水上涨的速度。

6.3.2 再一次联系起黄、淮、运

前文多次阐述了潘季驯“当观全局”的“治河之法”是将黄、淮、运联在一起全面整治的。而清朝的靳辅亦是“审其全局”“将两河（黄淮）上下之全势统行规划，源流并治……”，并且“河道

运道为一体，彻首尾而合治之”。

由于铜瓦厢决堤，黄河北徙，140多年来远离了淮河和中运河。如果把黄河故道恢复到徐州，就可以通过徐洪河和洪泽湖使黄河同淮河、运河再一次相会，从而也就使潘季驯“治河、通淮、济运”的当观全局的治水大系统得到了在新时代、新的技术条件下重新被发扬光大的机会。

6.3.3 发挥洪泽湖调蓄枢纽的作用

明清两代均依靠洪泽湖拦蓄淮河水“刷黄”“济运”，今天我们还可以利用洪泽湖拦蓄黄河故道分来的洪水，以及借黄河及故道输来的南水北调中线调水线路的“余水”，洪泽湖将成为黄淮海平原能容纳几个流域来水的最大的调蓄枢纽。

洪泽湖得到新的来水，可以在淮河的治理、黄河故道徐洪河以下河段的改造、大运河的充分利用以及几大水系水资源的调剂方面发挥更大的作用。

6.3.4 沟通江、淮、黄、运及沿海航运网络

大家都知道，苏南因河网地带航运便利而得到了经济发展的有利条件。其实历史上的淮阴、济宁和徐州也曾经同杭州、苏州、扬州一样因运河而获得过繁荣，而黄河夺淮之前的淮河流域也曾出现过“走千走万，不如淮河两岸”的兴旺景象，利用黄河及故道，还有南水北调中线输水线路的来水条件，可在苏北、皖北、豫东甚至整个中原再造一个河网地带，并沟通江、淮、黄、运及沿海航运网络（详见7.3.3）。

经过疏浚并增设了多级船闸的中运河至今还是一条繁忙的水道，她联结着长江与淮河。黄河故道恢复到徐州后，通过徐洪河、洪泽湖，又联通了淮河和中运河。这样，江、淮、黄三大水系便联系在一起。前文4.3已介绍了新式造船技术和新式船舶将使黄河具有航运价值。下文第8部分介绍内河航行的船只将可在经过综合整治了的苏北沿海航行，而经过扩宽的苏北灌溉总渠（下文

7.2会详细介绍）又沟通了海路与河网，这样，沿海与江、淮、黄、运诸江河将形成一个大的航运网络。

总之，黄河故道恢复到徐洪河，为我们创造性地继承发展潘季驯的治河系统提供了条件。

7 创造性地继承发展潘季驯“治河、通淮、济运”的大系统，确立开放的跨流域的多目标治河的现代水利大系统

前文2.2.2已提到明朝就存在了一个符合现代系统工程学原理的治水大系统，而且这个由潘季驯创建的治水大系统是把黄、淮、运联在一起进行全面整治的。今天，我们应从整个地球表层系统动态变化的大视角出发，以可持续发展的眼光，来重新审视并创造性地继承发展潘老先生的大系统。

7.1 新时代广义的“蓄清刷黄”

明朝潘季驯的“蓄清刷黄”在治漕、治河、治淮、治海四个方面都收到了显著效果，同时代人给了他极高的评价：“自（治河工程）告竣以来，河身益深，而河之赴海也急；淮口益深，而淮之合河也急；河、淮并力以推涤海淤，而海口之宣二渎也急。用是河尝秋涨，而涯畛屹然；淮尝复溢，而消耗甚速，贡赋舳舻，若履忱席，转徒子遗，寝缘南亩，盖借水攻沙之效，已较然显白矣。”①

中国许多古代文献用词都比较夸张，潘季驯治河是否收到了如此显著的效果还需要认真考证，但有一点是肯定的：即使用现代系统工程学理论来衡量，潘氏系统也具有良好的相关性。

任何系统都具有相关性的特征，系统的相关性是指系统具有

---

① 引自（明）余毅中《全河说》载《河防一览》卷6。

有机联系性。系统的各要素之间是相互作用和相互依赖的，如果只有要素，尽管是多种多样的要素，但它们之间没有任何关系，就不能成为系统。相关性可以说是系统不可缺少的重要特征。治河系统中任一要素（特别是关键要素）发生变化都会通过系统的相关性影响其他要素。潘季驯抓住了“蓄清刷黄”这个关键，既使黄河刷深了河槽，也为淮河提供了入海出路，同时又保障了运河的漕运，海口和海岸也得到了治理。

今天，黄河下游早已改道，黄河似乎已远离了淮河，远离了洪泽湖，再也得不到当时“蓄清刷黄”的采水条件了，潘季驯“蓄清刷黄”还有现实意义吗?

本人在前文 2.2.1 中对此给以了肯定的回答，并指出了“今天的黄河，东平湖等沿黄湖泊没有洪泽湖蓄淮河水那样的采水条件，而黄河本身的水量又不断减少，因此，若不解决蓄洪水或引客水协助攻沙的问题，现黄河下游河道的寿命肯定不如明清故道”。

下面试着运用系统工程学的相关性原理从 3 个方面探索新时代的、广义的“蓄清刷黄”措施。

7.1.1　黄河自身的“蓄清刷黄”

为了防止黄河断流，以保证自潘季驯以来“束水归槽”的治河传统得以延续，须在汛期存蓄一定的洪水以备不时之需。黄河上不乏大型、中型枢纽，但这些工程在拦蓄洪水上都几乎用不上。上游水库不怕泥沙，但上游不是暴雨区拦不到多少洪水。中游的三门峡水库倒曾经是为拦洪拦沙而设计的，可惜，那是一个不切实际的错误的设计，“……三门峡的淤泥严重，超过预计，特别是淤积部位向上游发展，形成‘翘尾巴’，威胁西安……”①。

三门峡水库经工程改建增设排沙隧洞后，自 1973 年起实行

① 引自钱正英《中国水利的决策问题》。

“蓄清排浑”的运用方式，非汛期蓄水兴利，汛期降低水位排沙。当然，在非汛期，黄河的流量也是需要调节的，但这只是季节内的小调节，就整个年度来讲，三门峡无法实现跨季节地调节水量，甚至是一种反调节（汛期大水来时，它反而降低水位排沙）。

吸取了三门峡的教训，小浪底水利枢纽工程的设计要合理得多，它的回水最多到达三门峡大坝下，不会威胁到任何城市。还可利用死库容拦沙，利用有效库容调水调沙以减少下游河道淤积。但是如果不采用吴、方二老和我提出利用隧洞和管道输沙的方案，使库区的泥沙另有出路，一旦死库容淤满，小浪底依然要像三门峡一样实行“蓄清排浑”的运用方式。

那么说来说去，真正能跨季节存蓄洪水，同时又高于黄河因而可向河道补水的工程，只有本人在前文 2.3.3.1 中设想的与小浪底坝内由输沙输水管道相连的“高峡水库”。

我们曾对黄河故道范围内三义寨和闫潭两条引黄渠道的清淤负担做过比较，闫潭引黄的规模小，每年清淤的泥沙就地被老百姓（用来垫圈，垫房基地等）消化掉了。而三义寨由于引黄规模大，渠道路线长，清淤的负担非常沉重，兰考为此要占用大量耕地，由下游的商丘给以补偿。

水库清淤的道理是一样的，由于“高峡水库”的库容不大，清淤的泥沙比较容易被“消化”，因而可起到“蓄清刷黄”的作用。

我原来的设想，管道架在黄河南堤上（因南堤与故道的南堤相联）高峡水库均建在黄河南侧邙岭的峡谷中。

如果为了蓄存更多的黄河洪水来“蓄清刷黄”，可在北堤也架起一条管道，在黄河北侧太行山的峡谷中修建连串的高峡水库。

7.1.2　利用南水北调中线工程“引清刷黄”

1996 年 1 月南水北调工程论证专家组建议国家优先实施中线调水工程（图 5），专家组根据丹江口水库调度运用等因素，列出两组六个方案进行了比较，认为以调水 145 亿 m^3 方案的经济指标最为优越，“该方案具有较大的调水量；可以在相当长时期内和较大程度上解决京津、华北地区缺水问题，同时汉江中下游防洪状况将得到较大改善，使水源区和受水区都受益，可谓两全其美。因此，有关省市一致推荐加高丹江口水库大坝、输水总干渠一次建成，多年平均调水量 145 亿 m^3 方案。”①

这个由专家组推荐的一次性建成的方案显然是比较合理的。因为京津和华北缺水的问题会越来越严重，如果仅按今天的需要修一个小的引水工程，看起来投资的负担不重。但到了引水量不够的时候再加高大坝扩建工程时，前期工程就会废弃，造成很大的浪费。

而一次性建成方案也有它的不足之处，就是需水量的增长有一个过程，在工程建成初期，利用率可能较低。

因丹江口大坝加高后，南水北调中线工程是全程自流的，运行费用低，水量大，时有弃水（特别是丹江口水库在为汉江拦洪防汛的时候），这些“多余”的南来之水，正好可以为黄河下游“引清刷黄”。

南水北调中线工程在黄河以南走邙岭山麓，这里正好是淮河的上游及其支流的集雨区，只要这里没有污染就没有必要增加投资使工程全封闭。这样，淮河流域下暴雨的时候，南水北调工程又可以截走部分淮河的洪水。在前文 3.4.2.2.2 中提到南水北调中线工程沿线目前没有可利用的调蓄工程设施。为了调度运行的安全性和可靠性，可就近取黄河的泥沙在两河立交处附近修建水库。这些水库可以蓄南来的江水，也可以蓄西来的淮河流域的洪水，蓄下的水可以北上京津，也可以东下黄河。这又是另一层意义上的“蓄清刷黄”。对此，下文 7.3 还将继续进行探讨。

---

① 引自南水北调工程论证报告。

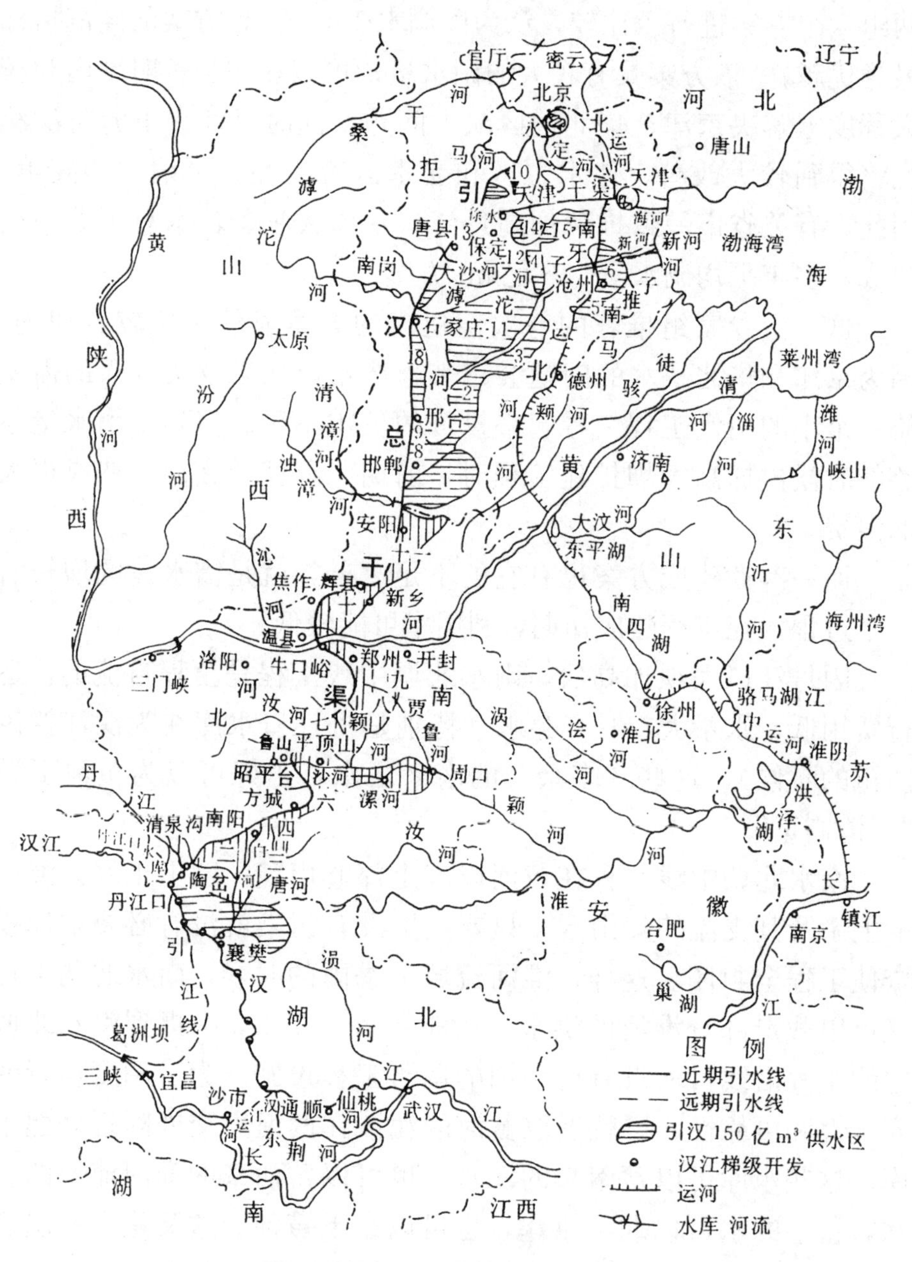

图5　南水北调中线规划示意图

（注：引自洛叙六《南水北调中线工程概况》，《人民长江》南水北调中线工程文集）

7.1.3 引黄与井灌相结合“保水刷黄”

为防止黄河断流，保持“束水归槽”的“导河之策”，还可利用地下含水层对水资源供需进行季节调节和多年调节。也就是说在黄河有断流之虞的季节，应尽量采用井灌，而黄河相对水丰或有洪水的时候则对地下水进行回灌补源。这是新时代“蓄清刷黄”的一个变种，变地上蓄水为地下蓄水。这项措施的目的是保障黄河的基流量不低于规定的最小值，所以又可称为“保水刷黄”。

7.1.3.1 田园教授的研究成果

华北水利水电学院田园教授经多年的调查研究后指出黄河上游宁蒙河套灌区面积约 67 万 hm^2（1 000 万亩），亩用水定额高达 800～1 000 m^3。“宁蒙河套平原年降水量 150～200 mm，土地利用系数和复种指数均较低。农业正常用水量，旱作物区约 500 mm，水稻区约 600～650 mm。照此计算，河套灌区在开发利用地下水情况下，每亩引黄水量也可节约一半……”①，需要指出的是，考虑到灌区（多年来对黄河水浪费惯了）的实际情况，田园教授依然还是用常规的漫灌等灌溉方式来进行计算的，如果克服阻力，推广滴灌等先进的灌溉技术，还可节约更多的水。

而黄河下游的“豫鲁两省 200 万 hm^2（3 000 万亩）引黄灌区，大部分没有开展井灌。这些灌区地下水位高，排水系统淤积，渍涝和次生盐渍化的威胁严重存在。曾对个别引黄灌区的引水和排水实测资料进行过分析对比，其每年灌溉的退泄水与汛期排泄的径流量之和与年灌溉引水量几乎相等。可见，这类灌区的农业正常用水量和当地多年平均用水量相差不多”。田教授进一步指出：“改变灌溉方式，实行以井灌为主，引河水补源的用水原则，降低地下水位，提高雨水利用率，就可以把引黄水量大幅度降下来，并且可收到防止涝、碱，减轻淤积，稳定和提高农作物产量

---

① 田园：《南水北调工程与黄河水沙资源综合利用》，《科技导报》，1996 年第二期。

的良好效果。”①

7.1.3.2　张汝翼先生“井渠沟库联合调配”的构想

黄河水利委员会的学者张汝翼先生在总结历史上引黄灌溉的成就与问题的基础上提出“井、渠、沟、库联合调配，两种水费（丰水与枯水，地表水与地下水）有机结合”的改革对策。“渠指引取黄河水的自流灌溉渠道，直至跨流域调水的引水渠。沟指排除有害雨涝和灌溉积水可引渗回灌地下水的沟洫。井为井灌，是指提取降雨和灌溉渗入地下的蓄水，在充分利用地下水的同时，降低地下水位，既可防治土壤盐碱化，又能造成地下水调蓄库容。库指开发地面和地下水库……”

“早在1935年，李仪祉就提出利用洪水，蓄水地下。开发地下水库我国酝酿于50年代，发展于70年代，至今已取得可喜的成果。根据最新研究成果：黄河流域总面积79万 km^2，浅层（80 m内）地下水资源量为430亿 m^3/a，其中平原地区为158亿 m^3/a，高原区为109.6亿 m^3/a，山地区为16.5亿 m^3/a。目前黄河流域可开采的地下水资源量为175.5亿 m^3/a，至1985年实际开采量还不过45％，除局部地区的灌区和城市超采外，大部分地区均有剩余。流域外的豫鲁引黄灌区地下水资源相当丰富，蕴藏量为128.6亿 m^3/a，流域外等待引黄补源，可挖掘地下水资源潜力亦很大。据河北省南宫清凉江地下水库（北宋黄河故道区）运行观测验证，在206 km^2 的地下可开发兴利调蓄库容为1.128亿 m^3（埋深以10 m计），据此粗估，主要由黄河泥沙覆盖的25万 km^2 的黄淮海大平原可开发1 410亿 m^3 的地下调蓄库容，假如需由黄河支援1/4的回灌水，则每年可存黄河汛期余水352亿 m^3。综上所述，黄河流域内外可开发浅层地下水库容911.6亿 m^3，再加上现有地面库

① 引自田园《南水北调工程与黄河水沙资源综合利用》。着重号为引者加。

容 577.3 亿 m^3，总计 1 489 亿 m^3 足以进行多年水资源调节。”①

7.1.3.3 我的补充方案

现在，请允许我再斗胆对我非常尊敬的老前辈田园教授和学长张汝翼硕士的构想做些补充。

张文提出：“为了充分利用不同季节的黄河水资源，为了在工、农、林、牧、渔、交、环保各行各业中合理利用黄河水，国家已对不同季节不同方式引取河水制定不同的收费标准。今后对地下水费也要这样处理，提水成本较高，要适当补贴。”这是很好的建议。

问题是，在地下水位埋深较大，特别是处于已形成的“漏斗”区内的农民，“适当补贴”难以调动起他们投巨资于大规模回灌地下水和抽取深层地下水。我认为可结合黄河水沙资源的综合利用，由国家以政府行为负责大规模回灌，而农民则合伙营造自用的浅层地下水库。

田园教授在谈到黄河下游水沙资源的综合利用时对近年来河务部门采取的“新的加固堤防措施，即利用吸泥船或泥浆泵，从河中抽取泥浆，排放到大堤两侧，使之沉淀，培厚加高大堤”给予了充分的肯定。田教授深刻指出：“泥沙问题能否有效解决，是关系引黄灌区兴衰的大事。”并提出：“最好的办法是引黄灌区泥沙处理与加固黄河大堤相结合，并在黄河滩地和两岸 5～10 km 地带内，汛期引浑水种稻，使滩地和沿岸地面与河床同步升高，甚至升高速度超过河床，逐渐变黄河下游为相对的地下河。”

田园教授提出了一个非常好的原则：“灌区泥沙处理与加固黄河大堤相结合”。但他举的例子却未必切合实际，水稻的生长固然离不开水，可是汛期引浑水使种稻的“滩地和沿岸地面与河床同步升高，甚至升高速度超过河床”，这意味着水稻在生长期内根部

① 张汝翼：井渠沟库联合调配，充分利用黄河水资源（见本书）。

会淤积 10 cm 左右的泥沙，水稻会不会烂根呢？我觉得在坚持田教授的大原则的同时，具体实施时改为本人在前文 5.3.2.1 中提到的应用徐冠仁教授的悬浮种稻技术，并推广立体的渔农兼作的“耕作”方法，即水面种稻，水下养鱼虾等。这样不用等河务部门把土地淤好了再交给农民，而是在淤地的同时也能取得比较高的经济收入，农民改淤的积极性会更高。

下面我将田、张的构想，与我在前文 3.4.1 和 3.4.2.2.4 中提出的格堤沉沙池和功能性平原水库的构想结合起来，提出一种营造浅层地下水库的方案，如图 6 至图 9 所示。

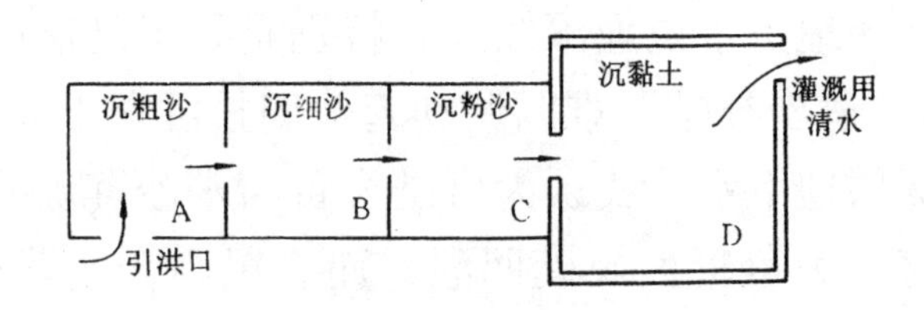

图 6　营造地下水库方案图之一

这一组沉沙池是建在田园教授所说的黄河两岸及故道两岸堤外 5～10 km 地带，它的主要目的是在营造相对地下河的同时，在放淤地建地下水库。因此，预做地下水库的 D 沉沙池设计得比较大，在组合沉沙池引洪前，需先将 D 沉沙池中的浮土、熟土全部清除，露出坚实的生土层。如果黄河（或故道）在这一段的大堤高 8 m，再清除 1 m 的浮土、熟土，那么 D 沉沙池的底部距大堤面就是深 9 m 了。

组合沉沙池开始引洪后，A 池沉粗沙，B 池沉细沙，C 池沉粉沙，D 池沉下去的是密密实实的黏土。在 D 池底部积有 50 cm 厚防渗的黏土层后，开始收集黏土在 D 池的四壁筑黏土坝。当 D 池的四壁和底部构筑完坚实的防渗层后，组合沉沙池向前推进。

这时 A 沉沙池废掉，只保留引洪渠道。B 沉沙池改为沉粗沙，C 沉沙池改为沉细沙，D 沉沙改为沉粉沙，给原来的黏土防渗层

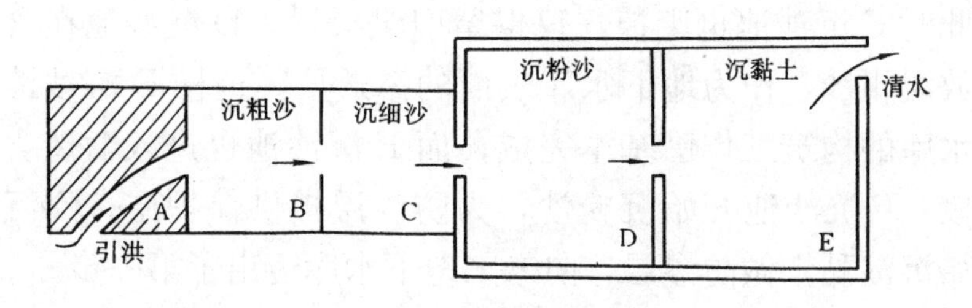

图 7　营造地下水库方案图之二

加上一层保护层，而新加的 E 沉沙池又按地下水库设计，照原来 D 沉沙池的模式构筑五面防渗层。然后组合沉沙池再推进。

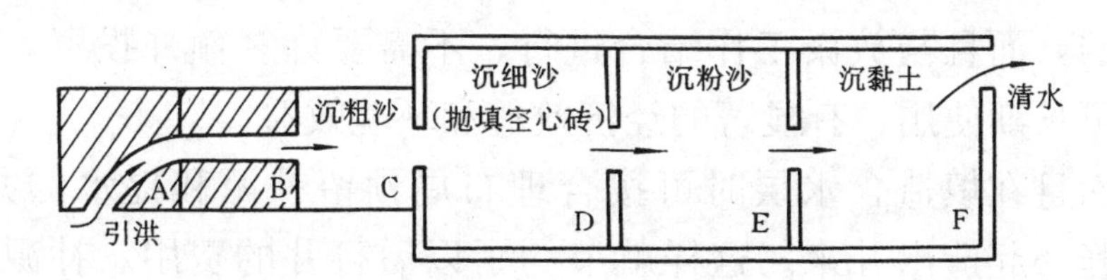

图 8　营造地下水库方案图之三

这时 B 沉沙池也废掉，仅保留引洪渠道，C 沉沙池改为沉粗沙，D 沉沙池先迅速人工抛填利用黄河泥沙特意烧制的空心砖或无害的固体建筑垃圾（碎砖瓦等）形成一层大孔隙介质层，然后沉细沙，进而营造蓄水能力较强的地下水库的含水层；E 沉沙池此时沉粉沙，为防渗的黏土层上加保护层；而新开辟的未来的地下水库 F 沉沙池则照 D、E 沉沙池做过的那样构筑五面防渗层。然后组合沉沙池再向前推进。

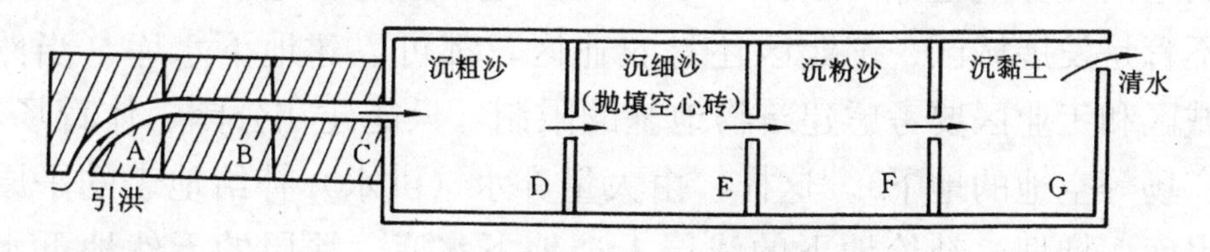

图 9　营造地下水库方案图之四

此时C沉沙池也废掉，仅保留引洪渠道，D沉沙池在含水层上再放淤粗沙，作为地下水库表面的渗透层，这样D沉沙池作为地下水库的构筑工作已基本完成；而E沉沙池也进入营造含水层的阶段；F沉沙池开始沉粉沙，为防渗层提供保护层；G沉沙池又开始沉淀黏土做防渗层，向未来地下水库迈出了第一步。

如此一步步推进，黄河两岸可构筑起“保水刷黄”的连串浅层地下水库，为枯水季节停止引黄改用井灌提供了方便的条件。

这些浅层地下水库底部防渗层距地面（与大堤平）8.5 m，上层地下水位保持深3 m，中间有5.5 m的含水层，蓄水量还是比较可观的，而且与放淤工作结合进行，不需要许多额外投资，建成后则可长期使用，有显著的经济效益和环境效益。

而且在填造含水层时可按合理布局预留补源和提水的井位，或干脆一起造出井来。这样就节约了以后打井的费用。补源和提水的井位要分开，以防止补源洪水的泥沙淤塞提水井。

小浪底水库建成后，洪水的威胁大大减轻了，应放弃耗能的吸泥船或泥浆泵抽洪水放淤的方式，而改为自流放淤，这样建地下水库的成本就更低了。淤填中间5.5 m的含水层和含水层上的覆盖层时，也可利用小浪底延伸出来的输沙管道输出的黏稠泥沙来加快淤填的速度。

本人在前文第5部分提出“以黄河和黄河故道为依托，建立一系列未来型城乡结合的‘生态城镇’……”，并构想了沿黄河或故道大堤分别建第一、第二、第三台地。这些台地和周围的低地不管是发展城区、工业区还是农业区，都可以建地下水库（当然城区和工业区要考虑建筑物地基的限制，只能建在公园、体育场、广场等空地的地下）。这样，由大量弃水（洪水）补给地表的平原水库、梯塘，补给地下的浅层人造地下水库，深层的天然地下水库，就产生了可利用的水资源的增量。同时，按田、张的建议，对地表水、地下水进行联合运行管理，又组成了有保证的稳定供水量。而且，由于地表水的多来源、多存蓄方式以及地下水的多层次，通过严密监控的有选择的联合运行管理，还可使供水有较高的质量保证。比如说某地某种地表水及相对应的深层地下水被污染了，那么生活用水和绿色农业的用水采用封闭的浅层地下水和未被污染的地表水，而要求不高的工业用水则可采用被污染的地表水和地下水，以促使其更新。

如此运作，既可防止黄河断流，又可促进沿黄各地经济的发展，同时又使人们的生存质量得以提高。

7.2 从系统的整体性出发谈淮河的治理

前文已提到潘季驯的治河体系符合现代系统工程学原理。

治河系统作为一个必须与地球表层大自然环境系统相适应的人工系统，应具备较好的整体性。系统内诸要素之间，子系统与子系统之间发生非线性相互作用，表现出结构性或组合性特征。

潘季驯不顾违反当时诏令（当时也只能采取迂回的提法），“一反从前只顾抑河南行夺淮的消极保运方针，而把治河与治漕，治河与治淮，治河、淮与治海口，除害与兴利紧密结合，统一规划，综合治理。”①

潘季驯（缕堤、格堤、遥堤、月堤、减水坝等互相配合的）治河的子系统及黄、淮、运、海口并治的大系统均体现了较好的完整性。

今天客观条件不同了，我们不可能再照搬潘氏系统，而且历史也暴露出了该系统的诸多不足之处，我们应继承潘氏“当观全局”的水利思想的精髓，创立现代水利的大系统。

下面试从系统工程理论的整体性出发，探索在一个开放的复杂巨系统内利用各要素之间、各子系统之间的相互作用，力图从根本上治理淮河流域。

---

① 彭云鹤：《明清漕运史》，120 页。

7.2.1 淮河存在的问题

7.2.1.1 历史上的黄河夺泗、夺淮打乱了淮河水系，使淮河缺少泄洪通道

黄河夺泗、夺淮的过程，伴随着战乱和社会动荡。

靖康耻（1127年）北宋灭亡，宗泽等众臣拥立宋宗室唯一的漏网之鱼赵构为帝，史称高宗。高宗建炎二年（1128年），留守东京的杜充为掩护宋室逃跑，在滑县以西决黄河堤，使其“自泗入淮，以阻金兵”[①]。

岳飞被害至死后，“绍兴和议”生效（1142年初），宋、金以淮河为界，致使侵扰淮河水系的黄泛区无人治理，大运河亦被拦腰截断。因战事不止，金章宗明昌五年（1194年）八月，黄河“大决阳武故堤，灌封丘而东（下）”[②] 主溜经长垣、曹县以南，商丘，砀山以北，至徐州冲决入泗水，从淮阴注入淮河而入海[③]。

1128年和1194年是水利学界和史学界存有争议的黄河夺淮的两个起始年份，在我看来确切定在哪一天并不重要，早在公元前168年（汉文帝十二年）已发生“河溢（在今河南延津）通泗”，到1128年前屡次南决，泛流淮泗。这说明黄河在出山口后有南北摆动的地理条件。至于是否把全面夺淮定在1194年，我看也不必太认真。“公元1168年黄河在李固渡（今河南浚县南）决口……侵淮水量已占黄河泄量的6/10。公元1180年‘河决卫州及延津京东埽，弥漫于归德府’……黄河夺淮大势已定”。[④] 但不管从哪一年开始计算，有一点是明确的，那就是黄河夺淮伴随着战争（或因战争而起），战争加剧了自然灾害的破坏性，淮河水系是在天灾人祸的情况下被彻底打乱了。

---

① 《宋史》卷25《高宗本纪二》，转引自彭云鹤《明清漕运史》。

② 《金史》卷27《河渠志·漕渠》。

③ 岑仲勉：《黄河变迁史·金代部分》。

④ 吴佩忠：淮河流域水灾与防治的历史经验，《治淮科技》，1995年10月

黄河夺淮后，因泥沙淤积，河床不断抬高，成为了贯穿原淮河流域的一道分水岭，其北部原淮河的几条支流成为独立的沂、沭、泗河流域。沂、沭、泗河失去了入淮的通道，沂蒙山下来的洪水数百年来给鲁东南、苏北的广大地区带来了许多灾难，直到中华人民共和国成立伊始（1949 年冬至 1950 年）开挖了直入黄海的新沂河，才使这一问题初步得到了缓解。

黄河夺淮，原来淮河的河道成了共用的河道，为了对付黄河的泥沙，自潘季驯以来，明清两代不断筑堤抬高洪泽湖水位，以“蓄清刷黄”。直到清乾隆（1736—1795 年）以前，洪泽湖水位一般比黄河水位高出 2.3～2.7 m，嘉庆以后，因黄河失修等原因，河床淤积日高。嘉庆二十一年（1816 年）曾对黄河大加挑修，洪泽湖水位相对上升，比黄河水位高出 0.7 m 多。道光年间（1821—1850 年）为防止洪泽湖水溢出冲毁运道，清廷在湖东岸高筑湖堤（高家堰），这一时期虽然清水帮助黄河冲沙，但阻止河床淤高已很吃力，不过故道依然是黄淮两河汇流入海的唯一通道。

1851 年，历史跟我们开了一个大大的玩笑，这一年的大水一方面冲决洪泽湖南堤，淮河由东流入海改道南流入江，结束了“蓄清刷黄”的历史；另一方面大水亦在洪泽湖以上丰县潘龙集决黄河，使黄河水向北冲出一条大沙河进入南四湖，从而把大沙河以下的故道“让回”给淮河，只是阴差阳错的淮河没有接受这份本来就是单独属于自己的“遗产”，四年之后，黄河又在大沙河以上铜瓦厢决口北徙，从此远离了淮河干流。

如果在 1851 年，清政府能组织力量保住洪泽湖南堤，淮河本来可以立刻完全夺回她的下游河道，并很容易在黄河留下的堆积性河床上冲出深槽。假以时日，淮河会凭她自己的力量恢复其“长淮之水清如苔”、“帆抱清淮碧玉流”的美丽清香的历史面貌。

如果 1851 年洪泽湖决堤后，清政府能立即组织力量堵住缺口，在一两年或三四年时间里，使洪泽湖水位重新抬高，将淮河水逼回故道，淮河依然会在黄淮故道上冲出一条入海通道，（虽然，比1851年能立即夺回要费一点劲）若干年后，随着故道的河槽日深，洪泽湖水位也会跟着降低。

这两个“如果”虽然有点儿事后诸葛亮，但我仍然顽强地认为这是根治淮河的事半功（数十）倍的最简单也最巧妙的办法。可惜当时的清王朝已是强弩之末，帝国主义的侵略战争和此起彼伏的农民起义，耗尽了它的力量，根治淮河、解决淮河洪水出路的最佳时机同我们失之交臂。从而留下了水利史上的一大遗憾。

中华人民共和国成立后，开挖了苏北灌溉总渠，修建了分淮入沂工程，整治了入江水道，洪泽湖大堤也得到了加固，还修建了30多座大型水库，但是治淮40年所建成的庞大的水工体系竟难以承受（1991年）一场尚不达20年一遇的洪水冲击。事实说明，800多年前被黄河夺了下游河道的淮河，至今仍缺少安全泄洪的通道。

7.2.1.2　三带重叠的孕灾气候以及相关的水、旱、污染等灾害

淮河是我国七大河流之一。淮河流域夹于长江和黄河两大流域之间，地处南北气候过渡带、中纬度过渡带及海陆相过渡带，这种三带重叠的孕灾气候造成了淮河流域的先天不足。整个淮河流域属缺水区，人均占有水量仅477 m^3，约为全国人均占有水量的18%。旱灾发生率甚高的同时，洪涝灾害也频繁发生。由于拦蓄洪水的工程不足，降雨分配的不均匀就更加重了水资源的短缺，而且，近年来淮河流域又面临严重的水污染问题。自1975年淮河发生首次严重污染事故到1982年第二次污染事故相隔了七年，到1986年发生第三、四次污染相隔四年，到1989年发生第五次、第六次污染只相隔三年，1991年以后，大小污染事故年年发生且平均每年两次以上（1994年3次）。1994年3月16日至9月15日的180天中淮河有82天处于严重污染状态，水质劣于五类标准。可以说目前水污染已是淮河流域面临的最为严重的一种灾害。

7.2.1.3　环境资源的不合理开发导致水环境日益恶化

水利部总工程师袁国林高工在《治淮与水环境管理》① 一文中尖锐地指出：将淮河的多灾基本解释为“三带重叠的孕灾气候造成了淮河流域的先天不足，这是一种归于‘天命’的解释”，袁总接着剖析了40年来治淮工作中的失误，“治淮40多年，在调整和扩大水环境容量方面做了许多工作，但主要体现在利用工程措施调节和控制水资源的自然分布使之适应人类社会生活和生产的需要这一方面，而在主动地调整和约束人类生产和生活需求以适应水资源的时空分布状况这方面却建树不多。40年治淮工程星罗棋布，却忽视了流域是一个水系，是与周围环境相互作用与联系的完整的生态系统。虽然这些工程为减免淮河流域的水旱等灾害损失作出了巨大贡献，保护了淮河流域的经济发展，然而客观上也产生了负效应，即治淮工程在一定程度上也鼓励和助长了工程受益区对水土资源的不合理开发和盲目扩大经济规模，致使已建治淮工程的有效性随着受益区的发展而迅速降低。于是，又追加新的工程予以补偿。结果工程越修越多，堤防越修越高，行洪断面日益缩小，行洪水位日益增高，洪水历时日益延长，这不能不是灾害损失越来越严重的原因之一。而汛期一过，水资源短缺，争水矛盾又很突出，冬春之交，沿淮人民又战战兢兢地担心突发性水质污染”。

袁总的深刻反思，使我们振聋发聩，“主动地调整和约束人类生产和生活需求以适应水资源的时空分布状况”这一论点的提出，是对潘季驯黄、淮、运并治的系统和我们40年治淮所建“庞大的水工程体系”的升华，在钱学森院士所研究的“开放的复杂巨系统”的框架中，袁总的思想超越了“利用工程措施调节和扩大水环境容量”这种简单系统，而达到了一个从整体上考虑并解决问

① 《科技导报》，1993年第7期。

题的新的高层次的方法论——综合集成方法。马克思曾预言:“正像关于人的科学将包括自然科学一样,自然科学往后也将包括关于人的科学:这将是一门科学。”① 自然科学工作者的袁总工程师,在对几十年水利工作的得失进行了反思之后,提出了人类学、社会学、经济学界也在研究的命题,他的思想轨迹,验证了马克思的预言。

袁文写道:“流域不仅是一个水系,它应该是一个空间,是一个由土地、水域、生物、地质地貌、大气等各种要素相互作用的水环境系统。这个系统并不能无限制地满足人类需求。它有一个人类和生物生存但又不致使流域自然生态破坏的最大环境负荷量,即流域的水环境容量。”然而,人们在“实践中把治水活动与土地和其他资源的开发割裂开来,没有把土地、水资源和其他资源看成一个相互联系不可分割的整体,综合考虑水环境容量,其结果是刺激其他环境资源的不合理开发,导致水环境日益恶化”。袁文进一步指出:“这种‘资源分割’,环境分治的状况不仅反映在淮河上,在其他水系的治理中也同样存在……”

从2.2.4对黄河铜瓦厢决堤成因的分析中也可以看出,黄河流域也存在同样的问题,而且出现得比淮河还早。

我想,如果袁总的观点能够代表水利部领导和总工办的专家们的主流的意见,或者说经过反思后能够接受袁总的见解,那么中国的水利事业以后会少走许多弯路。

我非常钦佩钱老的理论和袁总的境界,但由于各种条件和本人水平所限,仅能试图运用系统科学的理论来初步探讨属于(钱老四个开放的复杂巨系统之一的)地理系统范围的水利工作的系统状态(System State)。

毕竟广大的干部群众和多数水利工作者能“主动调整和约束

---

① 《马克思1844年经济学——哲学手稿》,人民日报出版社,1979年,第82页。

人类生产和生活需求以适应水资源的时空分布状况”还有一个过程，而且也绝非水利系统一家的努力所能奏效，由于不合理开发而造成的“工程越修越多，堤防越修越高”的恶性循环也还会持续一段时间。我们今天所能做到的是在设计和完成那些不得不兴建的工程时，应有一个通盘的考虑，从系统的整体性出发，尽量开发该项工程的各种潜在效益，并使之将来能纳入开放的现代水利大系统中去。

7.2.2 为淮河洪水找出路

将淮河的多灾归于“天命”是不全面的，并容易产生错误的导向，但同时我们也不能不承认淮河流域确实先天不足。除了前面谈到的黄河夺淮入海打乱了淮河水系，所处地理位置的三带重叠的孕灾气候，不合理的开发导致水环境恶化等因素外，淮河本身的流域形状也是其下游多洪水的原因之一。

淮河洪河口以上为上游，比降5/10 000；再到洪泽湖为中游，比降一下降到0.3/10 000；洪泽湖以下为下游，比降为0.4/10 000。落差集中在上游，所以中、下游的行洪能力差。从平面图上看，淮河干支流呈平行羽毛状，其实两侧支流的地形，比降截然不同，南岸支流均发源于山区或丘陵区，短而陡；北岸支流多是平原河道，长而缓。当流域发生暴雨后，来自山区的南岸各支流的洪水先到达干流，抬高了水位；当北岸各支流的洪水到达时，其下游发生壅水，洪水宣泄不畅，易造成淮北内涝。洪水汇集到中下游结合部的洪泽湖，又给这个高于下游平原地区十余米的地上湖造成了巨大的压力。

目前洪泽湖的防洪标准不足百年一遇，若淮沂并涨，则只能防御约50年一遇洪水。淮河防洪的关键依然是为洪泽湖所汇集了的上中游的洪水解决出路的问题。

7.2.2.1 入江水道

这是目前淮河水的主要出路，自三河闸开始，经三河、新辟入江水道，高邮、邵伯湖、廖家沟等，于三江营入长江。虽几经改道，但基本保持着1851年洪泽湖决南堤所造成的淮河南流入江的方向，可行洪12 000 m^3/s。

本人认为，淮河除了急需为洪水找出路之外，水资源的不足以及由此而连带发生的自净和排污能力差等，也都是严重的问题。淮河同黄河一样，需要多留住一些汛期的洪水，而南流入江不符合这一原则。在目前缺少调蓄工程的情况下，保持现有的入江规模还是必要的，但新的投资不宜用在这条线路上。

7.2.2.2 分淮入沂

这是淮河洪水入海的比较重要也比较合理的一条出路，自二河闸始，利用了治理沂、沭、泗河所建的入海工程新沂河，并具有淮水北调，航运等多种功能。在淮、沂洪水不遭遇的情况下，可分泄淮河洪水3 000 m^3/s。虽然其泄洪流量达到入江泄洪流量的四分之一之多，但由于淮沂并涨的机率高于江淮并涨的机率，所以这是一条不十分保险的出路。

7.2.2.3 苏北灌溉总渠

这是一条输送淮水灌溉两岸农田的渠道，在淮河发生洪水时，可分泄洪水800 m^3/s，在淮河洪水的三条出路中，其规模最小（入江水道泄洪量是总渠的15倍，新沂河是其3.75倍），但由于总渠最接近黄淮故道①，因而也可能最符合淮河入海的地理要求。起码从距离上讲，这条入海线路要比入江线路短得多，因而比降也比较大。由淮委规划设计研究院和江苏省水利勘测设计研究院合作研究的淮河入海水道工程方案确定沿苏北灌溉总渠北侧开辟

---

① 黄河明清故道自洪泽湖以下数百年间是黄淮汇流共有的河道，而黄河夺淮以前又是淮河独立的河道，所以下文对黄河故道洪泽湖以下均称黄淮故道。

新河（与总渠成两河三堤）主要考虑的也正是这些因素。从多方面综合考虑，淮河洪水的入海通道选择沿苏北灌溉总渠的方向是较为合理的。

7.2.2.4　再挖一条入海通道的资金应用于扩建总渠并使其具备多种功能

淮河需要一条入海通道，以避免洪泽湖发生特大洪水，且出现江淮并涨、淮沂遭遇的险情时陷于困境，这一点已形成了广泛的共识。这条入海通道选择沿苏北灌溉总渠方向似乎也没有多少争议。但是谈到怎样修这个工程，我对淮委和江苏省的两河三堤的方案就不敢苟同了。

三堤两河方案在遇到大洪水时，中间的堤可能会象潘季驯早期治河系统中的缕堤一样受到两面来水的夹击。而在没有洪水的正常情况下，中间的堤又影响航运等其他目标的开发。而关键的一点是再挖一条新河的投资过大。而为达到同样的目的，扩建总渠的投资较小。

为了表述方便，在讨论这个问题的第一个层次上，我先假设开挖工程与原苏北灌溉总渠等高，那么新开挖工程可用图 10 表示。

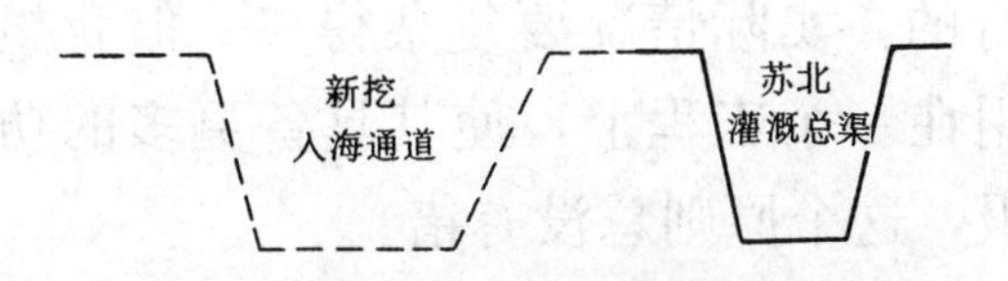

图 10　开挖淮河入海通道方案示意图

总渠扩建工程则可用图 11 表示。

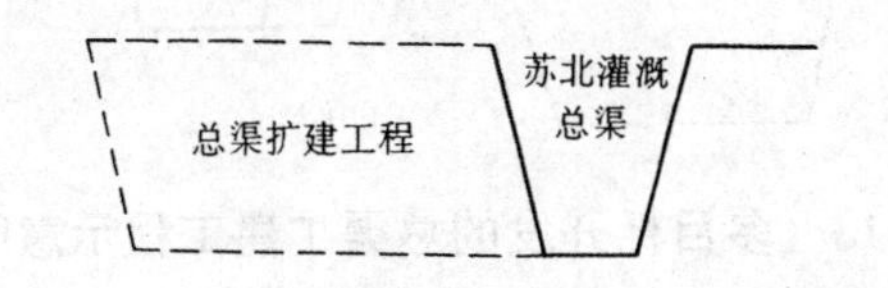

图 11　苏北灌溉总渠扩建工程示意图

现在我们把同等截面积的入海通道和总渠扩建工程的示意图重叠起来，总渠扩建工程用实线，入海通道的不重叠部分用虚线。

如图 12 所示，横截面即代表了施工的土方量，又代表了竣工后洪水的通过能力。由于扩建工程横截面的平行四边形与新挖入海通道横截面的等腰倒梯形面积相等，因此扩建和重新开挖工程土方量相等，而且满堤顶行洪时，洪水的通过能力也相等。问题在于我们不可能采取危险的（随时会造成漫决的）满堤顶行洪方式。洪泽湖的洪水尚有入江、入沂等其他通道可用于分洪。那么在中水位和低水位行洪时，新挖入海通道的通过能力就小了一些（图中右上角代表的土方量是无效工程），在低水位输水或排水时，新挖入海通道的通过能力又差了不少（图中右下角是总渠扩建工程多出来的通过能力）。

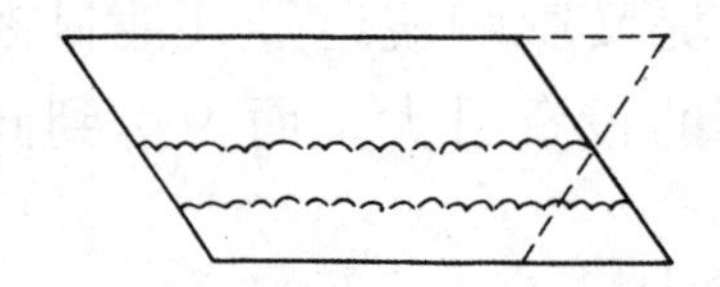

图 12　两种方案比较示意图

当然，这种比较是在设定新挖入海通道与苏北灌溉总渠等高这个前提下进行的，实际情况要复杂得多。但我想，把搞两个工程的资金集中用在一个工程上，使其具备更多的功能，从而获得更多的投资回报，这个原则总没有错。

按照我的设想，苏北灌溉总渠将按图 13 所示进行扩建。

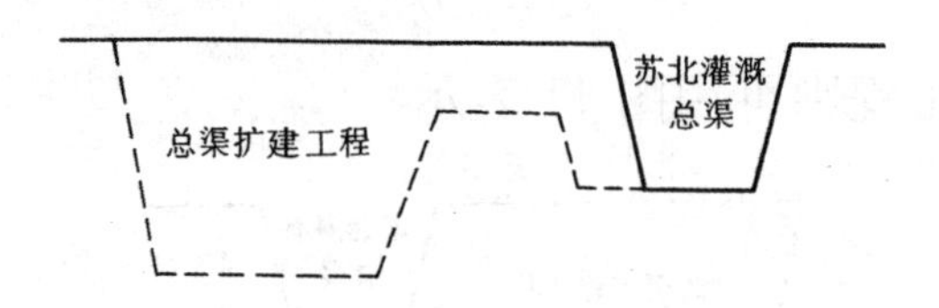

图 13　多目标开发的总渠扩建工程示意图

削低削薄总渠原北堤，使原总渠输水通道变宽，北侧再挖一个深槽，这样就成了一河双泓，在没有洪水的时候，高处的南泓（原总渠）输送灌溉用水，北泓则用于排涝。洪水来时全部河道用来泄洪。

扩宽南泓（原总渠）的目的是为了跟上经济发展的要求，增大输水量，同时也是为了扩大它的航运能力，同北泓配合分流上下行或快慢行的船只，发展高效率的单行线运输方式。

在船只并线或掉头的地方，双泓之间可建船闸，而对于快速行驶的气垫船，为了它们安全便捷的掉头或并线，可将掉头处的河面修宽，双泓间滩地的坡度变缓。如图14所示，气垫船可以在保持气垫状态的情况下从北泓经过平缓的滩地进入南泓。

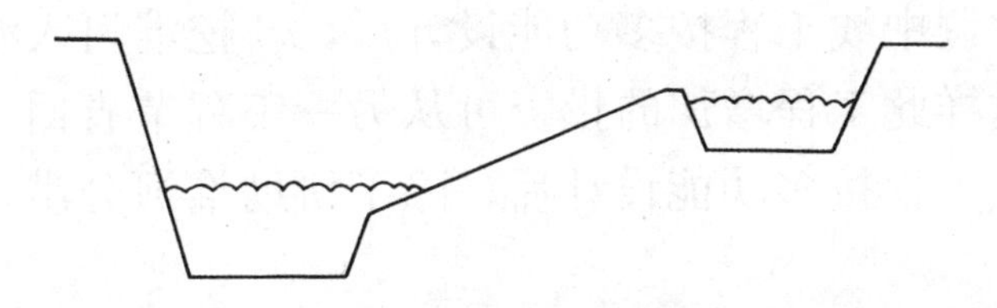

图14　总渠配合气垫船航行需要的改建工程示意图

7.2.2.5　30年代开挖的中山河本可以使黄淮故道为洪泽湖分洪

抗战之前，国民政府曾经在黄淮故道三角洲，原入海口北边开挖了黄淮故道的一个新的入海通道——中山河，以排泄大沙河以下故道内的降雨径流和洪泽湖高水位时的洪水。当时的故道大沙河以下还是完整的，中山河缩短了黄淮故道尾闾，产生溯源冲刷，可使河道平行降低，这样假以时日，故道被洪泽湖洪水刷深主槽，又可成为淮河入海通道。可能中山河的设计者与我所见略同，对前文7.2.1.1提到的水利史上的一大遗憾耿耿于怀，并企图弥补之。可惜卢沟桥事变的枪声打破了他们的美梦，抗战胜利后紧接着又是内战，政权更迭后，两岸间缺乏交流，历史又一次留下了遗憾。

7.2.2.6 南水北调中线工程若按多功能设计可截走淮河上游的部分洪水进入黄河（包括故道）或海河水系

前文 7.1.2 中已经探讨了南水北调中线工程可以截走淮河的部分洪水。淮河的几条重要支流贾鲁河、双洎河、颍河、汝河、沙河、澧河均发源于嵩山和伏牛山，贴山麓而行的中线输水线路正好与这些支流的上游河段交叉，如果这些交叉处的工程均按多功能设计，既可平交，又可立交，水量大的还可为航行船只设船闸，需要的话也可在交叉处建水库。这样这些交叉点就成了水利的枢纽，它们可以在汉水缺水，而淮河流域暴雨时关闭丹江口水闸，向北输送截来的淮河支流的洪水。这些北送的淮河水可以沿中线输水线路直达海河流域，也可进入黄河和故道。

南水北调中线工程按多功能设计后，新挖淮河入海通道可缩小规模，这样此工程增加的投资可从另一工程节省回来。况且南水北调中线工程按多功能设计后，除了协助淮河分洪，还有多方面的效益。

7.2.3 利用南水北调中线工程、黄河（包括故道）解决淮河水资源不足和污染严重的问题

7.2.3.1 控制和减少污染源，培养人们的环境意识

前文 7.2.1.2 已经提到：目前水污染已是淮河流域面临最为严重的一种灾害，中央和地方政府对此都给予了高度的重视，并正以壮士断臂的气概，大量关闭造成严重污染的小造纸厂、小皮革厂，对有治污能力的较大企业则限期整改。加上 1996 年有一次难得的秋汛，淮河的水已变得干净多了。

淮河治污任重而道远，千万不可松气。而且仅仅在治理和控制已发现的污染源方面下功夫还不够（可能防不胜防），还必须从根本上提高人们保护环境的意识，因为人本身就是污染源，人类不当的生活和生产活动都能造成污染。另外，对于淮河这样一条先天不足的河流来说，还应设法提高它纳污自净的能力。

7.2.3.2　淮河纳污自净的能力不足

淮河流域是以平原地带为主，人口稠密，土地开发程度较高的地域。流域内平原面积占2/3以上，占黄淮海平原面积3/5。全流域现有统计耕地0.13亿hm^2，占流域面积的51%以上，土地利用率居七大江河之首。1954年全流域人口不足7 000万，平均密度为250人/km^2，经过30多年的发展，到1989年，全流域人口已近1.5亿，人口密度为达537人/km^2，仍居七大江河之首，约为全国平均值的5倍。面对如此巨大的人口压力及相应的经济发展压力，要彻底有效地控制淮河流域的污染源是极其困难的，必须同时设法提高淮河纳污能力。

淮河近年来频繁出现严重的水污染事故，一方面与淮河流域经济快速发展过程中忽视环境保护而导致污染源的增长有关，另一方面也与淮河的水文特征有着直接关系。淮河总落差196 m，平均比降为2/10 000，中下游平均比降仅有万分之零点三，河床比降小，河水流速较慢（许多河段的河水几乎处于静止状态）。另外，淮河水量也少，径流量呈现逐年下降的趋势。50年代淮河平均径流量为903.5 m^3/s，比40年代减少14.2%，60年代为788.2 m^3/s，比50年代减少13%，70年代仅为663.6 m^3/s，又比60年代减少16%，80年代以来上游来水流量常常仅为150～200 m^3/s。淮河水量少，河床比降小，流速缓慢的水文特征造成了淮河纳污能力极差，并且这种水文特征表现出加剧的趋势。然而，据有关部门预测，到2000年，淮河流域内33个地（市）、182个县日排污水量将达到1 400万～1 950万t，枯水季节污径比将达到1∶7～1∶4。纳污河流若要保持清洁的水质，河水量至少应为污水的20～30倍，即使净化过的废水也需4～5倍的清洁水稀释。如果仅注重控制污染源，不注重改善淮河的水文特征，提高淮河的纳污自净能力，要让淮河水常年基本变清是几乎不可能的。要解决好淮河的水污染问题，必须一手抓污染源的控制和减少，一手抓淮河水文特征的改善。目前一手硬，一手软的治理对策有很大的局限性，必须实施两手都要硬的淮河水污染治理策略。

7.2.3.3 需要向淮河调水，调水的通道及客水来源

要改善导致淮河纳污自净能力极差的水文特征，目前首先要做的事就是在淮河流域夏旱、秋干，以及入冬至春少雨时，能从流域境外向淮河流域引调一定流量的清水，进而稳定和提高淮河的纳污自净能力。分析淮河流域近年来出现的各次严重的水污染事故，无一不是在雨水少的枯水期发生的。如果在淮河流域雨水少的枯水期，出现可能发展为严重污染事故的征兆时，能从淮河流域外调入一定流量的清洁水，则可有效地控制严重水污染事故的发生，减少水污染事故造成的经济损失。

向淮河流域调水有很便利的通道，那就是黄河、黄河故道及南水北调中线工程。它们从北部和西部包围了大半个淮河流域。

黄河及故道地势高亢，不但故道恢复到徐洪河可联通洪泽湖，而且淮河北岸的几条支流涡河、惠济河、浍河、沱河、濉河均发源于黄河及故道的堤跟，因此向这些支流分水比较方便。问题在于黄河本身水资源也不丰富，它能够分给淮河（同时也对自己有利的）只有凌汛或中游下暴雨时的洪水，但它却是一个很好的输水通道。如果按前文2.3.3中所提建议，沿黄河及故道架设一个封闭管道，在非汛期不用为小浪底水库输沙的时候，可用它为淮河输客水，这样就不用担心为淮河带来泥沙的问题了。

向淮河流域提供治污客水，相对来说，最有保障的水源还是南水北调中线工程，据有关部门对中线工程调水调节计算分析表明①：多年平均从丹江口水库调出水量为147.2亿m^3，扣去总干渠输水损失，到各省（市）净水量123亿m^3，其中：(a) 城镇生活供水24.5亿m^3，保证率90%～97%；工业供水39.3亿m^3，

① 洛余六：南水北调中线工程概况，《人民长江》（南水北调中线工程文集）增刊。

保证率80%～97%。两项共63.8亿m^3；（b）农业供水26.3亿m^3，充蓄当地水库15.6亿m^3可计入农业供水，两项合计41.9亿m^3，可发展保灌面积246万hm^2，供水保证率在70%以上；（c）其他用水9.9亿m^3；（d）因供需不尽协调，尚有余水7.3亿m^3，可扩大供水范围和补充环境用水。本人认为：国家可将7.3亿m^3的余水规划用作淮河流域的治污用水，另外，当淮河出现较严重干旱，可能诱发大范围的水污染事故的情况下，国家应当考虑引调41.9亿m^3农业供水中的一部分水量提供给淮河流域治污之用，因为治污用水产生的综合效益（包括避免了的巨大损失）远比农业用水高。

7.2.2.6已提到南水北调中线工程与淮河发源于嵩山、伏牛山的几条重要支流贾鲁河、双洎河、颍河、汝河、沙河、澧河相交，如放弃原来的立交设计而改成多功能设计，那么南水北调中线工程一方面如前文介绍过的可为淮河截走一部分洪水，另一方面又可在淮河流域出现干旱或发生严重污染的时候通过这些支流向淮河输送南来的江水。

7.2.3.4 增加调蓄枢纽，利用黄河水沙资源维护和改善淮河流域水环境

能调给淮河的客水具有来源不稳定（如黄河冬春的凌汛、夏秋的洪水）及需与其他地区（有些是国家重点保障的地区如北京、天津）分享的特点，因此必须在淮河流域多建调蓄工程。修调蓄工程又要占用土地，那袁国林总工所指出的淮河流域规划的难题——人口与土地的紧张对峙又将尖锐地突现出来。

淮河在历史上本来充当过为黄河蓄清刷黄、引清刷黄的角色，如今反而沦落到需要黄河为它蓄清刷污、引黄刷污的境地了，人与自然的对抗，最终受到了自然的惩罚。

现在是黄河用它的过去为害淮河流域的水沙资源来为淮河造福、还债的时候了。

前文已反复详细介绍过黄河侵淮、夺淮700余年，打乱了淮河水系。其实直到近现代，黄河还在不断危害着淮河。“1938年国民党军队在花园口炸开黄河南堤使5万多平方公里土地成为荒无人烟的黄泛区，时间达9年。其间有100亿t泥沙淤积在淮河流域，极大地破坏了淮河水系。这次南泛使正阳关以下，淮河干流颍河口至淠河口一度不通，有淤平之势。支流在河口发生倒灌，淤厚1～3 m，影响长度5～100 km，使汇口以上支流河道比降剧减，以至潴水成湖洼。使流域排涝能力更加恶化。”①

今天，黄河南岸引黄灌溉亦带来一定的问题：“特别是大量未经沉淀的弃水直接排入河道，造成河道严重淤积。据涡河亳县站实测资料，不引黄时平均含沙量0.67 kg/m^3，引黄后平均含沙量达3.7 kg/m^3，汛期最大含沙量16～20 kg/m^3以上，最大实测值达34.9 kg/m^3，年输沙480万t。泥沙使河床普遍淤高，河槽平均断面减少15%～39%。”②

那么多沙的黄河到底能不能改变它为害淮河的历史形象呢?

回答是肯定的，只要人们改变观念，把黄河的洪水和泥沙作为资源利用起来，那么，在治理黄河的同时，也就维护和改善了近半个淮河流域的水环境。

淮河近半的支流直接发源于黄河及故道的堤跟，那么我们为有效利用黄河的水沙资源而兴建的高峡水库、平原水库、梯塘、浅层地下水库等等设施，在黄河及故道南岸一侧的既可为黄河防止断流而调蓄水资源，也可为淮河提供比较稳定的冲污“客水”(或者说是为淮河的支流增加源头水)。

前文5.3介绍了在黄河堤侧建立城乡结合的三层台地的生态城镇，5.4又提到这些台地可组团跳跃式发展。黄河及故道大堤南

---

① 邢大韦：淮河流域洪涝灾害的地学基础初议，《治淮科技》，1992年12月。

② 同上

侧的这一切建设，都有利于保护和改善淮河流域的水环境。清朝末年，为了保证洪泽湖有足够清水出清口为黄淮故道冲沙及便于漕运平交过黄河，曾故意缓堵黄河南决口门，甚至导黄入湖，这样泥沙留在了淮河流域，洪泽湖清水的水位却得到了提高。这种“蓄清刷黄”是以淮河上中游的灾难为代价的，今天，从表面上看我们同样要把黄河汛期的水和沙导入淮河流域，目的和技术措施却根本不同了。请看图15。

我们设定黄河中泓河床底部的高度为零，然后用等高线标出黄河中泓以南这些建设的地形。

如图15所示，第二组团台地与第一组团台地之间的高地，既可以作为黄河防汛后备的遥堤同时又是将来发展立体交通的高架路的路基，又可做为阻挡黄河泥沙的第一道防线，按照我的这种设计，经过多级平原水库沉淀了泥沙的黄河水，输给淮河时已经成了清水，从平原水库、梯塘渗漏下来进入淮河支流源头的也是清水。而淮河流域需要利用黄河的泥沙资源营造地下水库时，则可直接从引洪渠道引黄河洪水，那么黄河的泥沙又将在第二个或第三个组团台地中被消化掉，一组组建设城乡结合的生态城镇的台地发展下去，就从根本上消除了各种污染源（如前文5.3介绍，第二台地处理第一台地的污水，第三台地处理第二台地的污水）。各组团台地之间排水沟的闸门，既可以为淮河拦住部分降雨径流协助下游抗洪（只要把低地排水沟的闸门关闭并用沙袋加厚加高），又可以蓄水用于抗旱，组团台地沿引黄渠道和淮河支流的上游发展下去，（因源头和上游地区地势抬高）淮河北岸支流的比降也得到了改善。

看了这张描绘黄淮跨流域治理，多目标开发、可持续发展的复杂的“水利工程布局”图，大家可能会感到过于烦琐了，不过我想“水利”的概念正在发生变化，从过去单纯蓄水、引水、排

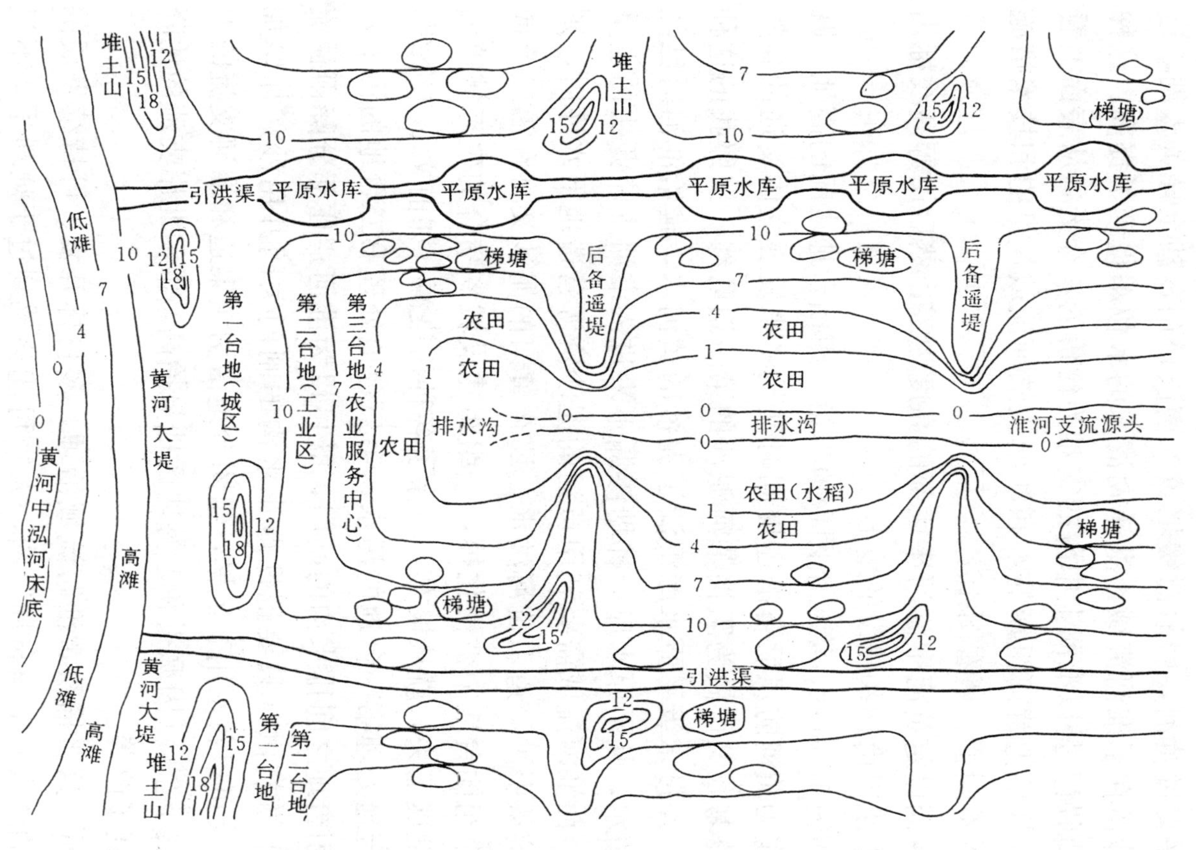

图 15 城乡结合、可持续发展的三层台地工农业布局示意图

水的粗放型的狭义的水利，向精心设计、多目标兼顾、与大自然相适应（而不是对抗）的严密监控的、集约型、精密型、环保型的广义的水利转化。下文还将对这张图作进一步说明。

7.2.3.5 完善淮河防治污染的监测系统，并利用黄河及故道水沙资源治理就近的淮河流域已被污染的地区

尽管淮河防治污染的工作已经取得了不少的成绩，但由于淮河水量少，比降小，流速缓的水文特征决定了其纳污自净能力差的客观现实条件，我们必须建立起严密的监测系统，防止已治理的污染源死灰复燃以及新污染源的产生。一旦出现这种情况，一方面应立即给以严厉的打击，另一方面利用前面说到的几条输水线路，向污染地区补充净水。

对于已受到严重污染的地区，在切断污染源后，只要引黄河洪水的渠道能够到达那里；就可按前文 7.1.3.3 的方案，利用黄河水沙资源，营造浅层地下水库，改善当地水环境。也可用从黄河泥沙中分离出的黏土来隔离已污染了的地下水。对于饱含污染物的泥沙，则用 Augth-Set 固化剂进行固化，以防止污染扩散。

7.2.4 以更广阔的视角“当观全局”

我们用了不少篇幅来叙述由于流域内，更多的是流域外的原因所造成的淮河的困境。侵淮最猖獗的是黄河以及我们人类与大自然的长期对抗（黄河之患在某种程度上也是向淮河转嫁了人类造成的恶果），就连本文一直高度评价的潘季驯的治水系统，也不能不对这一局面负有重要责任。

因此本文在 7.2 这一部分中详细探讨了在一个开放的跨流域的现代水利大系统内，利用各要素之间、各子系统之间的相互作用以期取得长期的、整体的效果来实现我们根治淮河的愿望。

潘季驯忽视“黄强淮弱”而片面强调“蓄清刷黄”确实是一个过失，但这绝不能否定潘氏“当观全局”的治水系统。实际上淮河现在所面临的问题，只有置身于一个更大的系统中，以更广

阔的视角来“当观全局”才能解决。

与淮河的许多情况相似，海河现在也面临着水资源不足、污染严重等问题。只要恢复利用部分《禹贡》黄河故道，我们在前文及下文探讨的在黄淮海海现代水利大系统内治理淮河的种种措施也基本适用于海河的治理。

7.3 跨流域统一规划，确立黄淮海现代水利大系统

“系统”作为一个科学术语，其定义究竟是什么？目前理论界的说法较多。我国著名科学家钱学森对“系统”这个概念做了如下解释——“把极其复杂的研究对象称为系统，即由相互作用和相互依赖的若干组成部分结合成具有特定功能的有机整体，而且这个系统本身又是它所从属的一个更大系统的组成部分”。我认为钱老给系统下的定义是较为完整和贴切的，钱老在其给出的“系统”定义中指出系统的各个组成部分构成一个“有机整体”，这就是指系统的整体性。跨流域的现代治河大系统是由数个流域的治河子系统构成的，但它作为一个统一的整体而存在，各流域治河系统的各自功能及它们之间的相互联系，只能是按照一定的协调关系统一在跨流域治河大系统这个整体之中。也就是说，对任何一个流域的治河系统不能脱离跨流域的现代治河大系统这个整体去规划建设。各流域治河子系统及其功能、流域治河子系统的相互联系都要服从于治河大系统整体的目的和要求，服从整体的功能。

潘季驯的治水系统包括了黄、淮、运，准确地说他的治河实践主要集中在黄淮下游、京杭大运河临黄（借黄）段及与黄淮交汇段。

自然界的系统是不以人的主观意志转移而客观存在的。因此在这里对与大自然密切相关的水利系统，我不使用人们在纯人类活动中的诸如办公自动化等系统中常用的“建立”这个词，而使用“确立”一词。

今天我们超越潘季驯所要确立的大系统，应包括在黄河冲积扇中的所有自然河流（含已不行水，但还可以被利用的一些故道）从北部的海河到南边历史上黄河入江（最近一次是花园口决堤）所走过的河道，以及人工的运河（含已废弃但仍有可能被利用的历朝的古运河），还有向这一地区输水的二、三条南水北调渠道。

由于习惯上这一广大的区域被称为黄淮海平原，而且纳入了国家重点发展的规划，为了与国家规划相一致，我们将这个系统命名为黄淮海海现代水利大系统。

我们将通过调洪、抗旱和航运的统一规划来说明如此确立该系统范围的道理。

搞好黄淮海海现代水利大系统的关键是要通过调洪调沙等手段巩固住黄河的治河体系，使其不再在这一广大地区肆虐，同时使这些调洪、调沙措施也成为改善本流域和其他流域水环境的积极因素。

为达到此目的，将黄河明清故道恢复到徐洪河，并尽快实施南水北调中线工程都是很必要的。

我们将在黄淮海大地上联通横向的江、淮、黄、海（河），纵向的中线输水、大运河及海岸线井字、田字型大网络以及以荥阳为极点由历代黄河故道、古鸿沟、汴渠、通济渠及颍河等淮河支流构成的扇形放射状蛛网式网络。这两大网络的重叠，构成了我们系统的主框架。

7.3.1 跨流域调洪

我国属大陆性季风气候，夏天的暴雨常常与副热带高压的北移有关（除非西南暖湿气流与西北冷空气会合后造成宽幅降雨云系自西向东移动，或台风自东向西正面登陆海岸）降雨过程往往是珠（江）、（长）江、淮、黄、海（河）依次推进。冷热空气交汇的（降雨）锋面一般不会纵向跨几大流域，这就使我们有机会利用南水北调中线工程，调剂江、淮、黄、海四大流域的泄洪、蓄洪能力。见图5。

比如当长江流域下暴雨时，丹江口满负荷向南水北调中线工程放水，以减轻汉水和长江泄洪的负担。但由于降雨区很快会扩大（或转移）到淮河流域，淮河自己的水库也要放水预先腾出库容准备纳洪，南水北调的水要直放黄河（可用来协助冲沙）或进入海河流域。

当暴雨区转移到了淮河流域，丹江口停止向北输水。南水北调中线工程专用来拦截与其交叉的淮河的几条支流的洪水，向北泄入黄河或海河流域。

待暴雨区转移到黄河流域，南水北调中线工程停止截淮河支流的水。当黄河洪水对下游山东狭窄的瓶颈段构成威胁时，可利用黄河故道向洪泽湖分洪，同时开启各分洪渠道的闸门，向各平原水库分洪。那么黄河及故道南岸平原水库沉沙后的水最终也会进入淮河支流。

河南境内还有一条黄河汉故道，在黄河出桃花峪后不远，现黄河的北边（见图16）。如果我们将这条故道按几层台地组团、多目标开发的方式“恢复”起来，也可通过这条故道向北分洪。

前文2.3.3.1介绍了利用小浪底水库的高压，通过密封的管道，将洪水压到高峡水库中去。这些高峡水库如果接近南水北调中线工程，可将沉沙后的黄河洪水排入其中北调海河流域。

另外我国春天的降雨又常常与温带气旋的南移有关，降雨过程自北向南推进，那么，为战胜春汛，亦可利用南水北调中线工程部分渠段反向操作，比如南水北调中线工程焦作一带应设计一段零比降可双向输水的渠道。这样，当暴雨区在海河流域时，可将太行山南端焦作到辉县的洪水截住反送回南面黄河的支流沁河，排入黄河河道。

同样的道理，南面保安至鲁山段如按零比降设计，亦可在淮河流域暴雨时将伏牛山流往淮河支流沙河、澧河的洪水截住，反送回汉水的支流唐河。这一段反送水可利用鲁山上游昭平台水库泄洪时产生的强大的冲力。

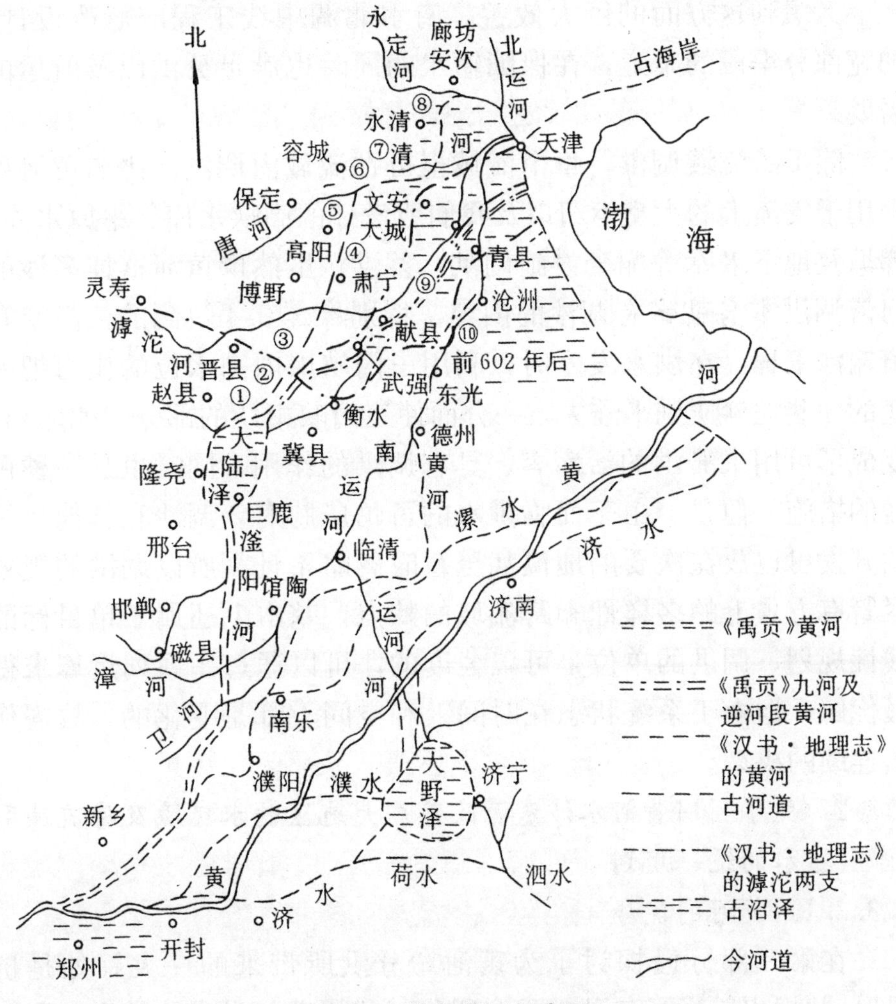

图16　先秦黄河示意图

（注：引自姚汉源《中国水利史纲要》，水利电力出版社，1987年）

①沮水至堂阳（今新河北）入黄河（广阿）；②清漳水至邑城（昌城今冀县西北）入河；③斯洨水至鄡县（今束鹿东南）入河；④卢水至高阳（今高阳东）入河；⑤博水至高阳（今高阳东）入河；⑥涞水至容城（今县西）入河；⑦滱水至文安（今县东北）入河；⑧桃水至安次（今县西北）入河；⑨、⑩《汉书·地理志》的滹沱别河

如此互相调剂，江、淮、黄、海四大水系（特别是淮河）抵御洪水的能力将得到不同程度的提高。

考虑到这方面的巨大效益，南水北调中线工程应修改设计，加宽部分渠段的渠道，在保障输水的同时也满足分洪以及航运的需要。

除了跨流域调洪，每个流域也可在流域内调洪。比如黄河可利用干支流上的大型枢纽以及我们所设计的高峡水库、平原水库、梯塘及地下水库等配套设施调洪、蓄洪。虽然像黄河这样多沙的河流调洪本身就带有调沙的内容，特别像2.3.4讲到的三门峡管道输沙工程，在洪水发生时，利用三门峡库内高水位的压力把库底的一些泥沙压到平陆去，一方面使三门峡枢纽的部分“死库容”变成了可用来滞洪的活库容，具有调洪的作用，同时也是一种调沙的措施。但是，由于面临洪水的可怕威胁时，调沙和其他目标的开发可以放在次要的地位甚至暂时忽略不计，所以调洪的规划尽管有方式上的多样性和跨流域的特点，基本上还属于单目标的线性规划，调洪的单位是可以公度的，可以通过一系列运算求得最优解，但由于系统状态在时间上和空间上都是变化的，故需作出连续的决策。

7.3.2 关于利用黄河水沙资源改善广大地区的水环境及跨流域引水的统一规划

7.3.2.1 黄河的优势

在第3部分已探讨了为黄河“分洪所带来的一大好处是抗旱”，并提出应通过各种工程多留住一些汛期的洪水。其实，海河流域和淮河流域也面临着同样的水资源短缺的问题，也应该多留住一些洪水。在这同一个命题面前，黄河的优势就突显出来了。利用黄河的水沙资源及地上河特点可以比较方便地构筑高峡水库、平原水库、浅层地下水库以及堤外多层台地的防洪防旱的城乡结合的生态城镇。其他河流很难同时具备这些条件。

7.3.2.2 利用黄河及故道水沙资源弥补淮河的不足

首先应把黄河故道尽可能利用起来，黄河明清故道处于淮河中游淮北平原和淮河下游淮北平原这两个黄淮海平原水资源利用区，这两个水资源区的水资源都较为贫乏，而且其需水递增率较黄淮海平原的其他水资源区都大（表2），加之，河南商丘地区和江苏省徐州地区具有良好的交通优势（处于京九、京沪铁路与亚欧大陆桥交叉的枢纽位置）和资源优势，工农业发展基础都较好，不但本身发展的势头很强，而且具有辐射能力，可带动淮河流域和沂、沭、泗流域经济的发展。因此，国家在进行流域间或地区间水资源调配时，应该考虑黄河故道地区及其附近淮河流域、沂、沭、泗流域水资源的不足，以及黄河故道本身良好的输水条件，从而把这一区域列为以消化“余水”为目标的南水北调中线工程的受水区，把黄河故道三义寨至徐州段输水功能的恢复纳入南水北调中线工程的配套工程。

由图15可知，利用黄河水沙资源对黄淮两河水环境进行跨流域治理的三层台地组团发展的设想也同样适合于黄河故道。那么图15中原黄河的中泓就可看作是黄河故道的中泓，而如果这几组台地是建在故道北侧的，那么第三组团台地中，原淮河支流的源头就应该是沂、沭、泗河流域流入南四湖的大沙河等几条小河流的源头了。若组团台地建在故道南侧，那么第三组团台地的低地依然是淮河支流浍河、沱河、濉河的源头。

其实，本人所说的引黄河水存于平原水库和多层梯塘供多层台地上工农业和人民生活使用后，尾水流入淮河的设想，并不是凭空而来的，只是把三国时期曹操、司马懿和邓艾的做法略作发展而已。而且古人成功的实践就发生在今天我们所称的黄河明清故道（当时黄河还是沿汉故道北流的）及淮河（古时称淮水）流域一带。

经过频繁的战乱，“建安元年（196年）曹操迁汉献帝于许昌，

表 2　2000 年黄淮海平原需水量(亿 m^3)

分区	总需水量			城镇生活			工业			种植业			农村其他		
	1980 年	2000 年	递增率(%)	1980 年	2000 年	递增率(%)	1980 年	2000 年	递增率(%)	1980 年	2000 年	递增率(%)	1980 年	2000 年	递增率(%)
北京市	46.1	52.7	0.7	4.0	10.4	4.9	13.8	13.2	0.2	26.1	24.0	0	2.2	5.1	4.3
天津市	39.0	50.3	1.3	1.2	5.2	7.6	6.5	12.2	3.2	29.7	26.8	0	1.6	6.1	6.9
唐山、秦皇岛市	33.7	44.0	1.3	0.5	1.4	5.3	3.2	8.3	4.9	29.0	32.2	0.5	1.0	2.1	3.8
河北南部平原	150.2	186.4	1.1	2.0	4.0	3.5	12.5	27.2	4.0	129.4	139.6	0.4	6.3	15.5	4.6
黄河下游地区	150.4	198.4	1.4	1.3	3.6	5.2	12.5	39.8	6.0	130.5	143.3	0.5	6.1	11.7	3.3
淮河中游淮北平原	115.9	191.5	2.5	1.5	6.1	7.2	8.0	37.1	8.0	97.9	136.2	1.7	8.5	12.0	1.7
淮河下游淮北平原	160.2	235.4	1.9	0.9	2.9	6.0	9.5	31.6	6.2	142.2	190.6	1.5	7.6	10.3	1.5
合　计	695.5	958.7	1.6	11.4	33.6	5.6	66.0	169.6	4.8	584.8	692.7	0.9	33.3	62.8	3.2

注:引自《中国水资源利用》。

大兴屯田。这是引用秦汉屯田边疆的办法到内地，求得军需及官吏的自给自足……曹操屯田许昌引用颍水支流……‘岁有千万斛以充兵戎之用’”[①] 及正始二年司马懿按邓艾计划“开淮阳、百尺等漕渠。上引黄河水，下通颍水、淮水，修造大量陂塘，在颍水南北各开渠三百余里，溉田二万余顷，下接淮水南北。自洛阳至寿春官兵屯田接连不断。每次大军东征，‘泛舟而下’，‘达于江淮，军食充足，有水利无水害’”。[②]

曹魏的水利建设是为了应（伐东吴）战争之急需，“耕种方法及水利工程都很粗糙”，也绝不会像我们今天这样主动设想为黄河分洪分沙，但毕竟邓艾为我们提供了一个引于黄而排于淮（并将泥沙消化在农田中）的水利建设的先例。

当时除了曹魏，孙吴亦“多废县邑，以屯田都尉治理”，所以“江淮之间多立塘堰，引水灌溉”且“南北朝续有增加，如吴陂塘（在今潜山县）、七门塘（在今舒城县）、东兴塘（在巢县）、涂塘、瓦梁堰（二塘堰在今滁县、和县、六合间）、陈公塘、邵伯埭、裘塘屯（三者均在扬州一带）、白水塘（即石鳖屯，在淮阴南45 km）、射陂（在淮安东）、洪泽陂（在淮安西，今洪泽湖内），破釜塘（在白水塘北，今洪泽湖内）、更古老的有芍陂（今寿县南之安丰塘），有固始县的古期思灌区和茹陂等。小的陂塘更多。”[③]

南北朝时，江北淮河流域有如此多的陂塘、平原水库、埭、堰，其布局的密度远胜于今天，这并不能说明我们今天对水利不够重视。自汉末黄巾起义至隋统一南北，中国经历了差不多4个世纪的动乱、战争和分裂，人口锐减、经济凋萎，当割据的军事政权为了战争的目的要屯田兴水利时，不会遇到什么阻力。但只要社会稍一安定，人口有较多增长，雨水又比较丰沛时，人的对

---

① 姚汉源：《中国水利史纲要》，水利电力出版社，1987年12月第1版，101页。

② 同上注，107页。

③ 同上注，102页。

抗性种植，必然去和这些水面争地。“汉代鸿隙陂有蓄排置废的争议。曹魏所修的陂渠西晋时多半废弃排干”。[1]

看来水利部袁国林总工程师所指出的淮河流域人口与土地的紧张对峙——这个水利规划流域规划上的难题，在历史上亦不断地出现过，这也正是过去那些宏大的工程以及自然的一些大泽早已难觅踪迹的原因。

从黄巾起义后汉献帝的初平元年（190 年）到 1997 年，我们创造了辉煌的文明，但同时也把人与土地的对抗推到了极端，推到了大自然难以承受的极限。现在的淮河流域拥有比南北朝时多数十倍的人口，而水面面积却比那时少了很多。好在黄河故道及南水北调工程可以为淮河流域补水，黄河及故道的泥沙资源也可用来维护和改善半个淮河流域的水环境。本文 5.3 中探讨过的在多层台地的平原水库、梯塘中发展藻类养殖及（水面悬浮种稻，水下养鱼等）渔农兼作的耕作方式，如果能被广大农民接受，那就在变对抗性种植为适应性种植方面迈进了一大步，从而使我们利用黄河泥沙所营造的水库、梯塘等水利设施得以长期发挥作用。

7.3.2.3 利用同样模式改善其他流域的水环境

我们重点谈了利用黄河及故道的水沙资源维护和改善淮河流域的水环境，其实现黄河下游北面与徒骇河之间，南面与小清河之间都可以利用黄河泥沙建起组团发展的多层台地。而河南大地上尚有有迹可循的黄河汉故道，以及虽已失去河床形态，但仍具有高亢地势（在淇县—安阳—邯郸—邢台—巨鹿段与南水北调中线工程平行靠南）的《禹贡》黄河，都可（以为黄河分洪分沙，同时又为海河的支流改善流域水环境为目的）进行某种程度的恢复，那么既为黄河的泥沙找到一些新的出路，同时也大大提高了这些地区抗旱的能力。

---

[1] 姚汉源：《中国水利史纲要》，水利电力出版社，1987 年 12 月第 1 版，108 页。

黄河的多泥沙本来是（由于人类的活动）黄河上中游水环境破坏所带来的恶果，反过来用其来改善别的（历史上曾侵害过的）流域，发展环保型立体的现代工农业和现代交通，也总算对大自然和我们的子孙后代有了一个交代。而这也正是现代水利大系统的魅力所在。

7.3.2.4 有充沛水量保证的新的南水北调方案——小西线

若仅仅以分洪分沙为目的，而恢复三条故道并兴建平原水库和梯塘在经济上是不划算的，如果一年只有一次洪水或根本没有洪水，这些水利工程设施岂不要在大量的时间里闲置，所以还必须解决外引客水的问题。仅仅一条南水北调中线工程是不够的，现在设计的西线工程需要巨额投资且施工条件极端恶劣，而且这两条线路都是引长江（包括支流）水。长江的水不是取之不尽的，在枯水季节，长江有航道受阻，海水倒灌（因而使上海等长江口城市喝咸水）的问题，因此应解决向长江补水的问题。

按人口平均，中国是一个缺水的国家，但是中国更严重的问题是水资源分配不均匀，大西南几条水量充沛的大河雅鲁藏布江、怒江、澜沧江、红河水都白白流到南亚和东南亚国家去了。

本人受正大集团邀请于 1996 年 10 月赴泰国考察，按计划是要到泰北金三角泰、老、缅三国交界处研究一下湄公河（澜沧江下游）国际航运方面的开发问题，可惜此时东南亚正值雨季，泰北发生了洪水，交通受阻，未能实现。

不过，此一计划的搁置却使我萌生了另一个大胆的设想和计划。东南亚为洪水发愁之时，却正是我国广大地区因秋旱无法保障小麦的正常播种和发育的季节，在中国境内将怒江、澜沧江部分洪水截往长江的上游金沙江，然后再通过南水北调工程调往北方，这不是一件两全其美的事情吗？

在我国横断山脉的滇西地区有怒、澜沧、金沙三江并流的奇观，其中，怒江大峡谷的旅游资源已引起了重视。其实这里更有着开发水能资源并进行国际间调水的最佳地形。在这三条江上建水利枢纽时要兼顾发电、调水等多方面的目标。由于三条江距离比较近（北纬27°30′处，三江间的直线距离只有76 km），间隔着的又都是坚实的岩石山，用隧洞把未来三条江上的水库联结起来并不困难。这样在东南亚雨季发生洪水的时候，可以把怒江、澜沧江的水调往金沙江，反之，当长江发生洪水而东南亚处于旱季时，亦可将金沙江的水调往澜沧江、怒江。

虽然三条江在高程上呈阶梯状排列（比如金沙江海拔2 100 m处，相邻的澜沧江海拔只有1 900 m），三江间的调水在技术上都可以解决，可在海拔低的河流上建高坝，或沿河谷修明渠提高水位，然后再穿跨流域的隧道……。

而且，怒江和澜沧江的流量都超过了黄河，有足够的水资源供我们调用，从两条江各引其四分之一的流量，加起来就相当于半个多黄河的流量。

问题在于我的这个设想提出太晚，目前南水北调的西线、中线工程都不能和金沙江输来的怒江、澜沧江的客水衔接。西线太靠西了，而中线只是引的长江支流汉江的水，金沙江下来的客水不可能再逆汉水而上。

我正在为输送怒江、澜沧江客水而苦苦思索设计一条“小西线”的时候，看到了安徽师范大学彭泽云老师《根治黄河的战略设想——金垣运河工程》[①] 的文章受到了很大的启发。我与彭泽云老师的观点有三个共同点：第一，都在努力思考根治黄河的战略；第二，都正视“黄土高原上的沟壑难以发展植被”，认为治理黄河除了要在上中游加强水土保持之外，还应在下游为泥沙找出路；第三，都考虑到了利用黄河故道。不过我们的观点也有许多不同之处，我觉得彭泽云老师可能跟我一样因长期在大学工作而脱离

---

① 载《科技导报》1996年2期。

了水利工作的实践，他的关于金垣运河的下半段宝垣运河基本没有开挖的必要。因篇幅所限，本文就不一一陈述与彭文的分歧，而着重谈我全力支持的运河的上半段金宝运河的可行性。

金宝运河起自金沙江畔金阳县，中间与大渡河及岷江、涪江、嘉陵江交汇，并擦过汉水的源头至黄河支流渭河畔的宝鸡市（图 17）。

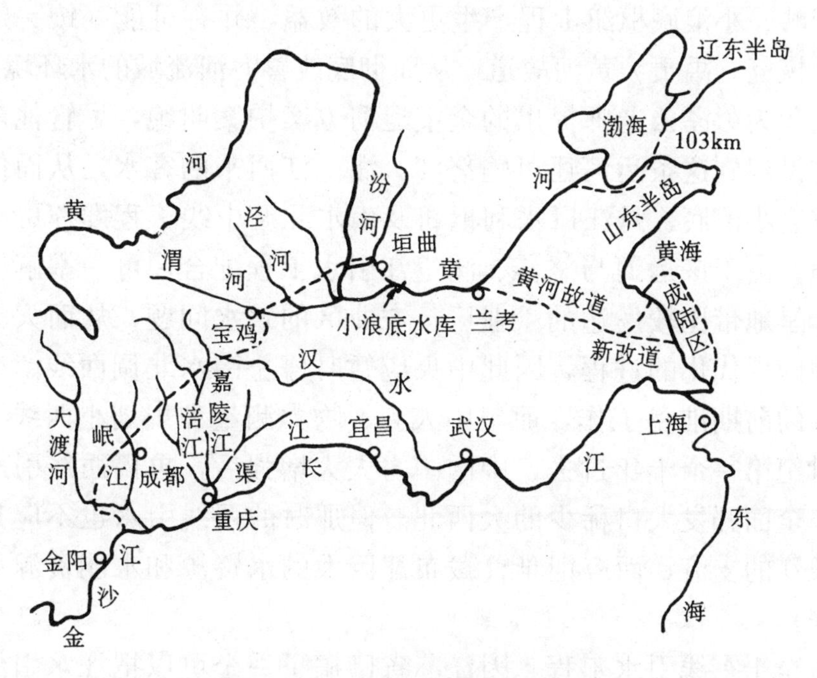

图 17　金垣运河工程示意图

注：引自《科技导报》1996 年第 2 期

我认为，彭泽云老师提出开挖这条运河的设想时在地形上是经过认真测算的。从地形图上看，其走向是沿着四川盆地的西北边沿展开，还是比较合理的。这条运河可以成为以输怒江、澜沧江客水为主，兼输金、大、岷、涪、嘉等长江上游支流水为辅的南水北调的一条理想的“小西线”。

小西线工程也可分两步走，第一期工程到达汉水源头，那么就可以使汉水中游丹江口水库得到充足的来水补充，从而使南水北调中线工程发挥更大的效益，使淮河流域、黄河、黄河明清故道，黄河汉故道周围的水环境都发生根本性的变化。

第二期工程修到宝鸡后，将使沿陇海铁路的宝鸡——西安高科技工业带得到水资源的保障，将使西安（因超采地下水而造成的并对古建筑已带来破坏的）地面沉降得到缓解，将使黄河上的三门峡、小浪底枢纽工程产生更大的效益，并有可能（按一定功能）恢复《禹贡》黄河故道，从而彻底改善海河流域的水环境。

我为彭泽云老师提出的金宝运河方案拍案叫绝，尽管他最初也许没想到这条运河还可输怒江、澜沧江西来的客水，从而使三门峡、小浪底、丹江口水利枢纽及南水北调中线工程发挥更大的效益。由于该运河与怒江、澜沧江引水工程配合，可一举解决北方干旱地带比较发达的工业区、农业区的缺水问题，从而大大加快中国现代化的进程，因此中央应暂时停止南水北调西线、东线工程的前期准备工作，而集中人力、物力测量和规划小西线。等下世纪第一个十年过去，中国国力大大增强后，再搞西线引水工程，全面开发人口稀少的大西北。但那时的西线引水也不应只依靠长江的支流，而应把雅鲁藏布江巨大的水资源和水能资源利用起来。

至于东线引水工程，因江苏省已搞了一个可以把江水引到徐州的小东线，所以也并不紧迫，本文 8 中将探讨一种不需十几级提灌的“新东线”。

当然，“小西线”的预可行性研究也并不简单，绝不是集中优势兵力打一场歼灭战所能一蹴而就的。首先，怒江、澜沧江引水牵扯到复杂的国际间水资源分配问题。越南一直在造舆论，说中国于上游引水造成了湄公河三角河网地带海水倒灌。这种说法对中国很不公平（我们还没有真正开始引水呢!），而且海水倒灌问题在技术上也不难解决，如我国珠江三角洲河网地带那样，在一些不重要的、没有航运价值的河叉子设闸，既阻挡了潮水，又加大了主河道的流量。越南真正的目的是在将来湄公河六国水资源分配的国际会议上加强自己的谈判地位。我认为，这方面争端是可以通过谈判解决的，因为上游筑坝在减轻下游国家（特别是泰、柬、越）洪灾方面的效益是很明显的；而在旱季，中国也依然有分得一份水的权力，尽早开展工作（包括造舆论）可以加强我们的谈判地位。

至于泰国提出的孔明鱼（Catfish）的生殖洄游问题是需要认真对待的。解决方法有两个：一是工程上留有鱼类洄游通道，二是通过生物技术人工繁殖，然后坝下放鱼苗。我认为后一种方法较好，它不但投资小，还可避免热带洄游鱼类所携带的热带病菌病毒经引水工程进入金沙江后再进入夏季（紧靠“火炉”重庆）高温的三峡库区大量繁殖，引发传染病或造成生态灾难。

7.3.3 统一规划航运的设想

航运在我国有悠久的历史，远古时期先民已“刳木为舟，剡木为楫”，利用天然水面行运。西周时黄河上已出现大规模水运，“迨（鲁）僖公十三年（公元前 647 年）秦输粟于晋，自雍及绛”。[1] 当时，五霸之一的秦穆公运大批粮食到晋国救灾，自雍州（今凤翔县南）入渭水至黄河，然后溯河北上至汾水口入汾，再逆流向东达于绛（今翼城县东），船只络绎不绝，史称“泛舟之役”。春秋末年也出现了人工运河“邗沟”，战国时期，由于先进的封建生产关系确立，社会经济发展迅速，关中和黄河下游平原成为全国最发达的经济区，运河的规模日益扩大，并与自然河流形成航运网络。《禹贡》集中叙述了当时以黄河之北今山西南部为全国中心，全国各地即所谓九州向这里运输的水道。

汉代已形成了自长安经漕渠、黄河、汴渠（鸿沟、狼汤渠东支，亦称汴水）泗水、淮水、邗沟、过江经江南水道达钱塘（杭

---

① 明，谢纯《漕运通志》卷 1《漕渠表》。

州）的东西大运河。

从《水经注》的鸿沟（汉狼汤渠）水系图（图 18）及北宋汴京四渠示意图（图 19）可以看出，在黄淮之间存在着一个经荥阳附近的引黄口为极点的放射状的河网地带。或者说像一把打开了一半的折扇。而今天我们研究的黄河明清故道正好贯穿其间。

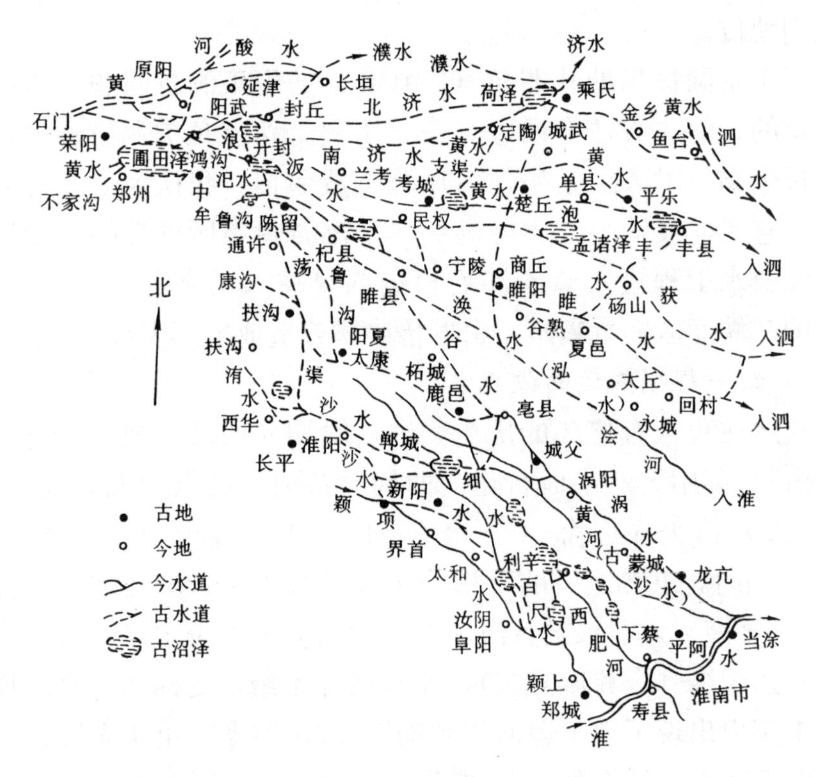

图 18　水经注中之鸿沟水系示意图

（注：引自姚汉源《中国水利史纲要》，水利电力出版社，1987 年）

虽然古代的许多工程早就湮没于引黄或黄河泛滥的泥沙，但可以引水的基本地势依然存在。我们已设计出消化黄河泥沙的几种措施，同时又有了（包括三江引水的）南水北调的来水条件，可部分恢复古鸿沟水系，沟通东西大运河，让中原象苏南地区一样成为便于航运的水网地带，使其经济发展获得新的动力。

图 19　北宋汴京四渠示意图

（注：引自彭云鹤《明清漕运史》，首都师范大学出版社，1995 年）

推而广之，在现黄河与海河之间也可以营造一个由现黄河、秦汉黄河、《禹贡》黄河、南水北调中线工程、徒骇河、马颊河、卫河及海河的其他支流和隋运河（永济渠）构成的放射状的河网地带，从图 20、图 21 可以看出，将几条黄河故道及不同历史时期的运河叠加起来，又是一幅半打开的折扇的扇面，而且这个放射状“扇面”的极点也同样在黄河出山口的地方，在古荥阳的对岸武陟。

《水经注》中的另一幅魏晋南北朝时期黄河下游示意图（图 22）可以反映这两个“扇面”连起来的样子，如果再加上南水北调中线工程的线路（图 5），那就是一幅完全打开了的折扇的 180°“扇面”了。在这个几乎覆盖了整个黄淮海平原的“扇面”中，由黄河和它的几条故道以及颍河、古鸿沟、汴渠、涡河、浍河、濉河、苏北灌溉总渠、新沂河、新沭河、东鱼河、大汶河、小清河、徒骇河、马颊河、卫河、卫运河、南运河、老漳河、滏阳新河等构成了以黄河出山口处（古荥阳、武陟）为极点的放射状经线

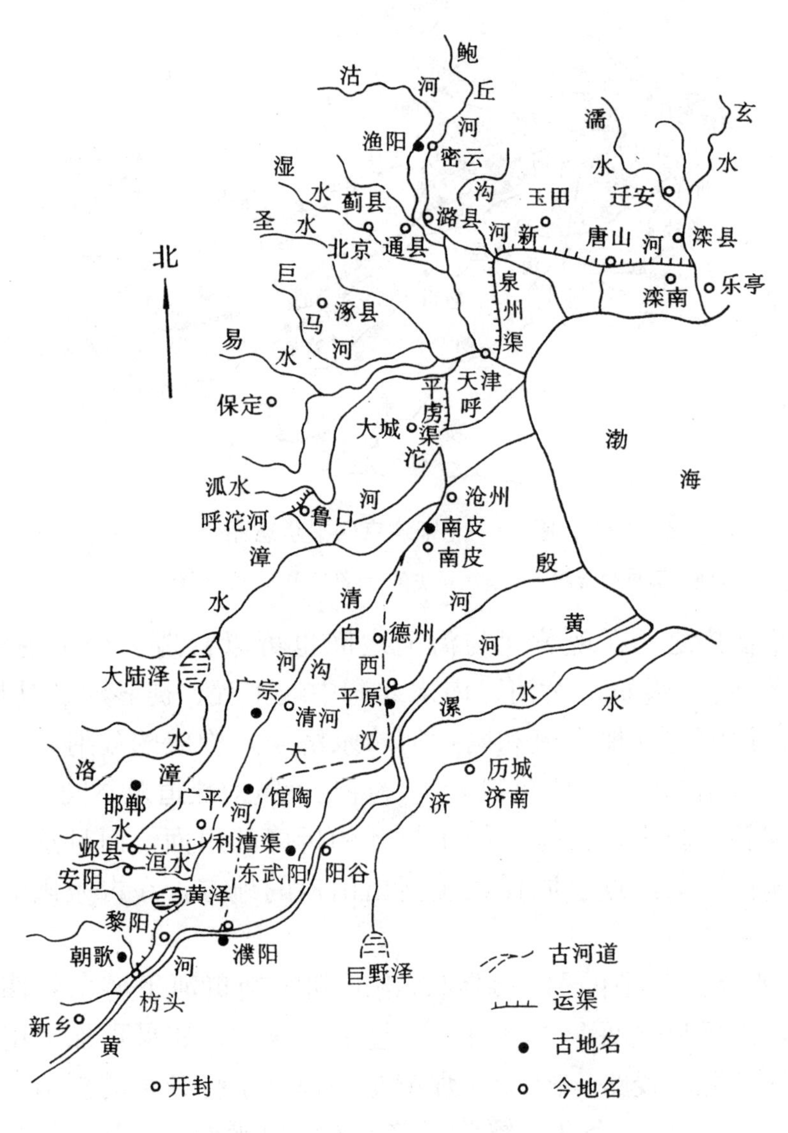

图 20　白沟、平虏渠位置示意图

（注：引自姚汉源《中国水利史纲要》，水利电力出版社，1987 年）

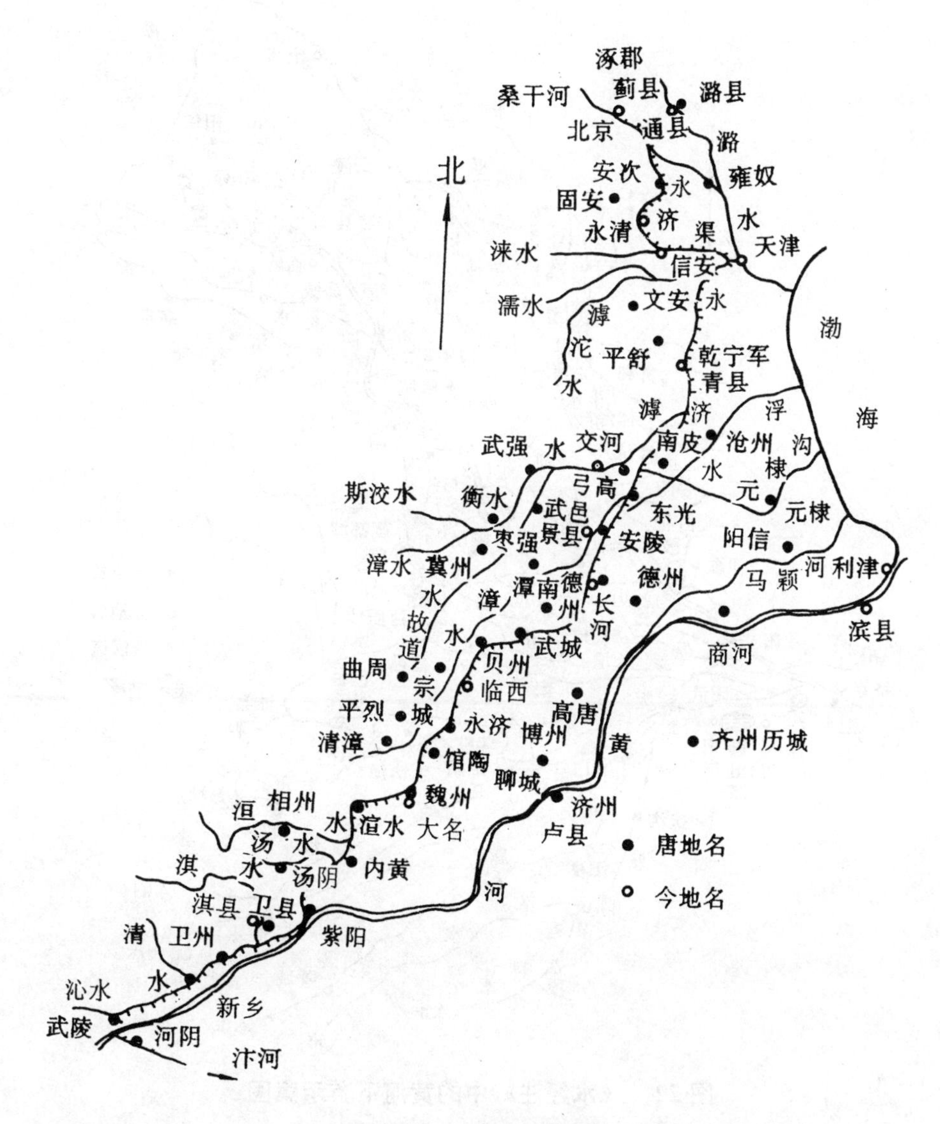

图 21　永济渠示意图

（注：引自姚汉源《中国水利史纲要》，水利电力出版社，1987 年）

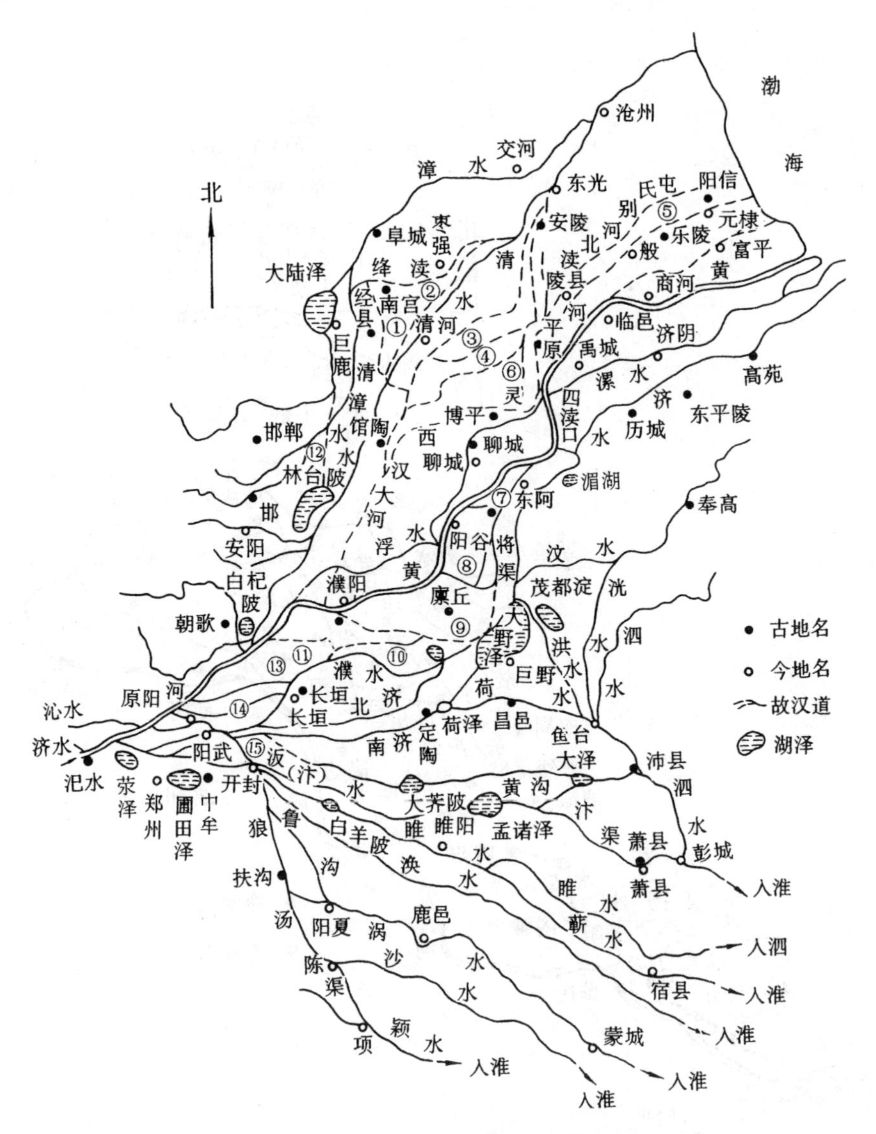

图 22　《水经注》中的黄河下游示意图

（注：引自姚汉源《中国水利史纲要》，水利电力出版社，1987 年）

①张甲河左渎；②张甲河右渎；③屯氏别河；④屯氏河；⑤屯氏别河南渎、笃马河、般河；⑥鸣犊河；⑦邓里渠；⑧将渠支渎；⑨瓠子故渎；⑩濮水支渠；⑪白马渎；⑫禹河故渎；⑬酸渎；⑭别濮；⑮阴沟水

（扇骨），而梁济运河、泗河、南泗湖、中运河、徐洪河、淮沭河、盐河、通榆河、里运河、新盐河、沭新河、沭河、沂河、二河、大沙河、胶莱河、引黄济青渠及海岸线构成了不完整的、断断续续的纬线。总的来说，纬线的密度明显不如经线（特别是黄河以北）。但是在黄河明清故道两侧（特别是南侧）已形成经纬交织的蛛网式河网地带，而明清故道在这整个180°的大扇面中，又恰恰处于与“扇”的边缘及南水北调中线工程呈90°垂直的战略中心的位置。

由此也可以看出在放射极附近河南省郑州、开封、焦作、新乡几座城市在航运和供水方面重要的战略地位，特别是黄河南岸的郑州、开封，由于处在欧亚大陆桥上又可与相对较完整的河网地带联系起来，具有特殊的区位优势。

因此，在航运规划中应重点恢复古代连接开封（宋东京）与颍河、涡河的狼汤渠、鲁渠（沟），并把黄河明清故道恢复至徐州接徐洪河，这样就把淮河流域以及由运河等联系起来的长江流域的水网地带与郑州、开封这些中部地区的发展极通过方便的水运衔接上了。（从古荥阳引黄河水的狼汤渠经过现在的郑州北部至开封，而现在黄河又连接了郑州、开封。古代两地间隔有圃田泽，现已淤平，但如果黄河航运一时不方便，可在原大泽的位置上开挖郑州至开封的运河）。

让我们的镜头向后拉，使更广阔的山川田野展现在眼前，你会发现黄河拐弯处的潼关也是一个放射状水网的放射极。它的北面是山陕峡谷中的黄河及贯穿晋中晋南的汾河，西面是泾渭分明的泾河、渭河，南面是汉水及彭泽云老师提出的金宝运河，东面又是晋豫之间的黄河及洛河、颍河的支流北汝河。

面对着如此庞大的具潜在航运价值的两个放射状河网，三门峡、小浪底两大枢纽的设计者会不会因未给黄河的航运留下通道而感到追悔莫及呢？正是这两道大坝切断了汉及隋唐东西大运河

（黄河段的）运道，使曾经因“泛舟之役”显赫于世界航运史的山、陕船只永远局限在三门峡以西，再也无法对黄河航运的砥柱之险发起挑战了。

不过历史也给了我们一个弥补此项缺憾的启发。晋泰始年间（公元 270 年左右）曾“计划在砥柱上游，开凿今陕县南的分水岭，引河水通洛水上游”，可以避砥柱及下游一百二十里峡谷段十九处险滩，并缩短漕运水道。因具体情况不详，姚汉源先生估计：似乎并未成功。①

今天，我们有了比古人强得多的施工手段，这道分水岭一定能够打开，我们也有了小西线等新的来水条件和气垫船等既大型又吃水浅的船只，甚至有介乎于船和飞机之间的地效飞行器，洛河（水）航道一定能取代黄河成为东西大运道。这样，洛阳及潼关也将因航运便利而获得经济发展的动力。

同样受古人启发，胶莱河也应彻底打通、拓宽。“明人说：胶莱运河、河海兼运。自淮安过黄河北岸一里许入支家河，至安东通东涟河等水道。自支家河至涟河海口三百八十里入海。由海上历海州、赣榆至山东界，再经安东卫、石臼所，灵山至胶州麻湾海口，共二百八十里。由海口北入河经平度州至海仓口入大海口共三百七十五里。其中有马家濠一带，元、明两代均未能打通。大海口至直沽四百里。通计淮安至直沽一千四百三十五里。胶莱河水源来自平度州东南之南北新河，河发源于高密……”。②

从今天的地图上看，引黄济青工程的东段与胶莱河是重叠（或并行）的，相信马家濠分水岭处河段已凿宽凿深，问题在于我国水利建设长期以来忽略多目标综合开发。由山东省独立完成的引黄济青工程有没有考虑到：顺便浚通胶莱河有大大促进南北水

---

① 姚汉源：《中国水利史纲要》，水利电力出版社，1987 年，129 页。

② 同上注，423 页。

上运输的重要意义呢？

正像明人所说：胶莱运河、河海兼运。内河航运的船只是造价较低的平底船，难以经受胶东半岛东端成山头海面的大风浪以及大连、烟台之间比较狭窄的海峡中涨退潮的急流。胶莱河运道开通后，可使江苏仍在营运的运河中的船只从胶州湾直接插入风浪相对比较小的内海——渤海，可直接达黄骅、塘沽、唐山、锦州、营口港，不但可缓解京沪铁路的压力，而且沟通了环渤海经济带、长江经济带和亚欧大陆桥经济带。

本文 8 中将介绍考虑到了内河船只在江苏沿海安全航行的，治理沿海滩涂和海中大沙的多目标开发的大工程。该工程实现后，内河船只可从长江口附进沿海岸线直达胶莱河，然后进入渤海。

待山东、河北段的大运河浚深扩宽后，在以黄河出山口处古荥阳为放射极的河网地带中，就有了大运河和沿海这两条贯穿南北的完整纬线。同时依靠经线在如南水北调中线工程及隋唐南北大运河①也可进行南北运输。

特别是南水北调中线工程，目前的设计年调水 145 亿 m^3，小西线的三江引水和金宝运河引水后还可为汉水补水，可增加其引水量。整个工程是由国家统一组织的，应该考虑到它沟通南北的巨大航运价值，将该工程建设成一个多目标开发的工程。

其实，南水北调中线工程丹江口水库至保安段几乎是东西走向的，有沟通东西航运的价值。可把 U 字型丹江口水库近200 km 可航行的水面及汉水、丹江的上游，通过颍河的支流澧河与淮河连接起来。虽然颍河是 1938 年间花园口决堤后黄河入淮、入江的主要通道，但这条东西水道毕竟离现在的黄河和明清故道比较远，本文就不深入探讨了。

---

① 隋唐大运河的南北干线通济渠和永济渠正是在黄河的荥阳及对岸武陟斜着相交，均可看成这个放射状河网的经线。

当年潘季驯“反对以保运为主治水方针下的枝节治理，头疼医头，脚疼医脚的做法。强调治黄即以治运，治淮必附属于治黄，以治黄为主，强调全盘治理，黄淮运的治理不可分割……”①

今天已没有了保（漕）运为主的时代要求，黄河下游也早因改道而不再与淮河、运河纠缠在一起了，但潘季驯、靳辅、陈潢一脉相承的“当审全局”的水利观却依然可以使今天的水利工作者受到启发。我们在设计南水北调工程和黄河水利工程时，应把集古人之大成的大航运的思想贯穿进去，逐步完成前面谈到的两大放射状航运网络。

7.3.4　多目标开发及综合治理的统一规划

水利建设的防洪、灌溉、航运、发电、城市供水等方面，以及水环境的综合治理是完全可以统一起来协调发展的。

要把黄河的事办好，首先应持之以恒地从根本上搞好水环境的治理。面对目前黄河流域人与土地紧张对抗的局面，在上游、中游不可能于中短期内大面积恢复植被的情况下，抓住准确调洪（包括跨流域调洪）及水沙资源综合、合理利用这两个关键，就能多掌握一些治河的主动权。

的确，历史上潘季驯受到种种条件的束缚，对上游来的沙缺乏认识，治河仅局限于下游。但我们50年代企图使黄河水变清的种种壮举不是也很幼稚吗？教训可以使我们变得聪明起来。

近现代水库是调洪的主要手段，不仅防洪，还有蓄洪、发电、灌溉、航运等多种功能。进而按流域（甚至跨流域）统一规划、梯级开发、多目标综合利用，调洪已达到相当水平。这方面我国虽已取得很大成就，但在整体规划和多目标开发方面还比不上发达国家和部分发展中国家。随着小浪底水库以及我们所设想的高峡水库、平原水库、地下水库等配套设施的建设，我们在黄河上

---

① 姚汉源：《中国水利史纲要》，水利电力出版社，1987年，452页。

可找到一条调洪的新路子。

然而，怎样调沙，依然是一个世界性的没有很好解决的问题。16世纪，潘季驯是世界上河流泥沙科学首屈一指的大家。[①] 今天，拥有世界最著名多沙河流——黄河的中国，在创造性地掌握了现代工程技术之后，应继续执世界河流泥沙科学、河工科学之牛耳。

7.3.4.1 运用系统工程学原理，通过建立管理模型来准确调洪

本文7.3.1.1已谈了根据我国降雨锋面常常自南向北推进的气候特点，可利用南水北调中线工程实行跨流域调洪，而每一流域也可流域内调洪，黄河可利用现有干支流上的梯级水库以及我们所设计的高峡水库、平原水库、梯塘及地下水库等配套设施调洪、蓄洪。我们设计这些配套设施的目的一方面是为了保障下游悬河安全度汛而分洪，另一方面也是为了黄河水沙资源的综合利用。

本文7.2.3.4也谈到了“水利”的概念正在发生变化，从过去单纯筑堤防洪、蓄水、引水、排水的粗放型的狭义的水利，向精心设计、多目标兼顾的广义的水利转化。所以向哪里调洪，调多少，需计算得非常精确，既考虑有关分洪、蓄洪设施对洪水的承受能力，又得考虑利用水沙资源的设施对水、（特别是）沙的消化能力。

目前我们正处在第五次产业革命中，智能系统的建立与应用就如同当年人类开始有了语言文字。为了更准确、更有效地调洪，我们自然也要借助智能系统，通过建模和模拟等手段建立从定性到定量综合集成的决策支持系统。而这个调洪的系统又是黄淮海现代水利大系统中的一个子系统。

7.3.4.2 多目标开发要与大系统整体功能的要求相适应

我们谈了防洪调洪、抗旱（灌溉）、航运三方面的统一规划，

---

① 徐海亮：《中国水利史讲义》。

但水利建设的多目标开发还包括发电、城市供水、旅游、水环境综合治理等多方面。

潘季驯的系统具有动态性、相关性和整体性。今天，我们的黄淮海现代水利大系统也同样离不开这些系统工程的基本属性，而且，系统大了，就更要注意维护它的整体性功能，多目标开发要分轻重缓急，子系统的局部利益要服从大系统的全局利益。

比如前文2.3.4提到的利用三门峡水库做管道输沙实验，可借助坝内高水位的压力把水库底部（原认为是死库容内的）泥沙像挤牙膏一样挤到坝下山西平陆县的沟沟壑壑中去。

实验一旦成功，可能会大大提高平陆县利用黄河泥沙的积极性，可使平陆县沟壑纵横的破碎的大地真正变成“平陆”。

可是不论从调洪还是调沙的角度考虑，黄河像需要滞洪区一样也需要战略滞沙场，而平陆县有成为战略滞沙场的最佳地形，应当担当这一角色。也就是说平时它不但不可以随意要求输沙，还要服从大局，修筑拦沙坝等配套工程，为关键时刻的调沙、滞沙做好准备。

多目标决策问题一般不存在一个绝对最优解，但却存在一个非劣解（即在所有可行解集合中没有一个能优于它），求解多目标决策一类问题的方法是先求得问题的非劣解，然后从中挑选决策人的偏爱解。

7.3.4.3 对黄河冲积扇上（过去、现在）所有河流的“系统思考”

系统的整体性不仅体现在空域上，也体现在时域上，就是具有特定的整体存续和演化过程。正是从这种时域上的整体性出发，我们才能看到黄河明清故道这条在现今地图上被标为“废黄河”的河道的辉煌的过去和它将被部分恢复利用的不废的再度辉煌的未来。

同样道理，禹贡黄河、黄河汉故道、古汴渠、狼荡渠、通济渠等黄河冲积扇上所有历史上的自然和人工的河道也都可能有不废的再度辉煌的未来。

南水北调的中线工程和“小西线工程”（包括“三江引水”和“金宝运河”）为这些故河道和现在的系统内的各条河流的综合开发提供了条件。

从系统的观点来看，这些历史上的和现在的河流构成系统，形成整体，将发生质变，产生新的性质和功能，“1 加 1 大于 2”这是系统化的本质要求。

而且由于系统内诸要素联系的客观性、多样性决定着系统的客观性和多样性，各类联系之间界线的相对性导致未知联系向已知联系的转化，因此“1 加 1 大于 2”的系统化效果将会不断有潜力可挖。

就目前已知的各类联系来分析，黄河和黄河明清故道这条在局部地区看来的害河却恰恰处在黄淮海水利大系统的关键位置上。本文“黄河是一条宝河，黄河故道是这条宝河及黄淮海海现代水利大系统不可分割的一部分”的提法是本人进行“系统思考”的结果，本人无意否定建国以来水利建设所取得的丰硕成果，而只是希望利用黄河及黄河故道形成一个新的工作平台（系统）来集约管理黄河冲积扇上（过去、现在和将来）的所有水利工程，以期产生“1 加 1 大于 2”和“三生万物”的效果。由于本人并非水利工作者出身，所提出的各种设想可能有不少不切实际之处，但“系统思考”的方向是不会错的，如果广大水利工作者一起来“系统思考”，我认为黄淮海现代水利大系统一定会发生“核聚变”一般的强烈反应，从而产生巨大的经济效益。实际上，我们在黄河水利委员会、华北水利水电学院的两次讨论会①以及考察黄河故道途中考察队员之间、考察队与沿途水利工作者之间的多次讨论也

① 见本文篇首注①。

都是利用“头脑风暴法”来把大家的经验、知识、灵感综合集成起来为认识系统、为建立和改造系统服务。

哈肯（H. Haken）为许国志主编的《系统科学大辞典》写的序言中说：“系统科学的概念是中国学者较早提出的。我认为这是很有意义的概括，并在理解和解释现代科学，推动其发展方面是十分重要的。”又说“中国是充分认识到了系统科学巨大重要性的国家之一”①。

哈肯的话也许带有一点恭维的色彩，但中华人民共和国在特大项目中曾有过两次系统科学的成功实践却是不争的事实。

一次是钱学森同志领导的“两弹一星”的研制；一次是宋健同志领导的“中国人口定量分析研究”。宋健、蒋正华、王浣尘等“用偏微分方程组来描述一个国家或地区人口演变动力学过程”，从而在1980年做出的《中国人口增长趋势预测报告》②，为我国政府控制人口增长过快的决策提供了科学依据，同时也诞生了具有中国特色的“人口控制论”。

这两项重大成果的取得又恰逢系统工程学形成和推广的两个关键时刻，影响深远。

聂荣臻元帅说：“学森同志在他的事业里程上，不仅树起了我国火箭、导弹和航天事业迅速发展的许多丰碑，同时出于对祖国建设事业的关切，他将先前研究的工程控制论③结合中国导弹武器和航天器系统的研制经验，提炼成系统工程理论，并运用于军事运筹、农业、林业……乃至整个社会经济系统各个方面，为祖国

① 许国志：《系统科学大辞典》，云南科学技术出版社，1994年。转引自宋健“控制论和系统科学与中国的缘分”，《系统研究》，浙江教育出版社，1996年。

② 见前注。

③ 1954年钱学森在美国出版了《工程控制论》迅速地被译成中、俄、德文版。作者系统地揭示了控制论对自动化、航空、航天、电子通信科学技术的意义和深远影响。（编者注）

四化建设发挥了重要作用。”[1]

周恩来总理生前亦曾提出：“要考虑把航天部总体部的经验推广到国民经济的各个方面。”

江泽民总书记在1995年召开的全国科学技术大会上的讲话中提出：“党中央、国务院号召全党和全国人民，全面落实邓小平同志‘科技是第一生产力’的思想，投身于实施科教兴国战略的伟大事业，加速全社会的科技进步，为胜利实现我国现代化建设的第二步和第三步战略目标而努力奋斗。”

这里，科教兴国的“科”也“应该是指现代科学技术体系，不仅包括自然科学，也包括社会科学、数学科学、系统科学等。只有把各科学技术部门综合集成起来形成整体力量和综合优势，才有可能解决改革开放和社会主义现代化建设中的复杂性问题。”[2]

本文提出的“黄淮海现代水利大系统”只是水利部的全国水利大系统中的一个子系统，而水利部的水利大系统又是钱学森同志指出的地理建设的复杂巨系统中的子系统。

国内外现代地理学界早已把人类居住的地球表面看作统一的系统，亦已采用定性和定量相结合的方法来描述各种地理现象内在规律及预测未来的演变。

水利部系统近年来发挥部内外专家的作用，在应用系统工程理论方面做出了许多成功的尝试，如陶纳、汪浩等《湖南省洞庭湖综合治理开发研究》[3]《石家庄的地下水管理模型》[4]等为下一步展开更大规模的实践奠定了基础。

---

① 聂荣臻：祝贺钱学森荣获“国家杰出贡献科学家”称号的贺信，《人民日报》，1991年10月17日。

② 于景元：从工程系统总体设计部到社会系统总体设计部体系，《系统研究》，浙江教育出版社，1996年。

③ 汪浩：系统工程的社会实践，《系统研究》，浙江教育出版社，1996年。

④ 杨悦所、林学任：《实用地下水管理模型》，东北师范大学出版社，1992年。

为适应我国改革开放和社会主义现代化建设的需要，在党和国家的领导以及一大批德高望重的专家的推动下，系统工程、系统科学正在引起一场组织管理革命。我希望水利部在国务院和有关省市的支持下首先建立黄淮海现代水利群决策支持大系统，使之成为我国继两弹一星，人口控制之后系统工程事业第三次大规模实践，并由此带动整个黄河流域、整个古代中原的发展，为中华民族的腾飞做出贡献。

为适应海洋时代的到来，下文 8 将对黄河冲积扇周边海洋的开发进行探讨，并将本报告所研究和确立的系统扩大为黄淮海海现代水利大系统。

8　以黄、淮、（长）江水沙资源多目标开发海洋的一揽子设想——女娲伏羲计划

当年潘季驯的治水系统不仅是黄、淮、运并治，而且也兼顾了黄淮共同的入海口的治理。21 世纪将是海洋的世纪，今天的黄淮海海现代水利大系统应超越潘老前辈，不但把黄河冲积扇（及有关的）所有的河流纳入到大系统中来，而且要在海上做一篇大文章。

8.1　黄河入海流路的宏观比较与选择

黄河下游有过北流（与海河并流）、东流（与现在入渤海流路差不多）、南流（夺淮河东入黄海或南入长江）几个大的流向。由于苏北平原、华北平原处于地质构造的沉降带，所以今后黄河东流入渤海和东南流入黄海的机会比较多，我们重点对这两条流路进行比较。

8.1.1　黄河给渤海带来了什么

黄河自 1855 年重新入渤海以来，140 余年过去了，除了由黄河搬运的泥沙在入海口造就出了一个新的垦利县之外，它给渤海

究竟还带来了些什么呢？

现在渤海已没有像样的鱼汛可言了，目前流行的解释是由于人们的滥捕滥捞和环境污染破坏了海洋的生态。

可是舟山渔场接近上海、杭州、宁波等大城市，那里的滥捕滥捞和环境污染并不次于渤海，为什么舟山的渔业尚可维持相当的规模呢？

不要误会，本人对滥捕滥捞和污染环境同样深恶痛绝，绝不会为之开脱，本人只是觉得为了重新恢复渤海的渔业资源，我们应把破坏海洋生态的各种复杂因素一一摸清。本人有一个猜想，以往一直被我们津津乐道的垦利县——这个由黄河搬来的泥沙所形成的楔入渤海的三角形吻突——也许正是人力所不及的破坏渤海生态的元凶，因为它阻挡或阻碍了海洋环流。

我们知道，有着“天然鱼仓”美誉的舟山渔场得益于“黑潮暖流”从其附近流过，从而形成“海洋锋面”。海洋的寒流与暖流相会，使得海水上下翻腾，将下层丰富的营养物质带到表层，促成浮游生物迅速繁殖，从而使一环扣一环的食物链均得到加强……

来自赤道“流过东海的黑潮暖流，在重返太平洋之前，于日本九州南部海面分出一个小分支北上，形成对马海流。对马海流在流经济州岛西南海域时，又一分为二：一支折向东北，穿过朝鲜海峡，径直奔向日本海；另一支折向西北，沿黄海东侧北上，再输入北黄海，进而穿过渤海海峡向渤海流去，人们称它为黄海暖流”。①

黑潮暖流的分支进入渤海，可由渤海湾内秦皇岛等港口的不

---

① 太北、西太平洋上的“巨河”——黑潮，海洋世界，1996年第2期。而孙湘平又指出：“近期，有人对对马暖流的来源问题提出了新的见解，认为不能简单地解释为黑潮的分支，而把它看作为黑潮水与大陆沿岸水在东海中部相遇时所形成的混合水的一支海流。”（见下注）因本文的研究重点不在海洋，故采用了传统的说法。

冻所证实，而在渤海发现有热带大洋性浮游生物的种属，又为它的存在进一步提供了证明。“因黄、渤海是强潮流区，相比之下，海流很弱……但在温度和盐度分布上，特别是冬季，明显地存在着高温、高盐水舌，从南黄海一直伸到渤海。”进入渤海的黄海暖流的余脉“势力已非常微弱。当它抵达渤海西部时，受陆地阻挡而分两小股，一股向东北入辽东湾，另一股往南入渤海湾。”①

我们重点探讨往南的这一股，它与鲁北的沿岸流混合，构成了一个左舷环流，这是一个终年不变的比较稳定的环流（黄海暖流进入辽东湾的那一小股余脉与沿岸流所形成的环流则是一个不稳定的环流，其方向随季风更替，冬季为顺时针环流，夏季相反）正是渤海中这一稳定的、重要的环流受到了黄河三角洲吻突的阻碍。洋流受阻使“海洋锋面”减少、减弱，造成下层海水的营养物质较少带至表层；渤海也同时失去了大量高盐度海水的稳定供应，而注入渤海的黄河又变成了季节性河流，这样在黄河等河流的枯水季节和洪水季节，渤海海水的含盐量变化非常大。这些可能都是在渤海打击了滥捕滥捞和污染环境的行为并实行休渔制度以后，渔业资源仍难以恢复的重要原因。洋流受阻使渔业资源和海洋生态环境受到破坏也许还不是最严重的灾难，黄海暖流在渤海的受阻可能已影响并将继续影响我国北方的气候。

“太平洋沿赤道——热带区域具有最大的宽度（17.2 万 km），这就使它具有巨大的储存太阳能的能力”②，这个巨大的能量储备正是黑潮暖流形成的动力之一。渤海处在海水循环的辐散区，由于远离循环中心，对全球海洋与大气的热交换也许不会带来太大的影响，但对于环渤海地区来说，黄海暖流带来的海水和热量的输送受阻，几乎可以肯定会对气候造成不利影响。以往我们已经

① 孙湘平：《中国的海洋》，商务印书馆，1995 年。

② 苏联 П. И. 哥列尔金等：《太平洋区域海洋学》，海洋出版社，1991 年。

知道“当进入秋末冬初时，只要测出吐噶喇海峡的水温比往年平均水温高时，我国北部平原地区的来年春季降雨量会比常年多”，而黑潮主干流的“蛇形大弯曲”如果“远离日本海岸，结果是沿岸的气温下降，寒冷干燥；相反，则使日本沿岸气温升高，空气温暖湿润”①。目前应加强这方面的观测和研究。

除了黄河三角洲（及大陆架的）突出部分阻挡或阻碍了海洋环流之外，黄河泥沙埋没了海底形形色色的礁石，泥沙颗粒悬浮在海水中影响海洋植物的光合作用等等都对渤海部分海域的生态起到了灾难性的破坏作用。

海洋是河流的终点，也是水在地球表层新一轮循环（蒸发，云层随空气环流移动、降雨、泉水、河流……）的开始。黄河上中游流域内植被被破坏的局面如果不改变，不但将继续造成上中游严重的水土流失和带来下游地上悬河可怕的洪水威胁，而且还将导演出渤海中的一出出悲剧（各种海洋动植物家族，已经灭绝或将要灭绝）。

既然河流和海洋同处于一个自然界的巨大系统之中，特别像黄河这样的在摇摆中曾有过不同入海流路的河流，研究它就不能不对其不同的入海流路所造成的人类社会和自然生态的后果作出冷静、客观的评价。

8.1.2　黄河历史上的入渤海与今天入渤海的比较

对于本人关于黄河三角洲突出部影响了海洋环流的猜想，有人会给以反驳：自共工氏和大禹以来，在中华民族的传说和文字记载中，仅仅在1128年杜充掘黄河堤以水代兵阻挡金人南下之后，黄河才有过连续几百年入黄海的历史，而过去的几千年，黄河基本上是入渤海的，为何未造成渤海的生态灾难？我想从如下几方面去回答这个问题。

---

①　太北、西太平洋上的“巨河”——黑潮，《海洋世界》1996年第2期。

第一，我们民族的传说和文字记载中的几千年，在大自然的历史长河中只是短短的一瞬。黄淮海平原上黄河冲积扇这个基本地形的存在无可辩驳地证明了黄河入渤海、入黄海、入江的概率应该差不太多，沿一个流路流得久了，地势相对抬高后黄河必然要改变流路，而且苏北平原、华北平原都处于地质构造的沉降带。大约距今5 000万年的第三纪，苏北平原开始大幅度沉降，在距今4万年～3万年时下降十分迅速，致使当年黄海的海域大大超过了气候温暖的今日的黄海水域，那么低地的地形和离海岸较近这两个因素应把黄河吸引过来；而且在距今3万年～1.2万年期间，受全球最后一次冰期中极寒冷气候的影响，陆地上冰盖扩大，海水向后退去的时候，古黄河亦应从苏北方向追逐退去的大海。近年来科学家们在黄海通过精密的水深测量，破解了大自然“天书”的部分奥秘，找到了沉入海底的古黄河、古长江河床（图23，图24）。①

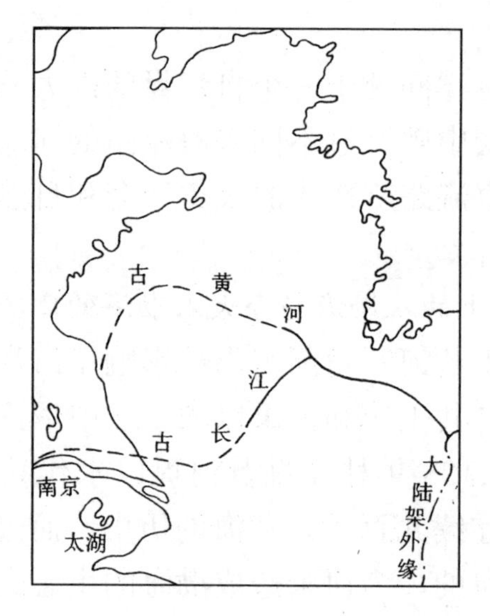

图23　沉入海底的古黄河、古长江

① 本段有关资料和插图引自徐家声《黄海十万年》，海洋出版社，1982年。

第二，即使在我们民族的历史中，黄河入渤海的时间多一些，但在古代人口比较稀少，上中游的植被相对来说还比较好，黄河的含沙量不如今天这么严重。

第三，黄河经常泛滥导致大量的泥沙留在泛滥区。

第四，古代渤海的面积比较大，容沙的能力也就比较大，而海洋环流亦可裹胁走入海口的泥沙使三角洲不至过于突出。这样可以说河与海之间存在过一段相对稳定的动态平衡。

今天，这一脆弱的动态平衡状态的基本条件已不复存在了，而代之以的是日趋严重的恶性循环：陆上的生态破坏导致海洋的生态亦遭到破坏，海洋环流的减弱使陆上气候变化进一步恶化陆上的生态……

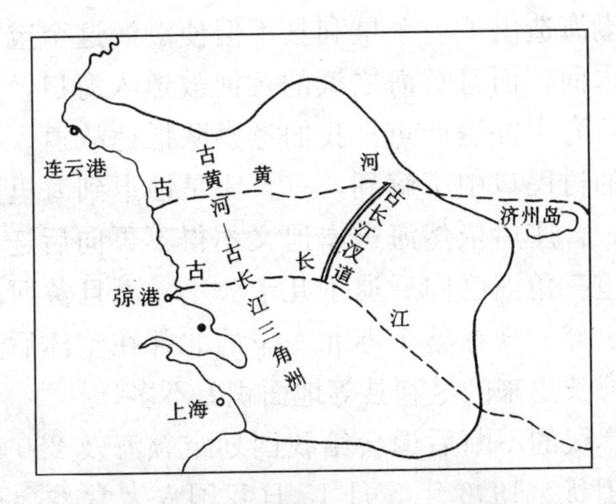

图 24　古黄河—古长江三角洲

面对这种恶性循环几乎束手无策的时候，我们自然会想到，幸亏黄河还有其他的入海流路。

8.1.3　黄河入黄海与入渤海的比较

东营市经常被宣传是个生产土地的地方，可人们没注意到，大自然为东营造出的每一寸土地都是使国家失去同等面积的内海为代价的。渤海为辽东半岛和山东半岛所环抱，大连和烟台之间渤海海峡中的庙岛群岛恰到好处地把渤海封成了我国的内海，这在国际上没有任何争议。

根据山东、福建、广东等海洋大省的经验，农、渔民发展海上种养，每亩水面的经济效益五倍（比如种海带、紫菜等）到数十倍（比如养鲍鱼、鳗鱼）于一亩土地。虽然发展海上种养需要较高的投资，而且随着海上种养的普及，其产品的价格亦会下跌，但毕竟拓展了生存空间，目前海洋农牧化还在向较深的海域发展。所以从整个国家的角度看，将内海的部分水面变为土地，单算农、牧、渔业的账已是不划算了。且不说那多出来的土地会影响海洋环流，破坏海洋生态，进一步影响海洋农、渔民水产的收获。

黄河入渤海造出了一个垦利县不但使渤海这个宝贵的内海失去了同等的水面，而且黄海之滨的黄河故道入海口，由于得不到泥沙的补充，海岸蚀退严重。我们考察队抵达故道入海口时曾从当地三合庄的村民口中了解到，三合庄是蚀退到海里的三个村子合起来的庄，合庄后依然海进岸退又不得不再向后迁了三次，算起来黄河故道三角洲已向后退了儿十公里，而且黄河故道入海口已没有了突出部。现在整个苏北海岸的北部在整体后退，失去的土地应与渤海长出来的垦利县等地面积差不多。

黄海海岸线的不断后退会给我国划定领海及 200 n mile 专属经济区带来困扰。1996 年 5 月 15 日我国人大常委会正式批准了《联合国海洋法公约》。这个已于 1994 年 11 月 16 日正式生效的《公约》标志着新的国际海洋秩序的确立，为人类和平利用和全面管理海洋提供了法律依据，但同时也造成了全球范围的“蓝色圈地运动”。为了加强我国的谈判地位，必须尽一切努力来停止黄海海岸的蚀退，重点是保住明清黄河故道入海口北部的“苏北地角”（这是本人根据黄河故道三角洲一带的地形命名的，其北边为海州湾的南岸，东边为故道入海口一带的岸线，从地图上看，约成

120°角）。让黄海海岸停止蚀退甚至恢复历史面貌的最好办法是使之得到黄河泥沙的补充。我在本文 2.3.3.3 提到的起自小浪底的管道输沙工程（一直将沙输到明清黄河故道口）的第三期工程正是为这一目的而设计的。就海洋动力的强度来说，黄海超过渤海，因此黄海海岸蚀退的速度有可能超过渤海黄河三角洲生长的速度。有关专家估计，黄海海岸的蚀退不但将搭上滨海县，甚至失去响水县的一部分，一直退到云梯关故淮河口；我则认为，因为淮河口也是得到了故淮河的水和沙才能抵御住黄海的风浪，因气候反常造成风暴潮增加，海浪可能会削去苏北地角，甚至使苏北平原的高峰，孙悟空的"老家"云台山重新变为孤岛。

如此说来，黄河入渤海的垦利县之得是以内海面积减少、明清黄河故道三角洲土地减少和黄海的领海、大陆架及专属经济区谈判复杂化为代价的。单就（领土与海洋利益混算的）面积来说，得与失的比例约为1：3，净失"2"。

如果黄河入黄海，黄河的泥沙将使海岸向东延伸，而且领海等也跟着向前延伸，净得"1"。

得失相加，黄河入黄海的优势为"3"。

当然，恢复黄河故道并不是一件容易的事情，而且现黄河两岸修建了大量的引黄工程，那里的工农业生产依赖黄河的水，它们也有权利分得黄河水。

其实本人并不是要让黄河改道，而只是主张科学地适当分流，但泥沙应主要入黄海。为了保住苏北地角及相关的海洋权益，应尽快修建从小浪底到明清黄河故道口的输沙管道，利用大坝内汛期高水位的巨大压力把库底高浓度的泥浆一举压到黄海岸边。这一工程的技术难度并不高，投资也比长江三峡枢纽小得多，却为中华民族保住了（甚至进而营造出新的）宝贵的生存空间。实行管道输沙的方案后，三门峡、小浪底两大枢纽可以改变过去汛期不蓄水的运作方式，适当地高水位发电，这样等于又多建了两个大型电站（过去在汛期低水位排沙等于白白丢掉了黄河一半的水能资源），投资效益大大增加。

8.1.4 黄河入渤海的其他不利因素

除了破坏渤海的渔业资源，减少中华民族的生存空间之外，黄河入渤海还有以下可以想到的不利因素。

黄河的泥沙会对环渤海的诸港口和渤海中的主要航线造成影响，从而阻碍环渤海经济圈的发展。对此，本书中滕国柱先生的文章已作了描述。

黄河泥沙造成的渤海海面的减少与华北陆地上水面的减少（许多古代的大泽都没有了踪影）相呼应，改变了华北的小气候，水面的挥发量减少自然也会影响降雨的减少。这种小气候的变化与前面提到的海洋环流受阻后，影响来自赤道的洋流与北温带海面及大气的热交换，从而造成的大气候的变化相叠加，会不会成为新的孕灾因素，值得研究。

近年来由于政府的重视以及学者和传播媒介的努力，人们的资源意识、环境意识、海洋意识有了提高，不少利用渤海、改造渤海的大胆设想出现在一些杂志上。彭泽云老师发表于《科技导报》的文章，进一步提出：利用黄河泥沙在辽东半岛与胶东半岛之间筑一道坝，使渤海成为世界最大的潮汐发电站（图 17）。汪海同志发表于 1994 年第 2 期《海洋开发与管理》杂志上的“中国水资源总库，全国水网总枢纽——‘渤海淡水湖’工程构想”等，这些方案的出发点都是好的，作者既具备中国传统优秀知识分子的忧患意识，又有着现代科技工作者的超前意识，设想都很大胆，而且部分配套措施想得很巧妙，比如彭泽云提出的金宝运河、汪海同志提出的引黑渠（黑龙江至松花江上游嫩江）和松辽运河（松花江至辽河），不但使人深受启发，而且有一定的可操作性，比如金宝运河可成为三江引水南水北调“小西线”工程的关键部分；黑—松—辽引水计划的松辽运河部分①开通后亦可（在不影响海洋环流，不影响附近港口运作的情况下）切去狭长的辽东湾的一部分变为淡水湖。但从总体上讲，把整个渤海变成淡水湖或潮汐电站都不切实际。1969 年初，天津港区曾一片混乱，19 艘海轮无法航行，7 艘轮船被迫搁浅，5 艘万吨轮被挤压变形、船舱进水，还有一个石油开采平台被推倒。这场灾难的原因是海上航道出现了大量体积较大的浮冰。如果把渤海变成潮汐电站，这种噩梦会经常在渤海的所有港口重现，渤海将再没有不冻港；而如果将渤海变成淡水湖，那么在漫长的冬季，整个渤海会变成一个大溜冰场，这一切都是黄海暖流入渤海的通道被切断的后果，渤海将失去航运价值，从而对环渤海经济圈造成致命影响，而且渔业在海水被淡化的漫长时间难以有渔获，环渤海广大农业地区因气温下降无霜期缩短将被迫改种生长期短的低产作物或两季改一季，另外海上和陆上的自然生态也将受到灾难性的破坏。黄海东岸的朝鲜半岛及日本列岛因受黑潮暖流及其分支黄海暖流的恩泽，气温要比同纬度的黄海西岸高 3℃左右，切断了黄海暖流入渤海通道之后，将使渤海沿岸的温度更低。朝鲜同纬度的地方自然植被为常绿及阔叶落叶林，而我国黄、渤海岸的植物主要为阔叶林草原。问题在于温度降低后渤海岸边的暖温带植物将南撤，中温带、寒温带植物会南下，可是大海和人类的活动对植物（主要依靠种子）的转移形成了难以逾越的障碍。其结果可能造成暖温带植物死亡后没有喜冷植物接替，从而在造成海上生态灾难之后，亦带来陆上的生态灾难——植物和依靠这些植物的野生动物大量死亡。

---

① 我国地理学界早就有开发松辽运河的设想。几百万年前，东北大平原的辽河平原与松嫩平原是连成一片的，由于地壳运动，通榆、长岭、长春一带隆起了地势低缓的“分水岭”（高出两侧平原不过十几米到几十米）。凿通此“分水岭”并非难事。因此，对松辽运河应按调洪、灌溉、通航等多功能开发的高标准及早规划。该运河对我国东北三省的发展意义重大，本文结语部分还将提及。

科学家们善意的超前设想可能导致如此严重的后果（我们还没有计算整个华北的大气候所受到的影响），这当然是我们大家都不愿意看到的。彭、汪两位共同的疏漏反映了我国的科技工作科技教育（含在职人员的继续教育）存在着某种偏差，专业科目分得过细，却缺少对大自然的系统的认识。

海洋是风雨的故乡。“海洋是全球生命保障系统的基础组成部分，是人类可持续发展的重要财富。”① 对于渤海来说，黄海暖流是渤海环境资源的重要组成部分，渤海离不开黄海暖流，整个华北也离不开黄海暖流。渤海由于受客观条件的限制，对渤海的利用和开发必须在保护它的环境资源的完整性的前提下进行，而不能异想天开地对其任意改造。

不过，我对彭、汪方案中的合理部分还是很欣赏的。当他们创造性思维的目标对准了渤海时，他们选错了对象。其实，他们应该瞄准黄海。那里有更广阔的天地，“海中淡水湖”、“潮汐电站”等奇思妙想在那里都有实现的可能（同时又不影响、甚至能改善黄海的环境）。实际上近几年我一直在就如何综合开发利用黄河故道，淮河、长江和黄海资源方面做着与彭、汪类似的研究。

8.2 开发黄海的设想

8.2.1 古黄河—古长江三角洲可以成为开发黄海的支点

彭泽云、汪海同志可能置疑：黄海中没有庙岛群岛那样的支点，开发工作如何施展呢?

在黄海波涛万顷的水面下，有一个巨大的古黄河—古长江三角洲（图 24）。“距今 3 万年～1.2 万年期间，全球冰川横溢，气候酷寒，海面大幅度下降。黄海属陆架浅海，平均水深只有 44 m，因而在距今 2.5 万年至 1.5 万年的 1 万年中，完全裸露成陆。黄河和长江在这块新出现的大陆上纵横延伸，生机勃勃。海平面下

① 引自 1992 年联合国环发大会通过的人类《21 世纪议程》。

降破坏了河谷纵剖面的平衡，为了达到新的平衡，古黄河、古长江更加迅速塑造自己的河床。在平坦、土质疏松的三角洲上，古黄河及古长江河床迅速下切，迅速向前延伸，产生新的三角洲，生成新的分汊河道，而新的分汊河道又致力于三角洲的新扩张。三角洲在向前发展的过程中还不断向两侧扩大范围，使得古黄河、古长江三角洲逐渐地靠近，最后终于联结成一体，形成巨大的古黄河—古长江三角洲。古黄河、古长江三角洲相互联结沟通了古黄河、古长江水系……”①

古黄河、古长江曾经是合流的，今天合流的古河道和它们巨大的古复式三角洲已淹没在黄海之下了，由于后期新构造运动的影响以及淤泥的掩埋、潮流的分割，已难觅其踪。可是，经精密测量后绘制的海图却使我们发现：在明清黄河故道口两侧，中山河口外、扁担河及射阳河口外，还有南部东台河口外的海面下10～15 m等深线之间，有连绵不断的三大片海底平原（图25），其中东台河口外的这片“平原”上已发育出放射状的海底“丘陵”，部分已露出水面，俗称五条沙。而这三片“平原”再往外延伸，－15～－20 m等深线处又有一大片更广阔、更完整的海底平原。再往外延伸，偏南靠长江口外一直到－40 m，－60 m等深线处还有几级海底平原（图25、图26），加在一起便应是海面之下古黄河——古长江三角洲的轮廓。对于我们来说，这几级“平原”所组成的阶梯中，－10～－15 m，－15～－20 m这两阶特别宽大的台地最有利用价值。

8.2.2 古黄河—古长江三角洲上曾有过辉煌的史前文明

近年来由于长江流域的一些考古新发现，史学界的一些专家纷纷发表论文论证长江同黄河一样是（甚至是更早的）中华文明的摇篮。

---

① 徐家声：《黄海十万年》，海洋出版社，1982年。

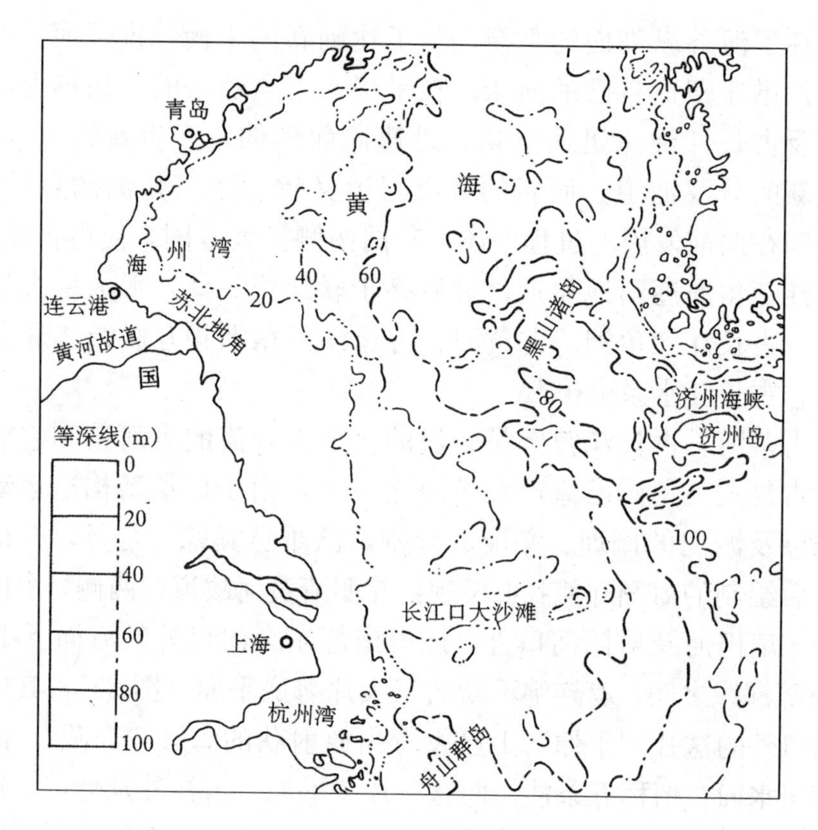

图 25　黄海地形图

如果说我国科技教育和科技工作存在着科目分得过细的问题，那么我国史学界对科学家们通过科学的手段而非常规考古的手段取得的成果重视不足，也是一种同样性质的疏忽。

科学家们证实了的古黄河、古长江的合流，使生物学界找到了今天没有丝毫联系的黄河、长江为什么有着极为相似的淡水鱼种的原因。

可是考古学界的一些专家拒绝重视古黄河、古长江曾经合流这个事实，依然在那里顽强地区分两种古文化的细微的差别，以及谁诞生得更早一点。

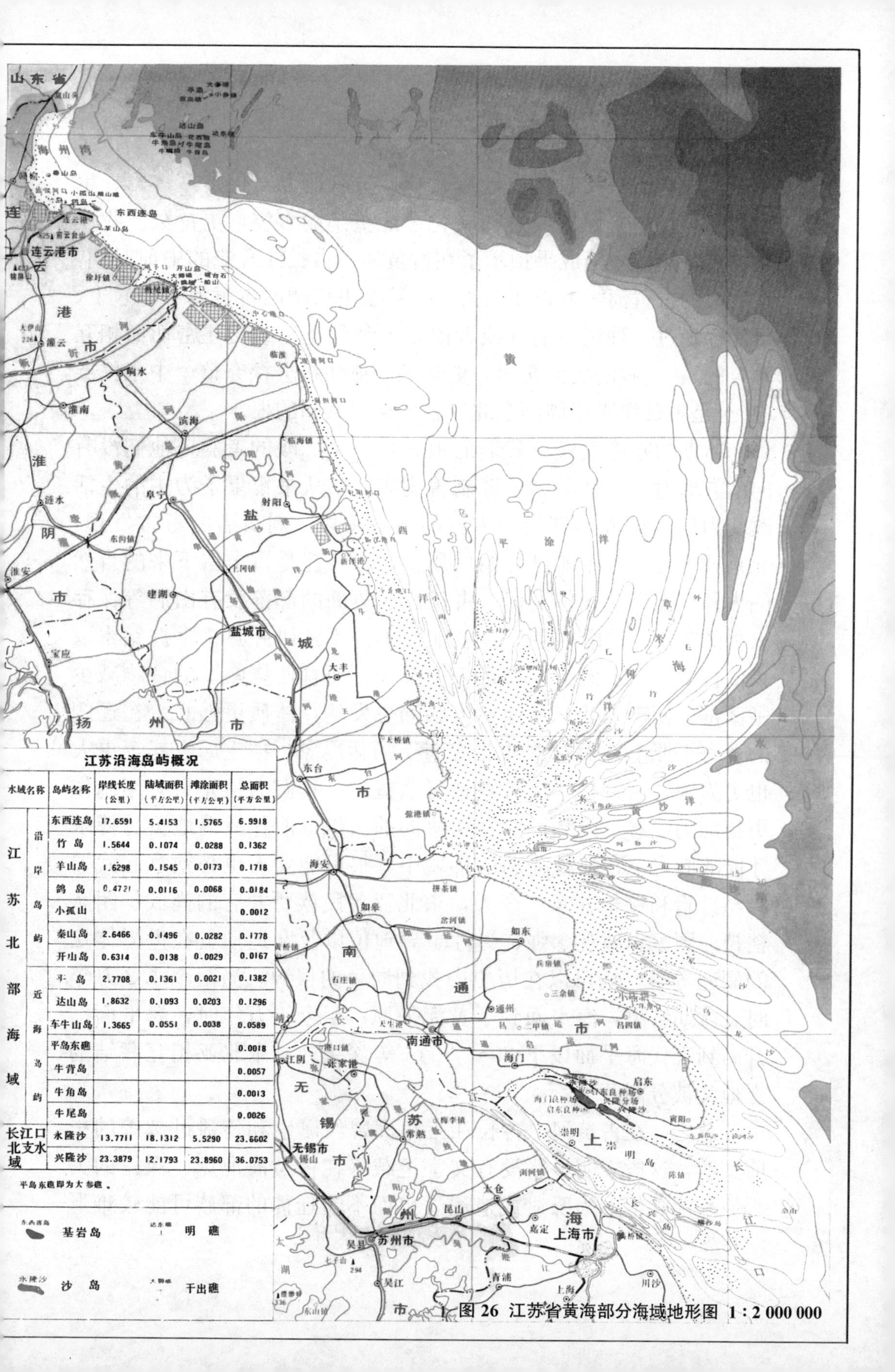

江苏沿海岛屿概况

水域名称		岛屿名称	岸线长度（公里）	陆域面积（平方公里）	滩涂面积（平方公里）	总面积（平方公里）
江苏北部海域	沿岸岛屿	东西连岛	17.6591	5.4153	1.5765	6.9918
		竹　岛	1.5644	0.1074	0.0288	0.1362
		羊山岛	1.6298	0.1545	0.0173	0.1718
		鸽　岛	0.4721	0.0116	0.0068	0.0184
		小孤山				0.0012
		秦山岛	2.6466	0.1496	0.0282	0.1778
		开山岛	0.6314	0.0138	0.0029	0.0167
	近海岛屿	平　岛	2.7708	0.1361	0.0021	0.1382
		达山岛	1.8632	0.1093	0.0203	0.1296
		车牛山岛	1.3665	0.0551	0.0038	0.0589
		平岛东礁				0.0018
		牛背岛				0.0057
		牛角岛				0.0013
		牛尾岛				0.0026
长江口北支水域		永隆沙	13.7711	18.1312	5.5290	23.6602
		兴隆沙	23.3879	12.1793	23.8960	36.0753

平岛东礁即为大参礁。

图 26　江苏省黄海部分海域地形图　1：2 000 000

本人绝不是反对研究地域文化，只有地方文化丰富多彩、生命力旺盛，中华民族的总体文化才能更绚丽多姿，更持久。我只是觉得自然科学的成果预示了在古黄河、古长江合流的史前时期，在巨大的古黄河—古长江三角洲（甚至更广阔的古黄海平原）上，可能存在过一种统一的（或者说是因激烈竞争或交往密切而相互融合的）、光辉的史前文明，史学家应抓住机会探究整个中华民族（甚至是古黄海平原周围东北亚各民族）共同的根。

冰期的寒冷气候对我们的祖先是一个严峻的考验，他们没有向南方撤退，而是学会了缝制兽皮衣服，从采集果子为主的生活改变为以（男人）打猎为主要的谋生手段。周口店的考古发现：北京猿人几十万年前已开始使用火，那可能是雷击留下来的自然的火种。而生活在古黄河—古长江三角洲的部落没有山洞等保存火种的条件，严酷的生活逼着他们不得不钻研并熟练掌握钻木取火的技术。火不但给生命带来了温暖，而且使烧熟了的食物减少了菌毒、便于消化，使原始人脑髓更发达，体质更强壮。在辽阔的黄海平原上，面对着从北方南下的猛冯象、披毛犀、熊等更大也更为凶猛的野兽，没有森林可兹掩护，我们的祖先只有用制作更精细的武器，以严格的密切协同的组织，前仆后继地英勇搏杀才能战胜之。在那种险恶的环境中，很可能女人也必须拿起武器参与狩猎和保护儿童。今天，东北亚各民族所共有的尚武、团队精神、国家忠诚观念强、男性主导地位以及女运动员在世界体坛的崛起等等，均可以在历史中找到同一的根源。当距今 1.2 万年时，冰期结束，海水回到了黄海平原；距今 1 万年时，海平面已升高到现代海平面以下 20～ 30 m 等深线处。东北亚相互联结的土地又被分割开了。

总之，在古黄河—古长江三角洲曾经诞生和传播过辉煌的史前文明，这段文明虽然没有文字记载（在古黄海海床、裸露的大平原和沼泽地上为躲避或追逐猛兽而不断迁徙的部族可能较难形成成熟的文字），但中华民族口头传播的神话故事中，多少露出了一点那个时代的踪影。比如女娲补天的故事，天怎么会塌下来呢？我推想那时正值1万年前冰期结束，冰川溶化的洪水与迅速上涨的海水两面夹击着人类（世界上其他古老民族关于大洪水和创世纪的传说亦在此时形成），使我们的祖先误认为是天塌下来了，于是塑造了女娲这个能补天的神。而所谓的补天，可能是设法阻止高山上下滑的冰川及其融化的洪水。照此推想，女娲是中华民族早于大禹的治水英雄。

今天，那段辉煌的史前文明已经淹没在黄海之下了，女娲是否真有其人（或者是部落的名字）已无从考证。但自有文字记载以来，黄海之滨的辽宁（古契丹、辽）、山东（古齐、鲁、东夷）到江苏（古彭、吴、东夷等）却不断涌现出经天纬地的巨擘，从最早的军事理论家孙子，儒学先哲孔、孟，汉代开国皇帝刘邦和他的老对手——自封为西楚霸王的项羽①，一代天骄成吉思汗（以及他的儿子窝阔台）的最高顾问耶律楚材，以及对元军作了最后抵抗后背负宋帝昺投海的陆秀夫，一直到近代的民族英雄关天培等等。

我们考察队经过黄河故道上（离黄海不远）的城市古彭城徐州时，在汉画象砖博物馆看到了一幅人首蛇身的女娲伏羲交尾的画面（图27），我突发奇想，相互交尾的女娲伏羲不正象征了发源于巴颜喀喇山的北麓、南麓源头相望的黄河、长江吗？他们紧紧纠缠在一起的尾部恰好就是古黄河、古长江合流的古黄河—古长江三角洲，那里是女娲、伏羲的“伊甸园”。可惜是一个充满了危险和艰难困苦的“伊甸园”，不过在战胜了危险和艰难困苦之后，人类就得到了更高等级的欢乐并迈进了文明的大门。

---

① 项羽为下相（今江苏宿迁西南）人，距刘邦出生和成长的丰沛不远，两地后来又为黄河明清故道所贯通。

蛇身的弯曲可以象征河流的弯曲，我认为女娲、伏羲人首蛇身的图腾，说明了我们远古的祖先来自大河、大江（或者说是依赖大河、大江），而他们的交尾说明了中华文明的多源。

图 27　人首蛇身女娲伏羲交尾图

（注：引自《徐州汉画像石》，中国世界语出版社，1995 年）

黄海曾经历过漫长的淡水湖的时代（图 28），其间黄河与长江也许有会合的机会，而在黄海成为海的距今约 10 万年的时间里，黄河、长江（因冰期造成海洋后退）有两次长期合流（图 23，图 24），这条合流后的巨河曾长达 7 000 km，最后注入冲绳海槽。与这条吸纳百川（古辽河、古鸭绿江及古淮河等河流亦应注入其中）的巨河比起来，未合流的黄河、长江就显得渺小了。

我赞美古黄河、古长江气势恢宏、浩浩荡荡的合流，我赞美古黄河—古长江三角洲上灿烂的史前文明，作为女娲、伏羲留在黄海之滨的后代子孙[①]，我用女娲、伏羲来为我计划建筑在古黄河—古长江三角洲上多目标开发海洋的工程命名。

需要声明的是，我这里所说的女娲、伏羲，不是严格历史学

① 作者祖籍荣城，出生于莒南，母亲为日照人氏。

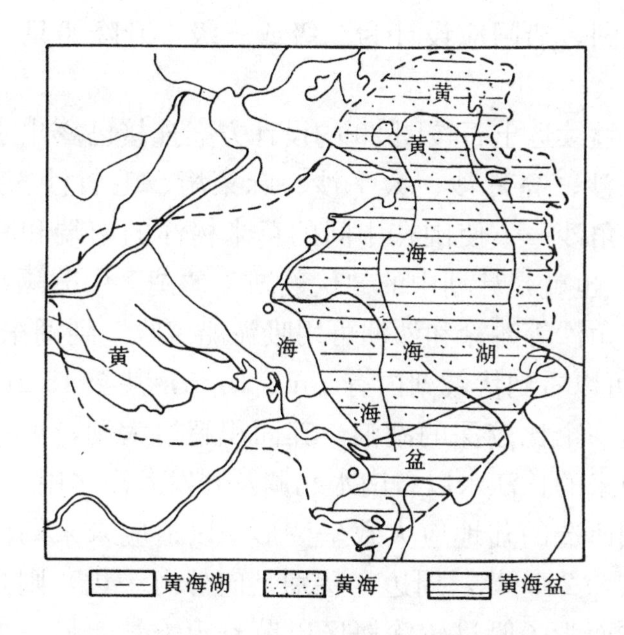

图 28　黄海湖、黄海海盆、黄海的边界图

意义上的古代（到底是否存在过的）人物或部落的名字，而是一种浪漫主义的神话，既象征了灿烂的史前文明，又象征了未来海洋时代古黄河—古长江三角洲的复兴！

8.2.3　女娲、伏羲工程计划

这是一个与陆上水利系统相联系的多目标开发海洋的复杂的工程，不借助图示很难理清其脉络。图 26 是江苏沿海海区图，图 29 是我们第一期工程的选址方案。第一期又分南部工程和北部工程两部分。

南部工程首先在苏北平原南部沿长江古河道开挖石（石庄镇）弶（弶港镇）运河，年输水量 560 亿 m^3，大体上相当于长江流量的 1/20，也相当于黄河的流量。同时用开挖运河的土石将弶港、新川港、小洋口一带的海岸线向前推移到条子泥，将新川港以宽大堤堰围住，使之扩大并由石弶运河贯穿，成为一个大的内河（湖）港。这个港湖亦作为弶港船闸的水柜使用（为保证海水不进入新川港内湖，船闸应设计为二级或三级，升降船只一律使用该水柜的淡水）。

然后，继续运土石按图 29 的设计方案连接已露出水面或将露出水面的东沙、亮月沙、太平沙、麻菜珩、毛竹沙、外毛竹沙、蒋家沙、牛角沙……使围在中间的草米树洋的南端和其他几条海沟成“湖”，也就是计划中的“伏羲湖”。“湖”中分隔几条海沟的泥螺珩、三角沙等滩涂和沙洲可用吸泥船“吹”到湖东边去造陆。从图 28 中可以看到伏羲湖内有 5 m、10 m，甚至 15 m 的等深线，说明该湖是一个比较深的湖泊。其面积超过太湖，可以储存大量石弶运河引来的长江水以备南水北调及开发海洋之用。

湖周围所造的陆地应大致呈棱形，以适应未来潮汐发电的需要（见下文 8.2.3.3），周边（特别是向外海一边）则是不规则锯齿状，一方面为了躲过较深海区以节省土方量，另一方面也给潮进潮退留有余地。在湖外（北部）草米树洋较深的海区将建一个停泊远洋渔轮的现代渔港，以适应工程实施初期大量近海小渔船停止作业转产的需要，其港池也为纳潮提供了空间。

从图 30 这张平面示意图可以看到，伏羲湖南北长，东西窄，特别是北端，窄到像一条河。设计成这种形状是为了满足储存和输送（占海上输水距离 2/3）长江水的需要；另一方面也考虑利用东沙、亮月沙、太平沙等现成的地形。围湖的陆地约一半是已露出海平面的滩涂，另一半也有几条沙脊做支点。由于开挖石弶运河的土石方正好用于海上造陆，而石弶运河的输水和航运的价值极大（详见下文），同时伏羲湖及其周围新造陆地对于蓄水、输水和开发海洋等方面均有重要意义，所以整个南部工程的成本效益比非常理想。

南部工程是以人力（为了与自然相适应的目标）稍稍加快了的自然的造陆过程。这一点必须一开始就讲得非常明白，以免我们不当的措辞使邻国产生误会。

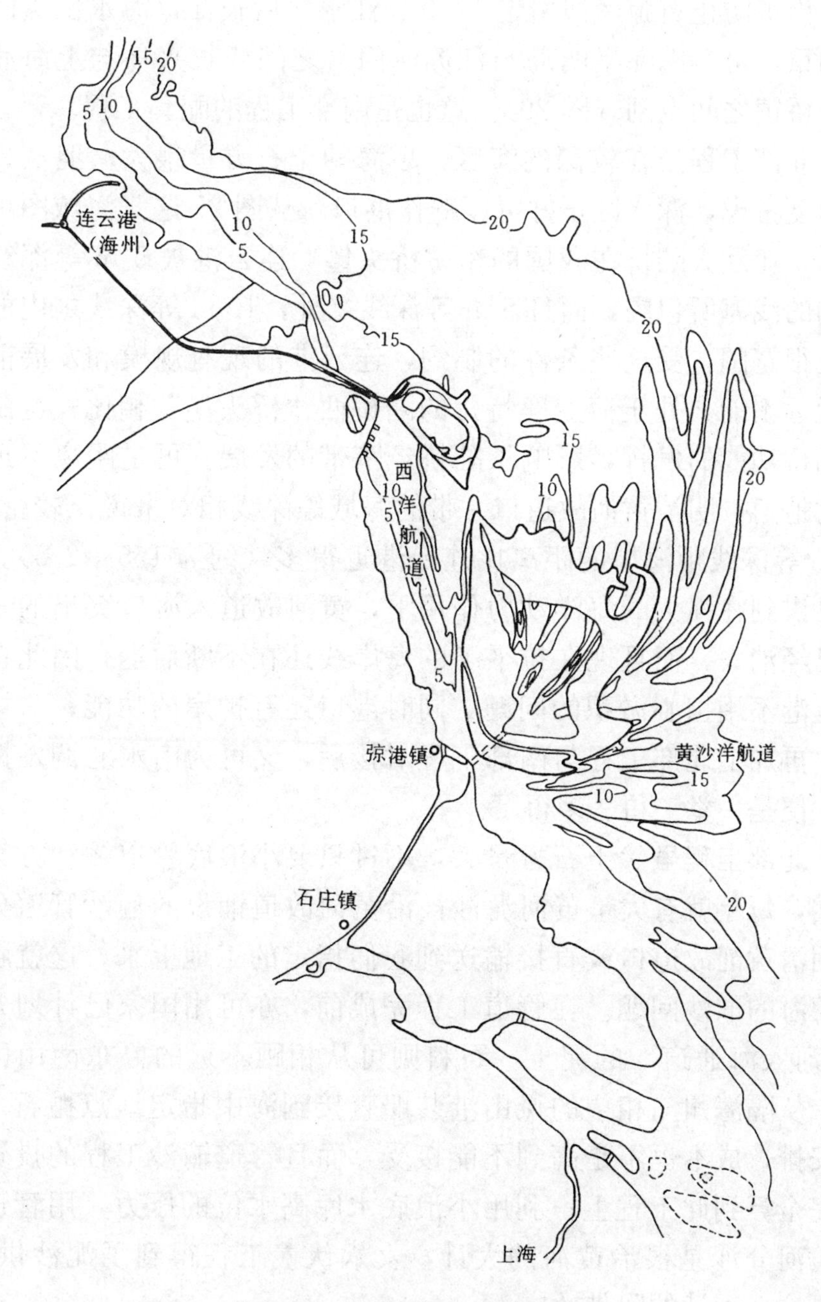

图 29　女娲伏羲工程选址图

为了防止石弶运河引走1/20长江水之后长江口海水倒灌的灾害加重，可考虑在崇明岛与江苏海门县之间或长兴岛与上海浦东的高桥镇之间设闸（图29）。这也是南部工程的配套工程。

北部工程处在较深的海区，填海的土石方量很大；但从另一个角度考虑，深水区正好可以辟作港口。从图25这张海域图可以看出，亚欧大陆桥在我国的东“桥头堡”连云港被5 m等深线内宽阔的浅海所包围，而且5 m等深线之外，10 m等深线之内的浅海也很宽阔，受这些条件的制约，连云港的现有规模和发展前景都远远不能与处于荷兰鹿特丹的陆桥西“桥头堡”相比，这制约了陆桥功能的发挥，影响了陆桥经济带的发展。可是距离不远的苏北地角，明清黄河故道口一带的海域等深线相对来说比较密集，10 m等深线距海岸的距离比连云港近得多（约为1/5～2/5）。前文已讲到在强大的海洋动力作用下，黄河故道入海口突出的三角洲已经消失，而且现在拉平了的海岸线还在不断后退，因此在这里建港不用担心淤积的问题，同时港口还有护岸的功能，一举两得；再加上北部工程与南部工程对接后，又可为南水北调发挥作用，便是一举三得、多得了。

北部工程虽然土石方量大，不过只要小浪底管道输沙方案被采纳，每年就有大量黄河泥沙被沿黄河故道铺设的输沙管道分流到明清黄河故道口或直接输送到我们指定的工地上来，这就解决了填海的取沙问题。在管道工程完成前，亦可用国家已计划开挖“淮河入海通道”的泥土，石料则可从相距不远的鲁东南山区采集，从隔海州湾相望的岚山港装船直接到海中指定地点抛石。如此安排，成本也不是高到不能接受，而且管道输沙工程的投资不能完全算到此工程上；利用小浪底水库高水位的压力，用管道为现黄河分沙是根治黄河的大计，女娲伏羲工程得到了泥沙供应，只是这一大计的附带效应。

如图29、图30所示，北部工程海上造湖选址在射阳河口东北海域 15 m 等深线所圈成的“海湾”（溺谷）内（以求存得更多的淡水）。因此，陆地上的配套工程亦应选在对应的位置。工程第一步也是先在海岸边造新陆，选址在黄淮故道口以南，新的淮河入海通道（与苏北灌溉总渠三堤两河或合二为一）入海口，即扁担河口至临海镇东侧海岸，先在海中圈出一个“临海湖”来，这个临海湖早期用来做一组与黄河输沙管道配套的沉沙池，后期则是海上南水北调工程的南水登陆处。“临海湖”的东南堤既是湖堤又是海堤，也是黄海内港的港址，专门用来接纳从南通、张家港、江阴、镇江、海门等沿长江的城市经石琼运河和将开辟的安全的西洋航道开来的内河船只，而陇海铁路（亚欧大陆桥）亦应从连云港修一条支线到临海镇（将来会改为市），该段铁路可称为海（海州）临（临海）线，与黄海港连接。这样，一条铁路与水路联运的黄金运输通道便由此贯通了。

接着从沿岸新造陆地的东侧突出部向大海挺进。由于北部工程在较深海域造陆成本较高，因此所造每一寸陆地的功能都必须十分明确。首先是要用堤在海中围出一个女娲湖，这些堤同时也成为黄海港的深水码头，而且这一新造陆地又必须便于与南方工程连接，才能贯通南水北调路线。

由于受这些条件的制约，从图 29 可以看出，北方工程要比南方工程小巧。现不详述北方工程的造陆过程，而是在图 30 这张（不标等深线的）示意图上将女娲伏羲计划第一期工程的各项功能措施一一介绍如下。

8.2.3.1　一条合理的南水北调路线——新东线

钮茂生部长说：“水已向中国亮出了黄牌，中国人均水资源仅为世界人均水平的 1/4，且分布极为不合理，人口稀少的大西南水资源和水能资源都比较丰富，而人口稠密，工农业相对发达的华北沿海却严重缺水，为了保障经济的持续发展，南水北调的种种方案已紧锣密鼓地提到了议事日程上来。”

前文 7.3.2.4 我提出的一个暂时替代（南水北调）西线引水工程的“小西线”方案，是将怒江、澜沧江汛期的水引到金沙江，然后经彭泽云老师提出的金宝运河进入黄淮海现代水利大系统。这里我又设计了一个替代（南水北调）东线引水工程的“新东线”方案。

从图 29、图 30 已经可以清楚地看到经石弶运河引来的长江水经海上的伏羲湖、女娲湖及与海水立体交叉的倒虹吸管道可以一直到达苏北滨海县的“临海湖”——这就是我的“新东线”。

江苏省自己的“小东线”引水工程已经通过十几级提灌，将长江水引到了苏北，其代价是十几级翻水站的投资及所消耗的电能。苏北某水利局一位老资格的总工跟我们开玩笑说，如果把这十几级翻水站的投资和耗电的代价分给农民，让他们干点别的营生，其生活肯定比现在（用高价水种地）要好。

当然这只是一句玩笑话，农民即使得到了那笔钱也未必能（在其他“营生”中）用好、管好。考察完贯穿了豫、鲁、皖、苏四省的黄河故道，我们看到江苏省对贫困地区的扶贫力度最强，“小东线”即是一例（当然，江苏也因为有长江水可引），但其效益并不理想。

而且国家的“东线”和江苏的“小东线”都要利用京杭大运河，因此水质比较差。

我的“新东线”方案虽然需要巨额资金，但“女娲伏羲工程”除了引水之外还有航运、开发海洋等多方面的巨大效益，工程完工后则可从苏北的临海湖源源不断地取水，临海湖提走多少水，长江水会自动补过来。这与“东线”“小东线”的十几级翻水形成了巨大的反差。

图 30 中，女娲湖的西北侧有一个与黄河输沙管道配套的沉沙池，久而久之，要用黄河的泥沙将其抬高，成为抽水蓄能电站。利用二期工程中我们将建造的潮汐电站，浪奔浪流电站、风能电站和太阳能电站所提供的廉价电力抽水蓄能，一方面为华北电网

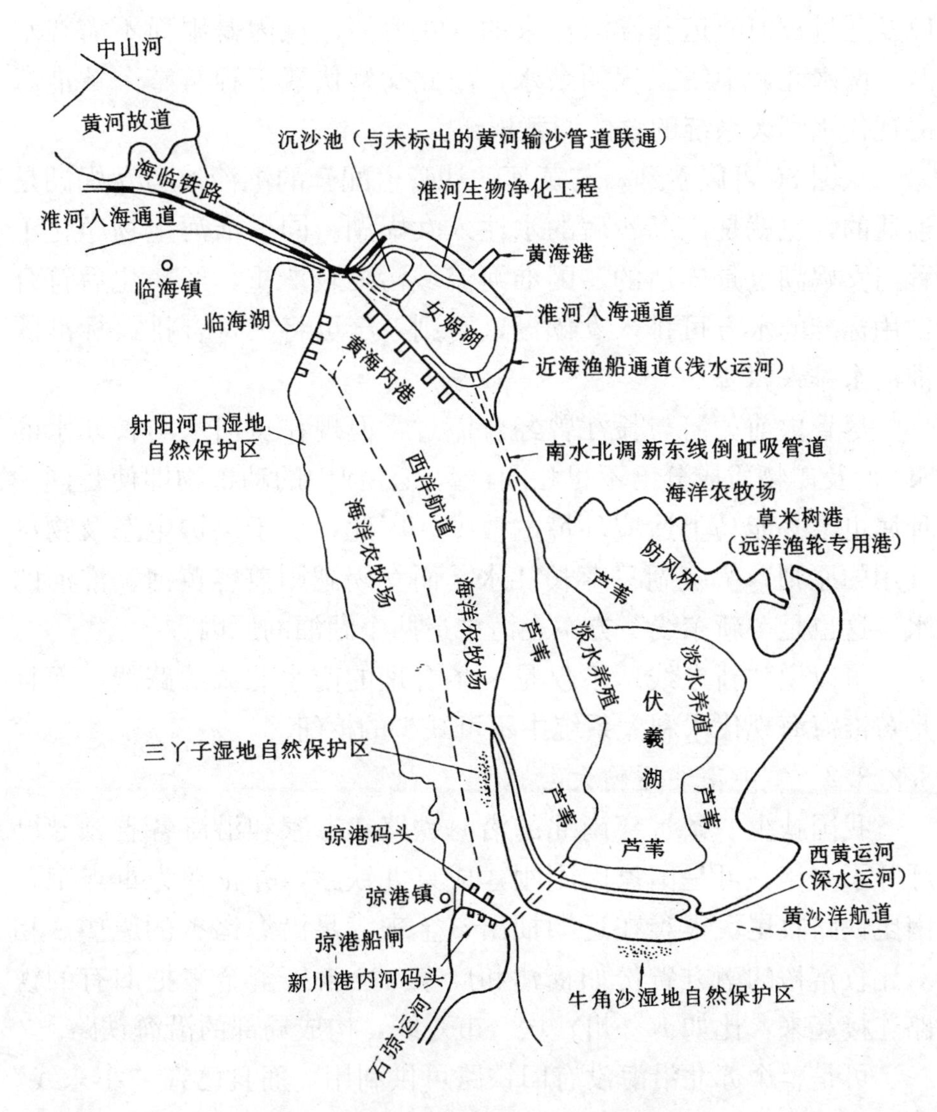

图 30　女娲伏羲计划一期工程示意图

调峰，另一方面因其具有了势能，我们就可以在非汛期当黄河输沙管道不输沙的时候，利用其向沿线徐州、商丘等地反向输水。

前文提到过南水北调中线工程缺少调蓄枢纽，而新东线的女娲湖、伏羲湖不仅可以调蓄长江水，还可以调蓄黄河水、淮河水，以及通过黄河故道和淮河输来的（在海河流域因暴雨而不需客水时）南水北调中线工程的余水，因此女娲伏羲工程是整个黄淮海海现代水利大系统的总的调蓄枢纽。

从图 30 可以看到，与黄河输沙管道配套的沉沙池与女娲湖是连通的，也就是说沉沙后的水注入女娲湖。同样淮河生物净化工程与女娲湖也是连通的，因淮河流域污染较严重，经净化后符合饮用标准的水方可排入女娲湖，否则，宁可将只符合排放标准的淮河水排入深海。

尽管史前黄河与长江曾经合流过，但现在黄河水与长江水的 pH 值及矿物质成分已不尽相同，两条江河中的动植物即使是同一种属也未必能马上适应环境的改变。因此，出于保护生态及物尽其用的原则，伏羲湖只存长江水，而女娲湖则兼容黄河、淮河的水。这也是“新东线”方案在海中造两个湖泊的原因。

可以说“新东线”不仅是一条合理的南水北调的路线，而且是黄淮海海现代水利大系统中不可缺少的枢纽。

8.2.3.2 一条南北运输大动脉

我国缺少一条贯穿南北的沿海铁路，专家和沿海各省领导已呼吁了多年，可是国家因刚刚建成京九铁路，并正在为重点工程南昆铁路收尾，很难在近期抽出资金来满足沿海诸省的愿望。相对比较富裕的南方省份如福建和广东，会自筹资金来把旧有的铁路连接起来，比如梅（州）坎（市）线，构成局部的沿海铁路。

可是整个苏北沿海没有旧铁路可供利用，而且已在“小东线”水利工程上投入了大量扶贫资金的江苏省，短期内亦不可能再用从经济繁荣的苏南收上来的钱为苏北去修铁路。

其实，只要女娲伏羲工程实施，就贯通了一条南北运输大动脉，从而可使苏北沿海铁路迟些时候再修。

在图 29、图 30 中我把“西洋”标成了“西洋航道”，目的就在于要将其南端浅海部分浚深，使之与石弶运河连接，从而在海上贯通长江流域、淮河流域及黄河流域的航道。

西洋因女娲伏羲工程而成了比较安全的内海。西洋航道开辟后，南接石弶运河，北接亚欧大陆桥的新桥头堡——黄海内港。这样，南京长江大桥以下长江宽阔的江面上可放手发展内河巨轮运输，以提高航运效率。这些数千吨甚至一两万吨的巨轮，可将上海、南通、江阴、常熟等地欲发往中亚或欧洲的货物经石弶运河、西洋航道直接在黄海内港交付亚欧大陆桥的国际铁路联运系统。这些内河巨轮的运输距离还可向南延伸至杭州湾和钱塘江。有两条路线可供选择：在风浪较小时，可走联结西洋与黄沙洋的通海运河——西黄运河，直接从长江口外进杭州湾；风浪比较大时，仍走石弶运河入长江然后在长兴岛一带避风，一俟天气好转便出长江口进杭州湾，溯钱塘江西行。

如果本人在 7.3.3 中提出的拓宽浚深胶莱运河的建议得到采纳，这些内河轮船还可向北直插渤海。我们都知道，内河轮船的造价要比海轮便宜得多。过去由于受到南京长江大桥等桥梁净空不高的限制，内河轮不能向大型化发展，江面上充斥着各种小船，使航道资源无法得到充分利用。

女娲伏羲工程及其配套的石弶运河、西黄运河、胶莱运河，把内河航运与近海航运结合了起来，贯通了一条安全廉价而又高效的南北运输大动脉，因其将长江经济带与陆桥经济带还有环渤海经济带连在了一起，有深远的经济意义，可以称为是一条黄金水道。

这条黄金水道中有两个转运港。其中新川港是内河航运与海运的转运港。从图 30 可以看出，新川港的北堤外侧即是弶港海港的码头。不能出海或（因耐腐蚀强度不够等多方面原因而）不愿出海的内河船只可在堤内的内河港——新川港卸货，再从堤外的弶港海港装海轮，非常方便。另一个转运港是黄海内港，它是近海及内河运输与远洋运输的转运港，亦是航运转铁路运输的转运港。从图 30 可以看出，在第一期工程中，堤外的黄海港只有一个泊位。这个泊位是供减载用的，吃水超过了 15 m 的巨型远洋货轮在此减载后，再入黄海内港避风及装卸货物。

黄海港卸下的远洋轮的货物有的转运铁路（如日本、韩国输往欧洲、中亚及中国的货物），有的经较小的海轮或内河轮船运往中国沿海各港口或进入长江、钱塘江、淮河（入海通道）及黄淮海海现代水利大系统的整个航运系统。

航运有着低成本的优势，一般来说同等距离航运的价格只是公路运输价格的 1/4，铁路运输价格的 1/2。而且公路、铁路的运输量总是有限的，可像西洋航道这样的宽阔海面上的航道，其运输能力几乎是不受限制的。

世界上经济发达的国家，航运业也都比较发达，各水系相通、干支流相通、江河湖海间有一个四通八达的航道网。美国、德国都是这样，就连苏联这方面的基础设施建设也比我国完善。我国如果不尽快建立起合理的、完善的航运网络，目前经济的高速发展将难以为继。

由女娲伏羲工程所贯通的与内河航运紧密联系的从渤海湾至杭州湾的近海航路为我们的以黄河下游为轴、以荥阳（及对岸武陟）为放射极包括了黄河冲积扇上所有可利用河流的半圆形航道网（见 7.3.3）画了一个圆满的周边。

其实这条航路也正是《禹贡》记述的大禹治水后以黄河为中心的全国天然河道水运交通网的一部分，即“沿于江海，达于淮泗。”

有了三江引水、金宝运河和南水北调中线工程充足的来水条件，我们将集古人之大成，恢复大禹之后的天然航运网络和历代（有恢复价值）的运河网络。我们不但将再现宋朝古汴河边清明上河图的繁荣景象，而且黄淮海海现代水利大系统的半圆形水网，将像苏南河网一样成为我们发展现代经济的强大动力，成为我们恢复中原雄风，实现新中原、大中原梦想的有力保障。

为了适应新中原、大中原经济发展及陇海铁路发挥陆桥功能的需要，我们将在女娲伏羲工程的第二期工程中扩建黄海港（图31），增加深水码头的泊位，并将在第三期工程中一直将黄海外港港区伸展到接近 20 m、25 m、30 m、35 m、40 m 等深线密集之处（图 32）。

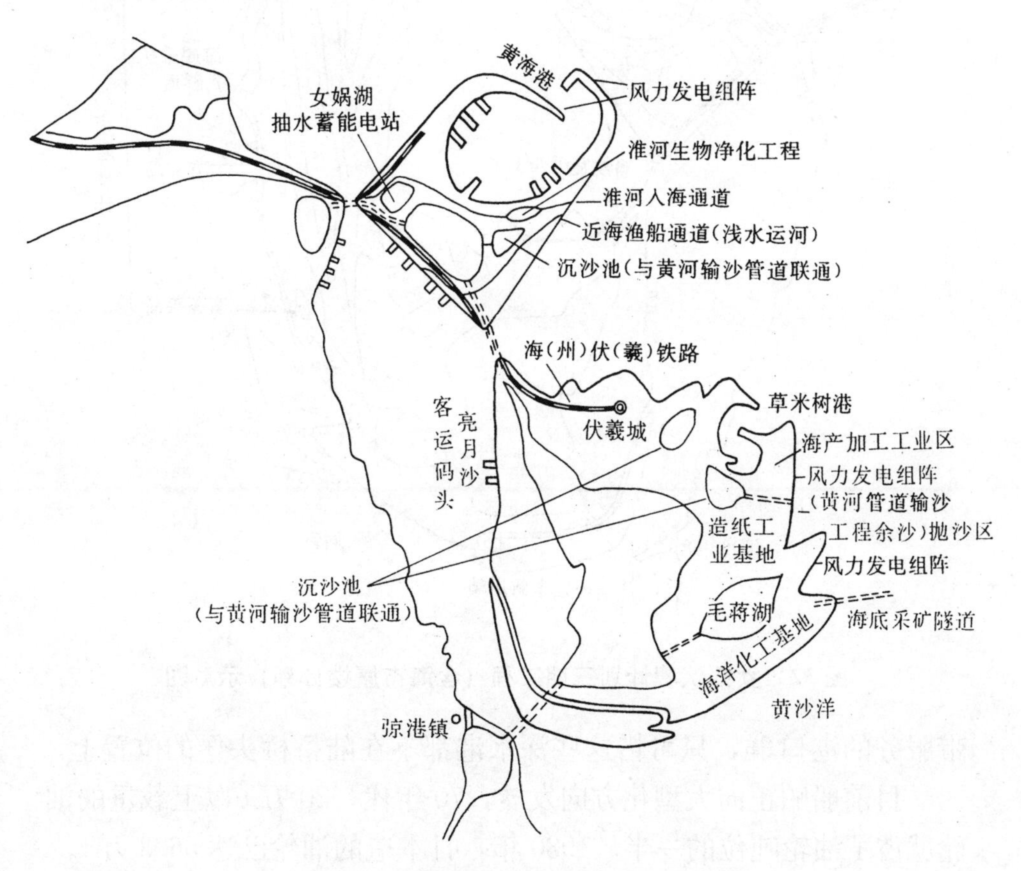

图 31　女娲伏羲计划二期工程示意图

亚欧大陆桥的西桥头堡——荷兰鹿特丹港依靠挖泥船常年疏浚，使航道和港区水深保持在 20 m 左右。我国的舟山群岛等地也有 20 m 以上水深的优良港湾条件，舟山和北仑将建成为长江经济

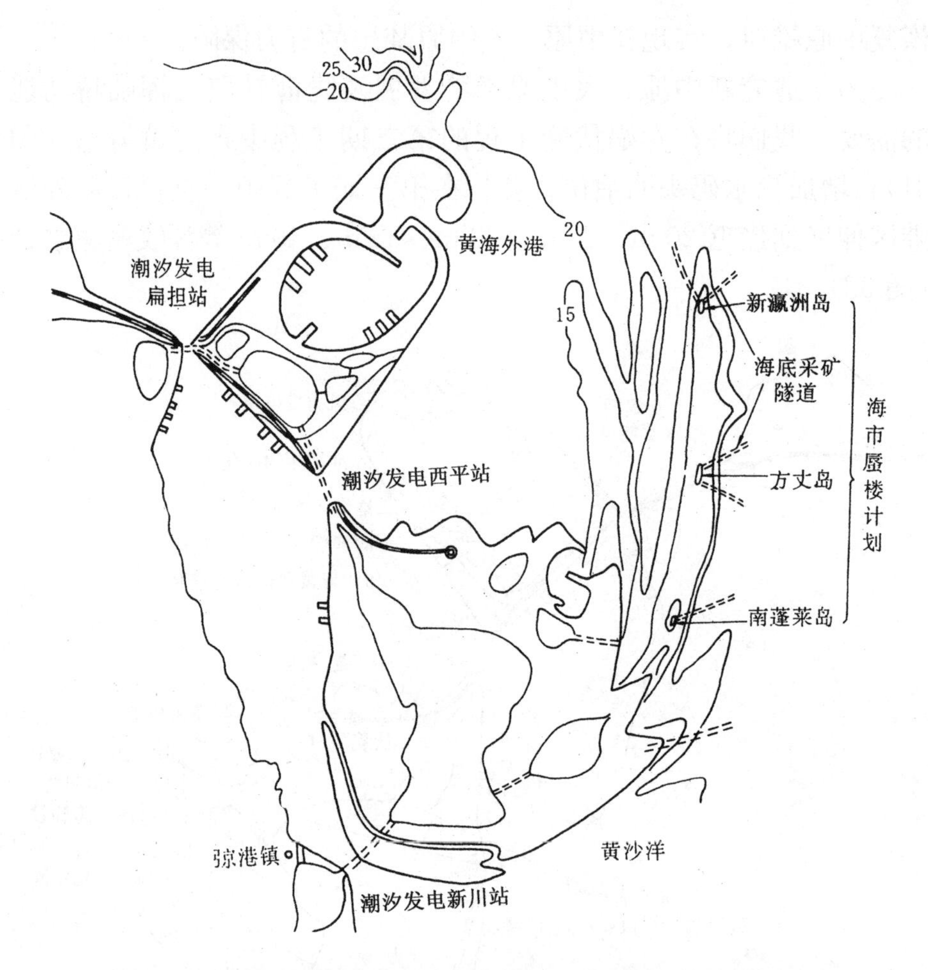

图 32　女娲伏羲计划三期工程（含海市蜃楼计划）示意图

带服务的港口群，只可惜这些深水港都不在陆桥桥头堡的位置上。

目前船舶正向大型化方向发展，70 年代，20 万 t 以上载重的油轮就占了油轮吨位的一半，1980 年，日本造的油轮已达 56.3 万 t。

除了向大型化发展以外，受港口装卸条件及苏伊士运河、巴拿马运河通过条件的限制，船舶（不能造得过宽，因此）将造得比以往更长。这就要求港口除了有足够的水深条件外，还应该有足够宽阔的港池和进出港池的足够宽阔的航道。这就是我把二期、三期工程的黄海港及黄海外港设计得非常宽大的原因。

这样宽大的港池会不会是一种浪费呢？不，水上的船不可能像陆地上的骡马、汽车、火车那样让它停，它就停，船不动，船下的水要动，"一艘几万吨的巨轮遇到紧急情况，要它停止向前，即使全速后退，船体也要冲出两公里半，过八分钟才能停住。如果用'满舵'来使船转向，也得花两分多钟。"① 可以说深藏于水底的古黄河—古长江三角洲，为我们提供了建造有宽大港池的深水港的得天独厚的条件。不利用这些条件一次性到位地建造适应未来超大、超长型船舶靠泊的宽大的深水港，而去小打小闹地建了拆、拆了建，那才是真正的浪费。

况且我们的港区建设不仅和南水北调的"新东线"枢纽工程结合在一起，而且考虑了未来潮汐发电，浪奔浪流发电及风力发电的需要，这就使一个项目的投资可以发挥多种效益。

著名经济地理学者陆大道指出："许多国家国民经济的外贸依存度（进出口总额占国民生产总值的百分比）达到50%以上。大量的国与国之间的贸易是经由海上进行的，海岸和港口如同'国家大门'，海洋如同'伟大公路'和'伟大桥梁'。一个处于快速发展中的国家，如同一个充满活力的血肉之躯的有机体一样，有'饥饿感'。这种'饥饿感'就表现在要取得尽可能多的原料、燃料，占领尽可能大的外部市场。"随着改革开放的深入和国家经济实力的增长，有识之士已经感受到中国经济的"饥饿感"。1978—1992年，我国进出口贸易总额平均年增16%，外贸依存度已达30%以上；1994年中国进出口总额为2367亿美元，占GNP比重45%左右。关贸总协定乌拉圭回合后，国际总的形势有利于自由贸易而不利于贸易保护主义，对于中国出口劳动密集产品是一个很好的机会，预计我国国民经济的外贸依存度将大大提高。女娲

① 童孟侯：《航道漫游记》，海洋出版社，1993年。

伏羲计划正是适应了未来中国经济“饥饿感”的需要，其黄海港、西洋航道等建设，不仅贯通了国内的一条南北运输大通道，而且连接了远洋航道与近海、内河航运，连通了水路与铁路运输，从而使港口变成了国家大门，使海洋成为了“伟大公路”，使铁路成了“伟大桥梁”（陆桥）！

8.2.3.3 一个可永续利用的巨大的“绿色”能源基地

前面我们已提到彭泽云先生关于在渤海海峡建大型潮汐发电站的设想是选错了地方，并建议他把目光移向黄海来。

当我们的女娲伏羲工程完成了第二期建设后，我们可以看到在女娲伏羲工程之间以及女娲伏羲工程与海岸线之间，出现了三组对应的喇叭口和一个封闭的广阔的内海——西洋。这是比较理想的、可以建三个潮汐电站的地形（图 31），并在第三期工程中进一步巩固完善（图 32）。我们按上、中、下的顺序，将计划中的一组 3 个潮汐发电实验站分别命名为扁担（河口）站、西（洋）平（涂洋）站和新川（港）站。

喇叭口状地形可以产生辐聚作用将潮水束高束急，成为涌潮。钱塘潮奇观就得益于钱塘江口喇叭口状的地形。但钱塘江口只是个单“喇叭”，涌潮只有来，没有回，而我们的女娲伏羲工程组合发电系统的三个潮汐电站都是双“喇叭”，不论潮水是进是退，都能将其束高、束急。

从弶港以东海面五条沙放射状的地形来看（图 26），苏北海面受三个方向潮水的影响：海岸线、亮月沙、太平沙、麻菜珩沙、毛竹沙之间的西洋、平涂洋、草米树洋主要受北方来的潮流的影响，我们将这支潮流称为黄海潮；乌龙沙、冷家沙、太阳沙之间的海面主要受东南长江口外涌来的潮流的影响，我们将这支潮流称为吴淞潮；毛竹沙、外毛竹沙、蒋家沙、河豚沙、太阳沙之间的苦水洋、黄沙洋则受以上两大潮流的合力影响，我们将这支来自东方的潮流称为黄沙潮。这三大潮流把古黄河—古长江三角洲切割成如此放射状的条沙，可见其巨大的能量，我们的三组喇叭口瞄准的正是三大潮流的流向。

三个潮汐发电实验站可根据风向来灵活操作，比如涨潮时正刮东北风，则关闭新川站，只保留扁担站、西平站工作，退潮时如果继续刮偏北风，则关闭扁担站，而保留西平站、新川站工作。这样，三个电站灵活操作，利用了风力对涌潮的推动，同时又减少了风能对潮汐能的抵消作用。

虽然女娲伏羲工程结合蓄、输水项目和港口建设，利用水下的古黄河—古长江三角洲地形，巧妙地设计了一组三个潮汐发电实验站，但我们仍应该清醒地看到，大自然把黄海巨大的潮汐能主要安排在东岸朝鲜半岛的沿海，西朝鲜湾的潮差达 8 m 以上，江华湾仁川港最大潮差可达 10 m。与潮差最大值相对应，黄海最大潮流流速也出现在这一带，仁川港外海潮流速一般为 1～2 m/s，而在盐河狭部地区潮流的速度可达 4 m/s 以上。大自然把黄海如此强大的潮汐能给了东岸，却又无情地摧毁了东岸（像西岸这边相对完整的古黄河—古长江三角洲这样）可以依托来建潮汐电站的地形，冰期时鸭绿江、清川江、大同江在西朝鲜湾和江华湾地区堆积的冲积扇地形，早已被黄海汹涌的潮流切割得支离破碎。

利用洁净的、取之不尽的潮汐能，是人类的一个美好愿望，但开发潮汐能受到种种条件限制，目前仅有法国朗斯潮汐发电工程和原苏联巴伦支海的基斯莱亚湾潮汐发电厂等少数成功的例子。我国虽已有江厦潮汐电站、白沙口潮汐电站等开始了运作，但规模都比较小。

黄海西岸在我国已算强潮区了，但是就目前的技术水平而言，利用 4～7 m 的潮差来建大型潮汐电站条件并不算太理想，所以我才设计成一组喇叭口式的潮汐发电实验站，借喇叭口状地形，将潮差提高，并灵活地借助风力和沿岸流，希望通过科学家和企业家的努力，不仅取得中低潮差和不稳定潮差发电的技术上的突破，而且有商业上推广的价值。

喇叭口状地形不仅有利于潮汐发电，其狭管效应亦可以使风浪更大，海流（包括潮流和沿岸流）更急，因而也有利于浪奔浪流发电。“波浪能比潮汐能要大数百倍。当你发现 1.8 m 波峰高度的波浪穿过 9 m 深的海水时，1 m^2 波阵将得到近 10 kW 的能量时，你就不会为此感到惊奇了。”① 波浪能用于航海求救中，以激发大气柱，产生铃声或哨声已经很多年，也有在航标上采用一种小型波能发电装置——浮标灯。最近几年，大型波浪发电装置已取得突破并进入了实用阶段。日本研制出一种鲸型海浪发电船，船上面为一平缓的斜面，从侧面看像是一条鲸鱼浮在海面，使海浪从“鲸”口进入设在头部的空气室，利用波动的海水使“鲸”头尾摇摆上下压缩空气进行发电。而英国研制的“OSPREY 所采用的科技却叫人释然地简单。（这种设备）借着它本身的重量，便可稳定在海水中，并通过把海浪捕进一‘收集器’内来发电。当海浪在收集器上升降之际，空气便会被推压而被吸进整个结构的上方，从而在过程中转动涡轮机。涡轮机连接到一部发电机……”该设备的设计者汤姆森指出，“OSPREY 简单的构造和操作，使之对第三世界国家最适合不过”。② 而我国也已研制成功具有国际先进水平的对称翼空气透平海浪发电设备，目前在长江口外海域就有数十座海浪发电装置在运行，30 kW 级岸式海浪电站也已在珠江口建成。

女娲伏羲工程为开发黄海丰富的海浪能提供了（岸式波浪电站的）支点和（外海发电装置的）支援基地，而最适合也应最先开发的地点就是几处喇叭口内的岬角。

波浪是风与水体摩擦而产生的，我们不但要利用海浪能，也

---

① 陈洁帆：海洋的能源，《海洋与海岸带开发》，1994 年 1 月。

② 郑佳丽：浪奔浪流造就明日能源，《香港文汇报》，1995 年 10 月 12 日。

要直接利用取之不尽而又无污染危害的风能资源。

某地风能资源的优寡，用风能密度（单位时间通过单位面积的风能）和可利用的小时数，或二者的积——风能储量等风能参数表示。根据朱季文等所著《江苏省海岛资源综合调查报告》所计算的参数，江苏海区“风能的地区变化是自沿岸向近海有一个与海岸线基本平行的剧增带，而且越向海上风能值越大”（图 33、图 34）。从该调查报告所附的这两份图表可以看到：无论有效风能密度还是有效风能时数，女娲伏羲计划都处在最佳的地理位置上。因此，我们计划的第二期、第三期工程，应着重在东部建风力发电站。临近的达山岛利用风力发电已经多年，我国其他地区也有在海岛利用风力发电的成功经验（例如汕头的南澳岛），风能发电站将成为我们“绿色”能源基地的重要组成部分。

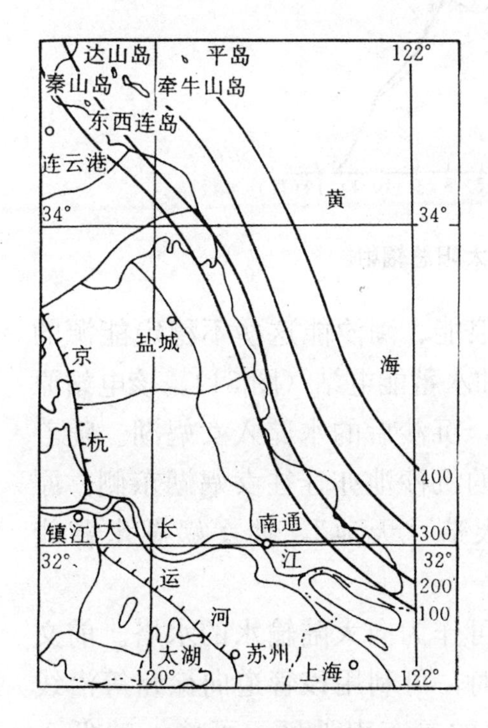

图 33　有效风能密度（W/m²）

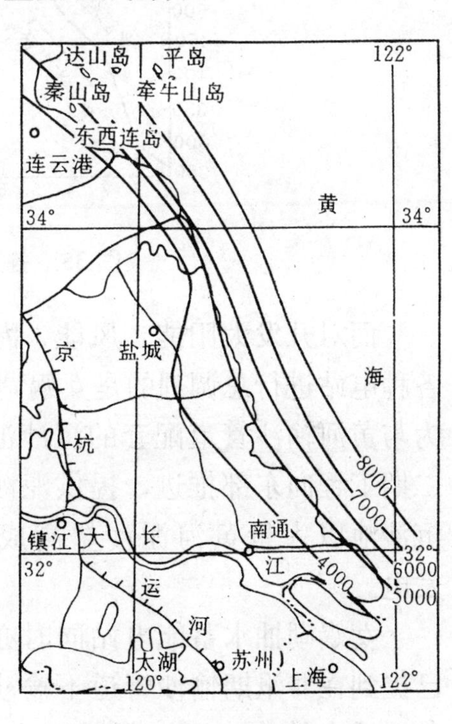

图 34　有效风能时数（h）

同样，我们也不能忽视太阳能——这种用之不竭的自然能源。《江苏省海岛资源综合调查报告》指出：江苏“北部海区太阳总辐射年总量 4 840.4 MJ/m²，是江苏太阳能辐射最丰富的区域”（图35），我们当然应该加以利用。国内开发太阳能资源已有相当成熟的技术，在许多地方都取得了成功。在江苏北部海区发展太阳能还可以与风能互补，因为该地区“冬半年太阳辐射强度小，太阳能弱，但风大，风能资源丰富。夏半年太阳辐射强度大，太阳能丰富，但风小，风能资源短缺。两者变化趋势基本相反，可综合利用”。

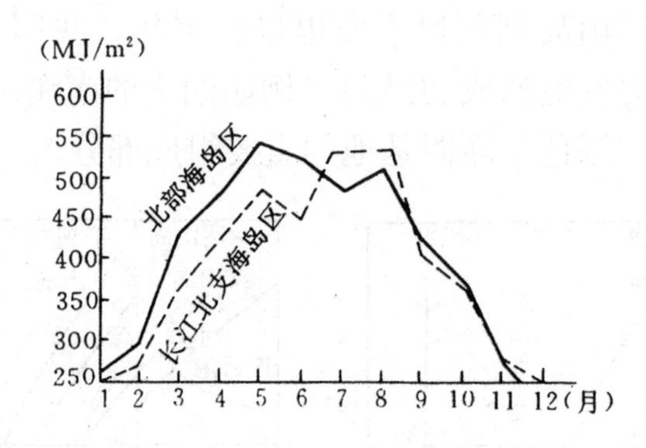

图 35　各月太阳总辐射

而对开发太阳能、风能、海浪能、潮汐能这些不稳定能源的各种电站进行总调剂的是女娲湖抽水蓄能电站（图 31）。该电站原为与黄河输沙管道配套的沉沙池，沉沙后的水储入女娲湖。随着二期工程向东部推进，提供泥沙的沉沙池亦迁往女娲湖东侧。原沉沙池以大量黄河泥沙垫高成人造“天池”，抽女娲湖水蓄能发电。

女娲湖抽水蓄能电站同时亦可作为向大陆输水的水塔。前文已提到在非汛期输沙管道不输沙时，可利用该管道向徐州等沿线各地反向输水。而海州湾畔多山的鲁东南地区，可修一略低于“天池”的水库，用管道与“天池”相连，利用“天池”的势能将水压过去蓄之，然后以明渠自流至日照、青岛、烟台等地。与“东线”“小东线”输水的十几级翻水比较起来，“新东线”只有一次翻水，而且消耗的是可再生的、用之不竭的干净的“绿色”能源。而且这唯一一次翻水的工程设施，还兼作抽水蓄能电站使用，在初期还可为女娲、伏羲湖的湖（海）水淡化服务（将发电后的尾水排入外港流向大海，长江水就会自动补充过来），这样又节约了水体更新所耗的能。

女娲伏羲计划不但将建成一个可永续利用的巨大的“绿色”能源基地，而且它本身的运作亦是节能的。

8.2.3.4　一个具有强大辐射能力的新的经济发展极

前文 5.7 我们已提到与黄河及黄河故道平行的亚欧大陆桥经济带的东端需要一个龙头，新中原大中原的建设需要一个发展极来带动，这个龙头，这个发展极就是女娲伏羲工程。

首先，女娲伏羲工程中黄海大港（包括内港、外港）的建设极大地促进了陇海铁路、兰新铁路路桥功能的发挥，从而带动沿线经济的发展，特别是处于（铁路与海运衔接部）陆桥桥头堡的苏北地区可大力发展大进大出的临港工业。

其次，作为黄淮海海现代水利大系统中东部枢纽的“新东线”引水工程与“小西线”“中线”南水北调工程配合，一举解决了华北地区缺水的问题，必将刺激工农业的快速发展，特别是一些高耗水的大工业可以迁到女娲、伏羲湖边来。

其三，女娲伏羲工程新辟的（内河轮可以安全航行的）海运路线及黄淮海海大系统中的半圆形河网沟通的南面的长江经济带和北面的环渤海经济带，使两方优势尽为我取，可充分利用那些老工业基地的加工能力。

其四，下个世纪将是海洋的世纪，在下一轮面向海洋的经济竞争中，女娲伏羲工程因其有着向海洋进军的“跳板”作用而占尽了优势。前面已介绍了向海洋索取潮汐能、波浪能、风能等洁净的能源，建立绿色能源基地，下面再介绍一种开发海洋资源的“朝阳工业”，即开采海底泥炭矿，提炼氮、磷、钾，生产腐殖酸肥料。

1977年春天，“曙光”号、“东方红”号海洋调查船在进行海底沉积物取样工作时发现了黄海沿70多米等深线分布着大量50 cm厚或30 cm厚的泥炭层。70 m等深线是距今7万年～4万年前大理冰期黄海古岸线的位置。“在古岸线上沼泽广泛分布，植物沿此线大量生长。”“死亡的植物遗体便在沼泽内堆积起来。又因当时气温较低、水体停滞，植物残体得不到细菌的充分分解，植物体的木质素和纤维未能彻底破坏，逐渐变为腐殖质、腐殖酸，后经泥沙覆盖即成泥炭。”①

我们女娲伏羲计划的第二期工程已设计了海底隧道采矿（图31），第三期工程开始海市蜃楼计划，在伏羲城东部近海，外毛竹沙右侧较深海域的沙脊（或海底山峦上）建南蓬莱、方丈、新瀛洲三个人工岛（图32），这三个人工岛就是海底采矿基地。潜泳采矿机械采集的泥炭以潜艇运至人工岛水下管道（或隧道）接口处，被吸上海面装船运往伏羲城的海洋化工基地，在工厂里提炼泥炭所富含的氮、磷、钾或直接生产腐殖酸肥料。

这些人工岛及配套的管（隧）道不是单为采泥炭而建造的，黄海海底蕴藏的许多资源，比如海绿石亦可以用同样的方法采集。

海绿石是一种硅酸盐矿物，由多种化学元素组合而成，各占比例如下：K_2O，9.5%；Al_2O_3，5.5%～23.6%；Fe_2O_3，6.1%～27.9%；FeO，0.8%～8.6%；MgO，2.4%～4.5%；SiO_2，47.6%～52.9%；H_2O，4.9%～13.5%。

目前，澳洲东南岸海域已经开采含丰富海绿石的绿泥，经过选矿可以生产10%的K_2O，专家预测海绿石的开采和利用有着极

① 徐家声：《黄海十万年》，海洋出版社，1982年。

其光辉灿烂的前景。

黄海还蕴藏着丰富的石油资源。国外估计中国近海石油储量约为40亿～150亿t。我这里只介绍最保守的估计："约40亿t(300亿桶)，其中渤、黄海各为7.47亿t(56亿桶)……"①

"黄海海底是个大的封闭盆地，从大陆流注入海的大量泥沙不断在此沉积。北黄海地质与渤海相似，其东南部盆地可能堆积有较厚的老第三纪含油气及煤的沉积层。南黄海凹陷更深，海相地层更为发育，新生代地层深达5 000 m，其隆起和断裂构造发育对油气生成与储集十分有利。南黄海盆地是苏北含油气盆地向海的延伸，与陆地构成苏北—南黄海盆地，面积约8.7万km^2。盆地有可储油气的构造圈闭达40多个，产生油岩的厚度达数千米。"②

由于渤海较浅，开发的难度小，我国早已开始了对渤海油田的开发，打出了一批高产油气井。女娲伏羲工程的建设，将为黄海可能蕴藏的石油资源的开发提供一些支点，比起渤海的海上钻井平台来说，既节省又安全。

我之所以没有把近海油田的开发列入前文8.2.3.3能源部分来谈，是希望充分利用潮汐、风能等可再生的资源来提供动力，而把宝贵的石油作为工业原料来发展石油化工产业，生产化肥、塑料等制品。

除了向海洋要资源之外，女娲伏羲工程本身亦会生产出大量工业原料，比如在第一期工程完工、伏羲湖湖水淡化后，沿湖广泛种植的芦苇就是最好的造纸原料，所以第二期工程在伏羲城安排了大型造纸厂(图31)。用芦苇造纸不但可节约木材，有利于提高我国的森林覆盖率、保护生态，而且纸的质量也非常好。伏羲城造纸厂得廉价芦苇和充足淡水之便，其产品将很有竞争力。

---

① 孙湘平：《中国的海洋》，商务印书馆，1995年。

② 同上注。

女娲伏羲工程实施后，西洋变成了内海，风浪减弱，海水会变清，而且由于淮河出海通道把河水导出了外海，西洋的盐度也会比较稳定，这将使盐城一带苏北的盐场晒出更纯净的盐供内地人食用或在当地发展盐化工业。随着电子工业、信息产业的发展，企业家在寻找建立“一尘不染”的工厂的理想厂址。因为清洁对于制造电子精密仪器等产品的工厂来讲不仅代表着文明生产，而且是保证质量的关键。集成电路的间距只有 0.5 μm 以下，只要落上等于或大于 0.5 μm 的灰尘，就会造成电路短路……处于海洋和淡水湖之间的伏羲城是建立洁净工厂的理想厂址，随着其他基础设施的逐渐完善和配套，相信会把许多电子、信息产业的工厂吸引过来。

随着伏羲城四周海水养殖业和伏羲湖、女娲湖淡水湖养殖业的发展以及得远洋渔港——草米树港之便，伏羲城将成为全国最大的水产品加工基地之一。

女娲伏羲工程最有吸引力的产业也许是旅游业。女娲湖、伏羲湖虽然是人造的，但是却恢复了华北、华东早已失去了的那些古代大泽的风貌。西洋——这个被从黄海中分割出来的内海，海水将从黄色变成蔚蓝，这一切都会吸引旅游业者创办各种水上娱乐项目，海市蜃楼计划的三座仙山——南蓬莱（区别于山东的蓬莱）、方丈、新瀛洲（区别于古代瀛洲和日本的别号东瀛）三个人工岛将引发人们深海探险的欲望。

未来学专家认为，随着人类社会的高度发展，物质和精神财富日趋丰富，21 世纪将是服务业大兴旺的世纪，各种旅游娱乐服务业将成为许多国家和地区的重要经济来源。有着得天独厚条件的伏羲城也不应例外。

伏羲城周围虽然有逼真的人造“自然”，但女娲伏羲计划本身从总体上说有很高的科技含量，伏羲城的旅游项目应与“自然”中处处渗透出的高科技的氛围相一致。这一点日本的经验值得借鉴。他们的一些旅游场所应用了许多最新的高科技成果，而且舍得投入巨资。比如位于九州的“太空世界”，“旅行者”可以乘“太空巴士”飞往一座逼真的“太空城”，并可沿8条轨道进入“太空黑洞”。经营者每年还要投入数千万美元，根据最新太空科技的发展来改进设施。伏羲城的旅游业者，亦应融商业智慧和科技精华于一炉，摆脱我国已经搞滥的简单模拟人造景点旧模式，在女娲伏羲的“伊甸园”，在“篷舟吹取三山去”的地方创造出一些新的旅游休闲项目。

综上所述，将女娲伏羲计划所具备和引发的种种优势互补，各个科技含量高的朝阳企业组合起来，必将形成一个具有强大辐射能力的新的经济发展极，带动新中原、大中原和国内整个陆桥经济带走上快速发展的道路。

8.2.3.5　一处与自然融合的可以膨胀的生存空间

何祚庥先生1996年8月在《理论物理学和国民经济建设》专题报告中指出：“中国虽然‘地大’，但‘有效生存空间’却相当狭小，‘人均有效生存空间’更是十分狭小。中国人口的绝大多数均生存于人口高密度的地区。以江苏省为例，其人口密度高达670人/km^2，而世界上号称人口高密度的日本是328人/km^2。”

女娲伏羲工程完成后，将使中国人口密度最高的省份之一江苏省新得到约相当于（地区一级的）南通市的陆地面积（含启东、海门、通州、如东、如皋、海安六县），海岸线却比南通市原来的海岸线增加了数倍。对于我们所面临的海洋时代来说，海岸线的增加意味着海上种养和开发其他海洋资源的空间增加，比单纯增加土地重要得多。因此，我估计新的地级城市伏羲城可以提供3倍于南通市（甚至更多）的就业机会，包括前文所述各种朝阳工业、临港工业、港区的运输业，旅游业以及新增加海岸线为依托的海洋牧场、海洋农场，在女娲湖、伏羲湖等淡水水面搞立体水体农业和渔业，还有以海市蜃楼计划三座人工岛为基地的海底采矿业，都将吸纳大量的就业人口。

女娲伏羲工程将为长江提供一个安全的泄洪通道。长江最怕下游全线高水位时又遇上长江口大潮的顶托，由于女娲湖、伏羲湖、西洋内海都是隔离的水面，与之连接的石弶运河便成为全天候的泄洪通道，即使是内海和大湖容纳不下的特大洪水，因与长江口错开了满潮的时间，依然可安全地向外海泄洪。为了黄淮海海现代水利大系统更有效地运作，应坚决把黄河故道滩区 2/3 的人口，洪泽湖区 1/3 的人口迁到女娲、伏羲湖畔或新辟的海岸线边，从事淡水或海水的养殖业，以使黄河故道部分河段得以恢复行水，使洪泽湖周边地区为提高洪泽湖纳洪能力而进行必要的退耕还湖。这样女娲伏羲工程就不仅仅扩大了的生存空间（海上的那一部分），而且为黄淮海海现代水利大系统的整体性运作发挥作用。

为了避免洪泽湖等湖泊人进湖退的悲剧重演，女娲伏羲工程应坚持与自然相融合而不是相对抗的原则，所以我们划出了牛角沙湿地自然保护区，三丫子湿地自然保护区和射阳河口湿地自然保护区（图 30）。待三期工程完成后，草米树港南侧黄河管道输沙工程的余沙排放区还要建新的湿地自然保护区。在泥沙质的新的海岸带，要广种白蜡树等耐盐碱的树种，以形成防风林带，并广种互花米草护岸护滩。总之，要营造适于人类居住的海岸环境和水面环境，并维护生态平衡。

也许有人会问：难道你的工程就不会影响黄海的海洋环流吗？这个问题我是认真考虑过的。首先黄海暖流的主流靠近黄海东岸朝鲜半岛一侧，西岸的工程对其不会有妨碍。另一方面扁担（河口）潮汐电站的北喇叭口在冬天长期刮大风的条件下，自北向南的沿岸流的加强，以及喇叭口地形的辐聚作用可能会把黄海暖流的分支牵动过来，或者说嘉庆黄海暖流及其余脉与终年南下的西黄海沿岸流构成的黄海环流（图 36）。我们在前面的 8.1 部分已经介绍过：进入渤海的微弱的黄海暖流余脉“抵达渤海西部时……分为两小股……往南的这一股与鲁北的沿岸流混合，构成了一个未定的左旋环流。”那同样道理，如果胶莱运河按海平面运河的标准拓宽浚深，莱州湾在沿岸流和喇叭口辐聚作用下，使渤海湾内的海水从胶莱运河涌入黄海从而牵动黄海暖流余脉沿这左旋环流更多进入渤海（图 36），在这种情况下，扁担站、新川站都应停止发电，打开闸门，使这两股汇合的海流……这样使渤海和黄海的两个环流均得到加强，是渤海、西洋内海……而且这种加强（也略有变化）的海洋环流格局，在越是北风强要降温的时候，几个向北喇叭口越能牵动黄海暖流，从而部分抵消了降温的危害。

我国过去有大量水上居民，共和国成立以来为了体现社会主义的优越性，也为了方便进行户籍管理，制定了优惠政策已使他们绝大部分上岸定居。其实水上生活不占土地，有很多优越性，值得提倡，女娲伏羲工程提供了大量水面，可以进行水上社区建设试验，为水上人家提供医疗和孩子上学的方便，并提供优良的种子、种苗和先进技术来发展水上种养。

我对政府把房地产业培育为支柱产业有些忧虑。改革开放以来的房地产热已使许多地方在近海河床大量挖沙，降低了河床标高，造成海水上溯并向河床两侧补给地下水（恰逢我们的工农业大量开采地下水，又给海水让出了地下空间），形成了“海水入侵”的灾害。而且全国大范围的过量挖沙导致入海泥沙的总量减少，许多地方的海岸线因得不到泥沙补充而不断后退。

杜甫“安得广厦千万间，大庇天下寒士俱欢颜”的诗句反映了我国人民千百年来的梦想。今天中国政府有决心也有能力来实现这个梦想，可是大自然却难以为“安居工程”提供那么多建筑用沙（除非大量用机器碎石造沙，这又大大提高了造房成本），千万不要出现大家都住进“安居”之房的时候，有些地方的环境却不适于安居的情况。台湾海水入侵的灾害严重，全岛平原地区已

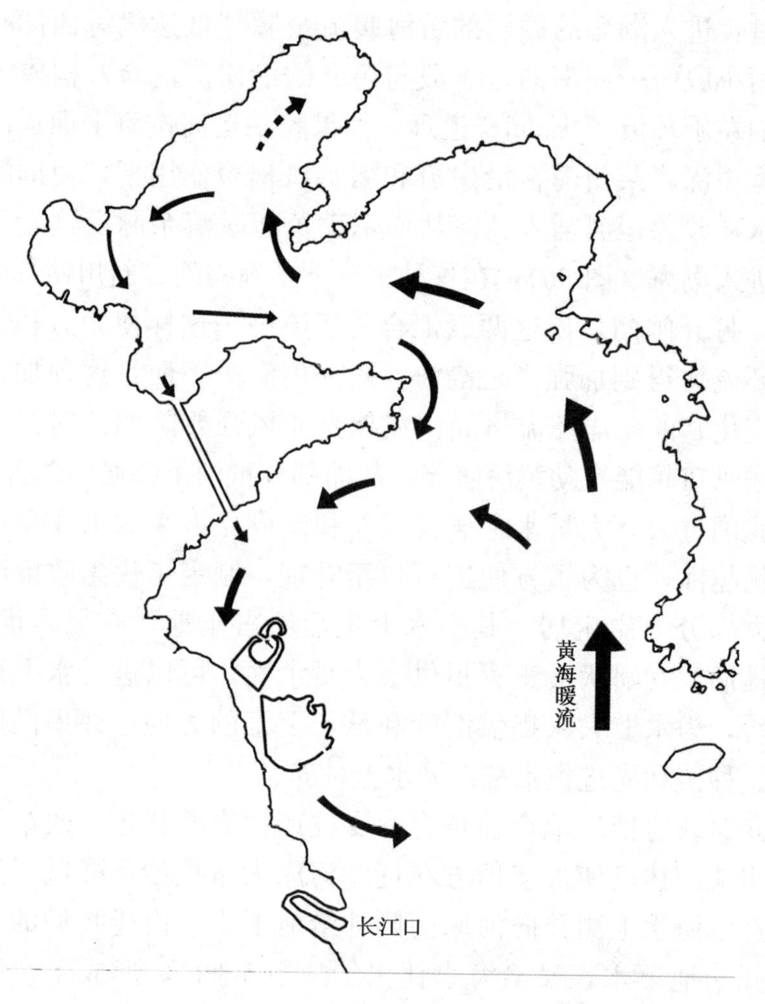

图 36　某种条件下的黄海、渤海环流形势示意图

有约十分之一面积“沉”入海中了，前车之鉴不能不引起我们重视。大城市里为了某位市长的“政绩”，而拆掉那么多旧房有必要吗？难道只有住进钢筋混凝土的楼房才算安居吗？（深圳等许多地方）拥有比发达国家日本和发达地区香港更多的人均住房面积，这能算是我们的骄傲吗（工人和雇员住房面积的过量增加只能使企业的竞争力下降）？深圳曾有过一位从国务院领导机关调来（可能因此而有比较宏观的视野）的市长，在任时曾“不得人心”地提出向香港和日本学习，走房屋小型化道路，可是当他离任后，已听不到这个口号了。与此形成对照的是，一些发达国家的有识之士却喜欢上了（干打垒式的）泥土建筑，因为它保暖，取之自然，融于自然。当然，泥土建筑不适于多水的地区，在我国华东、华南以及黄淮海海现代水利大系统的水网地带，“安得船儿千万艘”也可以安置大量的农民、渔民，这是减缓人与土地紧张对峙压力的一个有效途径。

随着我国经济的高速发展，航空业很快会面临“塞机”的问题，台湾在节假日已经出现这个问题了。塞机当然不可能是飞机“塞”在天上，而是由地面导航设施所引领的适于不同机型不同飞行高度的航线均已排满航班，所以大量飞机要在地面等候。

女娲伏羲工程在海上提供了几个支点，可以用来安装导航设施，从而开辟新的海上航线。

前文 4.2 所提到的真空隧道里的磁悬浮列车，能大大提高运输效率，而且可以节约土地。可是开挖隧道的大量土石也要有堆放的地方。在女娲伏羲工程实施的时候，可以在海区以沉箱作业方式预埋管道，这样随着女娲伏羲工程的完工，就有一条或几条管道可用来发展沟通苏南苏北的管道磁悬浮列车，以及铺设通信光缆、电缆等。

所以女娲伏羲工程是一个可以向空中、地下和周围海区不断膨胀的生存空间，而且可以惠及周围的广大地区（如石弶运河可以缓解整个长江下游行洪的压力）。

为了珍惜这些得来不易的土地，所有的发展项目应进行统一的合理规划。比如与港口配套的仓库区楼房统一标高，在楼顶上大面积安装风力发电装置组阵，在工厂区也要统一标高，但考虑到噪音和安全等方面问题，不搞风力发电，而是大面积安装太阳能发电装置组阵。而且三个潮汐电站的喇叭口处，如果建厂房、仓库等，临海的一面建筑一定要整齐，甚至是连体的，以便使风也产生狭管效应，不但有利于直接利用风能，也使波浪和海流发电装置发挥更大的效益。

特别需要指出的是黄海的港口一定要统一规划，不能重蹈渤海的覆辙。渤海经济圈这几年被有关部门和传播媒介炒作得很热，可是渤海港口的重复建设也最严重，西岸不长的一段海岸线就密布着锦州港、秦皇岛港、乐亭港、唐山港、（天津）塘沽港、黄骅港，还有东营市正在规划的黄河口的大港，搞得哪里也吃不饱，哪里也形不成像样的物流。百年商埠天津正在失去它以往辐射三北（东北、华北、西北）的优势，而新的商品集结地又在这场混战中难以形成。这种形势只能使南方坐收渔利。根本不产皮革原料的浙江海宁竟然成了全国皮革和皮衣的批发中心就是一例。北京不去利用由京津塘高速公路所连接的塘沽港，却偏偏舍近求远还要投入巨资在乐亭去专门建京唐港，这很难说得通。直辖市都不能优势互补，又怎么能制止住地方上的重复建设呢？

黄海西岸南部起步比较晚，有后发优势，可吸取渤海的教训。在考察队一致通过的考察报告中出于对地方上的尊重，沿用了（位于黄河故道入海口正规划中的）中山港这个名称。其实广东省的中山市已有了一个中山港，再采用这个名称显然是不合适的，交通部那里也不会通得过。更重要的是“中山港”不能与（女娲伏羲工程中的）黄海港重复建设，当然这只是我个人的观点，孰优孰劣可由专家班子来认定。

我们有理由相信，女娲伏羲工程实施后将为中华民族带来一片新的可不断膨胀的生存空间，而且这块新的立体的国土将成为中华人民共和国管理最合理、最有效、最现代化的地方。同时，因为女娲伏羲工程完善了黄淮海海现代水利大系统，也必将带动周边地区走上经济高速发展的道路。

现在温室效应造成的气温升高成了全球关注的热点。其实我们同古人类一样也还同时面临着冰期到来的危险，只要连续几个大规模的火山爆发（使火山喷发的烟尘长期遮挡阳光）或小行星撞击地球，或者核战争带来了“核冬天”，那时黄海海面将向后退去，古黄河—古长江三角洲将再次露出水面，我们的一组三个潮汐电站无法发电了，可是把三个闸门一关，把石弶运河的弶港船闸也打开，长江、黄河、淮河的水将在原西洋内海形成一个巨大的淡水湖，以这个淡水湖为根据地，中华民族的幸存者将迅速占据古黄河—古长江三角洲和古黄海平原上辽阔的土地，发展世界上有史以来最大规模的灌溉农业，并重建未来的城市文明！

让我们尽快来实施女娲伏羲工程吧，因为它不仅是可以超越鹿特丹的亚欧陆桥的巨大的桥头堡，也是我们迈向海洋、迈向未来、迈向可能再次出现的黄海大平原的最佳出发阵地。女娲伏羲的后代将在这块祖先留下来的“伊甸园”里永远繁衍生息。

9 结语

黄河，这条孕育了中华文明的母亲河，她是慈祥温柔的，又是暴虐无常的。

史书留给我们太多黄河泛滥的可怕记载，以至于我们常常忘记了这条伟大母亲河的温柔慈祥。然而，中国有句老话：子不嫌母丑。也许，正因为母亲的暴虐无常，才练就了中华儿女坚韧不拔的民族性格。暴虐的母亲河对子孙万代有一个恒久不变的要求：中国需要一个权威的中央政府！每当她的要求实现的时候，她总会较多地露出她那难得一见的慈祥温柔的笑容。

中华人民共和国成立近半个世纪，母亲河一直没有发怒，但她在历史上的暴虐又时时刻刻提醒我们：绝不可以掉以轻心。

今天，当我们在进行伟大的改革开放事业的时候，我们仍应该铭记母亲河那恒久不变的要求。其实，社会主义计划经济并非一无是处，它的最大优势是国家可以控制并合理配置资源（尽管一次又一次的政治运动以及我们认识上的局限影响了这一优势的发挥）。今天，我们发展社会主义市场经济，追求的是对资源的配置和使用能更灵活、更有效，而绝不是放弃中央政府的权威和进行系统管理的权利。否则，母亲河残暴酷虐的惩罚正在等着我们。

这绝非危言耸听，洪水和旱灾依然像时刻悬在我们头上的两把利剑，而且由于许多地区人与土地的对抗达到甚至超过了极限，造成了水环境的恶化。这大大削弱了我们抗御洪水的能力，也抵消了许多工程上的成就。

黄河下游（因洪水泛滥造成的）摆动的幅度，南达长江水系，北至海河。当今我们特别要警惕的是黄河北泛，因为100多年前黄河改道的地方东南方向有高过它的故道，再往下游山东的泰山等山脉又从东南方继续形成屏障。一旦黄河北犯，天津、塘沽等港口城市将毁于一旦，北京因此失去最重要的出海口……而首当其冲的是目前国家重点投资（将成为晋煤东运重要出口）的黄骅港。我认为该港的选址不够慎重，由于它太靠近黄河河口，只要一次小小的“龙摆尾”，就能把这个目前正轰轰烈烈建设中的城市和港口夷为平地。防止黄河泛滥的最有效方法就是要发挥黄淮海海现代水利大系统的整体性功能，让现黄河及黄河故道把黄河的水和沙在沿线分散，分散到下游堤防能够客观承受的程度。分散掉的水、沙又能作为资源，在系统内被淮河、海河流域在改善水环境的过程中加以利用。

至于旱魃肆虐的西北诸省都在打黄河的主意，中央应保持高度的警惕。西北的农民本来就是在世世代代与干旱的斗争中繁衍、成长起来的，他们有在干旱中生存的“天性”，并积累了发展旱作农业的丰富经验（如甘肃定西地区的雨水截留工程）。他们的“耐旱”也是国家民族的宝贵资源。以“扶贫”和“支援老、少、边”为口号，以“为官一任、造福一方”为口号，不惜工本地向干旱地区无节制引水，造成对资源的双重破坏，一方面下游断流了，另一方面上游也失去了对干旱的适应能力（比如因过量灌溉而造成了大量盐碱地），这样，当更大的旱灾来到时，整个黄河流域的经济都将会受到沉重（可能是毁灭性的）的打击。

本文探讨的重点，是黄河下游及故道作为高高在上的“地上河”可与它周围黄河冲积扇中的所有河流以及相关引水工程在一个大的系统内整体性综合开发的一些新思路。传统上人们对这一段“悬河”最恐惧，但下游的综合开发自然离不开上游的配合和支援，而且上游的开发同样面临一个整体上综合平衡的问题。“黄河百害，唯富一套”，这是人们在人口压力不大、生产力低下时的认识。现在宁夏向河套地区大量移民，开发河套灌区，既发展了农业，又解决了“扶贫”，颇得了些实惠。可是他们的思路比大半个世纪前的傅作义先生（那时中国人口仅为现在的三分之一）、比我们一二千年前的祖先没有多少进步。宁夏的河套地区（习称黄河前套或西套），左侧是腾格里大沙漠，右侧是毛乌素沙地。而内蒙古的河套灌区（古称后套）西与乌兰布和沙漠相接，南有库布齐沙漠。把这些威胁到我们生存的无边无际的荒漠开发成良田、森林和草场，是我们这个人口不断膨胀着的国家的刻不容缓的任务，也是全人类所面临的一个重要课题。实际上，你不用植被覆盖它，它便会以黄沙来“淹没”你。现在以色列已经提供了在沙漠地区利用滴灌技术发展高附加值的现代化大农业的经验，我们再也不能等闲视之了！过去，采用漫灌方式浇 1 hm^2 地的水，改用滴灌技术可以改造几公顷的沙漠，并取得可观的经济收益。如此比较起来，在河套的低洼地带，修几个水库尽量多留住一些汛期的黄河水，比搞垦区更划算。因此，对待移民问题应千万慎重，今天政府付了安置费，把贫困地区农民迁到河套低地，他们用浪费黄河水资源的大片漫灌方式迅速致富；过几年，当我们为了改造沙漠而要将低地变成水库时，政府又将花多大的代价，才能把那些已盖起楼堂馆所并又生产了大量人口的富裕移民再“请”走呢?

我在前文 4.3.1 中提出了一种“把根留住”的移民政策，建议中央给予考虑，并使政策进一步配套。三兄弟一个移民新区(移民者要与政府签订在国家需要时低价出让垦殖土地、并保证节制生育等一系列契约)，一个外出打工，还有一个必须留下，这就是留下了根，等家乡的林业发展起来，生态向好的方面发展了，外出的人还会回来。

毛乌素沙地年降水量较多（西北部 250 mm、东南部更可达 400～440 mm)，且地下水也相当丰富（丘间低地一般埋深 1～3 m)，开发条件比较好。而宁夏河套灌区西侧的中国第四大沙漠——腾格里沙漠的“流动沙丘所占的面积虽然较多，但被一些固定、半固定沙丘，湖盆和山地浅丘等所分割；同时不少湖盆还可以作为治理沙漠的基地”。因此，该沙漠也是“中国西北开发利用条件比较好的沙漠之一”。乌兰布和沙漠半固定和固定沙丘占了 60%以上，且“濒临黄河，可引黄自流灌溉，开发利用条件较为优越”[①]。我认为从国家的全局观点来看，利用黄河上游有限的水资源来改造沙漠比用这些黄河水在河套地区生产粮食更为重要，况且开发上面介绍的三个条件较好的沙漠也能取得巨大的经济效益。比如利用滴灌技术推广甘肃省沙漠地区种植彩色棉花的经验，进而发展不用漂染的纺织业和服装业，生产无污染又有利于人体健康并能产生高附加值的生态服装。[②] 4 个沙漠中，库布齐沙漠的条件最差，“流动沙丘居绝对优势，占整个沙漠面积的 80%”，但它和黄河之间没有高山阻隔，也可以比较方便地引水，因此内蒙

---

① 吴正：《中国的沙漠》，商务印书馆，1995 年。

② 我国 1995 年引进彩色棉，经过在敦煌等地试种，棕色和绿色彩色棉的纤维品质达到了工业试纺要求。甘肃飞天彩色棉有限公司已开发出一批商标为“天净沙”的针织产品，大受欢迎。现该公司彩棉种植面积已达 7 hm^2 多。

古河套南岸灌区应定位为治理库布齐沙漠的基地。最好由建设兵团来经营，大量培养草种和树苗，先巩固住沙漠边缘的灌丛沙堆，逐步向沙漠腹地进军……

为了治理沙漠而跨省区引水和移民牵扯到许多复杂的问题，所以我们不能单纯责怪某一省区的领导“短视”。说来说去，还是我们的经济学家们应对国家资源的合理配置多下些功夫（不要一窝蜂都去重复性地研究热门的课题）；我们的中央政府也应根据形势的发展和学者们的建议，随时修正自己的决策。

我国在1988年7月1日起施行的《中华人民共和国水法》（以下简称《水法》）已明确规定：“开发利用水资源和防治水害，应当按照流域或者区域进行统一规划。”但是目前与《水法》配套的法规尚不完善，各大流域的规划也还不太理想，而且还需要一套执行、管理流域规划的条例。

1990年，在中国水利部科教司、外事司与世界银行经济发展学院联合举办的“中国江河多目标开发经济政策高级研讨班”上，发达国家的专家介绍了美国田纳西流域（TAV）、澳大利亚墨累达令（Murray Darling）流域“全面规划，统筹兼顾”的成功经验；发展中国家如巴基斯坦印度河流域和斯里兰卡马哈韦利河流域多目标开发的案例，也给我们很大的启发。此次会议上，我国水利部财务司魏炳才司长在总报告中坦率地承认：“中国在长江、黄河等大江河流域规划的多目标开发方面，如何把流域作为一个系统进行环境效益和社会效益评价，还缺少实践，某些概念、准则和方法也不十分明确。江河流域综合利用规划，在协调防洪、发电、航运、灌溉、城市工业供水等方面的需求，处理水利、能源、交通、城市建设、农业以及其他许多国民经济部门的关系，以及上下游、左右岸的关系是一个需要继续研究并在实际工作中认真解决的复杂问题。”

七年过去了，水利部的专家们一定作了许多努力来缩小我国在这方面与发达国家及部分发展中国家的差距。我们深圳大学区域经济研究所，也愿尽一份微薄的力量，助水利部的专家们一臂之力。我们用系统科学作指导，规划了多目标开发黄河中下游及黄河冲积扇上所有河流的黄淮海海现代水利大系统。其实黄河下游与上游之间，黄河流域内与流域外（如邻近的大沙漠）开发的统一规划同样离不开系统工程理论的指导。

总面积约 31 万 km^2 的黄淮海平原又称华北平原，是中国的三大平原之一，而地势又最平坦，最有规律可循（以古荥阳为顶点向东北、东、东南极为平缓而又均匀地倾斜，其中又以处于中心位置的黄河及黄河故道为分水岭……）。“平原在陆地地形中占有特殊重要的地位……只要气候适宜，平原地带常常是农作物的重要产区和人文荟萃的地方。”① 黄淮海平原上有过灿烂的古代文明；今天，以黄河和黄河故道为依托的黄淮海海现代水利大系统必将为古中原及整个黄淮海平原和沿岸海区的再度辉煌做出贡献。

“黄淮海海现代水利大系统”的提出是有普遍意义的。中国的另一大平原——东北平原，以拟议中的“松辽运河”② 为依托，亦可形成“黑（龙江）松（花江）辽（河）海（沿岸海区）”现代水利大系统，实行跨流域调洪、引水、航运，并使黑、吉二省有便捷的出海口，使整个东北地区插上腾飞的翅膀……

目前全球生产能力供过于求，依赖一时相对廉价的劳动力，以高投入的方式求得量的增加来发展出口导向型经济，将面临激烈竞争并可造成国内产业结构失调。对此，我们必须有清醒的认识！否则今天抓住的所谓“机遇”可能就是明天重复建设、职工下岗、企业破产等一系列问题的肇端。21 世纪真的是亚洲人的世纪、中国人的世纪吗？这个美好的愿望或祝福真要实现，我们还

---

① 方如康：《中国的地形》，商务印书馆，1995 年，第 58 页。

② 详见 181 页注①有关松辽运河的内容。

必须下很大的功夫来合理利用资源和提高生产效率。黄淮海海现代水利大系统的提出，正是在系统科学的指引下追求华北区域经济整体质的提升。只有我国经济从产量数量型增长向效能质量型转变，只有全国各地都追求综合合理地利用资源、系统地提高生产效率，使真正的区位优势得以充分发挥，才能为我国开拓海外市场提供坚实的基础。

系统科学从博大精深的中国传统哲学中汲取过营养，如老子的“道生一、一生二、二生三、三生万物”（其实此种表达方式更生动也更深刻，因其准确反映了多极结构的世界。而目前国内外系统科学的学者所惯用的“1＋1＞2”的表述方式①在哲学上仅仅是强调了“对立统一”中的“统一”而已。)，而中国五千年的历史又贯穿着一次又一次地构建灌溉航运治水的水利系统，都江堰、灵渠、东西大运河、南北大运河、京杭大运河，特别是从潘季驯到靳辅一脉相承的黄淮运并治、多目标开发的治河系统……这一切成就的取得又离不开所谓的“亚细亚生产方式”或者说是“东方专制主义”。

毋庸讳言，中国曾是一个有过辉煌成就同时又非常专制的“治水国家”。

今天我呼吁重视水利并主张在黄河冲积扇上率先建立集古人之大成又超越古人的现代水利大系统，目的绝不是单纯为了复古。

在我国正逐步完善的社会主义市场经济体系中，第二、第三产业早已占了主导地位，而且我国国民经济的外贸依存度也在不断提高（见 8.2.3.2 所引陆大道的理论），我们已不可能再倒退到封闭的超稳定的农业社会去了。

本文提出的黄淮海海现代水利大系统是运用系统科学原理，

---

① 本文不是系统科学论文，所以前文也沿用了这一表达方式，这一段文字也仅仅点到为止。

为适应现代国民经济的全面的可持续发展而规划的，表面上有局部的复古，整体上却是一种升华。

黄河是世界上唯一保持了连续历史的古文明——中华文明的象征。这个文明并没有没落，它只是经历了短暂的落伍，甩掉了一些包袱之后，在系统科学的指引下，一旦完成了自身（痛苦的、起初不情愿）的调整，它将再度辉煌并再度表现出让世人惊讶的持续发展的稳定性！

除了向水利系统的前辈专家讨教之外本文引用了钱学森、宋健、何祚庥、胡兆量、陆大道、曾呈祥、吴佰堂、徐冠仁等著名院士、专家、教授的著作和言论，涉及了系统工程、理论物理、环境地质、地学新材料技术、经济地理、海洋学、植物学、生态学、农学等有关学科，如有引述不当之处，敬请批评和指教。我只是想说明：水利事业、治黄事业是一项跨学科、复杂巨大的系统工程体系，应从地球圈大系统以及人类经济社会协调发展的高度看问题。其实我们人类的活动只是地球圈大系统中的一个子系统而已。现在有些地方、有些部门的领导，在“为官一任，造福一方”的口号指引下，做了一些在一时、一地、一个部门颇受欢迎的“好事”，但这些“好事”组合起来的自然规律——经济社会发展——生态环境效果却不尽如人意，甚至付出了沉重的代价。

再也不能掉以轻心了，资源在闲置、在浪费！洪水和旱灾这两把利剑依然时刻悬在我们头上。为官一任能真正造福一方固然是好事，但什么是“福”，什么是“祸”？大自然的客观规律我们真正认清了吗？今天我国的生产力空前发达，但如果我们搞得不好，用发达的生产力去干破坏资源的事情，其后果就更为严重。那么，今天的“福”就是明天的“过”，甚至可能是一场灾难的“祸根”。

本文力图运用现代科学技术提供给我们的各方面的最新知

识，以系统科学为纲来加以组合，探讨“天人合一”式的对大自然的利用，而不是盲目的“改造自然、征服自然”。本文也许能有二分之一的内容具有可操作性，另二分之一属信息汇编和科学幻想。

在具可操作性的内容中，希望由于我和同志们的努力，首先能够在近几年内把保护黄河故道的提案在全国人民代表大会通过。另外，我特别急切地希望，水利部能重视本系统的几位专家（吴以教、方宗岱等）和我提出的综合利用小浪底水库分洪、分沙的建议，因为小浪底很快就要截流了，如果落实不了修建输沙、输水管道的投资，起码可以在大坝中留下输沙、输水的隧道和竖井，并做好将来与管道衔接的准备。

至于另外二分之一属信息汇编和科学幻想的内容，我把它们呈献给中国工程院的思想库。

民主的真谛在于“参与”，今天我斗胆地在专家林立的“黄河学”范畴内班门弄斧，追求的正是这种参与感。因为，我从小接受的教育是：我们队伍中的每一个人都是国家的主人。

1995 年 8 月第一稿

1996 年 2 月第二稿

1997 年 5 月第三稿

故道与黄河治理篇

浅论黄河下游的治河方略与黄河明清故道的利用问题

王开荣　陈庆秋

黄河以其携带沙量巨多而著称于世。在过去相当长时期内，伴随着泥沙的大量沉淤和河床的持续抬高，受当时社会动乱和政治腐败影响以及经济、技术条件所限，三年两决口和频繁的摆动改道构成了黄河演变历史的主要特征。据不完全统计，自公元前602年—1938年的2 540年间，决口次数多达1 590次，洪水在下游的泛滥范围北至津沽，南达江淮，纵横25万km²，给沿岸人民带来了巨大灾难和痛苦。人民治黄以来，经过半个世纪的努力，黄河下游逐步形成了由长达2 283 km的堤防工程、317处河道整治工程以及包括东平湖、北金堤等滞洪区在内的分滞洪工程和中游三门峡、陆浑、故县等干支流水库组成的较完备的防洪工程体系，创造了黄河50年伏秋大汛没有决口的奇迹①。

黄河安危事关下游沿线地区经济建设的大局。然而，由于黄河的泥沙在短期内不可能得到有效控制，下游河床仍将淤积抬高，尽管采取了水土保持、利用滩地及两岸放淤、利用干支流水库减淤、实施中游支流治理减沙等途径和措施，但黄河下游河床的淤积升高趋势并未得到有效遏制。1993年，黄河花园口、高村、艾山水文站流量为3 000 m³/s时的水位较1985年分别抬高了0.88 m，1.04 m和1.22 m；1996年8月5日，在黄河花园口仅仅出现

① 胡一三. 黄河下游的防洪体系. 人民黄河，1996（8）.

7 600 m^3/s的洪峰流量时，其水位就已比1958年22 300 m^3/s时的水位高出0.91 m，结果黄河下游大面积滩地（包括1855年以来从未上水的高滩）普遍遭受洪水侵袭，蒙受了巨大损失，仅山东菏泽地区滩区经济损失就达30多亿元。毋庸讳言，随着河床的日益抬高，洪水的威胁和影响将更为严重，其兴建维护防洪工程的规模和费用亦将成倍加大。统计结果表明，黄河如发生决口，洪灾影响范围总面积将达12万km^2，耕地700多万hm^2，人口约8 000万人。因此，黄河的洪水灾害依然是中华民族的心腹之患，黄河下游河道的防洪减淤和治理开发依旧是摆在人们面前的一项长期而又艰巨的任务。

1 现行黄河治理方略的讨论

人民治黄以来，现行黄河的治理方向及其对策在借鉴古人治河经验的基础上，历经半个多世纪的探索与实践，形成了诸如“水土保持”、“上拦下排，两岸分滞”、“把黄河水沙喝光吃净”、“宽滩窄槽”、“河口治理”等众多治黄观点和方略①。其立足点和出发点归纳起来有如下三个方面：一是黄河的防洪及堤防安全问题；二是黄河河道河床的减淤问题；三是黄河的未来安排和出路问题。其具体实施内容和措施如表1所示。

表1 现行黄河下游治理对策及措施一览表

治理方向	具体措施
防洪	a. 加高加固大堤和修建堤防工程 b. 修建中游干流水库群调节洪水 c. 开辟下游滞洪区和分洪道以及通过“宽滩窄槽”形成滩区滞洪区 d. 修建控导工程，进行河道整治

① 《当代治典论坛》编辑组. 当代治黄论坛. 北京：科学出版社，1990.

续表

治理方向	具体措施
减淤	a. 中游支流的水土保持 b. 利用黄河干支流水库拦沙 c. 利用干支流水库调水调沙，减少下游河道淤积 d. 引黄放淤，淤临淤背，淤筑相对地下河 e. 治理河口，延缓海岸线的推进速度，减少溯源淤积 f. 利用南水北调增大黄河水量，藉清刷黄 g. “宽滩窄槽”束水攻沙，加大河槽输沙能力 h. 利用高含沙洪水通过现河道输排泥沙或由小浪底水库兴建专门渠道长距离输送高含沙水流 i. 在大堤上打开 20 多个口门，在汛期分流拉沙出槽 j. 在河道和河口区实施大规模的挖沙
未来出路	a. 三堤两河 b. 开辟新黄河流路，实施大改道

综合分析黄河下游的现状和治理对策，不难理解，就防洪而言，尽管包括小浪底在内的干支流水库的修建能使黄河下游不足 100 年的防洪标准提高到千年一遇，其中小浪底水库的减淤作用可维持下游河道 20～30 a 不淤，但也只能相应减缓黄河下游河道的淤积速率而难以解除其“悬河”之危，何况就目前而言，即使利用小浪底水库控制下泄流量的大小，也存在着中小水发生险情，进而影响堤防安全等问题；加高加固两岸大堤和实施滞洪区分洪，要以巨大的经济投入乃至经济损失为代价；而投入巨大人力、物力、财力兴建的河道整治工程将随着河床的日益抬高在今后要陆续进行改建、扩建、重建。就此，中国科协黄河下游防洪减灾专家考察团在 1992 年 5 月对黄河下游进行了为期半个月的实地考察后指出：“目前的治黄措施并未根本改变下游河床淤积抬高的局面，因而黄河下游仍处于灾害能量不断积累的过程，黄河下游的治理仍然受制于泥沙。”①

① 中国科协专家考察团水利组. 中国水利发展战略问题文集. 北京：中国科学技术出版社，1993.

显然，黄河下游河道的症结在于严重的淤积，其河道的减淤无疑是实现黄河长治久安的根本性措施，能否有效遏制黄河下游河道的持续升高使其不致“隆之于天”，进而逐步降低河床高程，应引起政府及有关部门的高度重视。尽管目前所提出的减淤途径和措施不下10余种，但有些仍存在效果差、生效慢、矛盾多、实施难的问题和缺陷。分析黄河下游河道的减淤措施得知，黄河来沙除部分沉淤在下游河道内以外，余者出路不外乎有三：一是将其拦在中游干支流水库内，但此举措有水库容量及减淤年限的限制，即用有限的库容拦滞无限的黄河泥沙，显然此非一劳永逸和长久之计；二是将泥沙输排入海，但其有关措施不同程度地存在技术复杂、实施困难等问题，即使得以实施，表面看来可减少下游河道的淤积，但大量泥沙堆至河口，所引起的河口相对侵蚀基准面的大幅度抬高，进而导致整个下游河道的宏观淤积和平行抬高的发展态势则不容忽视①；三是引黄放淤、分流拉沙、淤筑相对地下河，但该途径受诸多客观因素制约，要么难以实施，要么引沙数量相对有限，成效不甚明显，且必须具备河道不再淤积抬高的前提。总之，日前黄河下游的诸多减淤措施还不能从根本上满足和适应黄河下游防洪减淤的目的和要求。

至于黄河下游的未来出路问题，似乎只有实施人工大改道。尽管黄河大改道的提出由来已久，但就目前黄河下游及两岸地区的形势而言，此设想并不可取②。据不完全统计，在黄河下游进行人工大改道，工程投资多达260亿元，需占地5 138 km^2，其中耕地约36万hm^2，移民250万人，新修堤防1 000 km，现有约17万hm^{2}的引黄灌溉系统以及众多的排水系统将被打乱，胜利油田和

① 张仁，谢树楠．废黄河的淤积形态和黄河下游持续淤积的主要成因．泥沙研究，1985（3）．

② 《人民黄河》编辑部．“黄河下游河道发展前景及战略对策座谈会”综述．人民黄河，1987（3）．

中原油田以及青岛、济南等城市供水系统，郑州以下所有越黄的铁路和公路桥梁和线路均要报废重建。

据此，笔者认为黄河下游的治河决策应立足于两大体系：一是防洪工程体系；二是减淤用沙体系。目前，黄河下游的防洪工程体系随着小浪底水库的兴建和下游河道的整治已初具规模，但减淤用沙体系的建立和发展还相当薄弱，明显表现出一手软、一手硬的不合理治河模式。在上述两大体系中，前者立足于防洪，治标不治本且较为被动，后者则着眼于黄河泥沙的处理和未来黄河的出路，而且还可以从根本上缓解黄河下游的防洪压力。显然，就黄河的未来而言，在保证黄河防洪安全的前提下，发展和完善黄河下游的减淤用沙体系更为迫切和重要。因此，在黄河泥沙未有根本减少，而加大排沙入海能力又存在较大争议的情况下，结合黄河下游河道整治工程和引黄需要，将黄河泥沙的大部消化和利用于黄河下游两岸地区，是治理现行黄河泥沙的有效方式和重要途径，也是实现黄河长治久安的必由出路。

综上所述，在目前形势下，采取一种技术可行、经济合理且易于实施的既能有利于黄河下游防洪、又能保持河道长期性减淤的黄河下游治理方略势在必行。而横贯豫、鲁、皖、苏四省的黄河明清故道为这一方略的实施提供了得天独厚的实施条件。现就此作如下探讨分析。

2 黄河明清故道作为未来黄河辅助流路的设想与探讨

2.1 黄河明清故道的存在对现行黄河治理的意义

明清黄河东坝头以下河道途经现今的豫、鲁、皖、苏四省，全长 700 多 km（图 1）。在 1855 年铜瓦厢决口改道至今约 140 余年的时间里，虽历经自然侵袭和人为作用影响发生较大变化，但河槽仍具有一定的行水能力，堤防保存也相对完整。

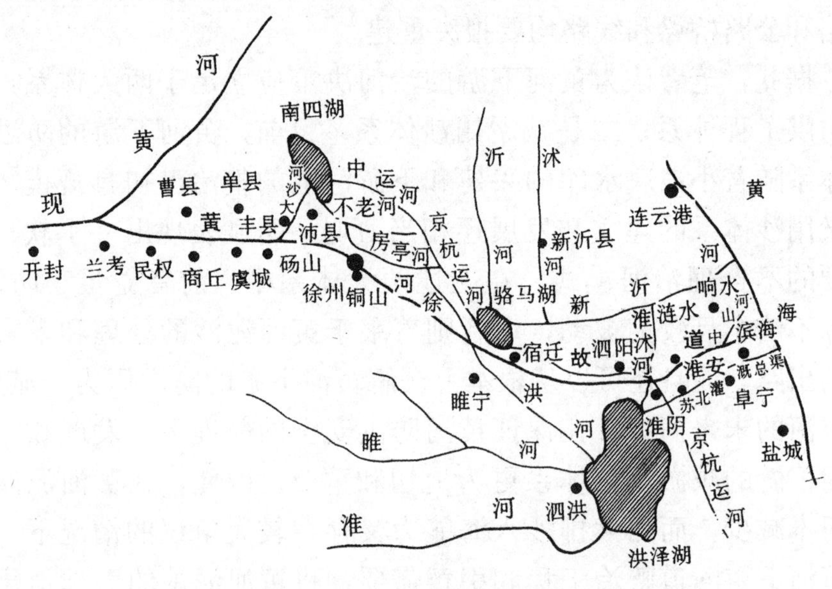

图1　黄河明清故道示意图

需要指出的是：黄河明清故道的滩地高程与现黄河滩地高程之间的差距正在缩小，据有关资料，故道滩地的高程仅比现黄河高3～4 m（图2）。由于70年代以来黄河出现小水的概率增大，甚至出现断流，泥沙大部淤在主槽内，滩地的淤升速率相对较小，因此，故道与现黄河两者之间的河槽高程差距可能会更小一些。这就要求我们对黄河故道的重新利用及再度行水问题必须有足够的重视，并尽快研究和进行合理规划。

黄河明清故道与现黄河之间尤其是在河道形态方面存在诸多相似之处，其存在对于现行黄河的分洪和减淤具有极其重要的潜在利用价值。早在70年代末，有关专家就曾建议："结合黄河下游防凌，可研究向故道分水的措施，既能减少三门峡水库的防凌库容和减轻山东凌汛威胁，又可发展故道两岸水利，达到一举三得。"① 但

① 徐福龄．河防笔谈．郑州：河南人民出版社，1993.

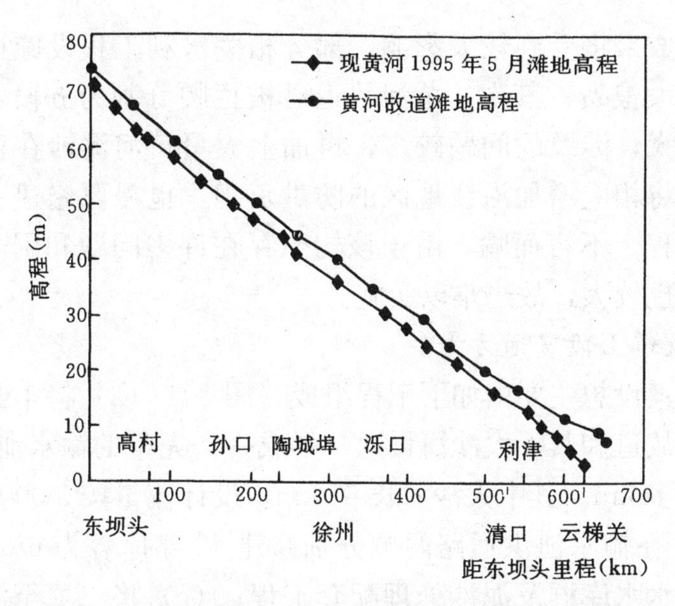

图 2　黄河明清故道与现行黄河滩地高程比较示意图

在当时，这一建议并未得到应有的重视。现今，随着黄河下游悬河形势的日益加剧和防洪压力的逐步加大，而实施黄河下游大改道又不甚现实的情况下，利用黄河故道作为现行黄河的辅助流路不失为一种值得探索和研究的治河方略。

2.2　黄河明清故道作为未来黄河辅助流路的设想及作用

黄河故道作为黄河辅助流路的设想有故道全线贯通和故道局部（指上段）贯通两个方案，现分述如下：

2.2.1　故道全线贯通方案

其设想的出发点是将黄河故道全线贯通后，黄河在下游呈两条流路入海的态势，较大和超标准洪水由两条流路分泄入海，防洪压力相对减轻且不再动用下游滞洪区，下游来沙的淤积将由两条流路分担，现行河道的淤升速率将大大缩小。然而，就目前黄河故道的现状而言，这一设想存在诸多困难，付出的代价也较大。首先，将黄河故道全线贯通并宣泄黄河洪水，势必要打乱故道现有水利工程的布局和水系格局，有关滩地农、林、牧、副、渔综合开发的成果将受到较大影响，部分相关水利工程设施也将废弃而造成巨大浪费；其次，黄河故道已被拦腰分割为五段，将其打通难度极大，涉及的问题较多，再加上大量黄河泥沙在黄河故道的堆积，将相应增加沿线地区的防洪负担，也需要修建一定规模的防洪工程。不言而喻，由于该构想存在许多问题和困难，社会负面影响也较大，故恐难以实施。

2.2.2 故道上段贯通方案

该方案设想主要由如下工程组成（图 3）：(a) 将丰县二坝以上的黄河故道和其下大沙河贯通，形成一条完整的输水泄洪通路，全长 360 多 km。其中大沙河长 61 km，设计流量按 3 000 m^3/s 考虑；(b) 在输水泄洪通路两侧分别修建 40 座库容为 6 000 万 m^3 的拦沙蓄水水库群及泥沙处理配套工程；(c) 将二坝至淮阴全长约 324 km 的黄河故道贯通，设计输水流量按 200～500 m^3/s 考虑，并在二坝、徐洪河与故道交界处分别修建拦河闸。上述三大工程和有关配套工程一旦得以实施，对于现行黄河和故道沿线地区而言，将具有如下功用。

a. 滞蓄黄河洪水和分泄凌汛期来水

其运作方式是：在汛期，当花园口出现超标准洪水危及高村以下河道安全，或在较大洪水条件下高村以下河道堤防出现非常情况时，打开分水闸，分泄 3 000 m^3/s 洪水通过黄河故道、大沙河泄入南四湖，在条件允许时，也可利用拦沙蓄水水库滞蓄部分洪水；在凌汛期凌情严重时，可将上游来水的部分和全部通过黄河故道引入各拦沙蓄水水库或南四湖。

b. 拦截黄河泥沙并加以利用

在现黄河大堤上兴建分水闸和必要的造浓（即采用人工措施加大水体含沙量）工程，视具体条件相机引高含沙水流通过输水泄洪通道进入蓄水拦沙水库。考虑泥沙的处理时限，40 座水库均隔年使用，即每年有 20 座水库实施蓄水拦沙功用。其总运用库容

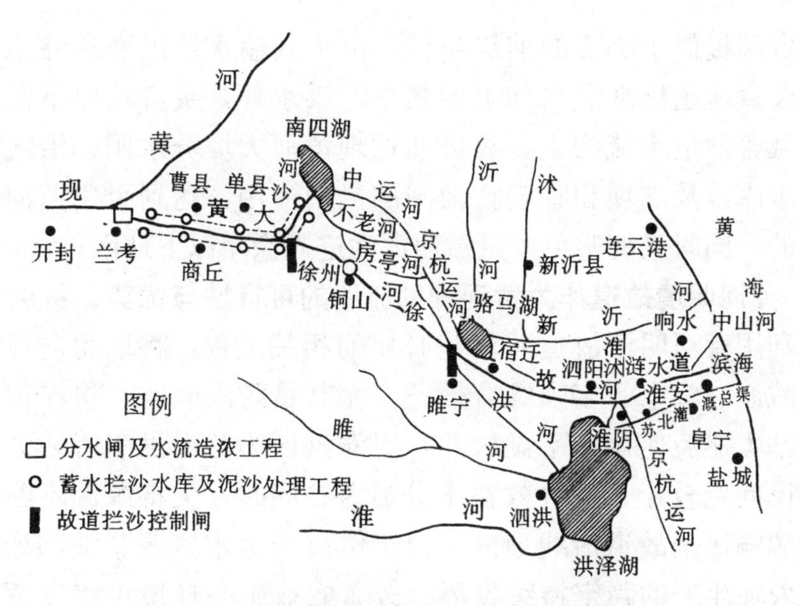

图3　黄河明清故道利用工程设想示意图

为1.2亿m^3。若引水平均含沙量按150 kg/m^3考虑，则每年从下游河道内引拦泥沙将达1.8亿t，占黄河下游（花园口—利津）河道淤沙量的40%以上。

每座蓄水拦沙水库配备年处理泥沙能力为900万t的相关工程和设备，其主要环节包括泥沙的沉、挖、输和淤土制砖等环节。其中，库区泥沙沉积后的清水或含沙量相对较小的水或为周围地区工农业生产提供淡水资源，或通过输水泄洪通道为徐州以下地区提供水源。库区泥沙制成成品砖后，则用于建筑和黄河下游堤防工程。

c. 为故道沿线地区提供淡水资源

黄河故道徐州以上地区的水资源形势极不乐观，其绝大部分地区的人均水资源占有量均在全国平均值的23%以下，即使相对较好的徐州地区也仅有73%，这无疑是制约当地经济发展的重要因素之一。尤其是随着京九铁路的开通，该地区的水资源短缺问题将更加突出。徐州睢宁县以上黄河故道的贯通，为当地引用黄河水资源提供了必要的前提条件。由于其输水泄洪通道除汛期部分时段宣泄超标准洪水和引输高含沙洪水外，余者均以下泄清水和较低含沙量水流为主，故可通过现黄河大堤分水闸、沿线蓄水拦沙水库以及二坝和睢宁拦河闸的灵活运用，达到引用黄河水源的目的，同时又能避免大量黄河泥沙进入徐州以下地区。

2.3 黄河明清故道作为黄河辅助流路的可行性与优势、特点

利用黄河明清故道并修建必要的相关工程，将取得防洪、防凌、减淤、输水等多项综合效益，尤其是防洪问题，将在很大程度上基本避免使用东平湖、北金堤滞洪区等分滞洪工程，涉及到的移民问题较小，社会效益十分显著；同时，又将源源不断的淡水资源输送至故道沿线地区，对于解决当地水资源紧缺问题、保证工农业生产的稳定持续发展、改善农业生态环境也将发挥积极作用。就其实施的背景和技术条件而言，也是比较可行的。

首先，该设想和方案基本不打乱整个黄河故道现有的水系格局以及相关水利工程的布局和模式，社会负面影响较小。

其次，由于黄河明清故道仍具备一定的纵向比降，通过必要的开挖与整治，恢复其行河能力并达到 300 m^3/s 的流量是完全可能的。1933 年黄河兰考小新堤决口，洪水经故道通过大沙河泄入南四湖，最大流量约 1 500 m^3/s，但未漫出老河槽就充分说明了这一点。

再次，窄深河槽输送高含沙水流理论的成熟，以及泥沙处理技术的不断完善发展，为拦沙蓄水水库群的成功运作提供了可能。目前，利用黄河泥沙制砖也已有成熟的理论和技术，但难以推广和大规模用于建筑的问题是成本高、自重大；尽管如此，用其代替黄河下游堤防工程所普遍采用的块石却值得探索和研究。

同时，对于黄河故道再次行水可能带来的次生盐碱化问题，故道沿线地区已积累了一整套行之有效的防治措施和途径，如开挖截渗沟等。

明清黄河故道作为现行黄河的辅助流路，具有以下优势和特点：(a) 进入故道的流量大小和行水时机完全实行人为控制，与现行黄河比较而言，对来水来沙的处理更为主动、机动和灵活；(b) 就减淤和输水作用而言，其引、输的方式主要以自流为主，在不需要大量提灌动力及泥浆泵、输泥管等设备的情况下，即可实现大量拦截黄河泥沙和输送水源的目的。

2.4 利用黄河明清故道所存在的问题

利用黄河明清故道作为现行黄河的辅助流路，可能带来的问题有：(a) 输水泄洪通路河槽的泥沙淤积；(b) 淤沙利用环节中的沉、挖、输及泥沙制砖的规模；(c) 分洪量过大过多时，南四湖的库容和泥沙处理；(d) 故道打通河段所涉及到的移民以及相关水利工程的处理；(e) 故道长期分流对现黄河下游冲淤演变的影响；(f) 黄河水资源的合理调配。所有这些问题，有待今后进一步的研究和提出相关对策。

3 结语

人民治黄以来，黄河发生了翻天覆地的巨大变化，取得了50年安澜的伟大成就。但黄河的洪水灾害依然是中华民族的心腹之患，黄河下游的防洪与减淤仍任重而道远。如何实现黄河的长治久安？黄河未来的出路又在哪里？是我们今后必须面对的严峻现实和进行探索研究的重大课题。

黄河明清故道是历史赐予我们的一笔巨大财富，其行河期间宣泄洪水流量数千乃至上万 m^3/s，并具有完备的防洪工程体系。虽然其干涸时间已逾140多年，堤防和河槽遭到一定程度的破坏，但其演变的历史过程和现存的河道堤防及行水河槽，对于目前黄河的研究与治理却具有巨大的潜在应用价值，值得人们进行深入细致的研究总结，进而提出符合实际的利用途径和对策。

井渠沟库联合调配　充分利用黄河水资源

——兼谈黄河根治的途径

张汝翼[①]

中华人民共和国成立45年引黄灌溉事业的成就远远超过历史上几千年的累积，但潜力还很大，问题还很多。想更上一个台阶，首先要分析其发展历程，找出历史经验教训，才能提出切实可行的对策，才能窥测引黄的前景。

1　历史成就与问题

引黄灌溉在古代主要是引取泾、渭、沁、洛等支流水灌溉河谷盆地，直接引用黄河干流水源的只有宁夏与内蒙古的河套地区。北宋熙宁年间王安石变法，一度在黄河下游干流与汴河两岸放淤改良盐碱沙荒地，后因新政流产而中辍。民国年间黄河下游开始用虹吸管与抽水机提取黄河水淤灌，日军侵占时始建张菜园闸，直接引黄济卫，灌溉规模不大。1952年人民胜利渠开灌成功，开当代引黄先河。50年代中下游引黄一度大引大蓄大漫灌，导致新开灌区的盐碱化，新建河南花园口、山东位山两枢纽工程，因不利于治沙防淤而拆毁，王旺庄枢纽停建，经过一段曲折的道路，吸取了正反两方面的经验教训，不断改进，目前全流域引用河川径流灌溉面积达313万 hm^2，为新中国成立前灌溉面积的4.8倍，成就卓著。

由于黄河是地上悬河，有得天独厚自流引水的水文地理条件，

---

① 时任黄河志编纂委员会编审、主任编辑。

黄河下游北达天津，南至江淮，广袤的黄淮海大平原，黄河水都可以自流通达。70年代引黄济（天）津，80年代发展引黄济青（岛），90年代引黄济晋。工业的发展对黄河水的需求量急剧增长，河南中原油田和山东胜利油田，晋、陕、蒙煤田的大规模开采等，全凭借黄河水作为水源。全国1/3的缺水城市在黄河流域，黄河流域周围的缺水城市渴望黄河水。历史上遗留的黄河故道，由于区内二十多年来地下水的超前开发，造成漏斗的扩大，渴望用黄河水来回灌。黄土高原也需要黄河水滋润。毛乌素沙漠靠黄河水来改良。可以说，没有黄河的水，就没有黄河流域的生机。

1983年，黄河流域各省市提出2000年利用黄河水资源规划，共需黄河供水747亿m^3。而黄河多年年平均径流量只有580亿m^3，扣除输沙入海水量200亿m^3，超出可利用水量的1倍以上。为此，1987年以来对2000年的水资源利用规划都以370亿m^3来计算①。水资源的紧缺制约着区域经济的发展，同时干旱还威胁着部分地区居民生活用水的供应。但是，一些地区却存在着严重的用水浪费的现象。由于过量引取河水，造成地下水位的抬高，导致水土关系失调，水地环境恶化，几百万公顷农地次生盐碱地的发展，至今未得到有效控制。与此同时，每年汛期人们又不得不眼睁睁地看着50％～70％的河水白白地流入东洋大海。70年代开始的非汛期黄河下游断流，至80～90年代渐趋加剧，严重影响当地工农业生产和生态平衡。

2　对策

纵观引黄灌溉的历史，从支流引水，发展到干流引水；从局

① 陈升辉，杨文生．黄河志·卷六·黄河规划志［M］．郑州：河南人民出版社，1991.11.

部引水，发展到上中下游全面引水；从非汛期引取枯水，发展到汛期引洪淤灌；从无坝引水，发展到有坝引水；从自流灌溉发展到提水灌溉；从直接引取河川径流到建库围塘调蓄河水；从单纯调蓄地面径流，到调蓄地下水灌溉。总而言之，流域灌溉不断地向广度和深度发展。

为了充分利用流域水资源，根据目前引黄灌溉中的用水之问题，本文提出“井、渠、沟、库联合调配，两种水费有机结合”的改革对策。“渠”指引取黄河水的自流灌溉渠道，直至跨流域调水的引水渠。“沟”指排除有害雨涝和灌溉积水或引渗回灌地下水的沟洫。“井”为井灌，是指提取降雨和灌溉渗入地下的蓄水，在充分利用地下水的同时，降低地下水位，既可防治土壤盐碱地，又能造就地下水调蓄库容。“库”指开发地面和地下水库。以前人们注意力在地面水库，至1990年流域内共建大、中、小型水库有3 147座，总库容达574亿 m^3，塘坝1.4万余座，总库容3.4亿 m^3。

早在1935年，李仪祉就提出利用洪水，蓄水地下。开发地下水库，我国酝酿于50年代，发展于70年代，至今已取得可喜的成果。根据最新研究成果①：黄河流域总面积79万 km^2，浅层（80 m内）地下水资源量为430亿 m^3/a，其中平原区为158亿 m^3/a，高原区为109.6亿 m^3/a，山地区为16.5亿 m^3/a。目前黄河流域可开采的地下水资源量为175.5亿 m^3/a，至1985年实际开采量还不过45%，除局部地区的灌区和城市超采外，大部分地区均有剩余。流域外的豫鲁引黄灌区地下水资源相当丰富，蕴藏量为128.6亿 m^3/a，流域外等待引黄补源，可挖掘地下水资源潜力亦很大。据河北省南宫清凉江地下水库（北宋黄河故道区）运行

① 黄河水利委员会勘测设计院. 黄河流域地下水资源评价报告［R］. 1992.12.

观测验证，在 206 km^2 的地下可开发兴利调蓄库容为 1.128 亿 m^3[①]（埋深以 10 m 计），据此粗估主要由黄河泥沙覆盖的 25 万 km^2 的黄淮海大平原将可开发 1 410 亿 m^3 的地下调蓄库容，假设需由黄河支援 1/4 的回灌水，则每年可存黄河汛期余水 352 亿 m^3。综上所述，黄河流域内外可开发浅层地下水库容 911.6 亿 m^3，再加地上现有地面库容 577.4 亿 m^3，总计 1 489 亿 m^3，足以进行多年水资源调节。

地面水库有拦洪蓄水、发电、灌溉之功效。但地面库容有泥沙淤积，影响了水库的库容与寿命，为了防洪，汛前必须放空，因此只能调蓄年内枯水期河川径流，还有蒸发、渗漏、占地、阻航、移民、迁城诸弊，且灌溉与防洪、发电有矛盾，对水库下游的城镇有潜在的洪水威胁；而地下水库则沙水兼蓄，沉沙以改良土壤和改善地形地貌，蓄水可以备提灌抗旱，无渗漏蒸发之害，无占地移民之弊，更无失事吞噬人民生命财产之虑，化雨涝为益水，这是一个多目标综合治水的途径。从经济上看，修建地下水库，水工设施少，投资少，占地亦少，其难度是必须建立占地的引渗回灌系统，回灌期短，过多的泥沙处理不易，提水需设备，需修筑地下坝。据南宫的经验，全部投资只需同等规模地上水库投资的 1/5 左右，其费用还远较南水北调的费用为省。故此，今后引黄灌溉要将山区地上水库与平原地下水库联合运用，以向黄河洪水要水，为南水北调提供反调节条件，让水资源的利用率提高到一个新的水平，缓解缺水水荒之急。

为了充分利用不同季节的黄河水资源，为了在工、农、林、牧、渔、交、环保各行各业中合理利用黄河水，国家已对不同季节不同方式引取河水制定不同的收费标准。今后对地下水收费也要这样处理，提水成本较高，要适当补贴。应统一水政，由水行

---

① 南宫地下水库试验研究阶段性成果鉴定会材料．1982—1983.

政管理部门统一管理地上地下水，统一管理工农业城乡用水，进一步运用宏观调控的手段，从政策、资金、设备、水价等多方面进行调节，节水重奖，浪费重罚。引黄灌溉是用水大户，必须走发展节水灌溉农业道路。并通过制订法规、宏观研究、总体规划等手段，进行总体调控，达到有利于黄河的治理和区域开发的目的。

3 开辟地下水库群的可行性与 90 年代的重点开发区

黄河水资源的紧缺，促进了黄河流域地下水的开发，由于地下水的超采开发，形成了地下水库存蓄容。由于地下水位的降低，许多低洼盐碱地变成高产稳产米粮仓，如黄沁河间洼地，黄河（包括故道）两岸低洼盐碱地，以及汾渭河谷盆地。而在水源充沛的灌区，往往因用水过多，排水不畅，造成次生盐碱地的发展①。从地下水资源的蕴藏量，从能较大改变自然景观和能取得较大社会经济效益的角度来看，作者提出 90 年代五个地下水重点开发与回灌区。

a. 宁蒙河套灌区。两灌区可开采地下水资源为 44 亿 $m^3$②。因前套宁夏灌区内有银川、石嘴山、青铜峡三市以地下水供水为主，年开采量为 2.3 亿 m^3，形成三个大小不等的地下水漏斗，农田井灌与排水较内蒙古后套为好，盐碱程度较轻。故建议第一期工程在后套灌区开发 10 亿～15 亿 m^3 地下水，以井灌代排，将地下水位控制在 3～6 m 以下，则近百万公顷盐碱地可得到迅速根治，灌区的生态环境、经济面貌可迅速改观。

---

① 张汝翼. 河套与引沁灌区历史演变的对比研究. 河套灌区水利史论文集，1989.

② 黄河水利委员会勘测设计院. 黄河流域地下水资源评价报告［R］. 1992.12.

b. 以太原为中心的汾河河谷盆地。主要有太原、临汾、运城三个盆地。其中以太原盆地地下水资源为大，开采量达6亿m^3/a①。

近十年严重超采，其间形成五个降落中心，急需引黄补源，才能进一步发展能源工业，换来可观经济效益。

c. 以陕西西安为中心的渭河谷盆地。盆地浅层地下水可开采资源量为27亿m^3/a，实际开采量为22亿m^3/a②。周至、眉县、华县一带局部地段已出现超采，其间以西安地区最为严重，而且主要超采深层地下水，年采量约7亿m^3，超采量在3亿m^3/a。承压含水层水位以每年2～4.5m的速度下降，目前已引起地面沉降及地裂等环境工程地质问题，缺水影响城市居民生活和工业发展，急需回灌地下水，完善地下水库工程。

d. 黄河下游两岸引黄灌区。豫鲁引黄灌区地下水资源丰富，局部地区因地下水位过高而返盐，宜发展井渠结合型灌区。

更进一步还可向黄河故道两岸的地下水库补充回灌水源。黄淮海平原地表和地下分布有不同时期的黄河故道，可以储存降雨和回灌蓄水。北岸故道大堤破坏严重，十分可惜，因为回灌地下水，北岸较南面更为迫切。其中较好的开发区有76处，面积约2.8万km^2，调蓄水位以7 m计，可开发100亿m^3地下库容，其中黄河以北有67亿m^3，可供汛期调蓄洪水之用。第一期可先开发26个地下水库，总面积为3 500 km^2，可开发20亿m^3的地下水库容。其间南宫水库，自1977年开发，经过几年时间，灌区由原来的一片沙荒林地变成井渠路林电全面配套，农林牧齐发展的科研和农业生产基地。我建议：由水利部牵头，黄、淮、海三委协同，统一规划设计，冀、鲁、豫、皖、苏五省协作开发黄河故道，以治水为先，开挖中泓，作引水渠，修顺藤水库，调补余缺，

---

① 黄河水利委员会勘测设计院. 黄河流域地下水资源评价报告［R］. 1992. 12.

② 黄河水利委员会勘测设计院. 黄河流域地下水资源评价报告［R］. 1992. 12.

回灌地下水。

e. 向京津冀地下水漏斗区不定期补充回灌水源。可以利用汛期或丰水年黄河水不定期引黄河水济津、济京，年均20亿m^3。

上述五项工程有减少非汛期引水量的，有扩大引洪淤灌、回灌地下水以备非汛期提取的。从发展趋势看，黄河流域乃至北方地区对地下水利用总的趋势是采大于补，地下库容在不断增加，因而配套地下水回灌工程势在必行。至于经费来源，可以多渠道筹措，有关增加城镇工矿供水的工程，可由各省市自筹，也可由受益区工、矿、农、林单位分摊，由水行政部门统一规划管理。至于开发利用地下水，节省非汛期引水的工程，可由国家奖励与补贴来解决。

4 引黄灌溉与黄河治理的前景

早在西汉平帝时（约公元4年），大司马史张戎就提倡“束水攻沙”，同时竭力反对在春夏干燥季节“引河、渭、山川水溉田”，以免水缓、沙滞，借以减少下游河道的淤积。根据当时的灌溉面积（不足今天的1/10）推算，当时的引水量不过黄河多年年平均径流量的5%～6%。而目前规划引用黄河水量达到多年年平均径流量的50%～60%，剩余的水，主要是用来冲刷黄河下游泥沙。古今治河思想一脉贯通。根据黄河水资源供求的现实来看，我们能否换一个角度来考虑黄河问题，即按照周恩来总理所说：“要把黄河治理好，把水、土结合起来解决，使水土资源在黄河上中下游都发挥作用，让黄河成为一条有利于生产的河。”即先从国民经济建设中用水用沙需要的角度来考虑黄河的减洪减沙问题，从这个角度来考虑防洪治沙，则黄河问题便相对好办多了。

30多年来，一方面在大力开发利用黄河水资源中大力防洪，另一方面出现黄河径流多年持续枯水年，年年防洪不见洪，这除了气象因素之外，是否还与黄河流域水土保持的开展和地下水的超采利用有关。黄河流域地上地下有着有形与无形的一个个大大小小的库容，导致普通降雨形不成地面径流，当发生历史时期同样大小的降雨量时，今天发生的地面径流与河川洪峰流量毫无疑问要比古代小得多。距今千年的宋辽对峙时期，宋人拦蓄滹沱、胡卢、永济等河水，汇聚于大大小小的塘泺之中，用以限制辽兵，在今冀中平原北部形成约 5 万 km^2 的水面，“深不可以舟行，浅不可以徒涉”。北宋多水灾，出现多次持续的丰水年，那时水多，是否与用水又有一丝联系呢?

当年的塘泺区，而今大多形成地下水库区，地下水浅不过临界水位，深的下降到 200 m 以下的深层水。50 年代沿太行山东麓平原，普遍能打出承压浅层地下水，如今都成为历史了，每当春夏旱季，许多支流河床中，下挖 20～30 m 沙坑都不见地下水。

可以预见，今后随着黄河上中下游地上地下水开发利用程度的提高，随着统一规划、统一调度、综合平衡、协调利用，从年内枯水季节的河川径流调蓄，将扩展到全年调蓄，以至进行连续丰枯水年的水量调蓄。黄河水资源利用率将会进一步提高，水旱不均有所缓和。明人周用说：“天下有沟洫，天下皆容水之地，黄河何所不容？天下皆修沟洫，天下皆治水之人，黄河何所不治?”他的这种沟洫治河论，在明清人看来，还是一种理想，今天完全可以成为现实。

可以预见，随着科技的进步，大气水、地表水、地下水会在水文循环中统一调配。从天上的雨云出现开始，就可通过计算机监测降雨的范围与水量，来调度地上、地下水库和河川渠道的蓄、泄、引、用配水方案。

几千年来的防洪、抗洪，将逐渐转变为盼洪、引洪、分洪、调洪、送洪、用洪。可以预见，黄河水资源彻底利用之日，便是黄河彻底根治之时。

黄河明清故道尾闾演变及其规律研究

王恺忱

1　黄河夺淮的历史演变情况

据历史记载，大禹治水时，河出孟津后走向东北，至于大陆，北播为九河，同为逆河入于渤海。众书多称汉武帝元光三年（公元前 132 年）河决濮阳瓠子，东南注巨野，泛淮泗，为黄河有史南侵夺淮之始。也有的认为始于周定王五年（公元前 602 年），河徙而南入于淮。东汉明帝时王景修汴堤导河自荥阳至千乘（今利津）入海后，直至唐代有关河患的记载很少。宋朝时河曾屡向南决通淮，如太宗太平兴国八年（公元 983 年）河大决滑州韩村泛曹州至彭城（今徐州）介入泗会淮，真宗咸平三年，天禧三年、四年，神宗熙宁十年（1077 年）等，河均决入淮，然时间不长即复北流，一般经德、沧入海。

宋金对峙期间，河渐南移，宋高宗南渡后，1128 年杜充导河入汴、泗，金世宗大定八年（1168 年）黄河南溃曹州（今菏泽）城，二十年（1180 年）漫归德府（今商丘市），“数十年间或决或塞迁徙无定”。至金章宗明昌五年（1194 年），河大决阳武故堤，灌封丘南，东北注梁山泺（今东平湖），北派沿北清河经济南入海；南派由南清河夺泗水达淮入海。久不塞，汲（今汲县）、胙（胙城位于新乡市东）流绝，籍载多谓此次南徙为黄河第四次大徙之始。然当时“河行泗河故道，崖岸高广不为患”，此后黄河以多支南流入淮为主。元朝至元二十五年（1288 年），主河改趋陈（今淮阳)、颍(今临颍),由颍、涡河入淮。泰定元年(1324年)河复东行合泗入淮,不久桃源(今泗阳县)河决改由小清口(淮阴县杨庄,即所谓的清口)会淮,清河县县城湮毁,河、淮交汇口清口附近始受河患。元至正初河屡屡北决,犯张秋影响漕运。至正十一年(1351年)命贾鲁治之,疏塞并举,挽河东行,自归德经徐州南下汇于淮。黄河的基本流路渐定,但仍有时向北漫决会济入渤海。

明朝自洪武二十四年(1391年)河决原武经开封北和项城南注以来,其下多由涡河经怀远、凤阳入淮,通过洪泽湖出清口由云梯关入海,有人称此年为全黄入淮之始。明朝治河兼治漕运,且以漕运为重,明成化七年(1471年)始设"总理河道"之职,为避免黄河北泛影响漕运,当时多控导黄河不使其北流。自洪武年间到弘治初的100多年内,黄河主流北徙的年份仅10余年。弘治六年(1493年)开封东南旧河淤浅,主流北徙合于沁水,黄陵岗(地名位于今曹县西南30 km)一支益盛,乃决张秋运河东堤,并汶水入海,运道淤涸;刘大夏治之,疏支河分黄南注入淮,筑北堤塞黄陵岗口导河下徐、沛,北流绝。史籍多以此年为全黄夺淮之始。当时黄河南流主要路线不外如下四支:一由荥泽经中牟至颍、寿入淮;一由汴城东经亳州循涡河于怀远入淮;一自归德(今商丘)、宿州沿濉河至宿迁小河口会泗入淮;一由归德东下徐、沛分多股入漕河南下会泗入淮(如图1所示)。黄河贯穿整个中原,纵横于汴、归、亳、徐之郊,漫溢于陈、睢、宿、清之境,黄、淮之水皆经清口由云梯关入海。此时泥沙多淤在清口以上的河南境内,海口和尾闾未闻有淤患,正如吴桂芳上书所云:"黄河自淮入海而不壅塞海口者,以黄河至河南即会淮河同行,循颍、寿、凤、睢至清,以涤浊泥,沙得以不停,故数百载无患也,盖是时黄水循颍、寿者十七,其分支流入徐州小浮桥才十三耳。"大河南注,徐州附近运道常浅涩,乃有意东分济运。正德三年

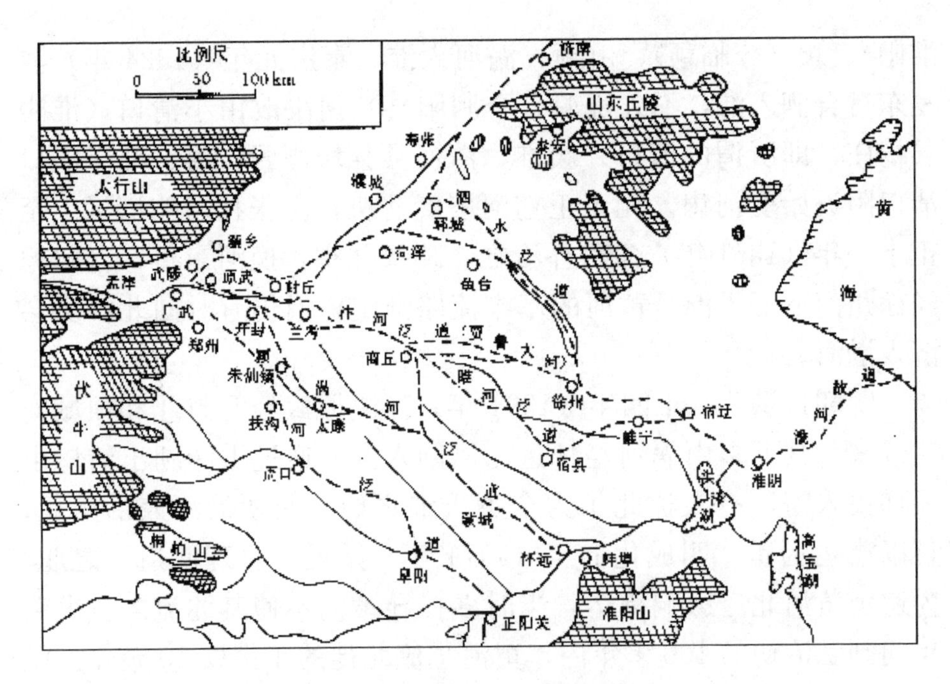

图 1 黄河南泛入淮主要泛道图

(1508 年) 大河北徙至徐州小浮桥会泗入淮，此后河多决于曹、单，北摆于丰、沛，其上游向南分流的各口门逐渐浅塞，全河大势尽趋徐州，河口泥沙问题随之逐渐突出。嘉靖初，泥沙淤积河、淮交汇口的奏文渐多，嘉靖十三年（1534 年），总河朱裳等曾言："今黄河汇入于淮，水势已非其旧，而涧河、马逻港及海口诸套已湮塞，不能速泄，下壅上溢梗塞通道，宜将沟港次第开浚，海口套沙多置龙爪船往来爬荡以广入海之路。"此后海口沙壅问题众说纷纭，开始挑浚海口。嘉靖二十五年（1546 年）前后，徐州以上堤防日臻完善，南流的支河因口门淤淀多断流，疏挑后仍维时不长，全河尽至徐、邳侵漕入淮。主张筑堤束水的意见逐渐占了优势，隆庆间徐州以下开始筑堤。万历六年（1578 年）潘季驯三任总河时，提倡筑堤塞决，束水攻沙，蓄清刷黄，导河浚海，河堤逐渐修到海口地区的安东（今涟水县）境内，整个明清黄河的流路进一步定型。小安几年后决口仍然频繁，1590 年溢徐城。后总河杨一魁主分导，1596年于桃源（今泗阳县）开黄坝新河分黄入海，建高堰三闸以泄淮涨。但1612年、1615年、1616年、1624年仍屡决徐州及其附近，嗣后天启年间又多决邳睢，崇祯年间则多决于淮安上下，决口渐向下游发展，朝廷无力治河，几乎无安岁。崇祯十四年（1641年）河决开封，由涡入淮，五年后又摆回到徐、宿老路。

清朝继明朝之敝河，主流仍依故道下徐、宿，会淮东注入海。顺治朝至康熙初，河先主要决邳、睢，次而向下决宿、桃及清口上下。决口常不塞，黄水四漫，淮水东泄，河身淤浅，康熙九年（1670年）后逐渐治堤塞决。康熙十六年（1677年），靳辅总理河道基本遵循明潘季驯的治河方略，先主张浚淤塞决，筑堤束水攻沙，藉清淮敌黄浊，大挑清江浦（今淮阴市）以下尾闾河道，接筑云梯关以下长堤南北共百里；其次于徐州附近及宿、桃、清、安各县先后修建了减水坝共十余座；于黄河堤外东侧另新辟一条中河通漕，黄、运分治，河漕暂时顺轨，河无旁支，流路益加固定。康熙三十五年（1696年）董安国于云梯关下近十里处筑拦黄坝，拟改大河由马港引河至南潮河入海；康熙四十年（1701年）张鹏翮拆除拦黄坝，塞马港引河，挽河归故；乾隆四十八年（1783年）阿桂等因青龙岗决口久堵不塞，且多次漫决，河身淤积严重，乃于兰阳（今兰考）三堡起新筑南堤，变原南堤为北堤，改河近100 km于商丘七堡复入故道；至咸丰五年（1855年）铜瓦厢决口改行目前入渤海河道止，河身流路无大变化。但海口淤积和清口倒灌问题却日趋严重。为保证清口附近贡船的灌渡，一方面经常分洪减水降低黄河水位，另一方面则不断加高洪泽湖大堤以抬高清水水位高程，以期冲刷清口以下尾闾河段。清嘉庆中、后期于清水不足时更被迫采取“以借黄为长策，苟且偷安”的办法用黄河水济湖济运，从而加重了河、湖的淤积和尾闾河段的决溢。道光七年（1827年）王营减坝决口堵合，黄水随即倒灌淤积，不得不常年堵闭御黄坝，南方来的漕船只得倒塘灌运，自此以后淮、黄开始分流，海口独泄黄河来水。

综上所述，黄河由于泥沙淤积而善决善徙，有史以来其影响范围波及于海、淮两流域下游广大地区，河口摆动于长江口与海河口之间。历史上黄河南徙入淮的流路主要有四：（1）由郑州、中牟沿颍河经周口、阜阳至寿县入淮；（2）由开封兰考之间顺涡河经睢县、亳县于怀远入淮；（3）由商丘附近入濉河经宿县于宿迁小河口会泗入淮；（4）由濮阳以下向东南泛流经徐州夺泗于清口会淮。1194年后，黄河较长时期南注入淮，至1855年铜瓦厢决口改道共历时661年，其中后359年为全黄入淮，前314年主流以走颍、涡为主，但向北的分流未断，泥沙多淤在河南境内，入海的泥沙不多，尾闾河道“河泓深广，水由地中，两岸浦渠沟港与射阳湖诸水互络交流”。1508年大河北徙至徐州。明嘉靖中期以后的近330年全河大势尽趋徐、邳，黄淮交汇口的清口泥沙问题开始突出。1534年开始有“爬荡海口以杀下流”的奏文。明万历时以筑堤防害，束水攻沙之议为主，两岸大堤修筑到海口云梯关以下，流路益加稳定，全河之水走目前遗留下来的废黄河流路的时段为后277年。海口尾闾河段泥沙问题主要发生在1535年至1855年的320年间，主要表现在入海口门随着淤积不断向海里淤长，黄河河床相应淤高，黄淮水位差增大，从而影响漕运和造成海口地区的漫决泛滥，影响程度日趋严重。1827年后，河湖隔绝，清浊分家，黄河独流由云梯关入海计28年。以上均未扣除决口等北注年份。

2 尾闾演变及其规律

2.1 尾闾淤积延伸摆动的基本规律

黄河自古多沙，下游淤积严重，河身迁徙无常。历史上关于下游决口改道的记载不少，但有关海口淤积演变的记载不多，较早的以宋欧阳修在其疏奏中记述的较为详细，如“河本泥沙，无不淤之理，淤常先下流，下游淤高，水行渐壅，乃决于上流之低处，此势之常也。……横陇（埽名，在澶州今之濮阳）即决，水流就下，所以十余年间河水无患，至庆历三十四年，横陇之水又自海口先淤，凡一百四十余里，其后游、金、赤三河相次又淤，下流既梗，乃决于上流之商胡（埽名，亦在今濮阳境）”。可见他对海口先淤，淤到一定程度后，乃在上游低处形成摆动或小改道，待游、金、赤三河相次淤积后，摆动改道点继而向上游发展的规律已有所认识和总结。

1194年黄河南徙至1855年铜瓦厢决口，黄河基本上是南注入淮，初期的300余年由于黄水“分数道合汝、合颍、合涡、合汴入淮，浊沙所及上游受其病”，故未闻黄河海口和清口有淤积问题。明朝正德和嘉靖以前，黄河与淮河在清口相互水平交汇，无任何工程，清口以下黄淮合流入海，尾闾河段较为深阔且为地下河，两侧的支河沟汊均注入尾闾入海。阜宁县志（光绪十年刊）载有“县境淮水在宋以前仅袤数十里即入大海……清口以下淮岸甚阔而归流什深，滨淮之海亦渊深澄澈，足以容纳巨流，二渎并流未相轧也。……正德间汝、颍、涡、汴诸分流次第湮塞，河日北徙，合成一派南出徐州，于是黄强淮弱，清口合流，淤沙汇注，县境淮渎之受病自此始矣!”明嘉靖时黄淮交汇的清口及废黄河尾闾河段的泥沙淤积问题开始突出，因为淤积影响当时事关重大的漕运，故而演变与治理意见的记述开始多了。但由于海口的延伸当时相对不明显，观测也比较困难，其影响尚难于为人们所认识，故治河者多谈海壅而不论延伸。明万历六年（1578年）潘季驯于《两河经略疏》中曾记述了当时海口位于四套以下，按河长计距云梯关约15 km以上，依夺淮前海口位于云梯关计，则自1194年至万历六年的384年中平均每年海口淤积延伸粗估仅为30多米。清康熙十六年（1677 年）靳辅在其疏奏中开始明确谈到海口的延伸问题。奏中载有："往时关外即海，自宋神宗熙宁十年黄河南徙距今仅七百年，而关外洲滩离海远至一百二十里，大抵日淤一寸。海滨父老言：更历千载便可策马而上云台山，理容有之，此皆黄河出海之余沙也。"尽管其推算的延伸速度欠准，但它表明在实践中淤积延伸问题当时已为"海滨父老"以及某些治河者所认识了。实际上，未历千载便由于"海涨沙淤，渡口渐塞，至五十年（指康熙五十年即 1711 年）忽成平路，直抵山下矣"（详见江苏水利全书），仅仅 30 余年就使云台山（原郁州岛）变成了大陆的一部分。粗略估算，明万历六年至康熙十六年间每年平均淤积延伸约 0.4 km。

其后海口勘查增多，关于淤积延伸的记述更为详细，到铜瓦厢北徙之前有记载的查勘不下一二十例。其大要者如：康熙三十六年（1697 年）总河董安国题称："案查云梯关迤之昔年海口，今则日淤日垫，距海二百余里，下流之宣泄即迟，则上游之壅积愈甚……"

乾隆二十一年（1756 年）陈士倌奏："今自关外至二木楼海口二百八十余里，且此二百八十余里中，昔年只有六套（河弯）者，今增至十套……河流至十曲而后出海。"

乾隆四十一年（1776 年）萨载奏："黄河自安东县云梯关以下计长三百余里，纡回曲折……自二泓起南北海口约三十余里……自雍正年间至今两岸又接生淤滩长四十余里。"

嘉庆九年（1804 年）徐端等奏："自云梯关外至海口，以沿河程途计算有三百六七十里，河面逐渐宽阔……海口淤沙渐积，较康熙年间远出二百余里。"

粗略估计，各时段的延伸速率每年约 0.5～1 km。康熙以后每年淤积延伸平均约 0.75 km，较目前黄河海口的延伸速率小些。此可能主要与当时决口频繁、海域深阔、海洋动力要素较强、泥沙外输能力较大等有关。

关于黄河海口尾闾的摆动问题当时尚无系统的记述，但亦有一定的认识，如前面宋欧阳修所讲的。此外，自明嘉靖时海口沙壅以后，尾闾河段亦曾有几次摆动，如潘季驯《河议辩惑》中即有“嘉靖三十年间河忽冲开草湾而白桥正河遂淤，未几草湾自塞，河复故道，万历十六年河水仍归草湾，而故河复淤”之记载。明万恭曾言：“夫身与岸平，河乃益弱，欲冲泥沙则势不得去，欲入于海则积滞不得疏，饱闷逼迫，然后择下地一决以快其势，此岂待上智而后知哉!”可见身与岸平乃海口淤积延伸的结果，身与岸平则形成择下地一决的摆动改道。此外，康熙十年的题报中载：“安东茆良诸口就塞，然黄河故道愈淤，正东云梯关海口积沙成滩，亘二十余里，黄河迂回从东北入海。”此充分表明，自黄河大量泥沙进入海口以来，黄河海口始终处于不断淤积延伸摆动的过程中。

康熙十六年（1677年），云梯关以下修堤，将海口摆动点下移25 km，但由于“淤滩愈长，海口愈远，且河身节节弯曲，未免兜水，以致出海无力，此仍壅滞不畅之一病”、“连日东南大风昼夜不息，海潮倒漾，加之淮黄二渎之水合流奔注，内外浪涌”等原因使云梯关以下堤防经常漫溃。康熙三十五年十月，董安国提出：“下流之宣泄即迟，则上游之积愈甚，水势不能容受，小则倒灌，大则漫溢，断断不免矣，见今河臣于云梯关下马家港地方，挑挖引河一千二百余丈，导黄河之水由南潮河东注入海，急应攒挑开放。”随后付诸实施，但四年后被堵闭。乾隆年间漫决摆动更加频繁，“七月间河流下注，海潮上涌，（陈家浦）漫决二十余丈，黄河直由射阳湖、双阳子、八滩三路归海，迄至八月连日大雨东北风作，潮汐倒灌不能下泄入海，涨漫横溢，淹浸甚广，陈家浦溃决之口门竟至三百余丈”，“山安厅属云梯关外三、四、五、六套堰工，月初水大平漫”等奏述屡见不鲜。乾隆二十五年高晋不得不因“山海二厅二渎之水合为一河，兼以伏秋盛涨或遇海潮相抵，每至平堤拍岸”而奏准，将关外约拦水势之土堤以“无关紧要，自不应与水争地，无事生工”的理由而弃守。此均表明了黄河口不断自然摆动改道的特点，在人为控制条件下则表现为频繁决口。

又以往“水到海口向东北冲出……今河流转东南趋注”，以及明清黄河海口附近两侧的支河串沟，如南潮河等，除灌河口因有山东沂蒙清水冲涤而保留外，其余大多淤成平陆而不复存在了，此均显示出海口是在不断地摆动和小改道之中，最后发展到清口附近决口形成多次较大的改道。正如包世臣所言：“按黄河之治否，视海水深浅以为转移，海水日浅，则涨滩日远，河身日长；黄河入海宜近不宜远，宜捷不宜缓，滩远河长，气机即多不顺，以渐上壅而河徙矣！”总之，黄河在采取束水攻沙方策堤防系统完善后，海口淤积日趋严重，延伸速率显著加大，从而使得三角洲尾闾河段水位升高出岔摆动改道的规律充分暴露，并为人们所认识。前人不仅在实践中观察到了延伸摆动改道的现象，而且对造成摆动改道的原因，河口淤积延伸河型向弯曲发展，流路加长，河床抬高，以及黄淮二渎洪水合注，黄河水位增高、加之较大海潮的顶托倒漾三者综合作用，亦有所认识和论述。

此外，对海口淤积延伸后，不仅使尾闾河段淤积日益严重，而且逐渐向其上游河段发展的过程也开始有所认识。明赵思诚疏言：“黄河挟百川万壑之势，益以伏秋潢潦之水，拔木扬沙，排山倒海……所赖以容纳者海，而输泄之路则海口也，海口梗塞一夕则无淮安，再夕则无清河，无桃源，运道冲决伤天下之大计，人民昏垫损一方之生灵，关系诚不浅小……”清靳辅亦疏曰：“臣闻治水者必先从下流治起，下流即通则上流自不饱涨，故臣切切以云梯关外为重。……下口俱淤势必渐而决于上，从此而桃、宿溃，邳、徐溃，曹、单、开封溃，奔腾四溢。”又如清朝戴均元等奏中也谈到“正河愈远愈平，渐失建瓴之势，河底之易淤，险工之垒出，縻费之日多，大率由此”。因此海口淤积延伸的影响是通过比降的变缓，尾闾河段淤积，同流量水位升高，并自下而上发展，从而形成决口改道造成危害的。

综上所述，明清黄河海口的淤积主要开始于明正德年间，嘉靖以后淤积影响逐渐突出，而海口的延伸则主要发生在全黄尽趋徐、宿之后。淤积使清黄水平交汇已不可能，而后河湖分家，采取筑堤束水攻沙下排入海的方策后，摆动和改道的现象开始明显暴露。明清黄河海口淤积延伸摆动改道这一基本规律，逐渐在实践中为人们所认识。淤积的原因在于黄河大量来沙排至海口，潮汐顶托，海洋动力外输不及，而出现“余沙”。淤积的表现形式则是“海滩日长，海口愈远”的延伸。其延伸速率前期较小，平均每年约 0.75 km，康熙以后每年一般约 1 km。尽管明清黄河海口的摆动经常受到人为的影响和堤防的约束，相对使延伸加剧；但由于下游河道决口频繁、三角洲范围较大和黄海海域条件好泥沙输往外海的能力大，故延伸速率尚较现黄河海口的延伸速率为小。延伸的结果引起摆动改道。摆动改道是淤积延伸的量变到质变，以向其相反方向转化过程为归宿。摆动改道的基础是淤积延伸，而黄淮洪水并注及大海潮上涌，则是摆动改道的重要条件。

2.2 河道形态的演变

黄河由于来沙量巨大，下游地势平缓淤积严重，加之洪峰陡涨陡落和工程不完善而自古善徙善决，故其演变规律早为人们所了解。如汉代贾让在其《治河三策》中曾言：“今行上策，徙冀州之民当水重者，决黎阳遮害亭，放河北入海，河西薄大山，东薄金堤势不能远，泛滥期月自定……”他不仅提出了人为改道的问题，而且认识到黄河决口改道初期主流河槽散乱游荡不稳定，势将泛滥摆动于较大的范围，但“期月”后，河道亦将“自定”，即河道由决口改道初期主流河槽位置不稳定，经过一段时间后将发展到相对稳定。表现在河型的演变上则是由初期的漫流散乱向归股和单一发展。又《释地余论》转载于钦《齐乘》曰："河至大陆趋海，势大土平，自播为九，禹因而疏之，非禹凿之而为九也，禹后历商周至齐桓时千五百余年，支流渐绝，经流独行，其势必然，非桓公塞八流以自广也。"这同样说明他们对黄河由散乱游荡发展到归而为一，然后再在新的基础上重复发展这一自然演变规律是有所认识的。由散乱游荡发展到归一的原因正如宋苏辙疏中所言："黄河性急则通，缓则淤淀，即无东西皆急之势，安有两河并行之理。"而其根本的原因在于泥沙过多。但这仅仅反映了整个演变过程的一个阶段，而没有论及由相对稳定向不稳定，河型由单一向散乱发展的过程。

明清以来因海口和尾闾河段关系漕运，特别是乾隆以后，淤积加重决口频繁，拟多次进行海口改道，对尾闾河道的查勘增加，有关海口河型的记载开始出现。嘉庆十一年（1806 年），王营减坝泄水过程失事"冲开四铺漫口西首民堰，大溜直注张家河，会六塘河归海……现在夺溜已八分有余，正河日形淤浅，渐露嫩滩……张家河、鲍营河一带河形本窄，现在平漫无槽，尾闾去路太多未能归一。""鲍营河以上水势散漫，鲍营河以下也俱出槽漫滩，势尚未定，须俟畅行稍久，水渐落归并一路，始可定改移之议。""自减坝口门放舟随溜而下，经张家河、三叉口入南、北塘河，水势汇成一片，大溜直冲海州之大伊山，从山之东穿入场河、平漫东门、六里、义泽等河，合注归海，其尾闾入海之处有三，南为灌河口，中为五图河，北为龙窝荡……此时溜未归一，尚多散漫。"此清楚地记述了一般情况下决口改道的初期新河多无定型，散漫枝乱，多路入海，须俟畅行稍久，方可归并这一规律。形成单一河道后堆积在两侧的泥沙大为减少，大量泥沙为水流输至河口，形成河口明显的淤积延伸。一方面新海口又日淤日远，流路加长，比降变缓；另一方面新尾闾河道由于坍塌坐湾而日益向弯曲发展，也使主槽流路增长。清陈士倌曾奏称："昔年止有六套者，今增至十套，与南岸十洄上下回抱形若交牙，兜束河流至十曲而后出海。”清吴璥奏中也称：“北岸之五套，南岸之陈家浦溜势趋逼渐次坐湾将成顶冲入神之势……南岸之黄泥咀为尤甚，盖黄泥咀纡曲兜弯形如荷包，周围长五十三里，而上下口对直滩面，仅四里另计，纡缓十倍有余，溜行无力，沙即易停。”延伸和弯曲的加剧，河道渐失建瓴之势，正如清戴均元在疏中所称：“查水面之抬高，起由河底之淤垫，而河底之淤垫，总缘海口之不能畅通。”“滩远河长，气机即多不顺，以渐上壅而河徙矣。”此即河型演变过程中由单一到弯曲，并日益加重，而后出汊摆动和改道的另一阶段。综上所述，黄河一般的河型演变一般是经历散乱漫流到分股，尔后归并为一，再向弯曲发展，并日益加重，最后通过摆动改道再形成往复发展的过程。

2.3　明清黄河尾闾河段的冲淤情况

明清黄河清口以下尾闾河段初期为夺行淮河故道，河槽宽阔稳定。随着淤积的发展，明嘉靖前后草湾河时通时塞清口上下时有摆动。筑堤束水以后，虽多次打算另择海口进行改道，终因急于筑堤束水不成，更恐失败后负罪受贬而未能实现，云梯关以上尾闾河段基本固定无甚变化。然河槽则视来水来沙状况和决口分流情况，而始终处于不断的冲淤变化之中。尾闾河段的明显淤积一般多发生在尾闾附近或其上河段发生决溢、分流过多或清水不足时。如乾隆年间，鄂尔泰奏称：“黄流即分入运，因而不能激湍，现在清口以东下流数百里，如遇汛长尚见大溜，一当水落惟有河心一脉。”阿桂也奏称：“上年七月黄水异涨倒灌入湖，维时虑湖心淤垫，兼山海各工报险，启放王营及各处减坝救护堤工，无如去年夏秋湖水竟未长发，是以黄水陡落而清水不能外出，老坝工适处王营减坝之下，开放抽掣，溜势未免消缓，流行不能迅驶，致河底积垫。”嘉庆年间徐端等奏：“自乾隆四十三年迄今历二十八年其间漫溢频仍，得保安澜者仅止八年。黄河之性上溃则下淤，下淤则上易溃而下益淤。”吴璥奏称：“嘉庆八年豫省衡工失事，下游复淤，而淮扬尤甚，致九年冬回空渡黄几至阻误，十一、二、三等年又有王营减坝、郭家房、陈家浦、马港口等工旁溢之事，正河益淤，海口益仰，倒灌亦因之益甚，以三十余年河势通塞之故考之，其因漫溢为患凿凿。”黎世序也有“正当水势浩瀚，上游忽然夺溜，下游立见溜缓沙停积淤甚厚，河心及两滩全行垫高，而两岸堤工更形卑矮”之奏。乾隆五十三年李世杰等奏称：“（乾隆）五十年夏秋干旱湖水未曾长发，清口以下河道全系黄水，并无清水合流，致使河底垫高。”

年际间的淤积幅度较大时，可达1～2 m。如吴璥曾奏称：“桃源（今泗阳）以下至外河山安海防等厅河底较上两年淤高四、五、六尺不等……，桃源至外河山海一带，实有河身垫高之病，由去秋黄水陡落停淤最厚，清水竟至阻断，河水干涸。以近两年而论，河口（指黄淮交汇之清口）顺黄坝志桩嘉庆八年存底水一丈八尺，九年三月黄水归故之日，存底水二丈三尺，是本年底水高于上年五尺，可见河底已垫高五尺，其固由上年豫省衡工漫溢黄水陡落九尺有余，下游河身停淤宽厚，而河口一带淤滩尤甚，竟成平陆。”

尾闾河段的冲刷主要发生在洪泽湖的清水大量外注会黄并力刷沙，特别是黄河下游向南侧决口，水由淮河入洪泽湖再出清口变浑为清入海之时。如乾隆四十四年李奉翰奏称：“豫工十六堡未堵，水归洪泽湖已及二年，变黄为清，合并淘刷，清口以下直至海口一律深通……中泓深有三丈二尺及二丈五六尺不等，较往年冬间刷深八、九尺及一丈不等，两腮浮淤消除尽净，两岸埽工根底也被清水搜刷多有平蛰。”道光五年琦善等奏中也称：“（嘉庆）十八年豫省睢工失事，全黄澄清入湖畅出清口一载有余，将河底积淤刷涤深通，弊将不可复救，又焉能至道光元年洪湖存水八尺一寸，尚高于黄河六尺有余得以敌黄而济运，虽以上游之失事，藉刷下游之淤积，其言似属不经，而实在情形。”

至于尾闾河段摆动改道引起溯源冲刷影响问题，当时也曾有人予以注意，如嘉庆年间吴璥曾奏称："上年云梯关外马港、张家庄漫决缺口黄水旁趋，由灌河入海，去冬会勘，深虑散漫壅遏，本年自交伏汛后屡经委员确查，山安、海防两厅水势俱较上年盛涨为小，而上游各厅之水则较上年盛涨大至二尺上下，臣等细揣下游水势之小，自系消落较速之故。"但限于当时条件，未能对此充分认识和论述。

尾闾河段时时处于冲淤的相互矛盾转化过程之中。海口时通时塞；但由于黄河水少沙多和海口不断淤积延伸，因而尾闾河段总的趋势是淤积的，水位相应抬高。嘉庆十一年吴璥奏："对志桩稽查档案，近年黄河水势较之乾隆初年高至一丈余尺，盛涨水痕比旧日老堤相去悬绝。"道光初年，黄河淤积使黄河水位超过了逐渐提高的洪泽湖大堤的可能蓄水界限，洪泽湖湖堤屡屡失事，最后不得不黄淮分流。当时洪泽湖水位，较早期蓄水位已提高了近7米。道光五年琦善奏称："上年霜降后，石工曾制通（决口）以前，顺黄坝存水三丈三尺，而计除去洪泽湖地势较高黄河一丈六尺外，必将湖水收至二丈始能建瓴而刷黄，上年洪湖水积至一丈七尺二寸，即致失事，至今河漕两敝可为前鉴。"据上述数值，按康熙初计，则大体每年水位平均抬高一寸二分，即年平均抬高约4 cm，较现山东黄河尾闾河段3 000 m^3/s水位1950年至1979年利津站平均年抬高7 cm为小；但与黄河下游铜瓦厢改道以来长时段滩面的年平均升高4.6 cm比较，则相差不大。明清黄河尾闾淤积速率之所以偏小些，同样与决口频繁和清水冲刷、海洋动力较强以及是较长时段平均值有关。

2.4 明清黄河海口三角洲特征及其范围

阜阳县志载，海州以下庙弯以上范围是黄河出海之口。据此推知，明清黄河尾闾海口三角洲的直接影响范围在今连云港临洪口至新洋港之间，其中以灌河口到射阳河口之间为主。明清黄淮交汇的清口（即杨庄）以下尾闾河段所波及的北迄六塘河、盐河至临洪口，南至射阳湖的明清黄河海口地区面积约 12 760 km^2，明清黄河故道横贯其中成为淮河与沂沭等河的分水岭。目前故道滩面一般高于堤外两侧地面 6～10 m，大淤尖现海口附近 3～4 m。杨庄以下至大淤尖海口现有河长 185 km，如图 2 所示。涟水以下纵比降 0.78‰。堤距云梯关以上较窄，一般约 1.5 km，涟水附近最窄处仅 800～900 m，云梯关以下渐宽，七套处最宽近约 5 km，堤防目前尚多遗存。

明清黄河海口三角洲地区的主要河流北有沂河、沭河、盐河等，南有射阳、新洋港等。由于黄河摆动改道淤积的影响，尾闾河段两侧其他河流的入海口均被迫偏离黄河，向两侧形成倒钩形，与现黄河口两侧徒骇河、马颊河、支脉沟的状况相似。

又据阜阳县志（光绪十二年刊）记载："县境之海，在昔渊深莫测，吴越迭用舟师，元、明且屡行海运，云梯关庙子湾即海口也，黄淮合流即久，滩涨日远，海口日益徙而东，海中积沙远亘数百里……近年黄河北徙，海滩日塌，昔之青、红沙、新丝网浜均塌入海，渐至小另安矣，亦平陂往复之至理也。"此清楚地记述了黄河大量泥沙下排入海期间，海岸线及海口不断向东延伸，当 1855 年黄河北徙改由利津入海，无泥沙补给来源时，海岸线又为风浪潮流不断蚀退的情形。海岸线的蚀退问题，据江苏水利厅调查结果，60 年来坍退达 15 km，平均每年坍退 0.25 km 左右。1973 年查勘时，当地大淤尖等村老农说"60 多年来向陆坍退约有 25 km 多，有的人认为还要多，约每年 0.5 km"。据观测和地图对比结果知，近十年来蚀退速率有所降低，每年约 150～200 m，近 80 年来坍入海中的村庄多达数十个，如大林安、小林安、蒋庄、小另安等。海口的延伸距离与现大淤尖海口岸线比较，总计蚀退约 90 km。1855 年至今 118 年，平均每年塌退约 0.75 km。蚀退的速率初期较大，总的趋势是递减的，故各调查数据，大体可信。

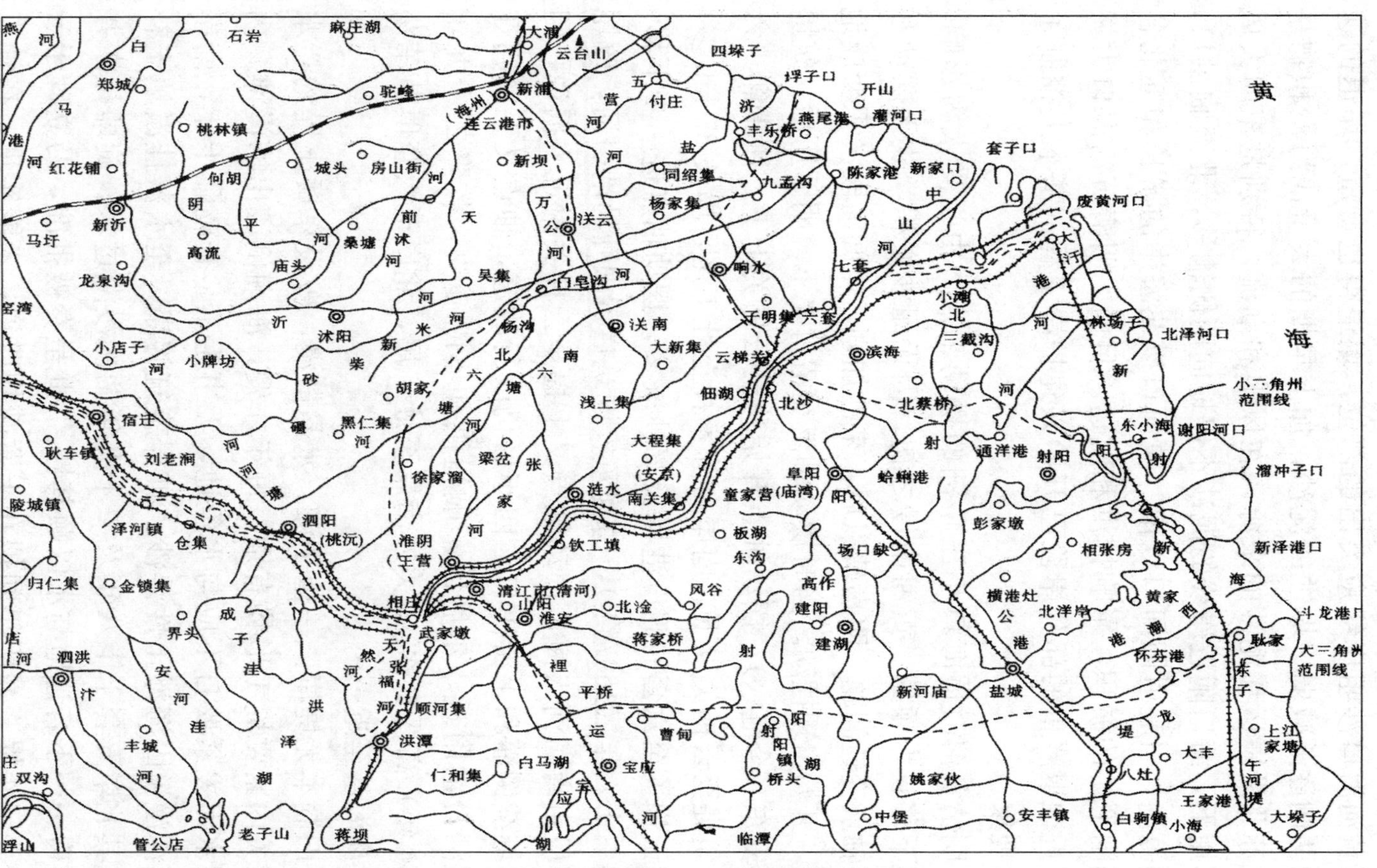

图2　明清故道清口上下河段及三角洲概况图

明清黄河海口沙咀岸线愈突出的部位，塌退得也愈重，塌退的速度向两侧逐渐减弱。塌蚀的泥沙，加上早期的大量浅海淤积物是构成苏北沿岸运移泥沙的来源，在风浪和潮流，特别是东向大风的作用下，海口附近岸线的泥沙不停地向两侧输移，北至临洪口，南到弶港，引起射阳河口以南、灌河口以北海岸的淤长和苏北各挡潮闸下游的淤积，影响排洪和航运。目前，明清黄河海口大淤尖附近蚀退严重的部分岸段已开始兴建护岸工程，基本上控制了蚀退现象。

明清黄河故道海口小三角洲的摆动轴点，由于受人为影响，上提下移较为频繁。黄河南侵之初，因无泥沙淤积，故无摆动和扇面轴点变迁问题。明嘉靖以后，来沙加剧，尾闾河段淤积变成地上河，开始出现摆动。当时摆动轴点在清口上下。明万历后，筑堤达于安东（今涟水），摆动轴点开始移至云梯关上下。清康熙十六年，筑堤至云梯关以下，南岸自陈家社至灶工尾，堤长 37 km 多，北岸云梯关至六套的泗汾港堤长 27 km 多，摆动轴点进一步下移。康熙三十六年（1697 年），总河董安国筑拦黄坝开马港引河，改尾闾下段由南潮河入海，摆动轴点又上提至云梯关附近。据说，因清口继续倒灌和上游决口，四年后仍改行故道，轴点又下移到灶工尾泗汾港附近。尔后因影响泄洪和不断漫决，乾隆二十九年（1764 年）高晋奏称："关外南岸至灶工尾，北岸至六套俱芦苇荡地，离海甚至近……

旧制本无堤岸，一望平滩，水易散漫，曾设卑矮土堤约拦水势与关内紧要堤工形势有别，每年才发，海潮倒漾出槽漫滩，内外皆水无关紧要自不应与水争地，无事生工，查乾隆十年，南岸陈家浦漫溢因海滩土性浮沙，桩埽旋筑旋塌，至水落挂淤填土补筑，其北岸五套于十八年及二十五年两次漫滩过水，旋即挂淤并无妨碍……不若让地与水以顺其性。"此呈奏被批准，乃立碑于云梯关弃守缕堤。嘉庆年间拟在王营减坝改道，未能实现，在轴点上移不成之后，于嘉庆十五、十六两年（1810 年、1811 年）又进一步接筑云梯关以下长堤，北岸 72 580 m 达于龙王庙，南岸 38 993 m 累至大淤尖，摆动顶点又大幅度的下移。但仍然经常漫决摆动，如嘉庆十五年，即当年筑堤的陈凤翔奏称："上年所筑新堤，地势洼下土性沙松，高宽丈尺又属卑薄……海口大溜一般仍走中泓，一股由北岸漫越倪家滩新堤与外滩水面相平，归入俞本套……一股由南岸七巨港低洼处所，绕至大淤尖仍归正河，微分漫水入射阳湖。"另外，此延堤至铜瓦厢改道仅 40 余年为时较短，故下移的影响不大。依堤防的修废情况、经常漫决的部位和拟改道的口门地点判断，明清黄河海口小三角洲的摆动轴点，虽经常上提下延，但总的趋势是下移的，其中以云梯关下的北岸二套和南岸陈家浦附近为主。康熙三十五年曾于此改河北行。尔后经常由此左右分水和改道亦即马港引河上下。乾隆十一年（1746 年）高斌奏请："马家港近因河身淤阻，堤堰残缺，应挑浚深通，修补完固仍留口门二十丈，俾盛涨得资分泄。"乾隆四十四年李奉翰奏称："山安厅属云梯关外三、四、五、六套堰工，月初水大平漫……水归二套旧河行至南潮河入海……节年来云梯关外旧堰水小则藉以约拦水势，水大则听其自行过水，并无制防，查二套五套等处从前屡经漫塌并刷有沟槽……"乾隆四十五年上谕中称："所奏修复马港河西堤残缺之处，及接筑无堤处所，联至北潮河西岸民堰，以御倒漾自应如此办理，其二套以下由北潮河入海之处即系路捷势顺，适遇漫溢正可分泄盛涨，俾尾闾益得畅达，转可不必添建闸坝。"明确地用堤防固定了三角洲的范围。乾隆五十一年，开挑二套引河，阿桂奏称："臣向知云梯关下二套地方为北潮河归海之路……此时浚治下游莫若疏通二套迤下引河，大汛时开放，使多一分泄路……若果黄水全制由兹东注，该处较现在海口近二百余里，且并无淤沙，改作海口更可得久远之利。"经常往南漫决的堤段陈家浦也位于二套的对岸。因此可以认为，明清黄河故道海口三角洲的摆动轴点在二套附近。二套距现大淤尖海口84 km，距当时海口约150 km。以大淤尖以上的现河长计相当于目前山东海口一号坝以上的东张附近，与解放前现山东海口的摆动轴点宁海相近。如考虑蚀退前的原海口长度则相当于在利津以上目前山东黄河海口三角洲地区范围以外。明清黄河海口在大量蚀退的情况下，目前仍然比较突出。以现在海岸线计算，二套以下，北到灌河口南至射阳河口的三角洲面积为4 545 km^2，三角洲的范围较现山东黄河海口以西河口（即小口子）为轴点的小三角洲面积2 220 km^2为大，较解放前现黄河海口大三角洲5 450 km^2稍小。但如果考虑海岸蚀退前的面积，则较解放前现黄河海口三角洲要大得多。

海口三角洲地势基本平衍，西高东低，一般高程在废黄河口基面以上2 m。明清黄河堤内地势较高成为两侧的自然分水岭。因过去分水和经常漫决的缘故，整个三角洲表层10 m厚的土层均为黄河近代淤积物所形成。堤内滩地土地较好，堤外两侧亦存在着次生盐碱化问题。目前沿海均修有防潮堤，三角洲内较大的支河北有套子口（即中山河），为1934年导淮时所挑，是目前明清黄河的出海口，大淤尖明清黄河老海口已基本断流，故道之南有扁担港，为解放初期开挖的苏北灌溉总渠的河口，其余夸套口等均较小。

2.5　明清黄河尾闾河段维持较长时间的原因

由于黄河下游决口频繁泥沙旁泄，淮河清水的冲刷，朝廷重视工程修治，三角洲入海尾闾流路摆动的范围大，海域广阔外输泥沙的动力强等综合影响，致使明清黄河尾闾河段及海口相对维持了较长时间。现仅就其主要原因初步分析如下：

其一，明清黄河尾闾地处淮、扬富地，泛滥影响较大，且关系漕运，特别是明清两代定都北京，均把漕运视为“天下大计”，而黄淮交汇口为漕运枢纽，故对尾闾河段的治理比较重视，缮修堤防，大力整治，云梯关以下控导工程较为健全，堤防修筑的亦较靠下。虽然尾闾河段特别是云梯关以下亦曾不断漫决摆动改道，但由于受当时束水攻沙治河主导思想的影响，有不少人不顾缩短流程多达 50 余公里，而以改道“实毫无把握，其事断不敢行”，唯恐“两有歧误”，怕重蹈清董安国受贬之覆辙，而坚持挑浚故道，挽归旧河。如戴均元等奏称：“北岸止有灌河开山一带可以出海，而挑土筑堤需费至数百万两，且康熙年间董安国曾由此处改设海口阻遏更甚，南岸则射阳湖一带出海稍近，但下河各州县皆藉此湖宣泄，若黄水由此夺湖入海各州县水无出路，必致漫淹为患，亦属格阻难行。”致使康熙三十五年，乾隆五十一年，嘉庆九年、十一年、十六年，道光五年、二十二年及咸丰元年等多次海口改道均未能有计划地实现。总之，基本上采取了加堤设防藉清刷黄大力整治以维持原入海流路的方针，人为地限制了明清黄河入海口的自然发展，从而使流路相对稳定。

其二，明清黄河入海口由于前 300 余年在河南境内分几股南泄，汇淮入洪泽湖为主，入海泥沙来量泥沙数量不大，尾闾河段无淤积问题，故入海口维时较长。筑堤束水前后徐州上下主槽不断摆动，而后决口频繁，特别是明末清初更甚，嘉庆初期决漫仍然不少。如吴璥奏称：“溯查乾隆四十三年改清口以至嘉庆四年邵工失事，止二十年内漫溢不下十数次。”此外无计划的大规模分洪减黄均使之进入尾闾河段的泥沙有所减少，此亦是海口延伸较慢，维时较长的主因之一。

其三，蓄清刷黄的作用在于大量清水的冲刷和稀释作用，此有助于来沙输往外海，降低海口延伸速度，减轻尾闾河段的淤积和形成相对稳定的河槽，特别是黄河向南决溢入洪泽湖后大量补给了清水来源，此时因决口以下河段黄河水小沙少，更有利尾闾河段的冲刷。如嘉庆十六年百龄、陈凤翔奏称：“查此时（肖南、李家楼等漫决后）清水旺盛从御黄坝、顺清河并新开之吴城七堡三路刷出，涤荡河淤，河中向深四五尺者，一月以来俱深一丈数尺及二丈有余，是清水刷河得力已属明效。”嘉庆二十四年孙玉庭等奏：“本年黄淮二水汇注洪湖（仪封漫口），虽徐州上游工程停修而防守堰盱长堤及下游黄运各工倍为吃重……御黄束水各坝全行拆展，大辟清口，又于吴城七堡高家湾临黄堤工启放宣泄，俾湖水由河入海，借以刷涤下游河身兼免湖潴涌涨……湖水畅行外出，由河入海，海口较常年涤刷倍深。”清水的冲刷主要表现在淮河大水年份的汛后冲刷，因为（康熙以后）汛期一般黄高于清，而堵闭御黄坝，汛后黄河枯水期水位低，而洪泽湖积水相对较多，一方面泄水冲刷，一方面赶渡漕帮。所泄清水对维持一个深水河槽有利，从而减少了自然摆动改道的可能性和概率。

其四，明清黄河海口的海域条件比较好。明清黄河口位于黄海，海域较渤海宽广深阔容沙能力大。与现黄河渤海海域海洋动力条件相比明清黄河海口条件要好得多，海口附近的沿岸潮流属非正规浅海半日型往复流，涨 5 小时，落 7 小时，涨潮流方向自东北向西南最大垂线平均流速 0.3～0.7 m/s，局部最大流速可达 1.13 m/s。潮汐属非纯粹的驻波型。明清黄河海口位于无潮点的西北方向，实测平均潮差 3.5 m，最大 4.53 m，最小 2.05 m（以上数据系连云港 1955—1960 年，1962—1964 年 9 年资料）。明清黄河口常年多风，一般春季较大，年平均风速在 5 m/s 左右，东南及东北风向为主，年频度均在 30%以上。沿海 2 级～3 级风，近岸处浪高 0.5～1.0 m。六级风时浪高达 3～5 m。东向大风时，潮大、浪高、流急对海岸蚀退和挡潮闸闸下淤积影响较大。旧志尝载“东北风作，海潮倒漾”，“因连日东南大风昼夜不息海潮倒漾”，冬季西北风较多，西南风最弱。由于海域广阔，风浪较大，加以入海口沙咀相对突出，因此向外海输移的比例较现黄河口明显较大，沙咀的延伸速率相对为小，加上过去决口频繁，一旦决口黄河泥沙来量大大减少，此时沙咀及其两侧岸线的蚀退相当激烈，入海口的延伸速率相对减小。这也有利于维持较长时段的相对稳定。

其五，采取裁弯取直和大力疏浚等措施亦有助于尾闾河槽的稳定和使用寿命的延长，但其作用相对较小。特别是尾闾河段淤积的初期，如明嘉靖十一年（1532 年）刘节即奏称："黄河旧通淮河口流沙淤塞，挑浚方完。"后潘季驯停止疏浚海口，时兴时停。清康熙十六年，靳辅大挑清口以下尾闾河段以后，一般年份均有切滩挑沟之工，以外曾数度设置浚船多达几十艘。康熙二十六年、雍正六年、乾隆九年、十八年、嘉庆九年等均进行过沿河的拖淤，但效果不大。裁弯取直的措施，特别是黄泥咀、俞家滩等大弯在缩短流程和降低水位方面均较为明显。

总之，明清黄河尾闾河段，由于上游河段较长时段多股分流和决口频繁，使进入尾闾河段的泥沙减少，加上大力疏浚筑堤束水等人为的控导，以及采取蓄清刷黄措施和海域相对宽广深阔海洋动力强等综合影响，从而使明清黄河入海口相对较为稳定和维时较久，前后达 600 余年。但由于海口延伸使之侵蚀基准面升高这一根本问题没有得到解决，故尾闾河道和下游河道仍不断淤积并日趋严重，后期累计淤积约在 6～10 m。清口附近黄河水位经常高出洪泽湖水位。道光五年以后因洪泽湖大堤加高受限，清水水源不足，湖水位相对低，为避免黄水倒灌淤积，使连接湖河的御黄坝，不能开启，这影响了正常漕运。加以上游淤积过大，一旦决口，临背差悬殊难于合龙挽正。如兰考铜瓦厢决口处"旧河身高于决口以下水面二丈内外及三丈以外不等"，加上当时社会正处于动乱等影响，致使 1855 年铜瓦厢决口后未能及时堵塞，改经大清河由利津入海，从而结束了明清黄河故道的历史。

黄河明清故道海口治理概况与总结

王恺忱

1　黄河明清故道海口治理概况

明清两代治河不惟避其害而且资其利以济漕运，故对海口的治理极为重视，在长期的实践中积累了十分丰富而宝贵的经验和教训。黄河与其他江河本质上的差别是黄河泥沙过多，沙多则淤，淤则河高，加以洪枯悬殊，暴涨无常，更加重了河道的决溢和变迁，从而淹田亩，毁宅园，溺人民，阻运道，为患孽深。事实上治黄史乃是一部围绕着解决黄河洪水泥沙这一关键问题的斗争史。明清两代的治河过程表明，治理的重点随着黄河洪水泥沙为害的处所的程度而转移，同时具体方略和措施亦因时间地点不一和淤积及治理状况的不同而显示出相应的阶段性。表现在海口的治理上大体可分为四个阶段，现分述如下。

1.1　明正德以前

水患主要在河南，尾闾和海口无问题。

黄河自 1194 年河决阳武故堤较长时期南注入淮起到 1855 年铜瓦厢决口改入渤海止的 661 年中前 314 年，主流以走颍，涡为主，分支南泄入淮，淤积和河患主要在河南境内。当时黄河下游既无明确的治河方针，亦无统一的修管机构，虽永乐九年（1411年）即分设部司督理，并命部院大臣往视，但多为随宜浚筑，事完辄罢[1]。据查，自明初（1400 年左右）到弘治初（1490 年）期间，治河主要是各州、县分散修治，出孟津峡谷附近的武陟、阳武、荥泽、中牟和开封等处的河堤、汴堤或城堤。荥泽、原武等县为避水患曾被迫迁移县城[2]，形成河无定路、患无常处、治无善策的被动局面。弘治五年（1492 年）设河南总河，正德四年（1509 年）议专设河道总理，方开始走向系统的治河。在流路固定以前入海泥沙很少，清口以下的尾闾河道“河泓深广，水由地中，两岸浦渠沟港与射阳湖诸水互络交流”，“滨淮之海亦渊深澄澈，足以容纳巨流，二渎并行未相轧也”[3]。表明当时河口为地下河网状三角洲，此期间未闻海口和尾闾存在问题。

南流既久，河床淤高，分支湮塞，河乃北徙，北徙则犯张秋，决会通河，从而影响维持京畿和边防的漕粮运道，故元之贾鲁，明之白昂、刘大夏等都采取了疏南支，塞北流，疏塞并举挽河东行的治河策略。经先后修筑，北岸建成了一道上起河南胙城，经长垣、东明、曹、单直到徐州长 300 余公里的太行堤。正德三年（1508 年）全黄尽趋徐州，夺泗河故道，淤清口会淮，经云梯关入海，徐州以上两岸堤防逐渐巩固和形成体系。徐州以下明清黄河流路如图 1 所示，清口以下尾闾如图 2、图 3 所示。此后曹、单、徐、沛一带连年决溢，清口沙淤，海口壅滞自此始矣。

1.2　明正德四年（1509 年）—明崇祯十七年（1644 年）

堤防日臻完善，黄河流路逐渐固定，水患主要在徐州以下，海口和尾闾淤积日益严重。有关黄淮海口治理的记载，始见于明弘治以后。这是黄河下游堤防自上而下日益兴建和巩固，泥沙大量下排，形成清口和海口淤积的必然结果。嘉靖年间问题开始突出，逐渐改变了下泄清水时多口网状三角洲海口的特性。嘉靖十三年（1534 年）朱裳等奏称：“黄河自古为患，惟我国朝则借之以济运济渠之利，故今之治河与古不同。……往时淮水独流入海，而海口又有套流，安东上下又有涧河，马逻港等以分水入海，今黄河汇入于淮，水势已非其旧，而涧河，马逻港及海口诸套俱已湮塞，不能速泄，下壅上溢梗塞运道。”[4]因此，除继续在徐州以

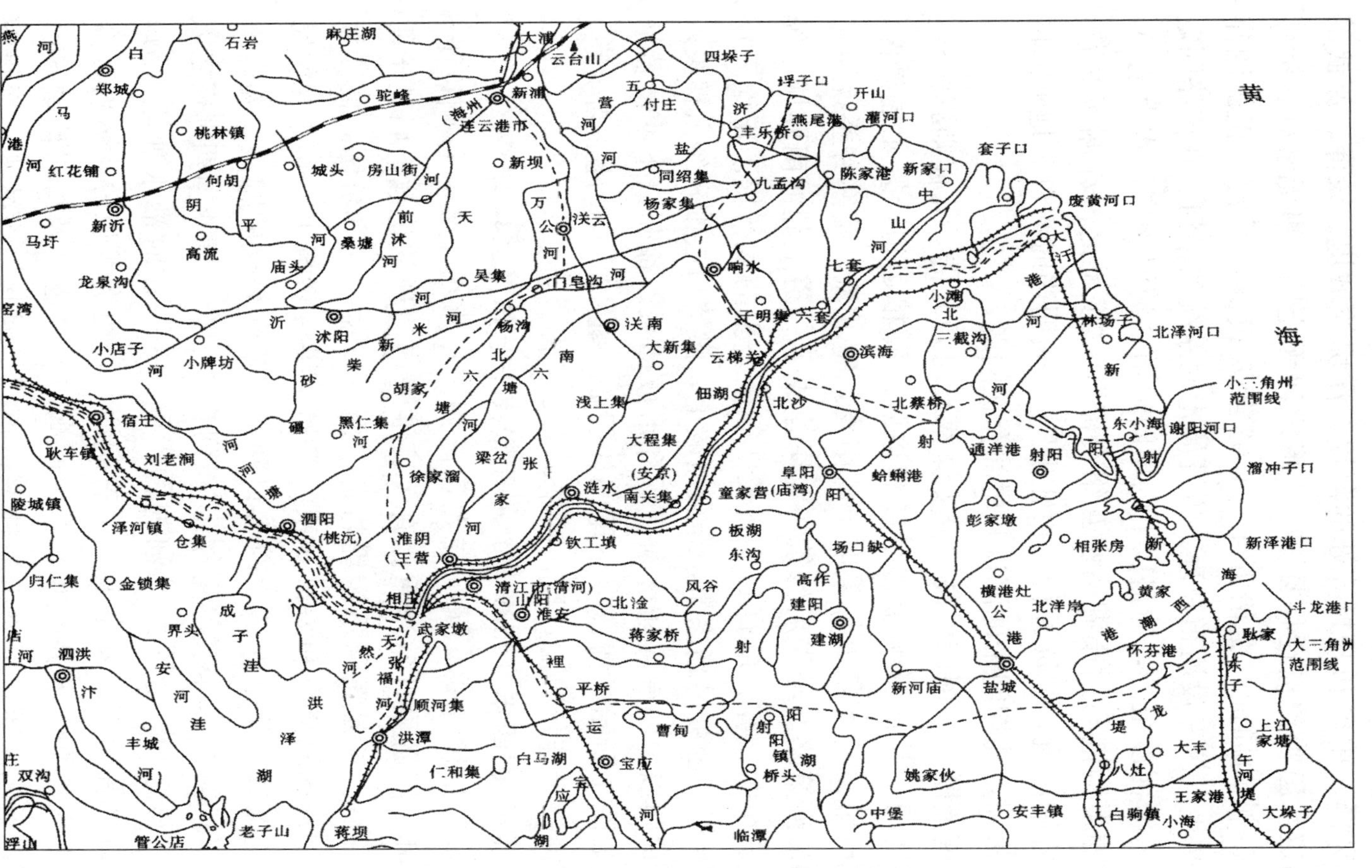

图 1　黄河明清故道徐州～海口河段概况图

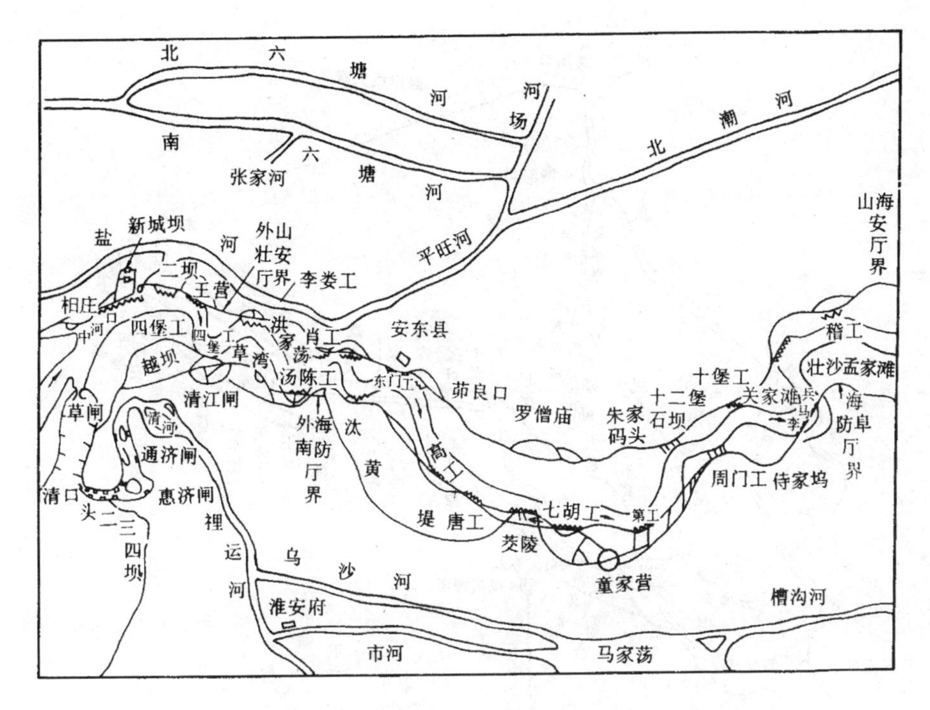

图 2　黄河明清故道清口—云梯关河段概况图（道光初）

上疏梁靖口，赵皮寨等南流支河分杀水势，筑清口附近长堤防河南侵以外，对于海口治理则采取“沟港次第开浚，海口套沙多置龙爪船往来爬荡，以广入海之路”[4]。当时海口淤塞，横绝下流，海壅河高，形成频年决溢已逐渐为人们所公认，治理的措施主要是疏浚，拟维持和恢复原来多口分流入海的局面。这是容易理解的，因为泥沙下排，海口淤积，形成壅滞，所以若将淤沙疏浚，则壅滞可消，河患乃平。如隆庆六年（1572 年），赵思诚疏言：“淮安旧有八口今止存其一，委即少则流必缓。”“故必疾使之泄，其害始息，必多为之委，其泄始易。”[5]这在堤防不甚完备经常决溢，入海沙量有限时，尚可勉强维持。随着黄河流路的固定，泥沙大量下排入海以后，一方面单纯依靠疏浚措施疏不胜疏，另一方面自古无两河并行之理，故稳定多股的形势必将为尾闾不断摆动所取代，堤防的完备和巩固使洪水泥沙下排入海，此加速了海

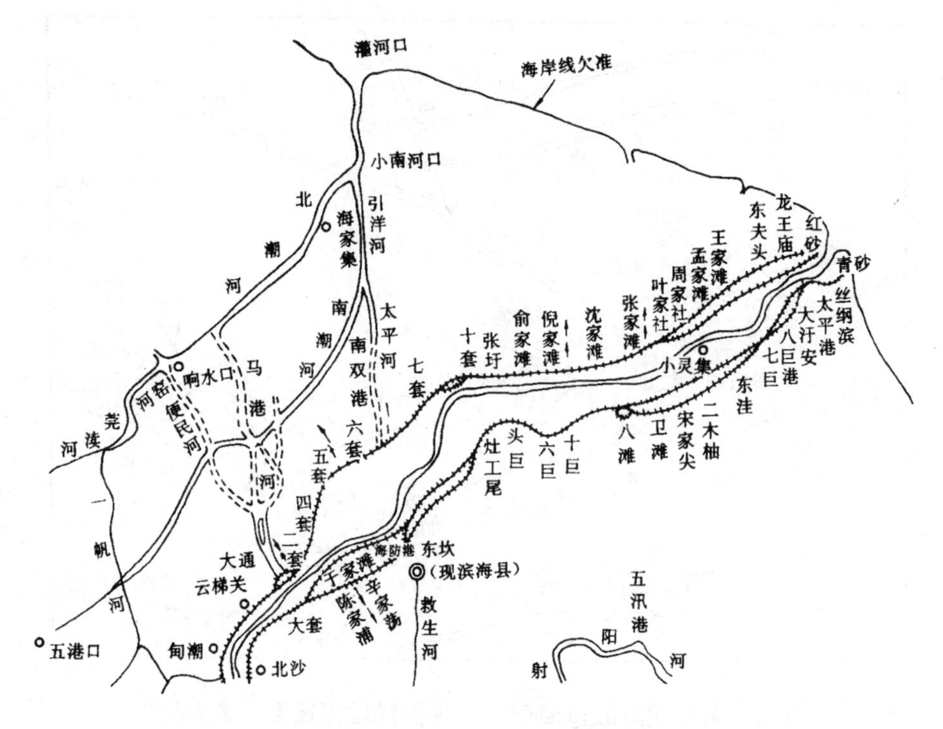

图 3　黄河明清故道云梯关—海口概况图（清嘉庆、道光时）

口的延伸和尾闾河段的淤积。为此，万历四年（1576 年）吴桂芳上书提出："淮扬二郡，洪潦奔冲，灾民号泣，所在凄然，盖滨海汊港，岁久道湮，入海止持云梯一径，致海壅横沙，河流泛溢……国家转运惟知急漕而不暇急民，故朝廷设官，亦主治河而不知治海。臣请另设水利佥事一员，专疏海道，而以淮安管河通判改为水利同知，令其审度地宜讲求捷径，如草湾及老黄河俱可趋海，何必专事云梯。"[6] "淮扬水患在下流海口之塞，上游河身之高，欲浚河身，先阔海口，臣前开草湾入海渐有次第，致于河身之高，不过积淤不浚，曾见前辈文集中有以混江龙浚河者。"并建议"于桃花、伏秋水发即行拖浚，每岁将浚过河身丈尺年终奏报"，"下工部言，疏浚兼施，治河长策，宜令总河衙门一体推浚，从之"[6]。这种寻捷径允许摆动改道加疏浚的办法，在当时单纯依靠疏浚不能恢复原状，同时海口延伸加速的情况下，是治理上的进一步发展。它有利于减缓河口的淤积延伸和尾闾河段相应的升高，但由于来沙量过大，淤积速度快，如不辅之以堤防约束，则摆动改道频繁，影响范围大，不利于附近地区的防洪安全。

与此同时，以万恭、潘季驯为代表的筑堤防患，束水攻沙的意见，在实践中逐渐占了主导地位，因为堤防可以控制泛滥范围减少灾害，固定流路有利于漕运和生产。如隆庆四年（1570 年），工部复翁大立奏中即称："往时黄河自刘大夏设官布置而河南之患息，自嘉靖初年，曹、单筑长堤而山东之患息，自近年改成新河而丰、沛之患息，非必河自顺轨，由人力胜也。"[7]另初筑徐，邳到清口遥堤时，"众哗，以为黄河必不可堤，笑之。"堤成取得了"内束河流外捍民地，邳、睢之间波涛之地秋稼成云"的成绩。因此，万历二年（1574 年），潘季驯三任总河时，除塞决口筑堤到安东（今涟水），复闸坝防河南侵，创造滚水坝以固堤岸外，有关海口治理方面则提出："止浚海工程以免糜费，寝老黄河之议以仍利涉。"[8]也就是说，采取固定黄淮尾闾经云梯关入海的流路，停止疏浚海口改为固堤束水，导河浚海的办法。他认为另觅新路疏河入海，不仅无合适的地方，需新筑堤耗费大，同时仍不免淤积，"别凿一渠，与复浚草湾，徒费钱粮无济于事。"[9]在挑浚上他认为："河底深者六七丈、浅者三四丈，阔者一二里，隘者一百七八十丈，沙饱其中不知几千万斛，即以十里计之，不知用夫若干万名？为工若干月日？所挑之沙不知安顿何处？……而如饴之流遇坎复盈，何穷已耶？""若夫扒捞挑浚之说，仅可施之于闸河耳，黄河河身广阔捞浚何时？捍激湍流，器具难下，前入屡试无功，徒费工料"，特别是"海口因潮汐之所以来往也，随浚随淤何可浚？"从而提出"今日浚海之急务，必先塞决以导河，尤为固堤以杜决口。""则以水治水，导河即以浚海也。"[9]同时，他反对分洪和多口分流入海，认为"下流复或歧而分之，其趋于云梯关正海口者譬犹强弩之末耳，盖徒知分流以杀其怒，而不知水势益分，则其力益弱，水力即弱又安望其能导积沙以注于海乎。”[9]此种主张是在实践中总结了来沙量过大，依靠疏浚无能为力，河不两行并经常摆动，筑堤束水有利于生产和输沙等正反经验的基础上提出的，具有进步的一面。但是，限于当时河口延伸的影响尚不十分突出，故对固堤慎守束水攻沙将使入海口淤积延伸加剧，河口基准面升高，从而反过来使河身淤积日高，并不断向上游发展的规律没能有所认识，而单纯寄托于固堤导河浚海和深河上，显然亦有片面性，因而束水攻沙措施亦不能持久无弊。不久“万历十七年（1589 年），草湾河忽大通分流十分之七，至晏赤庙仍入正河，而河面较正河仅三分之一，于是黄流哽噎，淮水逆壅，黄河溃裂四出，据此总河杨一魁提出‘分黄导淮’之议。”[10]

万历二十年潘季驯因议不合去任后，分疏改道的意见占了上风，他们认为淮水壅阻是黄河河身日高，黄河淤高在于海口不畅，分黄则下流日减，清口淮水无黄河阻遏，畅出刷沙，则泗州之积水自消，而祖陵方可永保无虞[11]。同时认为“治弱者利用合，治强者利用分，海口不可以人力浚，惟于清口上下多阔分流，以畅宣泄之势。”[12]其主要的做法是开黄家坝（位于今泗阳县）新河分杀黄流以纵淮（图 4），别疏安东五港海口以导黄。以漕臣褚铁为代表的认为导淮功小易成，分黄功钜难就。部议复，标本不可偏废，次第举行，“及黄坝工完放水之日黄水从新河入者十之五六，从清口出者十之三四，水势顿减四尺，兼之清口淤沙尽辟……淮水滔滔东流，会黄东注，祖陵积壅……一旦脱昏垫而登乐土，”该措施收到了一时之效。此表明适度的短期分洪是必要的；反之若过度分流形成主河淤积，则将得不偿失。

万历二十一年河自黄涸口（位于今单县境）南决由小河口复入河，漕臣意塞，河臣欲赖以分杀，竟未堵，二十八年决坚城集，二十九年决肖家口，徐邳浅阻，尔后“治河者多尽力于漕艘通行之地……苟且目前之计，海口通塞则以为无关运道而姑置之……河患日深。”[10]总河大臣或以罪去，或以忧死，加上近于明末政治腐败，社会动荡不安，使之河道和海口治理上无甚进展。当时黄淮合流由云梯关入海，“蓄清刷黄”之说，尚未明确提出。但有关海口的主要治理措施，如疏浚、拖淤、寻捷径改道、分洪、分流减黄、筑堤束水攻沙等，遗憾的是这些措施均未能持久生效，究其原因在于黄河来沙量巨大，泥沙下排入海，引发海口延伸，河口基准面升高，下游河道相应升高的趋势无法解决，这些措施只适用于局部河段和短时段一时一事所致。这些措施虽有局限性，但为清代的河口治理奠定了基础，不少方法措施至今仍有着现实意义。

1.3 清顺治元年（1644 年）—清乾隆四十一年（1776 年）

清朝继明朝治河方针，河患先自上向下，海口淤积又日益严重。

明末清初河屡决于徐州以上，黄河洪水多向南泛滥注入洪泽湖出清口，故尾闾河段尚深畅，“自（顺治）七年至十二年历五载余，河身日就渐澱高，只因彼时河尚深数丈，是以虽有淤沙，将河底逐渐溅高，而人不知其害也，然其下流之易决，实由于此也。”[13]顺治九年（1652 年），杨世学提出“凡有海口之处尽行开浚”，以免尾闾壅溢冲漂的疏陈。顺治十六年（1659 年），总河朱之锡在《两河利害疏》中明确提出：“我朝因明之旧，数百万京储，仰给东南……凡所以筹河者岂能与前明有异。”全面继承了明朝治河策略的方针，并开始了系统的治河。俟后屡加河南和宿迁至清口之间堤防，泥沙下排海口问题相应加重。康熙十年（1671 年）八月题报，安东茆良口堵塞，然黄河故道愈淤，正东云梯关海口积沙成滩，亘二十余里，黄河迁洄从东北入海，清口黄水灌入，裴家场悉起油沙，天妃闸底淤垫，本年回空漕船不能进口。”[14]此表明，清朝治河开始不久，海口问题即成为治河的关键。

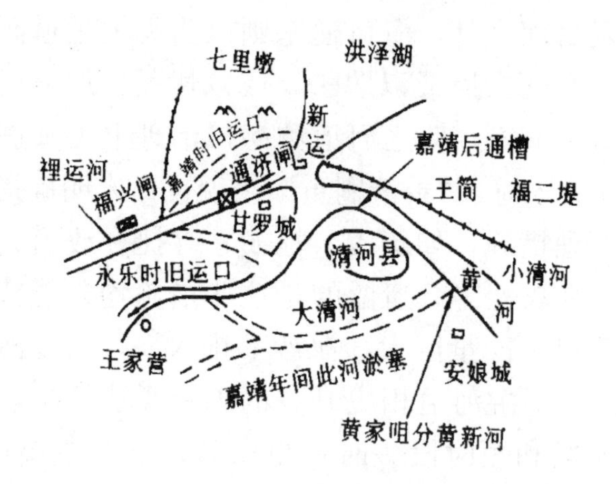

图4　明万历六年黄河与洪泽湖交汇口（清口）图

康熙十六年（1677年）命靳辅总河。靳辅首先肯定了“淮溃于东，黄决于北，运涸于中，半壁淮南与云梯海口沧桑互易”的原因致使海口和尾闾淤塞。并第一次明确地指出黄河海口不断淤积延伸的事实，认为自潘季驯治河以来大体日淤一寸，淤积延伸是黄河沙多出海后有“余沙”所致。因此他对河口的治理十分重视，曾疏称：“关外之底即垫，则关内之底必淤，不过数年，当复见今日之患矣，臣闻治水者，必先从下流治起，下流即通则上流自不饱涨，故臣切切以云梯关外为重。”[15]于是一方面大挑清江浦以下到云梯关故道和云梯关以下海口，所挑之土用以筑两岸之堤，将缕堤延长到云梯关以下五十余里处，另一方面设浚船铁扫帚定期耙浚。此外则大筑清口以上堤防，修洪泽湖高堰蓄清助黄刷沙，并先后建造减水坝20余座，不仅借其分洪保堤，而且有意识地令所泄之水回河或入湖，以增清减黄。其目的均在于“使黄淮势均力敌，（靳）辅以为黄偏强则蹑淮，内灌之患立至，淮偏强则遏黄，上游停沙立见，于是建高堰减水坝以泄淮，又于徐睢山麓凿天然闸坝，遇黄独涨减归洪泽，去河即远，沙潋水驰，并作淮势，以敌黄流，二渎势均遏蹑并绝。”[16]此时，“蓄清刷黄”较明朝时又前进了一步，并成为当时治河和维持漕运不可缺少的措施之一。

基于这一原则，洪泽湖堤堰，随着黄河海口延伸，河床不断淤高而相应不断加高，并使分黄助淮愈演愈烈，甚至后来发展到缓堵黄河向南决口的地步。另外，他与潘季驯意见一样，认为浚河功力难施，挑浚海口无益，主张固堤束水，导河浚海。靳辅是在黄淮大坏之际的第一次大规模治河，其主张基本符合当时的客观情况，故在维持漕运和减少决溢灾害上取得了一定的成效；但同样存在着加剧了海口延伸、尾闾和清口以上河道相应淤积河床淤高问题，故不久决溢仍不时发生。

康熙三十五年（1696年）总河董安国奏称："查云梯关迤下为昔年海口，今则日淤日垫，距海二百余里（较靳辅总河时又延伸了约一百里），下流宣泄即迟，则上游之壅积愈甚，水势不能容受，小则倒灌，大则漫溢，断断不免矣。"[17]因此，他一方面加高帮厚山阳（今淮安）、安东（今涟水）黄河尾闾两岸缕堤等堤工，另一方面进行了清朝以来第一次有计划的截流改道，于云梯关下马家港筑拦黄坝，挑挖引河一千二百余丈，导黄河之水循原漫溢河槽由南潮河入海。这一措施是吴桂芳寻捷径的实践，它有利于减缓尾闾河床的淤高。此后大力修建堤防闸堰，如康熙三十八年（1699年）有关修创堤堰的记载多达七十三处。后因清口以上决口，将其归罪于拦河壅水，三十九年于成龙堵闭引河，并错误地责令董安国代罪赔修，致使以后的不少河臣宁可糜费万金加培堤坝，挑挖正河挽归故道，以避免因倡议改道万一有失，落个无事生工，个人受贬的下场。此不仅浪费了大量人力财力，同时大大地束缚了改道和创新治河的积极性。

张鹏翮于康熙三十九年任河道总督在任九年惟旨而行，其治河主要的办法是"尽毁拦黄坝，大辟清口，坚筑唐埂六坝，使淮水悉出而会黄，淮黄相合流迅沙涤，海口深通使两河皆循故道"。[18]此期间在徐州上下还采取了"逢弯取直"和"广筑挑坝"等固堤措施，再加上普筑大堤，直到雍正年间黄河相对无大患。

雍正后海口淤积问题又突出起来，于是又议论设犁船混江龙以疏积沙，后因“必水势可乘驶，若施之平流，则旋起旋沉，船户舞弊，水中无可稽察”[19]未能奏效，而改为加高堤防的办法。如雍正七年（1729 年），“南河始定黄河堤工岁加五寸之例”[20]，同时增筑清口以下尾闾堤防，为避免云梯关以下堤防设埽岸和抢护，多采取筑越堤（二道堤），包护兜湾的办法，以御汛水旁泄，此在近海入口不多的堤段用之较设埽工相对经济有效。

乾隆初年仍然采用固堤束水，蓄清敌黄的方案，在固堤上除继续裁弯取直外，还大规模地推行了放淤的办法，在海口尾闾河段真武庙、龚家营、大飞浦等十处均取得了实效；但由于海口延伸如陈士倌奏称：“今自关外到二木楼海口且二百八十余里，昔年只有六套者，今增到十套……河流十曲而后出海。”[21]较康熙三十七年董安国总河时又延伸了约七八十里，从而使洪水“涌滩侵堤，尾闾各堤有仅低一二尺，有与堤顶相平，并有水高堤顶仅赖子堰挡护者。”[22]同时常年预留口门（向北为马家港，向南为陈家浦）进行分洪，此表明海口和尾闾淤积又已十分严重了。于是疏辟海口，浚治河身之说又兴。乾隆二十年（1755 年）前后又曾试验过拖淤，拟用混江龙治河，当时乾隆皇帝认为“前人虽有此法，恐亦纸上谈兵，未必实能奏效……此施之于支河，小港或易见功，非所论于挟沙奔注之黄河也。”后因靡费钱粮实效不大而停止。至此时尾闾大堤已加高多次，固堤束水使海口延伸加剧，河床淤高，被迫加堤的弊端逐渐暴露，为此陈士倌提出以堤束水之法不可施之于海口，应弃守关外缕堤以广入海通路和用他创制的翻泥车浚淤的主张。乾隆二十九年（1764 年）高晋以关外堤防每于伏秋盛涨或遇海潮相抵时即平堤拍岸，经常漫决，其外民舍村庄不多，无关紧要自不应与水争地，无事生工，若筑越堤或修做埽工，不仅虚糜钱粮，而且海滩地面埽工难期稳固实属无益，不若让地与水，以顺其性为理由，奏准弃守云梯关外堤防。[23]当时上谕称：

“所见甚是，云梯关一带为黄河入海尾闾平沙漫衍，原不应该置堤岸与水争地，而无识者，好徇浮言……因有子堰堤防之议。”[23]这样明文规定了河口三角洲摆动的顶点又上提到云梯关附近。加上大辟清口引湖助黄，从而暂时缓和了海口问题。然事物是转化的，治黄无经久不弊之法。由于黄河来沙量过大，至乾隆四十一年（1776 年），虽然此阶段河口延伸速率（每年约 0.4 km）较康熙十六—乾隆二十一年的延伸速率每年 1 km 为小，但仍然是相当可观的。因而清口倒灌日重，尾闾堤防漫溢渗溃奏报日多，洪泽湖蓄水位过高，岌岌可危，连年修整高堰山盱等砖石各工。自此以后，整个河道进入了一个河床淤高产生决溢，决溢又进一步加重河道淤积，使之决溢频繁，尾闾问题更加严重的阶段。

1.4 乾隆四十二年（1777 年）—咸丰五年（1855 年）

海口延伸过长，黄高于清，尾闾河段及下游河道淤积严重，决溢频繁，黄淮被迫分流入海，漕运和水患愈加恶化。

乾隆四十二年后，淤积和河患又发展到比较严重的地步，嘉庆十年，徐端奏称：“海口乃全河尾闾，通塞皆关全局，现在全河之病皆在海口不畅，河底垫高，盖自乾隆四十三年迄今历二十八年，其间漫溢频仍，得保安澜者仅八年。”[24]并明确指出：“海口淤沙渐积，较康熙年间远出二百余里，致河溜归海不能畅利，无力刷沙，此全河积久受病之原也。”此时对河口延伸的影响有了更多的认识和记述，嘉庆十年（1805 年）左右对海口尾闾的治理又形成了一个高潮。吴璥提出：“欲使海口深通惟有疏挑横沙，及另筹去路两策。今细查情形如能将横沙挑除自属大畅，但潮汐往来每日两次，入夫固不能立足，船只亦不能停留，若用混江龙，铁篦子系于大船尾抛入水中，潮长则涌之而上，潮落则掣之而下，险不可测，力无所施，白海口非人力所能挑浚断然无疑。至改道一说，北岸土性胶结，从前所挑之马港河，二套河俱未能成，旧绩具在，臣复从南岸查勘尽系平滩亦无建瓴之势，且附近无通海港，又属难行。……实无善策，岂容虚掷金钱。……前人束水攻沙之说究属不易之论。”[25]从而提出：培修大堤，裁黄泥咀等兜湾，挑切吉家浦，倪家滩等滩咀，严闭五坝，竭力蓄清使出清口全力敌黄，以收刷沙之益。[26]徐端提出，筑堤束水和试行疏浚。铁保认为：“查挑汛期内黄河上游徐属各部长水二尺余寸，而扬属外河，山安等厅所长之水挨次递加，外河厅之顺河坝现存本年长水四尺三寸，其为海口去路不畅，已属然。……海口茫茫万顷，实非人力所能施展，惟有多蓄清水抵黄，并培堤束水以攻沙较为切实而有把握。”[27]当时有关海口尾闾的治理主张不少，但都是过去实施过的，多数人认为，疏挑淤沙无益，惟有筑堤束水和蓄清刷黄，此外则是“另筹去路”进行海口尾闾改道。

此阶段明确提出人为海口改道的主张和实践开始多起来，这是由于人们认识到海口延伸后，“距云梯关尚有三百余里，正河愈远愈平，渐失建瓴之势，河底之易淤，险工之叠出，糜费之日多，大率由此”[28]和新海口道里近捷泄水畅利所致。乾隆五十一年(1786年)，阿桂提出：“疏通二套迤下引河，大汛开放，使多一分泄之路，上游自更畅达下注……若果黄水全掣由兹东注，该处较现在海口近二百余里，且并无淤沙，改作海口更可得久远之利”后来曾夺溜。嘉庆九年（1804年）拟利用李工决口，因势利导，由盐河或安东入海[29]，嘉庆十一年（1806年）王营减坝泄水掣溜，经六塘河出灌河口入海，较正河近百余里，去路畅达，如果形势已成，竟可更定海口，即是全河一大转机，后以新河散漫，不易筑堤束水，灌河口不够开阔和怕更改不成两有歧误而负罪等理由未能实现[30]。当时“盱眙县知县黄嵋条陈海州近海一带本属沙碛不毛之地，较现在河身低至一二丈不等，今若改由宿迁境(皂河)横穿运河，经沭阳、海州至赣榆一路入海”[31]的主张（具体路线如图1所示），后以工程大，影响大，不一定能成功而驳弃。在改道未能实施的情况下，筑堤之说又占了主导地位。于是，嘉庆十五年、十六年相继两次延长云梯关以下堤防，北至龙王庙计长7 000余米，南岸至大淤尖计长3 600余米；同时大修洪泽湖石工，仅嘉庆十、十一两年即兴工30余段。在筑堤时和筑堤后，勒保和陈凤翔曾奏称："上年所筑新堤地势洼下，土性沙松，高宽丈尺又属卑薄，冰凌溶化时两面均已漫滩，前经奏明，海滩上本难筑堤，且下游束窄不能容纳，则上游水满更为可虞，若欲使全河之水由一径归海，其势所不能，黄水趋向靡常，固不可导之使分，亦不能强之使合，因其自然之势，则下不致壅，上不致溃。""觉从前南河诸臣请筑海口新堤及堵合马港口等事皆非长策。……今年水势全归正河漫水侵堤，水势平而堤之高遂见，高处尚未平堤而矮处则已经漫溢，此海口新堤无益之实在情形也。……自新堤即筑，马港口堵合，束水攻沙之法，可谓极矣，而海口之淤如故，可见筑堤束水，以水攻沙之效实未能操胜。[32]五月初黄水增长较去年之水大至五尺一寸，积至二十三日不消，遂由王营减坝旁注，推原其故由海口逼紧，水无它路可行，生此漫溢之患。"[33]此表明，单纯的筑堤束水，排沙入海，海口延伸基准面升高，不仅降低不了黄河水位，反而增加了尾闾河段和下游河道的淤积，使防洪的压力增大，水患日益加重。

关于蓄清刷黄问题，由于海口日益延伸，尾闾河床相应升高，嘉庆十一年（1806年）戴均元等奏称："验对老桩，稽查档案近年黄河水势较之乾隆初年已高至一丈余尺，盛涨水痕比旧日老堤相去悬绝。"[33]从而使得"洪湖清水，向年长至九尺以上即能外注，现长至一丈三尺六寸而清口黄高于清尚四尺余寸"[34]。故欲蓄清刷黄则一方面需降低黄河水位，为此多利用闸堰向南分黄水入湖，分水过多，正河水势减弱，淤积更甚；另一方面需提高洪泽湖清水蓄水位，然"堰盱一线长堤所砌砖石各部不能如昔坚固，而蓄水倍于昔时，一经风浪则防守为艰，嘉庆十三年、十五年俱以清水过大，致有冲决头坝、临湖砖工及掣开山盱义坝之患，嗣后遂以蓄清为畏途，以借黄为长策，苟且偷安”[35]。幸赖嘉庆“十八年豫省睢工失事，全黄澄清入湖畅出清口一载有余，将河底积淤刷涤深通”[36]，得以维持到道光初年（1823 年左右）。道光五年（1825 年）较道光元年清口附近河底淤高一丈[37]，同时“湖水收至二丈始能建瓴而刷黄……上年湖水积到一丈七尺二寸即致失事，至今河漕两敝可为前鉴”[38]。琦善、严谅等提出：“非仿照成法于洪湖石堤之外筑做碎石坦坡，即须择海口较近之处另导黄河入海。”[36]经详慎妥筹后认为“通局受病，全在黄河”，“诚能使黄河之底一律深通，黄流迅驶归海，则淮水不蓄而自高，湖堤保固而不溃，黄治而淮无不治，自为治河之上策，无如现在黄河敝坏，全在中段淤高，淤非一时所积存，断非一时所能去，前者拟改海口，正欲避去积淤，掣深清口较之修砌坦坡收效自速，乃前人屡改不成，臣等复勘情形亦实，毫无把握，其事断不敢行。而接筑长堤，取直挑河虽于黄河下游设法疏通，而二百里以上清口之积淤断难期其一时跌透，则彼此皆无急效，治黄必得治淮，淮足则刷黄去淤，惟当求其不溃，则舍碎石坦坡更无保卫石工之他法矣。”[38]由于碎石坦坡投资过大，一时难下决心。最后提出当时治黄“五则：一曰严守闸坝，二曰接筑海口长堤，三曰逢弯取直，切滩挑河，四曰修复浚船，五曰筑做平滩对坝。”[39]

实践表明，大挑故道放水后不能畅泄，未能收效，数百万帑金竟成虚掷，后责令河臣戴罪自赎。“若筑对头坝，设爬沙船，牛犁导淤，锁船逼溜等法以及混江龙、铁篦子、杏叶爬、扬泥车等器具，均经历任河督诸臣仿照成式设法试行，迄无功效。则缘大河纯以气胜，时长时消，溜激沙行，趋向不定，即将淤处挖净，水过复淤，即能将浅处挑深，不能禁它处又浅，盖黄河底淤实非人力所能强制。”[40]此外，浚船和对坝，亦未能奏效。

道光六年（1826 年）张井曾提出照乾隆四十八年阿桂在河南省青龙冈决口后改河之法[41]，由安东县东门工下在北面另作新堤，将原北堤改为南堤，中间抽挑引河约深一丈，导河至丝网浜以下，仍归原河口入海的三堤两河小改道的方案[42]。当时得到道光皇帝的支持，谕称："朕思黄河受病已久，当此极敝之时，若仅拘守成法加高堤坝束水攻沙，一时断难遽收速效，自应改弦更张，因势利导，以遂其就下之性，且黄河淤垫即甚，与其有意外之虞，必致淹浸田庐被灾甚广，何如改河避险，先以人力变之，为一劳永逸之计，所谓穷则变，变则通矣。"[43]后恐新河口门险工抛石不能启除，佃湖一带低洼筑堤困难不如开放王营减坝省便而作罢。道光二十二年（1842 年）和咸丰元年（1851 年）两次计划另辟入海口进行尾闾改道，但同样未能实行。在议弃十套八滩听其溃泄的意见未能胜过延堤的主张后，又延筑海口长堤，尾闾淤积更趋严重。

尽管利用南决的机会和有意识地引黄入湖，以黄刷黄，无奈经常黄高于清，出水甚微无力刷沙，道光七年（1827 年），"三月初二日黄水倒漾复堵御坝，南漕至，藉倒塘灌运，锢疾愈甚……糜帑六百万两，而御坝永不得放，清黄永不能会流……而县境海口专泄黄流亦自此始矣。"[44]其后决溢频繁而且主要在徐州以上。咸丰五年六月十五日黄河水势异涨，兰阳汛，铜瓦厢三堡以下无工处冲决，六月二十日正河断流，大河主要改由利津入海，从而结束了明清黄河流路的历史，这固然是一条流路行水过长淤积严重，防守困难的必然发展趋势。此次决口改道未能堵口复故，尚与当时政治腐败，南有太平天国（咸丰元—同治三年）、北有捻军起义（咸丰三—同治七年），社会处于极度动乱，无暇无力堵口和进行大规模的修治有关。

2　海口治理的经验教训

2.1　治理措施综述

由明清黄河的演变历史和治理概况知，入海口淤积，清口倒灌是在下游流路固定，沿河堤防修建完善后，泥沙大量下排时出现的；并随着流路的日益巩固和入海口的不断淤积延伸而逐步加重。淤积初期人们直观地认为，解决入海口和清口的淤塞，主要依靠挑浚的办法。在来沙量巨大挑浚不能解决的情况下，进而提出寻找捷径另辟入海口的主张，如果无堤防相配合，则会经常摆动改道，此漫溢横生影响很大，于是筑堤束水攻沙之议为人们所接受。清口上下筑堤以后，巨量泥沙下排入海口延伸和尾闾河床淤积升高加速，清口倒灌加重，于是河、湖被迫分隔，开始了蓄清刷黄。海口淤则尾闾淤，黄河淤高了，为保持漕运平交穿黄，和藉清助黄，洪泽湖蓄水位必须亦随之升高，黄河大堤和湖堤相应不断加高。黄河淤积速率加快，为此分黄降低水位，导淮使出清口刷沙一直做为成法，贯穿在明清黄河海口治理的过程中。用浚船混江龙、铁扫帚等拖淤的措施，先后多次试行，时兴时废，对于局部短河段在有水力等条件配合时，具有实效，在较长河段和海口的试验过程迄无成功实例。系统的筑堤束水以水攻沙自明嘉靖以后确定为治河的方针以后，在修守清口上下堤防的过程中，创造了修筑遥、缕、格、月（越）等堤和一套巩固堤防的工程措施，如分洪、放淤、裁弯、切滩、挑坝和木龙等等。但在云梯关以下三角洲尾闾河段筑堤问题上，认识不一，议论迥异，时延时弃，直到清嘉庆中期延堤前，在明清黄河三角洲上基本是有控制地任其自由摆动改道。另辟入海口进行三角洲扇面顶点以上的较大改道，在各个阶段均提出过，特别是海口淤积严重的第四阶段，蓄清益加困难时，曾频繁研讨和设想另筹去路问题，但均未能实施。

归纳起来，明清黄河在海口治理的主要措施不外挑浚分洪、蓄清刷黄、筑堤束水和尾闾改道四个大的方面，但各个时期侧重不同。由于黄河入海泥沙过多，淤积不断发展，在无法解决户口延伸基准面升高趋势的情况下，致使在治河上没有经久不弊的方法。往往是某一种措施在实施的短暂时段内见效，但随着淤积的发展效果渐逊或消失，故不得不在新的基础上再次采用其他措施或反复实施。如海口筑堤束水和弃堤废守即是反复发展的，如靳辅延堤，高晋奏准弃守，百龄再加堤，陈凤翔又议弃守，道光中期又延堤等。同样，蓄清刷黄也是在黄河尾闾河道不断淤积升高的情况下实施的，因而同一原则或措施不同时段采取的具体做法亦不相同。疏浚和拖淤等措施则多在海口淤积严重，其他措施作用不显著或投资过大时不得不重复进行的试验。为了解各项措施的作用和问题，现分别总结如下：

2.2 挑浚和拖淤措施

挑浚是明清黄河尾闾出现淤积后最早采取的治理措施之一，其后随着来沙量过大淤积的加重和措施本身条件的限制使之具有一定的局限性。挑浚措施细分之可以分为人工挑浚和器具拖淤两大类。人工挑浚适于无水作业，而器具拖淤适于水下施工。实践表明，挑浚和拖淤解决局部河段的淤阻易见功效。拖淤尚需有一定的水力条件相配合，否则亦不能冲深展宽，或者旋拖旋淤无济于事。获得成功的实例仅限于清水畅出入黄时拖耙清口引河，裁弯取直所挖引河有较大比降等方面。欲解决较长河段淤积而进行的多次试行，无获得成效的实例。拖淤和黄河长河段的挑浚均如此，如道光初年改道不成大规模挑浚正河挽河归故，放水后即形淤淀，白白浪费了大量人力，数百万银两竟成虚掷。这是黄河河身宽阔，来沙量过大而且集中，在很短的时间即可形成大幅度淤积所决定的。因而有关“如饴之流，遇坎复盈，河身广阔捞浚何期？捍激湍流，器具难下，此疏彼淤，趋向无定”、“应筑对头坝，设爬沙船，牛犁导淤，锁船逼溜等法以及混江龙、铁篦子、杏叶爬、扬泥车等器具均经历任河督诸臣仿照成式设法试行，迄无功效……盖黄河底淤实非人力所能强制”等记述屡见不鲜。总得看来，欲在长河段实施挑浚解决河道淤积问题，事繁解而效微，费多而功缓。

至于爬浚海口，嘉庆等年间亦曾在海口演试，因有海潮顶托，使之益加不利，因素有二：一是只能落潮拖，然黄河来沙不停，落潮所拖不及涨潮所积，且较粗颗粒的泥沙根本无动力使之远移；二是海口演变十分激烈，朝东暮西，瞬深息浅，变化莫测，拖无定路，功从何见，且船只危险不安全，故较在河道内更难收效。可见，欲依靠挑浚与拖淤解决海口和长河段淤积问题，在沙量不显著减少的条件下，仅靠拖带耙具的动力改善，将同样收效甚微，徒费财力。

2.3 蓄清刷黄问题

蓄清刷黄是黄河海口延伸，尾闾河段不断淤高，有淮河大量清水和洪泽湖的调蓄为冲刷尾闾河道降低黄河水位以保证漕运穿黄畅通的特殊条件下，在实践中逐步发展成为明清黄河海口治理的主要措施之一。

黄河夺淮的初期并在河南，河、淮、湖、运相互水平交汇，如图 4 所示，黄河尾闾河段未闻有灾患。待流路固定特别是束水攻沙以后，黄河尾闾淤积显著日重，黄水倒灌，淤湖淤漕，阻遏淮水会黄合力入海，尾闾淤积更甚。这不仅使淮、湖积水面积扩大，影响明朝的祖陵和泗州城，而且经常形成河湖决溢使海州、淮安、扬州一带成为泽国。为此，远自潘季驯治河前后即提出蓄清敌黄问题，后又有分黄导淮之议，其目的均在引清刷黄。清靳辅治河时明确提出了蓄清刷黄问题，在分导和调剂水量方面较明朝又有所进步。由于蓄清刷黄改变不了海口的淤积延伸，因而黄河尾闾淤积升高的趋势不可避免。所以蓄清刷黄的过程即不断提高洪泽湖蓄水位的过程。仅康熙以后到道光初的 100 余年，洪泽湖蓄水位升高了约 2 m，运河与河湖之间的闸坝愈建愈多。如图 5 所示，湖水位的升高，一方面要求清水量大大增加，而淮河之水日益难于满足；另一方面使湖堤的安全问题愈来愈无保证，一遇风浪，则频频溃决。为解决清水来源，后来不得不依靠大量分黄入湖，最后到嘉庆，道光年间甚至发展到缓堵南决口门，甚至决黄湖隔堤导黄入湖再出清口的地步。为保证湖堤的安全，由于经济和技术条件的限制，加高是有限度的，故最后难免于道光七年出现了河湖永绝、黄淮分流的局面。

尽管如此，蓄清刷黄在治河、治漕和保证明清黄河流路长期稳定中起到了特定的作用。这首先表现在保证漕运的畅通上。明清两代定都北京每年几百万石的粮储赖以运河转输，潘季驯时利用清口—徐州一段黄河为运道，靳铺开中河后，河漕分家改在清口穿黄。黄河水位不断抬高，高于清水水位，则漕船受阻，黄不能降低水位，则只有抬高蓄清的水位，这样方可使漕船通行，否则即需倒塘、盘剥或者车挽，这些办法都很费钱而且效率低。此外开海运，由庙湾（今阜宁）出海，绕山东半岛入渤海，而此常为海上飓风大浪所损，相比之下蓄清有利。其次则是蓄清可借所蓄清水冲刷黄河尾闾以缓和淤积升高的速度。据载，每当淮水大涨，特别是黄河南决入湖之年，大量清水畅出清口黄河尾闾则出现显著冲刷。如乾隆四十四年，李奉翰奏称："豫工十六堡未堵，水归洪泽湖已及二年，变黄为清合并淘刷，清口以下直至海口一律深通……较往年冬刷深八九尺及一丈不等，两腮浮淤消除尽净，两岸埽工根底也被清水拽刷多有平蛰。"[44]此表明，大量清水冲刷的作用是显著的，但当黄河泥沙大量下排后，回淤的速度一般也是十分迅速的，如吴璥曾奏称："桃源（今泗阳）以下至外河山安海防等厅河底较上两年淤高四、五、六尺不等……去秋黄水陡落停淤最厚，清水竟至阻断，河身干涸。嘉庆八年，存底一丈八尺，九年三月黄水归故之日存底水二丈三尺是本年底水高于上年五尺，可见河底已垫高五尺。"[45]一年约可回淤近 2 m，此往往造成被动局面。

蓄清刷黄是在明清黄河流路于清口会淮和明清两代均以漕运

为国家大计特定条件下形成和发展的，其作用是肯定的，不仅有助于漕运的通畅，而且对维持一个较窄深的尾闾和减少海口自然摆动改道有利；但此不能改变黄河不断淤积升高的趋势，因而其功效也是有限的。现黄河东平湖以下与原洪泽湖清口以下相类似。但由于东平湖以下至入海口河长400余公里，而清口以下至入海口仅180余公里，关键是洪泽湖有全淮的来水，平均年来水量约300亿m^3，而东平湖纳汶河来水平均年水量仅14亿m^3，以小水量刷长距离，效果相差悬殊。又无其他的清水来源，故现黄河目前难以借鉴和实施该措施。

2.4 筑堤束水问题

自明永乐初年自上而下筑堤后，在实践中修治堤防的措施逐渐为人们认识和接受，并结合黄河沙多流缓易淤的特点，从而提出了束水攻沙的理论，但这并不是一帆风顺的，如万恭在《治水筌蹄》中曾写到“徐、邳顺水之堤其始役也，众哗，以谓黄河必不可堤，笑之；其中也，堤成三百七十里，以谓河堤必不可守，疑之；其终也，堤铺星列，堤夫珠贯。历隆庆六年（1572年）、万历元年（1573年）运艘行漕中若平地，河涨则三百里之堤，内束河流，外捍民地，邳睢之间波涛之地悉秋稼成云，民大悦，众乃翕然定矣。”[18]万历三年（1575年）潘季驯筑堤至安东（今涟水），整个下游的河堤基本完成。但事物总是一分为二的，此措施也并不是完整无缺的。当时主张分流和疏挑的虽疏不胜疏，挑不胜挑，但其先辟入海口讲求捷径的指导思想是可取的。另外，他们认为束水则河易决，河决则淤，沙至海口必壅，河淤堤低，需不断加高堤防，也有一定的道理。但实践表明，在当时政治经济和技术条件下产生的以堤防系统治河稳定流路的措施是以人力变被动为主动，利多弊少，经济有效，具有进步作用的措施。

巩固堤防的具体措施亦在实践中不断创试发展。首先是创筑了遥、缕、格、月（越）等不同作用的堤防，其次则为分洪措施。

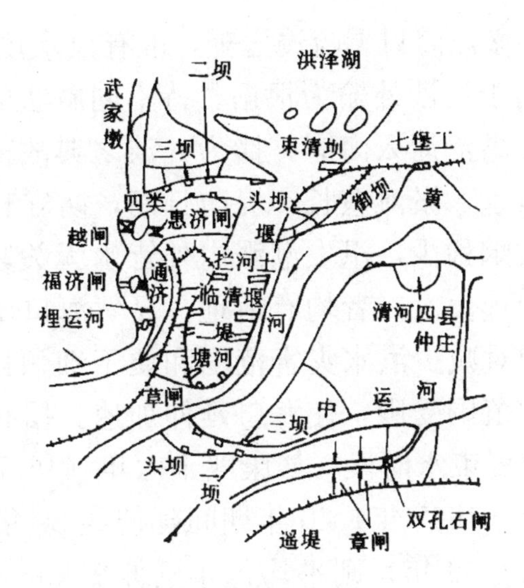

图 5 清道光七年黄河与洪泽湖交汇口（清口）图

“防水之功，莫大于堤，然水之消长不时，过障之虞其溢也，闸坝以减之……次之以涵洞。”[46]潘季驯即曾于桃源（今泗阳）建崔镇等四坝以泄异涨，靳辅任总河后上自徐州至安东，先后建砀山、毛城铺、徐州十八里屯、睢宁峰山、宿迁朱家堂、清河王家营和安东茆良口等闸坝十余座，起到了“上既有以杀之于未溢之先，下复有以消之将溢之后，故自建闸堤以来，各堤得以保固而无冲决”[47]的作用。放淤固堤明万历年间即有所用，当时潘季驯曾论到人为淤积堤防临河一面的问题，清靳辅对涵闸与淤积堤防背面问题所论甚详。清雍正后大规模推行放淤，乾隆年间极盛，放淤堤段主要集中在徐州以下的窄堤距河段。此段河势稳定，引水有保证而且相对安全，在河南由于河势游荡，河面开阔多采用“挑沟疏消，分段筑坝”的办法以防夺串形成顺堤行河。此外裁弯取直，挑沟切滩，筑挑坝等均在一定条件下起到了固堤防险的作用。[17]总之，此阶段在筑堤、固堤方面积累了极其丰富的实践经验。

明清之际对清口以上堤防的兴建，自明万历以后已无异议，但对黄河海口三角洲尾闾是否筑堤问题一直存在着不同的认识。

主张筑堤之人，多以海口无疏浚之理，惟有束水攻沙，导河浚海，集中水流，以利于泥沙外输为根据。持不同看法的，则以堤防不适于海口或引大禹治河入海时，播为九河之典故；或以束河其上游沙淤，海口愈远，淤滩愈长，堤防日高，防守日难；或以关外俱芦苇荡地，人烟稀少，汛发潮涨内外皆水无关紧要，不如顺水之性以畅其泄为理由。二者均有道理，显然海口尾闾筑堤有利有弊，利在可以相对减少洪水灾害范围和便于细颗粒泥沙外输，而弊在海口堆沙的范围受限，使海口延伸加速。据有关河口延伸的资料知，海口筑堤束水时段，如康熙十六年（1677 年）靳辅延堤至康熙三十六年（1697 年）20 年期间延伸约 80 华里[17]，若按计至乾隆廿一年（1756 年）则平均每年延伸 1 km[21]。较其他时段一般每年小于 0.5 km 为快[48]。海口延伸加快，意味着海口侵蚀基准面的相对升高，这样反过来必然引起尾闾河段的淤积升高和清口倒灌，增加决溢以及被迫加高加固大堤或大规模分洪等一系列问题。

黄河故道自潘季驯 1575 年筑堤至安东到 1677 年靳辅延海口堤 25 km，再到百龄 1810 年再次延堤，其间都在 100 年以上，此期间海口延伸虽相当长，由于延堤后，仍预留马港等分洪口门和新堤卑薄经常漫溢的情况，实际上延堤的意义和作用是不大的，基本上是在三角洲的范围内任其自然摆动改道，此大大减缓了尾闾河段和下游河道淤积升高的速率。但由于黄河来沙量（除决口年份外）是源源不断的，因而海口淤积延伸和河道淤积仍然是不可避免的；堤防随之不断加高，因而下游河道加固堤防不是权宜之计，而是治黄的长期重要任务。

显然，在海口筑堤问题上应该取其利去其弊，即取筑堤约拦水势，适当集中水流之利，另外不固定尾闾流路适当扩大摆动改道范围，则可去其弊。现黄河海口三角洲内石油工业和农业开发，使尾闾自然摆动改道已不可能，目前采用的筑堤约拦水势和实行有计划流路改道的方针是符合上述原则的。

2.5　对尾闾改道的认识

黄河大量泥沙，排至海口淤积后黄河近口河段开始变地下河为地上河，按河道的演变规律，尾闾和海口将发生自然摆动改道。远在明代黄河海口淤积初期，此规律即为人们所认识，当时即指出：“身与岸平河乃益弱，欲冲泥沙则势不得去，欲入于海则积滞不得疏，饱闷逼迫，然后择下地一决以快其势，此岂待上智而知哉。”[49]针对此自然规律，当时吴桂芳等即提出另辟海口有计划改道的主张。但如果不加堤防约束任其自然摆动改道，由于黄河沙量巨大，摆动改道十分频繁，同时摆动改道出汊将不断在左右两岸交替中向上游发展，从而使影响的范围日广，不利于漕运和百姓的安全与生产。因此筑堤束水在实践中渐为人们认识和接受。但筑堤束水后泥沙集中，海口延伸加剧，河床淤积相应加速；与此同时，黄高于清影响漕运，河身和堤防日高，决溢增多的弊病日益突出。故每当黄河在清口上下决口旁泄夺河后，新旧河水位相差悬殊时，则多提出改道问题。

尽管清康熙三十五年董安国有计划的截流改道被否定后，无大的改道措施实施，但自明万历至清咸丰初止，仍不时地提出，特别是乾隆四十一年以后海口淤积严重时更为频繁。这是因为此措施符合水流就下的规律，改道可以缩短尾闾入海的距离，从而相对降低海口侵蚀基准面，使尾闾河床降低的缘故。然多次改道未能实施，也表明此措施存在着阻碍难行的一面，当时提出的理由多为：（a）新河河势散漫不易筑堤束水；（b）新海口亦不够开阔；（c）土质胶结难于冲刷成河；（d）附近海口多被淤侵无入海通路；（e）较大的改道需为其他水系入海问题另筹去路，投资过大；（f）改道流路所经区域站在本位立场反对；（g）更为主要的是怕万一更改不成落个无事生工而受贬罚。考虑到新尾闾河床主要是淤积成槽，改道的作用不主要依据冲刷而是依据缩短尾闾入海流程，其中一些理由则不成理由了。但被占水系排水另筹去路问题应妥善解决，此也是影响目前黄河扩大摆动改道范围的主导因素。

值得注意的是上述的改道除董安国马港改正河位于黄河三角洲的轴点云梯关外，一般改道点均在清口上下，在不考虑百余年来风浪蚀退约 90 km 的情况，距目前大淤尖海口为 185 km，即相当于目前黄河滨县清河镇附近，如考虑蚀退时改道点则达到济南泺口附近。显然此影响的面积较大。由堤防修建和决漫情况知，黄河三角洲扇面轴点位于二套陈家浦附近（图 3），此轴点距蚀后的现今大淤尖海口约 90 km，相当于现黄河解放前大三角洲轴点宁海附近。改道有利于减缓海口的淤积延伸。从上述分析得知，黄河允许摆动改道的范围远较现黄河为大。目前黄河三角洲范围较小，须考虑适当扩大改道范围以免延伸过速问题。

综上所述，明清黄河海口长期治理的实践表明：治河无经久无弊之法，任何措施都是一分为二的，所以获效，全在于掌握黄河水沙之特性与规律，因时、因地、因势而导之，黄河沙量过大演变剧烈是决定事物性质的主导因素，它决定了长河段拖淤等加大排沙的措施事繁功微，蓄清刷黄具有作用但需特殊条件，同时改变不了海口延伸和尾闾不断相应淤积的趋势，因而筑堤慎守是治黄的长期重要任务，但加堤的负面影响和困难限制了此措施的实施。在三角洲内筑堤有利有弊，应取其利去其弊。实践表明，进行水土保持减少中、上游的来沙量是减缓黄河下游淤积的治本措施。实施河口尾闾河段有计划地改道也是减缓下游河道淤积升高速度的有效措施。显然，抓住黄河下游来沙量过大和河口基准面升高是黄河下游不断淤积的根本原因，即抓住上头减沙，下头尾闾适时有计划地改道扩大海口堆沙范围是下游减淤唯一长期有效的措施，对此应积高度重视积极规划实施。

参考文献

[1]《行水金鉴》卷三十二 468 页
[2]《行水金鉴续行水金鉴分类索引》（上册）
[3]《阜宁县志》光绪十二年刊
[4]《行水金鉴》卷二十三 350 页
[5]《行水金鉴》卷二十七
[6]《行水金鉴》卷二十八
[7]《行水金鉴》卷二十六
[8] 万恭《治水筌蹄》
[9] 潘季驯《两河经略疏》
[10]《阜宁县志》光绪十二年刊
[11]《行水金鉴》卷三十七 530 页
[12]《行水金鉴》卷三十七 536 页
[13]《淮安府志》
[14]《扬州府志》
[15] 靳辅《经理河工第一疏》
[16]《清河县志》咸丰四年同治补续刊
[17]《行水金鉴》卷五十二
[18]《张文端治河书》
[19]《续行水金鉴》略列
[20]《续行水金鉴》卷八
[21]《续行水金鉴》卷十三
[22]《续行水金鉴》卷十
[23]《行水金鉴》卷十五
[24]《续行水金鉴》卷三十二
[25]《续行水金鉴》卷三十一
[26]《续行水金鉴》卷三十二
[27]《续行水金鉴》卷三十三
[28]《续行水金鉴》卷三十四
[29]《续行水金鉴》卷三十二

[30]《续行水金鉴》卷三十四
[31]《续行水金鉴》卷三十八
[32]《续行水金鉴》卷三十八
[33]《续行水金鉴》卷三十四
[34]《续行水金鉴》卷三十七
[35]《续行水金鉴》卷四十
[36]《再续行水金鉴》淮水卷三十五
[37]《再续行水金鉴》卷六十一
[38]《再续行水金鉴》淮水卷三十六
[39]《再续行水金鉴》卷六十三
[40]《再续行水金鉴》卷八十七
[41]《续行水金鉴》卷十九
[42]《再续行水金鉴》卷六十三
[43]《再续行水金鉴》卷六十三
[44]《续行水金鉴》卷十九
[45]《行水金鉴》卷三十二
[46]《行水金鉴》卷一百七十五
[47] 靳辅《靳文襄公治河书》
[48] 岑仲勉《黄河变迁史》689 页
[49]《行水金鉴》卷二十八

黄河明清故道砀山以上河段解决缺水问题的措施

王贵香　郭雪莽

1　区内现有的引蓄水工程

黄河明清故道由河南省兰考县起，经河南省民权县、商丘县、虞城县、山东省单县、安徽省砀山县，而后入江苏，经徐州南下入淮。故道为高滩悬河，一般高出堤南背河洼地 6～8 m，两堤平均间距 6～7 km，泄洪能力分别为 5 年和 20 年一遇标准。

黄河故道砀山以下河道隶属江苏省，在徐州市黄河故道被徐洪河截断。徐州市上游的丰县利用大沙河作为河道水库，经过 13 级翻水闸将江水翻入大沙河，可基本上解决全县的缺水问题，丰县以下故道水量较丰，且无法从黄河引水。

黄河故道砀山以上河段分属河南省、山东省和安徽省，年平均降水量 680～870 mm，由东南向西北递减，地表水缺乏，地下水资源丰富，但不能满足工农业生产的需要。50 年代后期先后建成一批以黄河为水源的平原水库。一部分在明清黄河故道内，呈梯级形式，包括林七（含任庄）、吴屯、郑阁、马楼、石庄、王安庄水库。其中虞城境内的马楼水库放水时大坝被冲垮，至今未修复。其余 5 座水库于 1961 年大坝扒口排水而停用，1974 年堵复了缺口，水库恢复运用至今。5 库总库容 1.13 亿 m^3，另一部分在太行堤南侧，位于曹县境内黄河故道北堤与太行堤之间，自上游

（西端）起，依次为白茅、位湾、刘同集、万楼、土山集、仲堤圈、望鲁集，也呈梯级形式，7 库总库容 9.47 亿 m^3。各库之间筑有格堤，除一格堤未建闸外，其他格堤均在堤南端黄河滩地上建有节制闸，调节各库水量。此外，还有浮岗水库，也在太行堤南侧，位于单县南部的黄河故道与二堤河之间的洼碱地带，面积 18 km^2，设计蓄水量 0.953 亿 m^3。

这些水库均从河南省三义寨引黄闸引水，故道水库群和浮岗水库由总干渠输水，太行堤水库群由总干分渠输水。1971 年，东明阎潭引黄闸建成后，太行堤水库群和浮岗水库改自东明阎潭闸向东南输水流向赵王河送水（图 1）。

故道水库群、太行堤水库群和浮岗水库均是在 1958 年兴建的，由于工程质量差，灌区工程不配套，1961 年春季以后停止使用。随着农业的发展，灌溉用水量增大，加之持续干旱，地下水位不断下降，涝碱灾害大大减轻，但旱的矛盾又日益突出。为发挥原有水库作用，1974 年 5 月，商丘地区开始第二次引黄灌溉。此次引黄接受了前次教训，改地上渠灌溉为深沟提灌，并采取了渠灌井灌相结合的方法。截至 1985 年，从引黄总干渠引进水量达 14.248 亿 m^3，累计灌溉农田 42.86 万 hm^2，灌溉范围包括民权、宁陵、柘城、睢县、虞城、商丘县和商丘市。引黄灌溉后农业普遍增产，效益显著。山东曹县近几年每年从东明阎潭引黄闸引水入太行堤水库 5 000 万～7 000 万 m^3，1995 年达到 1.5 亿 m^3。单县于 1996 年春恢复使用浮岗水库。浮岗水库一旦蓄水运用，可基本解决单县的灌溉缺水问题。

2 解决砀山以上河段缺水的措施

黄河故道砀山以上河段近年地下水连续超采，区内无天然河流可供引水，引黄是解决目前缺水问题的主要措施。

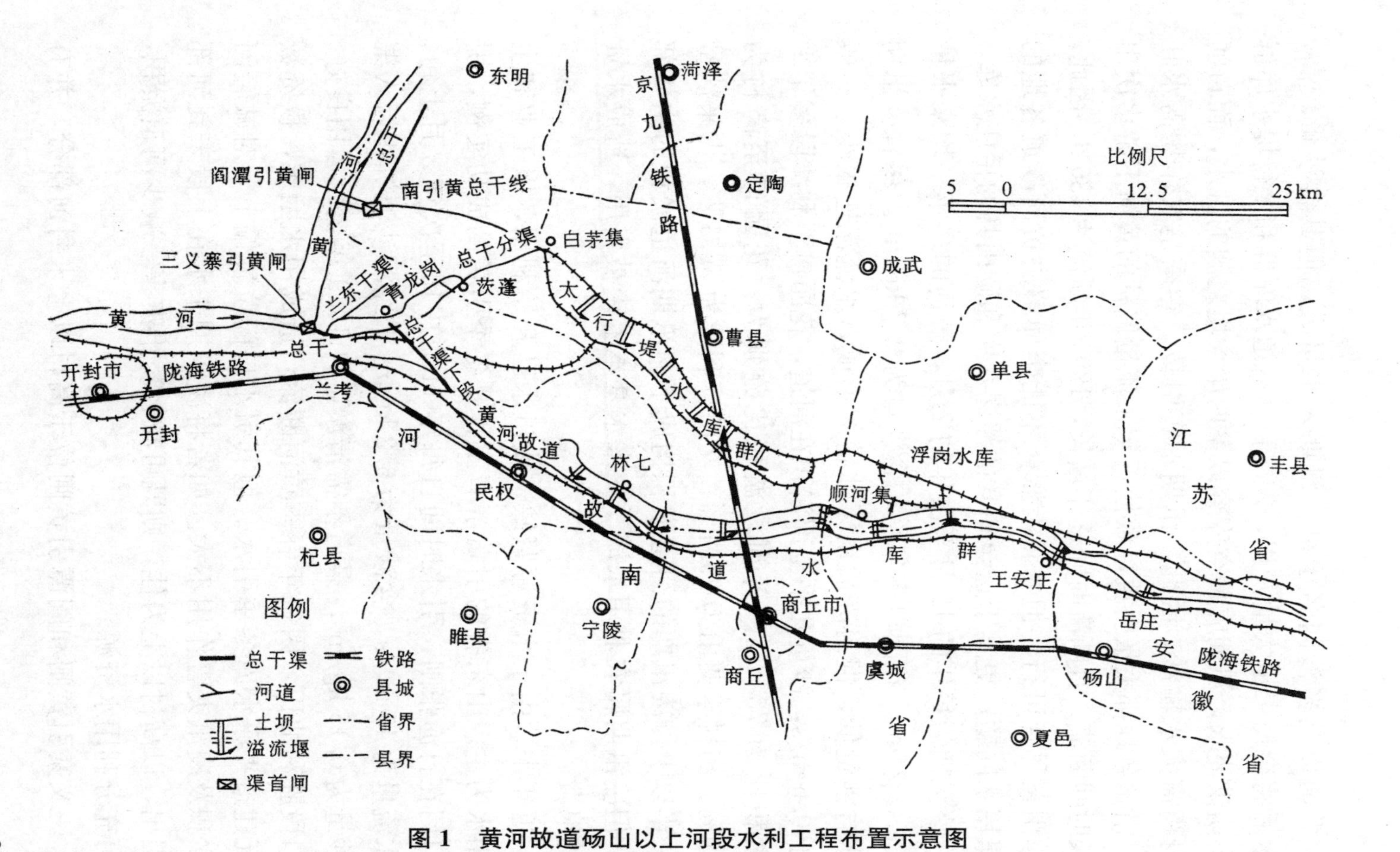

图1　黄河故道砀山以上河段水利工程布置示意图

黄河以其多沙闻名于世，汛期来水量大，但其含沙量较高，引水后将会使渠道大量淤积，加之黄河故道水库群和太行堤水库群都有防洪要求，汛期应腾空库容以蓄两岸大堤之间的洪水，而黄河本身尚需大水输沙，因此，汛期不宜引黄。春季是农作物需水旺季，沿黄各地都大量引黄，致使近年来流量偏枯的黄河下游多次出现长时间断流，且断流时间逐年增长，1996 年断流达 136 d。因此，春季引黄尽管可行，但水量有限，不能全面解决黄河故道各地的大量用水问题；更难于送至单县的浮岗水库和砀山县的岳庄水库。

凌汛期为每年的 12 月至次年的 2 月，黄河的多年平均来水量为 26.8 亿 m^3，花园口多年平均含沙量为 9.7 kg/m^3。尽管凌汛期来水含沙量低，但封冻后由于冰盖的形成，水流流速很小，一般小于 0.6 m/s，沙量几乎全部淤积在河道，花园口至利津段多年平均淤积比为 73.5%。各河段淤积比分别为：花园口至高村为 14.9%；高村至艾山为 29.1%；艾山至利津为 56.1%，占来沙量的一半以上。凌汛期的河道淤积构成了非汛期河道淤积的主要部分。但凌汛期属农业用水淡季，来水基本上未被引用，造成水资源的浪费。

近年来，由于水资源紧缺，凌汛水已开始利用，以工业和生活用水为主。山东省的引黄济青工程是冬季引黄的成功实例，引水口门在打渔张闸，引水时间自每年 11 月中旬至次年 3 月上旬，引水流量为 45 m^3/s，含沙量为 5.2 kg/m^3，经沉沙池沉积后入渠含沙量为 0.15 kg/m^3，渠道不需清淤，自 1989 年至今运用良好。河口段胜利油田，因每年春季黄河断流，造成用水困难，投资数亿元建造平原水库冬季引水。但其引水口门位置偏下，对减轻河道淤积及凌汛灾害作用不大。如若将凌汛期来水在上段未封河部分引出，以高村以上为佳，则既可减轻凌汛灾害，减少河道淤积，又可充分利用水资源。

三义寨引黄闸和阎潭引黄闸位于高村以上未封河部分，并有故道水库群和太行堤水库群两大平原水库群的天然优势，库容大，水利工程配套，不需增加投资新建工程。如凌汛期引黄，因水资源丰富，引水量可以得到保证，可首先通过三义寨引黄闸将水送至故道水库群末级的安徽砀山岳庄水库，通过阎潭引黄闸将水送至太行堤水库群下部的山东单县浮岗水库，然后再逐级上蓄，其他库如若凌汛期不能蓄满，尚可等春灌再行蓄水。这样，可保证黄河故道砀山以上各河段都可引蓄黄河水，是解决区域内严重缺水问题的重要措施。

黄河明清故道砀山以上河段凌汛期引黄除水源保证率较高外，尚具有下列优点。

a. 减轻渠道淤积，减少清淤费用。三义寨引黄平均含沙量为28 kg/m^3，引黄渠道平均三年清淤两次，从1974年3月至1984年2月，商丘地区共进行过6次清淤，施工段从兰考县二坝寨至民权县坝窝，共投入民工26.1万人，完成土方878.7万 m^3，投资790.5万元，平均引进每立方米的黄河水约需0.06元的干渠清淤费用。同样，各引黄支渠、沟渠也需要清淤，1995年仅虞城县就投资1 000万元用于引黄沟渠的清淤。凌汛期含沙量小，花园口多年平均含沙量为9.7 kg/m^3，相当于三义寨引黄多年平均含沙量的30%，引凌汛期水经过沉沙池沉积后，含沙量更小，将大大减轻各级渠道的淤积，减少清淤费用。

b. 解决商丘市冬季用水。商丘市位于京九铁路和陇海铁路的交汇处。京九铁路的通车，必将在其周围形成一经济发展带，进而使商丘市的经济迅猛发展；但其发展的速度将受到水资源的制约。故道水库群的林七水库供给商丘市工业和生活用水，如故道水库像引黄济青工程一样，每年冬季引水100 d，则可使商丘市的用水紧张状况得以缓解。

c. 对故道下游不会造成洪灾。江苏省徐州市位于砀山下游，黄河故道从市内穿过，长达7 km，宽仅70～100 m，泄洪能力150

m^3/s，如砀山以上梯级水库发生超额运用垮坝事故，将给下游徐州市造成不可估量的损失。但凌汛期引水是在非汛期进行的，此时故道内无天然径流，水库不可能超额运用，只要能确保工程质量，就不会给下游带来任何危害。而凌汛期引黄后，各地可用之补充地下水源，如单县的两个地下水漏斗，或在春季灌溉作物之用，确保汛前腾空库容，以蓄洪水。

d. 可减少黄河下游河道淤积，减少凌汛灾害。三门峡水库防凌库容仅 18 亿 m^3，远不能满足防凌要求。而太行堤水库群和故道水库群库容大，如能稳定送水，可部分解决三门峡防凌库容不足问题，并可减轻黄河下游河道淤积，解决故道区域内的缺水问题，达到兴利除害并举的目的。

区域内缺水已成为制约经济发展的重要因素，但凌汛期引黄的具体实施将涉及到许多问题，如水费征收、用水量分配、渠道清淤及水利纠纷等。因上述河道为三省管辖，问题的解决将需要有关各方多加协商，以使故道水库群和太行堤水库群在未来经济建设中带动整个区域经济的发展。

故道开发篇

刍议黄河明清故道滩区农村经济可持续发展的对策

陈庆秋　郭雪莽　陈书奎　孙东坡

1855年黄河在铜瓦厢决口后，形成了涉及河南、山东、安徽及江苏四省数十个县市的黄河明清故道。黄河故道滩区面积一般可占各县市土地总面积的1/10～1/5，仅丰县二坝以上的故道区面积便达1 658 km^2 之多。黄河故道滩区农村经济的发展水平直接影响着各县市的整体经济实力。依据黄河明清故道流经地区的工农业与交通布局的相关性，以及地理区位特征和资源分布特点，可将黄河明清故道地区划分为一个区域经济单元，构筑相对自成体系的经济增长带——黄河明清故道经济带。故道滩区农村经济的可持续发展是黄河明清故道经济带经济持续稳定增长的基石。研究探讨黄河明清故道滩区农村经济可持续发展的对策，对于推动黄河明清故道地区区域经济的持续增长有着颇为重要的意义。

1　积极开展生态农业建设

黄河明清故道塑造了其滩区高亢的地貌特征，同时还形成了滩区土地沙质土和盐碱土广泛分布的状况。新中国成立后经过40多年的治理和开发，昔日风沙、盐碱和沼泽广泛分布的荒凉景象虽已发生了根本性的变化，但仍存在着一些突出问题：一是作为滩区农村经济支撑点的农业生态环境较脆弱，风沙化土地仍有一定分布，耕地活土层薄，土壤肥力低，因广种薄收，地力培肥不力，使滩区农田生态系统的养分入不敷出，滩区农田生态系统的物质很大程度上依赖土壤提供，系统的反馈和缓冲机制削弱；二是作为滩区农村经济主导成分的传统耕作农业呈现出低效性的特征，故道滩区的光热条件优越，生产潜力较大，但目前黄河故道滩区的中低产田面积较大，单位面积生产力低，物质和能量的转化效率不高，对光、热、水、土地等各种自然资源的利用率偏低，浪费严重。

要使黄河故道滩区农村经济实现可持续发展，就必须解决滩区农业生态环境较脆弱和农业生产低效这两大现实问题。在滩区建设持续发展的农业生产模式——生态农业，是解决这两大问题的有效对策。

生态农业是在环境与经济协调发展思想指导下，在总结和吸取各种传统农业生产实践的成功经验的基础上，根据生物与环境的协同进化原理、能量多级利用与物质循环利用原理、生物之间链索式的相互制约原理，应用现代科学技术所建立和发展起来的一种多层次、多结构、多功能的集约经营管理的综合农业生产体系。生态农业是一种十分注重农村生态建设的农业模式。该模式主张大量植树造林，防止水土流失，治理沙漠和盐碱地，改善生态环境，使农业生产有一个良性循环的生态系统。因此在故道滩区积极建设可持续发展的农业模式——生态农业，能有效地改变滩区农业生态环境较脆弱的状况。另外，生态农业在生产原理上强调充分合理利用农业系统内部的能源、资源，并注意自然资源的保护增殖，使资源得以永续利用。主要生产方式有立体种植，“废物”的循环利用和以生物防治为主的病虫害综合防治，因此是一种污染少、效率高的农业生产系统。在故道滩区积极开展生态农业建设，能在不破坏生态环境的前提下改变滩区农业生产低效性的特征。

生态农业按生态系统的结构特征和功能特征进行分类，大体可分为：物质循环利用生态农业，生态主体共生生态农业，区域整体规划的生态农业，生物相克避害生态农业及主要因子调控的生态农业。剖析黄河故道滩区的自然环境特点以及滩区已有农业生产基础，笔者认为在故道滩区建设生态农业时，宜选择区域整体规划的生态农业模式。区域整体规划型生态农业系统是在一定的区域内，运用生态规律将田、路、林、水等进行全面规划的生态农业系统。该系统以农田为中心，水、土、林、田综合治理，能够有效协调生产用地、草地、道路、林地等的比例及空间配置，把工、农、商联成一体，提高自然环境调节能力，从而取得较高的经济效益和生态效益。笔者认为，选择区域整体规划型生态农业作为故道滩区生态农业建设的发展模式，不仅符合滩区现实的自然环境和农业基础，同时也有利于优化黄河明清故道地区生产力的空间布局，促成黄河明清故道经济带的形成。

生态农业的生产方式符合自然界的发展规律，能较好地协调农村经济建设与农村生态环境的关系，保证农业得到持续稳定的发展。生态农业建设作为一场新的农业技术革命，其内涵是极其丰富的。在故道滩区生态农业的建设过程中，必须在充分调查滩区实际情况和遵循客观规律的基础上，循序渐进、重点突出地展开生态农业的建设工作。根据故道滩区现实资源条件、环境条件和经济发展水平，笔者认为，在滩区开展生态农业建设时应着重注意如下事宜：（a）应注重因地制宜调整优化滩区农业内部结构，改进耕作制度，利用不同作物生长季节、生长时间长短的不同，合理地轮作、套作、间作，同时要集约经营，多业结合，使农、林、牧、副、渔各业能综合协调发展；（b）应注重扩大滩区绿色植被面积，提高林木覆盖率，大力营造农田林网，充分利用滩区的微地貌发育的特征，发展果木林和木材林，努力提高滩区丰富光温资源的利用率，不断提高滩区农业生态系统的生产力；（c）应注重保护、合理利用与增殖自然资源，重视保护滩区已有的林带、草地，控制水土流失，保护土地资源，提高土壤肥力，用地养地相结合，秸秆还田，增施有机肥料；（d）应注意提高生物能的利用率和废物的循环转化，努力提高农业内部资源的利用率，减少滩区对外部投入的依赖，充分利用作物秸秆、树叶，发展畜牧业，利用牲畜粪便生产沼气，同时提供饲料和有机肥；（e）应注重生态农业建设与农村经济实力的协调发展，黄河故道滩区农村经济发展水平目前仍偏低，建设生态农业应根据滩区农村经济发展水平的不同分阶段进行，使生态农业与农村经济、特别是村镇集体经济协调发展，不可超前。

2 大力发展生态可承受型乡镇企业

任何地区的农村经济如只依赖土地产出物来实现其增长，都是有极限的，不可能实现农村经济的可持续发展。目前我国农村经济飞速增长的典型地区几乎无一不是依靠其乡镇企业来支撑其经济的飞速增长。要实现黄河明清故道滩区农村经济的可持续发展，也必须注重发展乡镇企业。

我国乡镇企业的前身是社队企业，它萌生于50年代，1984年改称为乡镇企业。从1984年开始，我国的乡镇企业得到了迅猛发展，正如中共十四大报告所指出的那样，“乡镇企业异军突起，是中国农民的又一个伟大创造”。乡镇企业作为我国特有的经济类型，是世界经济的一种新模式，它的大量涌现，对我国农村经济和整体国民经济的发展起到了很大的推动作用，但由于一段时期内，国家对乡镇企业监管不够，以致发展速度过快，乡镇企业明显呈现出“小而全”“小而精”“小而散”的状况，大多数乡镇企业都采用大量消耗资源、粗放经营的传统发展模式，不但使乡镇企业的发展带有盲目性，而且资源、能源的利用率不高，造成高投入、低产出，排污量大，在加剧资源供需失衡的同时，还在一定程度上破坏了国民经济协调发展，破坏了广大乡村地区的生态环境。黄河故道滩区的乡镇企业也不例外，虽然它在滩区农村经济的发展、安置农村剩余劳动力、增加农民收入、缩小工农差别和城乡差别等方面都起到了积极作用，但也存在资源利用率低、高投入、低产出、排污量大等诸多问题。要实现故道滩区农村经济的可持续发展，不能放弃乡镇企业，采用单一农业的社会生产模式难以保证农村经济的可持续发展。然而，目前以破坏农村生态环境为代价的粗放经营的大量乡镇企业是与可持续发展战略相抵触的。这种类型的乡镇企业难以维持农村经济的可持续发展。大力发展生态可承受型乡镇企业是保障故道滩区农村经济可持续发展的必然选择。

生态可承受型乡镇企业所具有的特点有：采用充分利用能源和资源的生产工艺流程和无废或少废的生产技术；对企业所在地的环境容量的长期潜力给予充分考虑；在保持环境不受损害的前提下合理利用环境自身的净化能力；对不可避免产生的废弃物尽可能采取回收利用措施。总之，生态可承受型乡镇企业的着眼点是把保护环境作为企业自身的内在要求，纳入企业发展过程的始终，而不是留给社会承担或留给专门的环境部门去处理，这是与传统模式的乡镇企业的显著区别之处。在故道滩区大力发展生态可承受型乡镇企业的过程中，要认真把握住生态可承受型乡镇企业的特点和着眼点，努力做好以下几方面工作：a）端正乡镇企业发展方向，因地制宜地调整乡镇企业的产业结构。发展生态可承受型乡镇企业要根据滩区的资源状况、技术条件，全面规划，合理安排，以立足于农业、服务于农业作为发展生态可承受型乡镇企业的指导思想，变滩区资源优势为商品优势，利用现有资源转化增殖，把林、果、肉、奶、蛋等农副产品加工作为乡镇企业发展的重点，走种、养、加工一条龙道路，着力发展以种植业为基础的养殖业，农副产品加工业，农副产品的储藏、包装、运输、供销等产前产中产后服务业，同时重视对已开办的污染严重的生产项目进行调整或改造。（b）积极转变滩区已有的乡镇企业的经济增长方式，建立低消耗、高效益的经济结构。依靠技术进步及引进先进设备，实现生产要素的最优组合，提高滩区已有乡镇企业的资源利用率和转化率，节能降耗，做到少投入、多产出、少排污，将滩区已有的乡镇企业尽可能转变为生态可承受型乡镇企业，为滩区乡镇企业全面生态可承受化奠定基础，进而为实现黄河明清故道滩区农村经济可持续发展营造必要的条件。（c）加强宏观调控，力求滩区的乡镇企业发展对资源的开发强度不超出滩区环境的承载力，即使滩区乡镇企业的发展水平满足判别式：开发强度/环境承载力≤1。这一判别式表述了判别经济与环境是否协调发展的准则。分子实质上表述了一种需求，如：发展乡镇企业等经济建设对水资源、能源、土地资源、生物资源的需求，发展乡镇企业排放污染物对环境自净能力的需求等；分母实质上表述了一种许可供应量，如：水资源、能源、土地资源的许可供应量，在保持区域环境目标值的前提下，区域环境的最大允许排污量等。在大力发展滩区生态可承受乡镇企业时，为保证乡镇企业的发展不超出环境的承载力，不仅要合理布局滩区乡镇企业的产业结构，合理有序开发利用资源，而且应出台必要的调控政策，在宏观上加以调控。

3　建设以治水防灾为中心目标的滩区水利工程

黄河明清故道在其经过地区的局部水网都处于分水岭地位，滩区自成水系，雨水一般都汇流到故道中泓，通过中泓来排泄。滩区的这种水文特征，加之滩区高亢的地貌特征导致了黄河明清故道滩区洪、涝、渍、旱、沙碱等自然灾害频繁发生，土壤侵蚀和水土流失较为严重。自然灾害的频繁发生、生态环境的脆弱直接制约着黄河故道滩区农村经济的可持续发展。

所谓可持续发展，是既满足当代人的需要，又不对满足后代人需要的能力构成危害的发展。可持续发展之概念蕴含着“制约”的内涵。该“制约”不是绝对的制约，而是由目前的技术状况和环境资源方面的社会组织造成的制约，以及生物圈承受人类活动影响的能力造成的制约。人类可以用自己的智慧去改善自己所生存于其间的自然环境，加大自然环境满足人类经济发展需求的承受力。笔者认为，社会经济要实现可持续发展，人类应从两个方面去努力：一方面要“节制”超越自然环境可支撑的消费需求，将人类经济活动对自然界的开发强度限制在环境可承受的范围内；另一方面则应积极探索加大环境承受力的途径。人类不能不自量力地去当自然环境的“上帝”，但也不能甘当自然环境的“奴隶”。人类历史表明，人类文明之所以能发展到今天这个程度，在一定程度上可以说是人类用自身的聪明才智不断加大环境承受力的结果。黄河明清故道滩区追求其农村经济可持续发展的道路，不仅要从“限制”的角度考虑，去发展能有效减轻对环境负效作用力的生态农业和生态可承受型乡镇企业，而且要运用人类长期生产实践积累的知识和技术去着力增强故道滩区环境对经济发展的承受力。

目前制约滩区经济发展的自然环境问题主要是洪、涝、渍、旱、沙碱等灾害多，水资源贫乏，水土流失严重等问题。解决好这些问题可有效地拓展滩区农村经济的发展空间，增加滩区环境支撑经济增长需求压力的能力。要解决好这些问题，水利工作是关键。新中国成立后的40多年，故道滩区的人民不断地开展了以治水改土为中心的水利建设，取得了巨大的成就，但滩区水利建设明显滞后于滩区农业综合开发的要求，远远不能满足滩区农村经济可持续发展的需要。为了实现滩区农村经济的可持续发展，在今后相当长的一段时期内，滩区各级政府仍必须高度重视以治水防灾为中心的滩区水利工作。

在系统布局建设以治水防灾为中心的滩区水利工程时，为了确保所建设的水利工程能有效地为滩区农村经济的可持续发展营造良好的生产环境，笔者认为，必须遵循以下几条原则：（a）因地制宜原则。黄河故道沿线各处滩区的地形地貌不尽相同，各处滩区邻近地区的水系及水资源状况差异较大，在布局和建设滩区水利工程时，应根据不同地区故道滩区的地形地貌特征，水资源状况、水系特点以及滩区综合开发目标，因地制宜地展开滩区水利建设工作。（b）综合统筹原则。黄河故道区农业生产面临洪、涝、渍、旱等多种自然灾害的干扰，布局和建设滩区水利工程应统筹兼顾、综合考虑行洪、排涝、降渍、蓄水、引水等各种目标，使滩区水利工程体系具有综合抗御洪、涝、渍、旱等自然灾害的功能。（c）三个效益同筹的原则。在布局和建设滩区水利工程时，要将经济效益、社会效益、生态效益并视为同等重要的目标，要防止过分强调水利工程的经济效益，而忽视水利工程的社会效益和生态效益的倾向。片面地仅以经济效益作为评估抉择滩区水利工程布局建设方案的决策目标，将直接降低水利工程在综合开发滩区过程中所能发挥的效应。（d）持续发展原则。布局和建设滩区水利工程不仅要考虑当前滩区开发的需要，也应考虑滩区远期开发的需要。必须考虑水利工程对滩区产生的开发和治理效应并重视之，使滩区水利工程具有持续为滩区综合开发营造良好环境的效能，切实为滩区农村经济可持续发展服务。

4　结语

走可持续发展的道路已成为我国的一项基本国策。1993 年我国制定的《中国环境与发展的十大对策》，第一条就是“实行持续发展战略”。本文立足于可持续发展的基本原则，对实现黄河明清故道滩区农村经济可持续发展所应采取的对策做了探讨。作者是本着“黄河明清故道地区可构筑一条经济增长带，而故道滩区综合农业开发潜力可望成为这一经济增长带重要增长点”的观点展开探讨的，指出：黄河明清故道滩区农村经济要实现可持续发展，必须持续开展生态农业建设，大力发展生态可承受型乡镇企业，系统建设以治水防灾为中心目标的滩区水利工程。

参考文献

[1] 曲格平. 中国的环境与发展 [M]. 北京：中国环境科学出版社，1992.

[2] 徐州市国土规划办公室. 徐州市国土开发整治综合规划研究 [M]. 北京：中国计划出版社，1990.

[3] 刘宝慧. 试论乡镇企业的生态可持续性发展 [J]. 环境保护，1996 (6).

[4] 北京市环境保护科学研究所. 环境保护科学技术新进展 [M]. 北京：中国建筑工业出版社，1993.

[5] 李飞，董锁成. 我国农业资源的现状与潜力及利用对策 [J]. 科学导报，1996 (5).

[6] 王如松. 城镇可持续发展的生态学方法 [J]. 科学导报，1996 (7).

[7] 廖晓义. 可持续发展的现代化目标 [J]. 科技导报，1993 (11).

淮阴黄河故道地区的治理与开发[①]

范成泰

淮阴位于黄淮海大平原的东南隅，苏北平原腹地，淮、沂、泗、沭诸水的下游；总面积 19 641 km^2，其中低山丘陵占 15％，平原坡地占 46.1％，低洼圩区占 27.1％，湖泊水面占 11.8％；总人口 1 030 万人；耕地 826 560 hm^2。淮阴的人口数量、耕地面积、粮食产量都居江苏省之冠，而经济发展水平，则排在江苏省的最末位。其原因错综复杂，而“黄河夺淮”对环境的破坏，应是主要历史原因之一。

1　古代淮阴富交通灌溉之利

历史上的淮河，自安徽入江苏淮阴境内，流经盱眙、龟山、淮阴故城（今淮阴县码头镇附近）至云梯关入海，在淮阴故城附近，有泗水汇入。泗水是淮河下游最大的支流。淮泗故道河槽深阔，水流顺畅，很少发生水旱灾害，故有“淮流顺轨，畅出云梯，南北支川纲纪井然，两岸陂圹不可偻计，扬徐兖豫间交通灌溉之利甲于全国”的记述。《尚书·禹贡》载九州贡道有：扬州贡道是“沿于江海，达于淮泗”；而徐州贡道则是“浮于淮泗，达于河”。

① 2001 年淮阴市更名为淮安市，淮阴县更名为淮安市淮阴区。因作者范承泰先生已去世，文章内容不宜改动，请读者留意，此文中提到的淮阴市，实际是现在的淮安市。而有关淮安水利的新的情况，可参见本书“第一线 新视角”篇中“淮安黄河故道的历史演变与保护管理”一文。——第二版新加注

显然末口到泗口之间的淮河为这两条贡道的转轴，淮阴处于这转轴的中心。汉代，这里的农业经济已很发达，司马迁在《史记·货殖列传》中对这里群众生活曾有这样的描述：“饭稻羹鱼，或火耕而水耨，果隋蠃蛤，不待贾而足，地埶饶食，无饥馑之患。”这种富足的生活一直延续到唐宋。唐诗人高适过涟水时，曾盛赞这里是“煮盐沧海曲，种稻长淮边。四时常晏如，百口无饥年”。宋朝文人张耒在《宿州道中》，也有“黄柑紫蟹见江海，红稻白鱼饱儿女”的绝句。所有这些，都足以说明在黄河夺淮以前的漫长历史时期，淮阴大地曾是经济发达、生活富足的地区之一。民间流传的“走千走万，不如淮河两岸”是这种繁荣昌盛局面的生动写照。

2　黄河夺淮破坏了淮阴的生态环境

黄河多沙，“善淤、善决、善徙”是它区别于其他河流的一个主要特点，也是根治上的难点所在。南宋绍熙五年（1194 年）河决阳武，侵汴泗夺淮，至清咸丰五年（1855 年）再决铜瓦厢改道入渤海，夺淮长达 661 年，彻底改变了淮河流域的面貌，破坏了淮阴的生态环境。

从北宋灭亡到元朝覆灭（1368 年）的近两个半世纪，由于北方战乱，水利失修，再加上黄河夺淮的影响，下游河道淤塞严重，淮北已成为黄河泛滥的重灾区，农业经济遭到极大的破坏。此时，中国的经济重心已逐渐移到江南。而元、明、清三代又定都北京，致政治中心远离经济中心，朝廷贡赋、北方戍边的军费都取自南方，“海运多险，陆挽亦艰”，南北运河的漕运成为保障这项供给的生命线，在清口（即泗口），黄、淮、运交汇，给淮河和黄河、运河治理造成了错综复杂的局面。明、清潘季驯、靳辅等人治河，都实施“束水攻沙”和“蓄清刷黄”的策略，使黄河固定在徐州、清口至云梯关一线，从而使淮泗尾闾承受全部黄河之水。泗水被潴集于济宁至韩庄一线，以西洼地为南四湖；沂水被潴集在宿迁井头至窑湾一线，以东洼地为骆马湖；利用淮水“刷黄”、“济运”又大筑高家堰，形成了洪泽湖。“蓄清刷黄”措施的实施，虽曾使黄淮之水畅流一时，并未从根本上解决黄河的淤积问题。到清康熙十五年（1676年），清江浦（今淮阴市区）外的黄河石工已经被淤没，河深已由原有6～13 m淤浅到1～3 m。“清江与烂泥浅尽淤”，“洪泽湖底渐成平陆”① 经靳辅的整治，洪泽湖不仅是“蓄清刷黄”的蓄水水库，同时又在黄河南岸砀山毛城铺、十八里屯等处设九座减水闸，减水入洪泽湖，洪泽湖又变成“减黄助清”的滞洪蓄黄的水库。黄河夺淮，使深阔的淮泗尾闾变成为高悬于两岸十数米的黄河故道；由淮河水系和沂沭泗水系的入海通道，变成淮河和沂沭泗两大水系的分水岭；使“纲纪井然”的支川遭严重破坏，形成了“大雨大灾，小雨小灾，无雨旱灾”的局面。

淮北平原，原来是富交通灌溉之利的发达农业区，由于黄河的屡溃屡决，淮北大地是屡遭黄河决溢的黄泛区，冲积扇覆盖冲积扇，不仅破坏了原有水系，且淮北大地堆积了6～10 m厚的盐潮土母质，肥沃的土壤变成盐碱荒滩；“百口无饥年”的鱼米之乡，变成“是田皆斥卤，有地但蓬蒿”② 的荒芜多灾地区。据历史记载，从1400—1900年的500年中，淮河流域共发生较大水灾350多次，平均1.4年一次；较严重旱灾280多次，平均1.8年一次。沂、沭、泗流域从1368—1948年的580年中，严重旱灾86次；发生较大水灾340多次，平均1.7年一次。从1945—1949年连续5年发生水灾，尤以1949年灾情较为突出，淮阴市成灾面积达61.8万 hm^2。明清黄河以北、陇海铁路以南，一片汪洋，呈现出“疮痍满目”“民不聊生”的凄惨景象。

---

① 《清史稿·河渠志》，烂泥浅：洪泽湖经清口向黄河泄水的通道之一。

② 田雯诗：“斗大安东县，荒城数丈高；是田皆斥卤，有地但蓬蒿”。田雯：康熙三年进士，官至户部侍郎。安东县，涟水县曾用县名。

灾害连年，导致农业生产的低产不稳和经济、文化的落后；交通闭塞，信息闭塞，也导致人们的观念、意识远远落后于经济发达地区，从而也制约了该地区的发展。中华人民共和国成立以前，贫穷、落后已成为淮阴的代名词，这种影响目前并未完全消除。

3　目前治理与开发

黄河北徙以后，淮河已不能回复故道。围绕淮河洪水的出路问题，曾产生了多种意见。清末，复淮与导淮的争论莫衷一是。张謇从光绪十三年（1887 年）到北洋政府时期为治理淮河奔走 20 余年，从复淮、导淮到提出淮河洪水三分入海七分入江的导淮计划，无一件得到实施。30 年代，国民政府的导淮委员会，虽曾对淮河洪水的处理做了一些工程，如 1933 年疏浚了张福河，1934—1937 年，疏浚了杨庄以下的废黄河，设计排水能力 450 m^3/s，然而这对淮河洪水来说，无疑是杯水车薪，无济于事。只有到中华人民共和国建立以后，才对淮河进行了全面、综合的治理与开发。

3.1　防洪工程建设

1949 年，大陆尚未完全解放，百废待兴，中共苏北区党委鉴于历史上战乱、水灾频仍，群众生活困苦，人民政府从根治水患关心群众生活出发，以“以工代赈”的方法，用一个冬春的时间，开挖了从骆马湖到灌河口长 144 km 的新沂河，从此，沂沭泗洪水有了入海的通道，1950 年汛期就安全排泄了 5 次洪水，其中最大一次洪峰流量达 2 551 m^3/s，缓解了 67 万 hm^2 土地的洪水威胁。1951 年 10 月，中央人民政府政务院作出“根治淮河”的决定，一个冬天又完成了从洪泽湖边的高良涧到黄海边的扁担港长 168 km 的苏北灌溉总渠工程，除向里下河地区输送 500 m^3/s 的灌溉水，还可从洪泽湖分洪 800 m^3/s 直接入海。50 年代后期，兴建了“淮水北调、分淮入沂”的淮沭新河工程，除调 750 m^3/s 灌溉水至淮北（黄河故道以北）地区，在淮河和沂沭泗洪水不遭遇的情况下，可以分泄淮河洪水 3 000 m^3/s 经新沂河外排入海，同时在沂沭泗水系将骆马湖改建成永久性的蓄水库，既调节沂泗洪水，又调蓄了灌溉水源。60 年代末，又整治了淮河入江水道。洪泽湖大堤经过 4 次加固，形成了蓄洪、防洪和调度工程体系。1949 年以来，安渡了淮河 1954 年和 1991 年洪水，沂沭泗水系安渡了 1957 年和 1974 年洪水，保护面积达 267 万 hm^2。1991 年大水以后，对洪泽湖大堤、入江水道和分淮入沂工程进行全面加固，洪泽湖设计下泄能力达到 13 000～16 000 m^3/s。

3.2　除涝降渍工程建设

洪水问题缓解以后，涝、渍问题又上升为主要矛盾。不解决这个问题，仍解决不了农业生产稳定发展的问题。淮阴的平原坡地和低洼地区占淮阴总面积的 73.2%，且大多受过黄泛的影响。50 年代在处理流域洪水的同时，整治了排水骨干河道，开展了面广量大的农田水利工程建设；总结了初期治理中顺坡排水矛盾搬家的教训，抓住降雨时空分布不均和地面有高有低两个主要矛盾，采用“高水高排，低水低排”分级排水的方法，参照太湖、里下河水网地区治理的历史经验，总结并实施了平原坡地梯级河网化建设，即以 102 条排水骨干河道为主体的骨干河网和以 7.5 万条大沟、中沟、小沟三级固定沟为主体的基础河网，以及田间一套沟组成的墒网，形成除涝降渍工程体系。具体要达到网，即沟河成网，可以迅速排除地面涝水，在同一级沟河网内，可以相互调度排水。同时要达到深、平、通的要求。深，即沟河要达到规定合理的深度，可以排除地面水、降低地下水、调蓄本地径流、引水和调水；平，即同一级沟河底保持在同一高程，有利于蓄、引、调水和控制农田地下水位；通，即在同一梯级中不同水系的河网之间，相互沟通，可以调度和通航，在不同一级河网间，以调度河和控制建筑物来沟通，提高调度能力，提高抗灾标准。在布局上，一般按高差 2.0～2.5 m 分一级，主要因地形而定。大、中、小沟的布局及规格见表 1。

在实施中贯彻“以蓄为主，以小型为主，以群众自办为主”的三主方针；在做法上，实行沟、渠、路、林统一规划，工程措施和生物措施同时实施。

表 1　大、中、小沟规格表

沟别	间距（m）	沟深（m）	底宽（m）
大沟	3 000～5 000	3～5	4
中沟	800～1 200	2～3	2
小沟	100～200	1.5～2	1

平原梯级河网不仅能迅速排除降雨后的地面积水，而且能：(a) 调度，由于降雨时空分布的不均匀性，尤以暴雨更为突出，降雨边缘地区降水量小，可以分担暴雨中心地区的排水任务，从而相对地提高了沟河排水标准；(b) 调蓄，由于实施梯级控制，增加了河网的调蓄能力，既减轻洼地的排水压力，又增加了本地径流量的利用，如盐东控制工程，拦蓄的本地径流和灌区的灌溉回归水量，相当于半个骆马湖的蓄水量，提高了水资源的利用率；(c) 降渍淋盐，河网达到了一定深度，可以降低和控制地下水位，控制土壤水分含量，保证作物根系健壮地发育，从而促进了增产。排水系统的建立，有利于对土壤盐分的淋溶排泄，加速了土壤脱盐进程；(d) 河网的建立，可以结合发展农村的航运事业。对于低洼圩区，则圈圩建立抽水站，实施四分开二控制。即洪涝分开，高低分开，内外分开，灌排分开，控制地下水位，控制土壤水分。

除涝降渍工程体系的建成，治涝面积达 662 290 hm^2，大多地区的土地都由一水一麦改为一年两熟。

3.3　灌溉工程建设

洪泽湖、骆马湖蓄水、灌溉水源有了基本保证，江水北调和淮水北调工程的实施，又提高了故道两岸的灌溉保证率。50 年代后期，结合河网化建设，同步搞了灌溉工程建设，兴建万亩以上的灌区 54 处，其中 30 万亩以上的大型灌区 11 处，有效灌溉面积达 658 850 hm^2。水稻种植面积由 1949 年的 94 600 hm^2 发展到 462 667 hm^2，占有效灌溉面积的 70％。

3.4 调水、蓄水工程建设

平原地区由于地形条件的局限，对本地径流调蓄能力很低，河网虽可调蓄部分径流，很难满足水稻灌溉需水要求，因此，洪泽湖、骆马湖的调蓄和丘陵山区 200 多座中小型水库的拦蓄，是灌溉水源的基本保证。由于降雨年际、年内分配不均，遇到偏旱年份，形势非常紧张，如淮河进入洪泽湖的径流量多年平均达 325 亿 m^3，大旱的 1978 年春旱接夏旱，淮河中游的下泄水量只有 30.48 亿 m^3，是正常年景的 10％，而淮河中游地区在通湖河道上抽提回去的水量达 7.3 亿 m^3，占当年下泄量的 24％，故淮水可用不可靠，60 年代初，实施了江水北调工程。目前，江、淮水北调，向东北已送至连云港，保证灌溉、城市和港口用水，西北已送到微山湖，保证徐州地区的灌溉、坑口电厂和京杭运河的航运用水。调水的主要干线是京杭运河和淮沭新河。故以黄河故道为分水岭，将淮阴大地分为淮河和沂沭泗两大水系，京杭运河和淮沭新河的调度作用又将两大水系紧密地联结为一个整体。

3.5 农田林网等防护工程建设

农田林网的建设，主要是改善农田小气候，在山丘区和平原沙土区，乔、灌、草结合的林网，可以防止水土流失，改善农田生态环境，提高抗御自然灾害的能力。据江苏省林业科学研究所在黄河故道地区的观测，在受林带保护的树高 20 倍范围内，与空旷地对照点比较，风速平均降低 30％，蒸发平均减少 9％，空气相对湿度提高 3％，土壤湿度提高 3％，通过林木的蒸腾，可以降低地下水位，使土壤含盐量相对下降[①]。故在农田基本建设中，要求沟（河）渠开到哪里，树草栽到哪里，沟、渠、堤坡、滩面植被化，林网面积达到95%以上。在布局上，以小沟为主林带，间距200～250 m，中沟为副林带，如与主风向的夹角为45°，有效防风距离对农田可以起到保护作用。

3.6 改制防涝——生物防涝措施

淮阴属半湿润的暖温带季风气候区，降水比较充沛，多年平均降水量达 947 mm；但年际、年内变幅较大，最大年降水量 1 316 mm，最小年降水量 530 mm，变幅达 2.7 倍。在年内，降雨多集中在汛期（6 月—9 月），达 65%以上，这对秋熟旱作物的生长非常不利，极易形成涝渍灾害。在 50 年代水利工程基础还较薄弱的条件下，粮食生产极不稳定，淮阴市粮食总产量徘徊在 100 万 t 左右，丰收年份平均每公顷产量只有 1 125 kg，制约了国民经济的发展。而苏州耕地不足淮阴的 50%，因属苏南水网地区，水利设施基础较好，粮食产量是淮阴的 1.6 倍，稳定在 150 万～170 万 t 之间。1956 年梅雨发生早，持续 42 d，黄河故道以北地区面平均雨量达 480 mm，比 1954 年 49 d 面平均梅雨量 420 mm 还多 60 mm，发生全面内涝；这一年淮阴的耕地面积是苏州的 2.26 倍，粮食产量却只是苏州的 48%，淮阴农民人均年分配只有 28 元，而苏州达 92 元。

淮阴光热资源充足，雨热同季，年日照时数达 2 250～2 350 h，适宜水稻生长。洪泽湖和骆马湖常年蓄水为灌溉提供了水源保证，江水北调和淮水北调工程的实施，又提高了灌溉保证率，为大规模地推行和发展“旱改水”奠定了物质基础，促进了粮食生产的稳步增长。1980 年淮阴的粮食总产量已超过了苏州，实现了 60 年代提出的“学苏南，赶苏州”的口号，1983—1984 年已达到

---

① 江苏省水利厅，关于农田林网规划布局的初步意见，《治淮汇刊》第 7 辑。

苏州的两倍，近10多年来一直稳定在两倍以上，到1985年水稻一季的产量已超过苏州的粮食总产量。①

表2　淮阴、苏州粮食生产情况对比

年度	粮食大豆产量（万t）			其中：水稻（万t）		
	淮阴	苏州	淮/苏（%）	淮阴	苏州	淮/苏（%）
1949	82.05	118.88	69.1	11.49	101.35	11.3
1953	127.61	195.94	65.1	16.93	164.95	10.3
1956	101.96	211.55	48.2	20.40	162.96	12.5
1960	125.40	190.60	65.8	23.95	156.54	15.3
1963	84.12	227.98	36.9	20.87	183.41	11.4
1965	125.24	276.44	45.3	24.21	221.53	10.9
1970	198.97	291.43	68.3	63.23	239.37	26.4
1975	278.01	322.28	86.3	119.45	262.72	45.5
1978	313.35	393.51	79.6	120.49	306.18	39.4
1980	331.63	325.96	101.7	136.47	230.27	59.3
1981	401.81	222.50	180.6	170.57	216.58	78.8
1982	480.88	281.15	171.0	204.68	215.18	95.1
1983	529.48	267.45	198.0	241.05	203.11	118.68
1984	575.74	301.01	191.3	283.25	222.45	127.33
1985	565.30	238.49	237.0	270.89	177.55	152.57
1986	583.69	278.14	209.9	283.03	199.78	141.67
1987	590.23	260.17	226.9	273.69	191.70	142.77
1988	570.54	270.78	210.7	276.18		
1989	589.12	256.60	226.9	296.09		
1990	568.69	283.50	200.6	301.03	206.11	146.05

① 这里仅仅是论述粮食生产，苏南地区自70年代以来集中精力发展乡镇工业，农业生产在国民经济中所占比重极小，在工业和乡镇工业生产中，淮阴还无法与苏南相比，差距很大。

“旱改水”的发展，必须有水源建设作保证，必须有较完整的灌排水系统的建设。发展“旱改水”的同时也促进了水利系统的配套建设。再由于稻田的滞蓄作用，与旱谷相比，雨后可以延缓排水过程，减少了排水峰量，又增加排水过程中的蒸发和土壤稳定入渗率，从而减少了净雨深，相对地提高了沟河的排水标准。如柴米河地涵上游地区，1963 年水稻面积占 4%，而 1971 年水稻面积达 21%，其净雨深只有 1963 年的 77%～79%；灌排水系统的建立和健全，加上水稻的灌溉，加速了土壤盐分的淋洗，黄泛地区近 33.3 万 hm^2 盐碱地，95%以上都脱了盐，成为高产的稻麦两熟地区，见表 2。

3.7 黄河故道的建设与开发

黄河北徙以后，不仅淮水不能回复故道，本地径流也不能通过它外排，故在江苏统称黄河故道为“废黄河”，因河床高于两岸地面十数米，已经变成了分水岭，在治理中淮阴市范围的“故道”已分两段处理。其一，淮沭新河（约在原清口附近）以东，保留原有的河槽，用来向涟水输送城镇用水和向下游地区（盐城地区）输送灌溉水，汛期只作为苏北灌溉总渠以北地区的机电提水站的排水通道，现排水能力只有 150～200 m^3/s。淮沭河以西地区，故道只能排除两堤之间的河槽所产生的径流，故已分县分段治理。以宿迁支口为例，整治以后，河槽在汛期用以排除两大堤间的降雨径流，结合拦网养鱼；浅滩地整治以后，时有浅水，种植莲藕，河、堤坡面种植山楂等经济作物，堤顶堤后建成良田，发展粮食生产，取得了较好的效益，群众概括为“鲤鱼跃，荷花笑，花果山，米粮川”。利用原有荒芜的故道及滩地，整治以后，发展水产养殖和林果，建成旱涝保收农田，这是淮阴市普遍的开发模式。

商丘市黄河明清故道的开发利用

李化德　杨本生

商丘市位于河南省东部，与苏、鲁、皖接壤，地处黄淮海平原腹地。商丘的形成和发展，与黄河有着千丝万缕的联系，商丘大地到处都留下了黄河变迁的遗迹。特别是1855年黄河铜瓦厢决口后遗留下的明清故道，更是规模宏大，结构完整，在商丘有着特殊的地理、历史地位。研究黄河明清故道的合理开发利用，对商丘市的社会经济发展有着十分重要的意义。

一、黄河与商丘

据史料记载，黄河流经商丘可以追溯到公元前21世纪，黄帝的曾孙帝喾之子契，辅佐大禹治水，导菏泽，陂孟诸，治理黄河洪水，功绩卓越，封于商，为商人之始祖。孟诸即虞城县孟诸泽，古代为九州十薮之一。

著名的鸿沟运河系统，战国时魏惠王十年至三十一年（公元前361—公元前340年）所开，以黄河水源接济水、泗水、睢水、沙水、涡水、颍水。其中，睢水、涡水和连通泗水的汴渠均经过商丘。

东汉建安七年（公元202年），曹操治理睢阳渠，引黄河水经今商丘境，沟通黄淮水运。

隋大业元年（公元605年），隋炀帝发河南诸郡男女百余万，开通济渠，自西苑引谷、洛水达于河，自板渚出黄河，向东经浚仪、襄邑，入今商丘境，经宁陵、宋州、谷熟、夏邑、永城至古泗州入淮，沟通黄、淮、长江三大水系。

宋建炎二年（1128 年）为阻金兵南进，东京留守杜充于李固渡（今滑县西南）决黄河，东注古汴水，自泗夺淮。此后直至清咸丰五年（1855 年）的 700 多年间，黄河泛流于商丘诸县。如至今仍在贯穿睢、宁、柘三县的废黄河，贯穿民、宁、商的大沙河，贯穿商、虞、夏、永的东沙河，以及流经虞、夏的老洪河、巴清河等，都是历史上黄河南泛的故道。元至正十一年（1351 年），贾鲁任总河防使，出民工 15 万人，兵士 2 万，采取浚、塞并举，筑塞旁道，挽河东南，使黄河主流经归（德）、徐（州）流路入淮。明弘治七年（1494 年），刘大夏主持黄河北岸西起胙城、东抵虞城，修筑长达百里的太行堤，又在太行堤南筑 80 km 的内堤，北岸堤防形成。明万历六年（1578 年），潘季驯采取束水攻沙的方策，本着“塞决口以挽正河，筑堤防以杜溃决”的原则，以修遥、缕、格、月四堤的办法，进行大规模的治理，使南北两岸四堤具备，万历十六年（1588 年）又普遍进行修整。至嘉靖中期，黄河归于一流，形成了比较固定的明清河道，到 1855 年，黄河在铜瓦厢决口，主流北徙，留下百里沙滩、百里故堤、百里盐碱沙荒的黄河明清故道。

商丘境内现存的明清故道主要有南北大堤、主河槽、故道高滩地、故道背河洼地（图 1 商丘市黄河明清故道位置图）。

北大堤在民权县境内，长约 28 km。南大堤西起民权，东经宁陵县、商丘县（现为梁园区），到虞城县与安徽省砀山县交界处，长 146 km。大堤临河一般高 2～3 m，背河高 5～9 m，堤顶宽 8～10 m，基本完好。故道主河槽长 136 km，槽深 3～5 m，宽 1 000 m 左右，流域面积 1 520 km^2。高滩地是两大堤之间黄河淤积的高地，高出背河两岸地面 6～8 m，该区面积 866.4 km^2，耕地面积约 80 万亩，人口 50.14 万人。背河洼地面积 553.3 km^2，耕地约 41.25 万亩，人口 26.31 万人。此两堤一河、两区，构成了颇具特点的黄河明清故道。

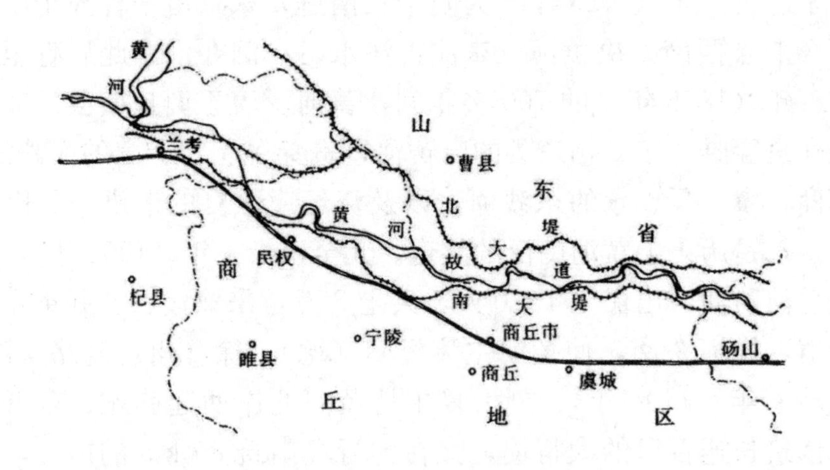

图 1　商丘县黄河明清故道位置图

二、商丘市黄河明清故道开发利用现状

商丘市黄河故道高滩区地势高亢，土壤以沙土、沙壤土为主，地下水埋深 6～10 m，水质为咸水和微咸水，风沙、干旱灾害严重。背河洼地地势低洼，土地瘠薄，盐碱、涝渍灾害严重。整个黄河故道区是商丘市粮食低产区（表 1 黄河故道区域社会经济情况统计表）。

表 1　黄河故道区域社会经济情况统计

区域	面积（km2）	耕地（万亩）	人口（万人）	亩产（kg）	人均产量（kg）	人均收入（元）
高滩区	866. 4	80. 0	50. 14	225. 5	471. 5	196
背河洼区	553. 3	41. 25	26. 31	191. 5	303. 5	139

注：1984 年统计资料

由于黄河明清故道从东到西贯穿商丘市，地势高出两岸地面

5～9 m,陇海铁路、郑徐高铁、京九高铁、连霍高速、310 国道等重要交通设施及商丘市、民权、宁陵、睢县、虞城县等重要城镇邻近南大堤，一旦高滩区和故道里的洪水破堤南下，会造成严重后果。因此，南大堤仍起着重要的防洪作用。商丘市每年都把故道大堤作为全区的防汛重点。新中国成立初期，商丘市曾动员群众对故道南堤 30 多处缺口进行堵复，增修砖、石、混凝土险工护坡 3 100 m，对部分堤段进行了整修加固，锥探灌浆，绿化防冲，划定保护范围，成立专门的管理机构，配专管、群管人员 690 多名。在注重加强河道堤防维修保护的同时，从以下四个方面对黄河故道进行了开发利用。

一是营造防风固沙防护林，建立绿色长廊。为了防御黄河故道风沙，从 50 年代开始，全市在黄河故道滩区营造防风固沙生态防护林，总长度 80 多 km，总面积近 10 万亩，其中民权县的申甘林带，长度 20 km，面积 6.9 万亩，被称为“河南塞罕坝”；梁园区黄河故道国家森林公园，长度 26.5 km，面积 1 万亩；虞城县黄河故道林场，长度 35 公里，面积 1.5 万亩。黄河故道防护林从西至东横跨商丘市，形成了一条绿色长廊和生态屏障。

二是兴建三义寨引黄供水工程。商丘市从 1958 年开始修建三义寨引黄工程。1992 年 9 月，河南省政府批准建设新三义寨引黄供水工程，根据规划，商丘引黄供水工程引水流量 56 m^3/s，年引水量 6.3 亿 m^3（其中农业供水 4.31 亿 m^3、工业用水 1.01 亿 m^3、居民生活用水 0.98 亿 m^3）。引黄灌区设计灌溉面积 51.5 万亩，补源面积 163 万亩。利用黄河故道输水、调蓄，发展灌溉补源、工业供水、城市居民生活供水和河道生态补水。商丘引黄供水工程包括黄河三义寨引黄闸，商丘引黄干渠，商丘东分干渠、东分干渠沉砂池、商丘南分干渠，在故道主河槽建成中型水库 7 座、小型水库 1 座，从上至下分别是任庄、林七、吴屯、郑阁、刘口（小型）、马楼、石庄、王安庄，兴利库容 1.46 亿 m^3（表 2 黄河故道水库统计表)。全市引黄灌区修建干渠 19 条、分干渠 34 条、支渠 72 条，形成了较为完善的灌排体系。1994 年以来，共引水 48 亿 m^3，通过水库调节，把水送到商丘市除永城以外的 9 个县区，累计灌溉面积 3 500 万亩次，补源面积 5 500 万亩，次年河道生态补水 0.3～0.4 亿 m^3，年工业供水 0.05 亿 m^3。利用引黄水新建民权县第三水厂投入运营设计日供水量 3 万吨，商丘第四水厂日供水能力扩建至 20 万吨，居民生活年供水量达到 0.83 亿 m^3。商丘引黄供水工程已成为商丘市经济建设和社会发展的生命线（图 2 商丘市三义寨引黄供水工程平面图）。

三是对背河洼地进行土壤改良，完善排水体系，除涝治碱，植树造林，防风固沙，把原来的不毛之地变成了高产农田。

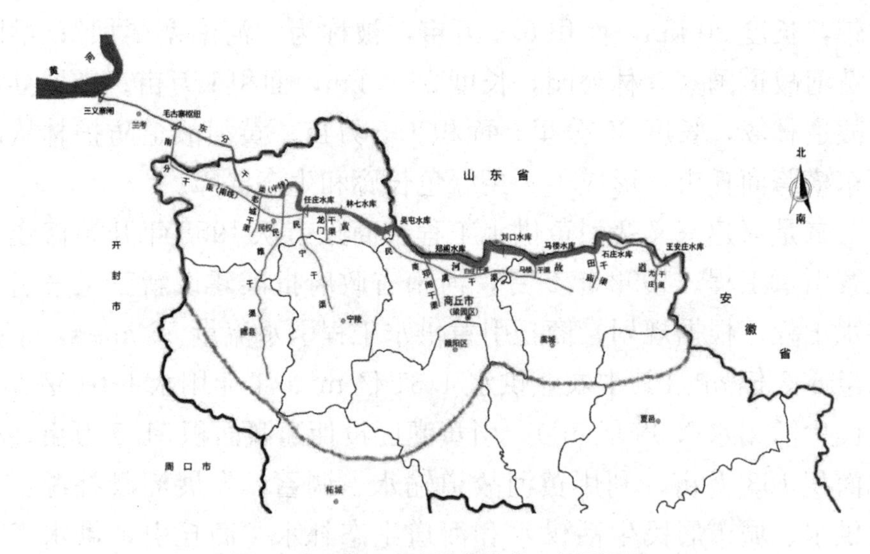

图 2　商丘市三义寨引黄供水工程平面图

表 2　黄河故道水库统计表

县别	水库名称	校核水位（m）	最大库容（万 m^3）	兴利水位（m）	兴利库容（万 m^3）	兴利水位水面面积（hm^2）
民权县	任庄	65.69	5 136	65.00	3 360	2 440
	林七	65.51	3 038	64.00	1 365	1 770
	吴屯	62.93	2 985	62.00	1 540	1 182
梁园区	郑阁	60.98	2 955	59.50	1 190	1 000
	刘口	56.95	632	55.35	345	228
虞城县	马楼	56.97	2 569	55.00	1 070	1 200
	石庄	55.74	6 348	54.00	1 940	3 450
	王安庄	52.93	5 738	52.00	3 753	2 190
	合计		29 401		14 563	13 460

四是利用该区水库，背河洼地的坑塘、湖泊，大力发展水产生产。截至目前，黄河故道区域可养水面已发展到约 10 万亩，约占全区水产养殖面积的 50%，已成为商丘市重要的水产养殖基地。

在党和国家的领导下，商丘人民经过数十年的不懈努力和艰苦奋斗，黄河故道已成为商丘市水资源基地、生态基地、水产基地和旅游观光胜地。“黄河远去上百年，留下故道变桑田。湖阔千顷白鹭飞，森林万亩绿浪翻。清风徐徐赏槐花，波光粼粼荡渔船。百里凝香游人醉，流连不舍桃花源。”这首诗是今日黄河故道的真实写照。

三、克服短板，谋取高质量发展

商丘市黄河故道的开发已经取得了丰硕成果，但从全市生态保护和高质量经济发展的战略高度出发，距离满足水资源可持续利用的目标要求，黄河故道的开发建设和引黄供水工程建设还存在一些短板和制约因素。

一是对黄河故道开发应以水资源建设为重点认识不统一，有的占用水库库区发展农业种植，有的在库区发展林果业，有的不顾水库水质保护盲目发展水产养殖，还有的占用水库库区修建旅游设施，大肆侵占蚕食库区水面，严重干扰和影响水资源建设的进程。

二是黄河小浪底水库2000年投入运行以来，黄河下游河槽下切，三义寨引黄水闸的引水条件发生变化，原规划黄河来水390个流量，就可满足三义寨引黄水闸引水107个流量的要求，到2020年，黄河来水1 300个流量以下，三义寨引水闸已引不出水来，曾多次造成商丘市城市生活供水危机，农业灌溉供水也受到严重影响，部分引黄灌区已多年见不到黄河水了，造成灌区效益衰减、灌溉设施闲置和损坏。

三是引水调蓄能力弱、引黄供水保障程度低。目前，黄河故道的8级水库，设计兴利库容1.5亿m^3，受淤积、侵占和边界矛盾的影响，实际可利用库容不足1亿m^3。受黄河来水量的限制，商丘大部分时间引不到水，只有在小浪底调水调沙，或汛期黄河大流量来水时，商丘才能大量引水。但是，由于调蓄能力低，短时间大量引水又无处存放，引黄供水保障受到严重影响。

四是管理体制和运行机制不健全。目前，黄河故道管理机构不统一，上游任庄、林七、吴屯、郑各水库闸坝由市水利局引黄管理处负责管理，库区则分别由民权县和梁园区管理；下游的刘口水库由梁园区管理，马楼、石庄、王安庄水库由虞城县管理，黄河故道南大堤则由所在县分别负责管理。受河南、山东两省区划影响，吴屯以下5座水库不能正常运用。灌区管理方面，市引黄管理处只负责分水到县区，县区以下灌溉管理粗放，缺少量水设施，农业水费基本没有征收，信息化管理滞后等，与全国先进灌区管理单位相比，管理水平明显偏低。

以上短板，严重制约引黄工程的规划、建设和运行管理，影响工程效益的发挥，与全市经济建设、社会发展和生态保护的高质量发展的目标要求极不适应。因此，统一黄河故道开发建设方向的认识，克服规划、建设、运行管理方面的短板迫在眉睫。

1. 黄河故道的开发建设必须以水资源建设为主

商丘地区是一个水资源十分紧缺的地区。根据《商丘地区水资源调查和水利区划报告》，远景阶段总需水量22.937亿m^3，可供水量16.066亿m^3。（其中也包括引黄水量1.5亿m^3），缺水6.87亿m^3。如不考虑引黄，每年将缺水8.37亿m^3。现阶段，各部门需水量17.805亿m^3，可供水量13.314亿m^3（包括引黄1亿m^3），缺水4.49亿m^3。不考虑引黄，缺水5.49亿m^3。

为了满足供水需要，目前商丘市地下水严重超采，造成地下水连年下降，全区浅层地下平均每年下降0.75 m，水埋深大于8 m的范围已达400 km^2，6～8 m范围达2 085 km^2，占全区总面积的20.6%。深层地下水水位平均每年下降近4 m。水资源已向我们亮起了红灯。

随着城市建设、工农业生产发展、生态环境建设，对水资源将提出更高的要求。要解决商丘水资源不足的问题，主要办法要靠引黄。利用黄河故道发展引黄供水地形条件得天独厚，工程有基础、建设运行成本相对较低。因此，黄河故道的开发建设必须以水资源建设为主，农林、水产、旅游等开发应当服从于水资源建设的需要。

2. 努力提高引黄调蓄能力

商丘引黄受引水条件的限制，需要丰水时多引多蓄，丰引枯用，增加引水调蓄能力是当务之急。

故道背河洼地，北靠故道高滩区，高差6～8 m，有不少地方是古黄河决口遗留下的冲积的沙荒、沼泽地，村庄相对稀少，是建设平原水库的良好场所。1958年，商丘地区曾规划在背河洼地建13座水库，蓄水量达6.224亿m^3，蓄水面积117.71 km^2（表3

商丘1958年规划南大堤背河洼地水库一览表)。目前来看，利用背河洼地修建引黄调蓄水库，是提高引黄调蓄能力的最佳可靠途径。

表3　商丘1958年规划南大堤背河洼地水库一览表

县别	蓄水区名称	蓄水高程(m)	蓄水面积(km^2)	蓄水容积(万m^3)	淹耕地(hm^2)
民权县	坝窝*	65.5	2.8	979	133.3
	断堤头	64.5	10.24	4 599	186.7
	任庄桥上	65.0	9.9	3 956	100
	任庄桥下	65.0	10.86	4 882	266.7
	龙门寨*	64.0	6.4	3 507	66.7
	合计		40.2	17 923	753.4
梁园区	潘口*	59.0	31.13	19 578	1 386.7
	刘口	57.5	7.75	5 367	93.3
	合计		38.88	24 945	1 480
虞　城	张堤口	56.0	5.12	2 957	206.7
	韩楼	53.0	12.59	6 406	506.7
	刘堤圈	53.0	7.18	4 054	286.7
	耿堤口	53.0	4.67	2 831	186.7
	洪河头*	52.0	6.34	2 644	186.7
	大崔庄	52.0	2.72	477	140
	合计		38.62	19 369	1 513.5
	合计		117.7	62 237	3 746.9

注：打*者为已建成水库

商丘市应尽快就恢复背河洼地水库的必要性、可行性进行论证和规划，力争增加2亿～3亿m^3的蓄水能力，使全市引黄蓄水能力达到3亿～4亿m^3。这样，才能从跟本上摆脱引黄供水的被动局面，对全市生态保护和高质量发展具有战略性意义。

建议优先对复建坝窝、龙门寨、潘口、张堤口等水库开展可行性研究，及早规划、及早实施。

3. 建设渔业生产基地

据统计，故道区域现有水面12.9万亩，其中水库9.3万亩，小湖泊6处，面积1万亩，坑塘0.45万亩，人工开挖的鱼塘、藕池2.4万亩，占全区可养殖水面的50%以上，如在背河洼地再修建几座水库，总计水面可达约20万亩，完全可以建成全区、全省甚至全国著名的水产基地。但是要调整养殖种类和方式，保证符合水源水质保护的规定。

4. 开发建设明清黄河旅游线路

黄河故道区远离工业和城市人口密集区，没有污染源。水源基地建成后，水面面积可达140 km^2，生态环境十分优越。加之有横贯东西的防护林带，有绵延百里、宏伟壮观的明清黄河大堤，岸青水绿，环境优越；有汉字鼻祖仓颉墓、庄子故里，有国家历史文化名城商丘古城，有齐桓公葵丘会盟台等众多文化景观，旅游资源十分丰富，可构建古黄河旅游线路，建成度假旅游胜地。游客可步行观赏，可乘船游览，可傍河垂钓，在优美的环境中度假消暑，领略黄河文化景观。

5. 建设高标准的粮棉高产区

该区有耕地121.35万亩，人口76万，目前产量低而不稳，人民生活水平不高，因此，应借助水资源基地建设和灌区建设的机遇，大力发展节水灌溉，建设高标准农田，加速该区农业和农村经济的发展。

6. 统一建设和运行管理机构

尽快扭转九龙治水，多头管理的局面，统一黄河故道开发建设规划、统领工程项目实施、统一运行管理，创新管理机制，提高工程建设管理水平和运行管理水平，更好地发挥效益。

四、加强领导，制定政策，加速黄河故道经济区的开发

黄河故道经济区的开发，首先要从思想上统一认识，确立黄河故道以水资源建设为主的开发方向，早日对该区的开发建设达成共识，力争达到认识统一、规划统一、建设统一、管理统一。

黄河故道的开发涉及面广，是一项综合性的系统工程。应组织有关部门和专家，对开发的有关问题进行科学论证，为领导决策提供依据。在投资政策上，可以争取国家投资，也可以吸引外资。有的可以市级组织开发，也可以鼓励县、乡开发，也可以让企业投资，如建设城市供水专用水库、工业供水专用水库等，发挥多方面的积极性，谁开发、谁使用、谁受益。黄河故道水资源基地开发，既是全区基础建设的必需，也是一项无污染、无公害的绿色工程，有利于人民，有利于社会，开发者也一定会有较高的收益。

黄河危害商丘数百年，也为商丘的发展提供了良好的契机和优越的条件。让我们继续发扬祖先开发黄河、治理黄河、改造自然的伟大精神和光荣传统，以更加科学的方法，更高的开发标准，谋划长远，干好当下，让黄河故道更好地造福商丘人民。

徐州以下黄河故道区域开发略论

孙益群　刘　烨　孙东坡

徐州以下的黄河故道区域，以前是一个经济落后区。区域经济的发展，直接受黄河故道环境的影响。改革开放以来，故道区域的治理与开发以前所未有的速度进行着。区域经济的持续发展，需要针对黄河故道特殊的区域环境特点，制定相应的长期发展战略。因此本文从地理环境、社会环境这两个角度分析徐州以下的黄河故道区域的特点，对区域治理与开发的现有工作进行评价；同时依据区域经济开发理论与河道治理理论，对徐州以下的黄河故道区域分段论述区域治理与开发的原则及方法。

1　故道变迁对徐州以下区域环境的影响

1.1　徐州以下黄河故道概况

1885 年铜瓦厢决口，黄河北徙，从此遗留下一条横穿豫鲁苏皖四省、蜿蜒数百公里的黄河故道。故道行水数百年间，大量泥沙淤积，逐渐使故道成为高居于黄淮平原上的悬河。一般高出附近地面 3～6 m，最高处可达 8 m。于是故道成为分水岭，将原属一体的淮河与沂、沭、泗河水系分割开来。徐州以下黄河故道上起徐州，下抵故道河口，长约 450 km。该段故道纵剖面呈上凹型，上段较陡而下段较缓。其平面形态类似现黄河陶城埠以下河段，河道弯曲，堤距宽窄相间，自滨海县入黄海，见图 1。

黄河北徙后，仅有故道区域内降雨汇流形成的来水，故道自身行水极其有限，所以河槽逐渐萎缩，河槽宽度大多只有数百米，

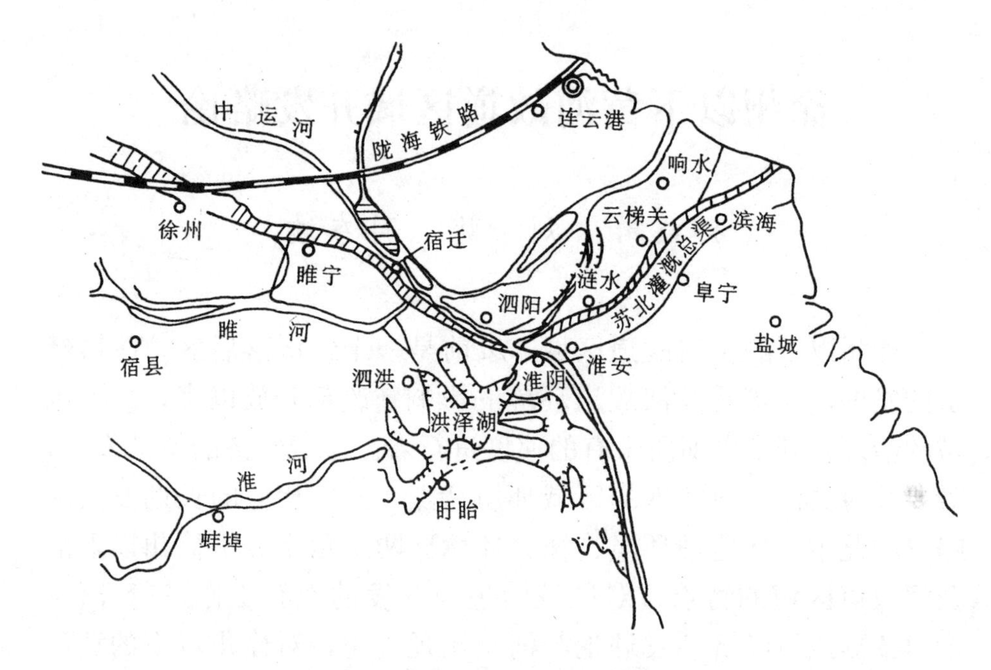

图 1　徐州以下黄河故道平面示意图

河道基本丧失行洪能力，有些河段的主槽甚至被拦截，用于养鱼。故道形态特征参数见表 1。淮阴以下地势低平，故道穿行于京杭运河、淮河、沂沭新河、苏北灌溉总渠之间，水系关系十分复杂。故道入海口原来是强烈堆积型海岸，在黄河北徙后，河口受海洋动力作用影响，海岸线不断受侵蚀后退。

黄河故道滩区广阔，地势高亢，现今多为由粉沙土组成的沙荒地。由于缺乏灌、排水体系，所以在很长历史时期内土地贫瘠。无雨时易旱，有雨时便涝，故道滩区生态环境比较恶劣。

表 1　徐州以下黄河故道形态特征参数

河段	河段长（km）	堤距（km）	河道纵比降（‰）	河道横比降（‰）	滩面高程（m）
徐州—淮阴	260	0.4～8.7	1.00	5～3.3	35.5～20
淮阴—河口	181	0.5～7.8	0.70	16.7～10	20～3.2

1.2 河道变迁对区域环境的影响

1.2.1 故道对地理环境的影响

故道对地理环境的影响主要表现在引起了淮河流域水系的变迁、湖泊的变迁、海岸的变迁及生态环境的变迁。

水系的变迁主要是打乱了原淮河流域水系的格局，一是使淮河失去了直接的入海通道，转而进入洪泽湖，下游泄流不畅；二是截断了淮河北支流沂、沭、泗河的出路，泄洪排涝困难，使淮河水系紊乱不堪；三是在清口，黄、淮、运三河交汇，形成了相互影响、相互制约极其复杂的局面。

湖泊的变迁主要是黄河南泛期间，使一些湖泊湮淤为平地，如圃田泽；同时又使一些零星湖沼、洼地潴壅成湖泊。例如受当时治河方略的影响，一些洼地形成了面积很大的湖泊，像洪泽湖、骆马湖等，它们也成了一些河流的新汇流处。

海岸的变迁主要是黄河南泛期间泥沙大量下排，河口淤积迅速。以灌云为中心的海岸线迅速向东伸展，形成广大的滨海平原，原入海口云梯关夷为平陆，详细数字见表2。黄河北徙后，故道河口附近的海岸线便由淤长过程转为侵蚀后退过程，至1970年故道河口已蚀退18 km，平均后退速率为每年156 m。

表2 黄河明清故道河口延伸状况

时段(年)	年限(年)	河口延伸长度(km)	年均延伸长度(km)	河口至云梯关距离(km)
1591—1677	86	25	0.29	25
1677—1700	23	25	1.08	50
1677—1756	79	80	1.01	
1700—1804	104	50	0.92	100

生态环境的变迁主要是故道不再常年输水后，故道本身及两岸附近区域的生态环境失调。一些水生生态环境转为陆生生态环境，一些潮湿地区变为干旱地区。特别是广阔的河漫滩区，植被

稀少的沙荒地受旱涝、盐碱、风沙的危害，地力贫瘠，农业落后，生态平衡机制极其脆弱。

1.2.2 故道对社会环境的影响

故道对社会环境的影响主要表现在两个方面。一是明清两代统治者实行以保漕运为本的治河方针，造成其时黄河经常南泛，洪涝灾害频发。这使得故道两岸生产、生活设施经常遭到破坏，区域经济发展长期受到严重制约。二是黄河北徙后，混乱的水系格局依旧混乱，脆弱的生态环境更加恶化。频繁发生的旱涝、盐碱、风沙等自然灾害以及连年不断的战乱人祸，使得原本落后的经济基础备受摧残。故道区域的生产、经济发展在很长一段历史时期内十分落后，社会环境也始终不甚稳定。黄河明清故道成为一个很特殊的经济落后区和生态环境恶化带。

2 黄河故道区域的治理与开发

2.1 故道治理与开发的现状

新中国成立后，国家对黄河故道的治理与开发十分重视，兴修了一些以防洪、排涝、灌溉为主要目的的水利工程设施，发挥了很大效益。但囿于当时经济发展水平等客观因素的制约以及人们对发展经济的认识水平等思想观念的束缚，在新中国成立后很长一段时期内，故道的治理特别是开发并没有引起当地政府和人民的足够重视，故道的治理多是一些临时性的或局部性的工程措施，工程的规模和发挥的效益也就有限，全局性的治理与开发还没有进行。

70 年代以后，黄河故道的大规模治理与开发才开始起步并逐渐形成规模。特别是 80 年代末以来，故道区域的治理与开发以前所未有的速度展开，黄河故道的开发利用进入了一个崭新的发展阶段。故道沿线各级政府相继提出并实施了一系列治理与开发的规划方案和具体措施，总体上这些治理与开发是通过两个方面进行的。一方面是对水资源的开发与控制运用，另一方面则是对故道滩区的综合治理与开发利用。例如，在徐州以下黄河故道主槽内修建了多级闸、坝和堤外水库、抽水泵站，起到了为故道区域输、排、抽、补水的重要作用。又如，涟水县提出并开始实施了利用故道滩区建设“三百工程”，即百里林带、百里果园、百里鱼塘。

虽然近年来故道区域的治理与开发有了长足的发展，但是还存在一些问题。主要表现在黄河故道的开发还缺乏总体的考虑，这包括总体发展的进度控制和总体发展结构与布局的优化。黄河故道巨大的输、排水潜力还没有充分发挥出来，宝贵的人文景观、风光旅游资源还没有充分开发利用。因此，对徐州以下的黄河故道区域的治理与开发问题，还需要做认真全面的研究。

2.2 综合治理与开发的新方向

2.2.1 基本思路

故道区域的发展，不能照搬其他地区发展的模式，应当考虑自身的特点（亦即自身的优势与弱点），寻找制约发展的瓶颈与正确的发展方向，确定合理的发展布局和发展规模。

a. 故道区域经济发展的优势

资源条件方面，故道区域有大量的可开发土地、充沛的光热资源和人力资源。

地理条件方面，故道区域有得天独厚、潜力巨大的输水道，两岸可以利用的大量堤防，便利的提水灌溉条件和优越的排涝、防渍条件。另外故道区域还与经济发达的江苏其他地区相毗邻，又有临海条件和发展潜力巨大的沿海滩涂。

发展潜力方面，故道区域经济虽然落后，但百业待兴，人民“穷则思变”；发展经济的市场需求量大，人民要求变革致富的劲头足，可开发的资源量巨大。

b. 故道区域经济发展的制约因素

经济方面，故道区域的经济基础薄弱，经济发展急需的大批资金筹措比较困难。

生态环境方面，故道区域的生态环境比较恶劣，平衡机制比较脆弱，土地瘠薄，植被稀少、种类不全且分布不太合理。

农业发展方面，故道区域的水资源需求量很大，抵御旱涝、盐碱、风沙等自然灾害的能力差；水利设施（灌溉和排水系统）比较缺乏，区域农业发展的结构不太合理。

综合经济发展方面，故道区域经济发展的门类不多，结构不健全；经济发展水平低，急需依靠科学技术发展，依靠科学技术致富。

因此，黄河故道区域要持续发展经济，就必须立足依靠自身的优势，首先从改善生态环境入手，实施以综合治理为前导的大规模、全方位的发展战略；在资金投入上，则要分轻重缓急、合理安排，决不能一哄而上。

徐（州）、淮（阴）、盐（城）地区人民在同自然的长期斗争中，根据徐州以下黄河故道的现状特点，总结出了故道区域治理与开发的基本原则：资源是基础，分区域治理是保证，改土治水是先导。在当前社会经济、技术发展阶段看，是十分必要与适宜的。

2.2.2 故道区域治理开发的基本方针

故道区域的治理与开发，首当其冲的便是黄河故道的治理与开发。作为巨大的输水通道，故黄河在防洪、蓄水、调水、输水灌溉、排涝、调节生态环境等方面，具有巨大的潜在功能，应当合理地开发利用。这样才能改善区域生态环境，充分利用区域资源，从而带动区域经济发展。

徐州以下 450 km 长的故道，各段地理状况、水系条件、经济发展互有差异，因而在治理规划与实施时，也应因地制宜。“水系不变、开挖中泓，充分利用、梯级开发，分段治理”的故道治理方针，是故道人民从长期实践中总结出的切合实际、卓有成效的治理指导思想。不同行政区划的河段（徐州、淮阴、盐城）在开发、治理上既要保持共性（总的指导原则），又要体现个性（当地特点）。

2.2.3 治理、开发的具体措施与方法

a. 徐州河段长196 km，滩地较宽，集水面积大。该段故道虽过境水量大，但拦蓄能力差，“废泄”较多，水资源的开发、利用是亟待解决的问题。因此，此段开发治理的基础工作就要依靠故道的悬河地形优势，利用堤防，修建一系列平原蓄水水库，所谓“长藤结瓜一串明珠”。目前已修建的崔贺庄、庆安、水口等14座水库便起到了平时蓄水灌溉、水产养殖，大暴雨时又可有效拦蓄故道洪水、削减中泓洪峰流量的巨大作用；同时在开发水产养殖、旅游等方面，也收到了显著的经济效益和环境效益。

开挖疏浚中泓，清除行洪障碍，修建梯级水利控制工程，则是该段黄河故道开发、治理的保证。有了通畅的中泓才能顺利行洪输水；有了梯级控制工程，才能实施区域的灌溉、排涝任务。目前已修建的城头橡胶坝、古邳黄河闸等8座梯级控制工程，结合沿岸水库，各级翻水站和其他河渠系统，便可以利用故道这条输水干线，对该区域水系进行统一布局、安排，实施水资源的合理调配。例如睢宁县实施的“三横一竖”开发、治理规划，可说是一种典型。它将故道纳入区域水网体系中，统筹考虑，安排调、配水任务，如图2所示。利用三横一竖的水网和配套渠系合理引水，较好解决了这一区域水资源每年缺水5亿～6亿t的难题，这使睢宁易涝落后的东南片，翻身成为灌、排配套，经济发展的先进区。

另外实施合理的农业结构、生物措施，改善生态环境也是故道开发的重要任务。由于故道治理可以解决大片高滩地灌溉和洼地排涝困难，所以在低滩和高滩合理安排种植结构（桑、棉、粮分区综合种植），在沙荒地种植固沙草沙打旺，在田边种植意大利杨固土防风，可以大大改善区域生态环境。目前这一地区在实践这一措施方面取得很大成功，并促进了区域经济多渠道（农、林、牧等）多形式（粮、木加工等）的迅速发展。

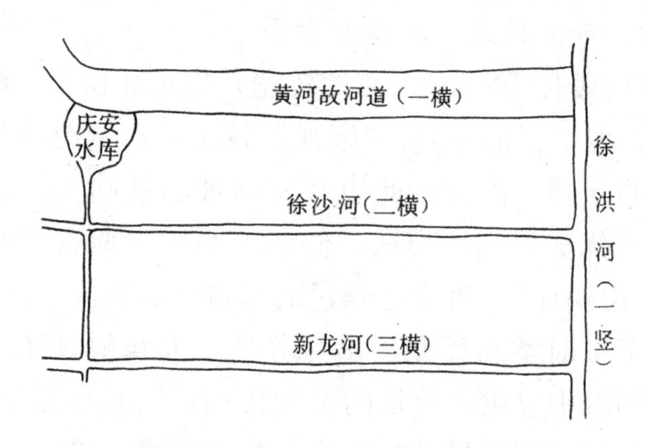

图 2　三横一竖水网体系示意图

b. 淮阴河段长约 254 km，以黄、淮、运三河交汇处的杨庄为中界点。这一河段的特点是中泓排洪能力低，且受杨庄交汇顶托影响，洪水下泄不畅，1993 年前经常受洪水威胁。1993 年修徐洪河腰斩黄河故道后，该河段河道排洪负担大大减轻。故道作为该区水系中的一个重要环节，在开发治理上应因地制宜地实施“分段治理，洪水自找出路”、涝水“高水高排，低水低排”的治理方针。这样才能满足输水干道蓄水、引水、调水、除涝、降渍等综合要求。

故道主槽开发的主要任务是充分利用这条高输水道既能引水，又能排涝这一其他河流无法替代的功能。如在故道与运河并行的宿迁段，灌水期可将充沛的运河水提至故道，再调配至其他缺水区；雨季又可将两河夹滩的涝水排至故道蓄存，故道与苏北灌溉总渠并行的这一区域，更是舍此别无二法。

在故道滩区，治理开发主要解决两个问题：一是开挖中泓，解决向洪泽湖排洪能力不足的问题；二是通过渠系建设，满足滩区高亢地缺水灌溉，低洼处降渍除涝，中泓在非汛期搞拦网水产养殖的综合要求。因此中泓两侧滩地应按梯级开发要求：最后一级修子堤，使小水走中泓；然后由低向高，各梯级均挖截水沟，排涝降渍。不同高度的三个梯级可因地制宜，依次进行水产养殖、植草、种桑、种水稻和旱地农作物。这样便可形成一个立体的良性生态系统，大大增强滩区生态系统的平衡机制。泗阳实施的滩区灌、排渠系如图 3 所示。他们在三个梯级中设中沟，中沟与中泓交汇处又设地涵。兼有排水、挡洪、交通三种功用。“高水高排、低水低排”，综合发展农、林、牧。涟水段实施的滩区“三百工程”（百里鱼塘、百里果园、百里经济林）也是改善滩区生态环境，多方位发展区域经济的很好创造。不过，目前故道引水量还远远达不到经济发展的要求，急需修建梯级控制措施，广引水源。

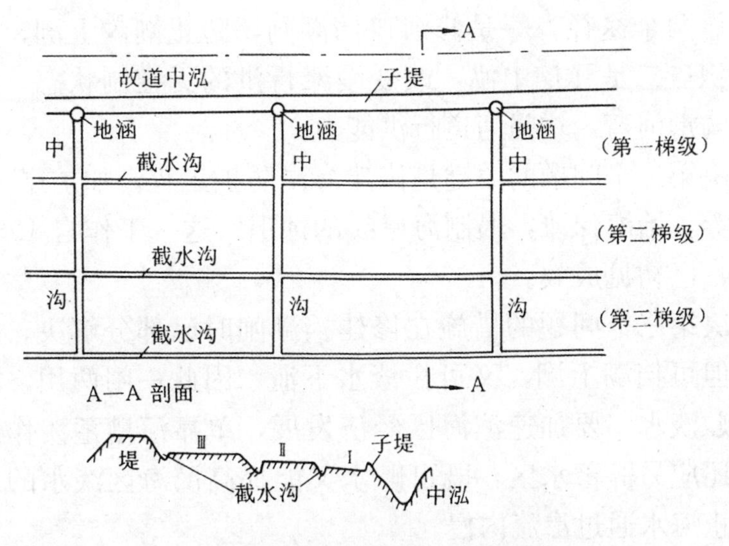

图 3 故道滩地梯级开发示意图

杨庄是故黄、淮、运三河交汇处，洪泽湖既是其水位控制基准，且自身防洪也是一大难题，历代此处都是治河矛盾的焦点。

要解决好三河泄流和洪泽湖防洪问题，建议应新修苏北总渠，以此作为分洪（22 000 m^3/s）入海的通道。断面可按复式设计，中泓宽 200 m，水深 3～4 m，满足平时直航出海条件。这既可发展区域经济，又可解除洪水威胁，是一项值得认真考虑的区域发展战略决策。

c. 盐城滨海河段长约 81 km，河道基本上是行走在黄河南泛形成的堆积性淤泥滩——盐阜平原上。这段河道狭窄，河床淤浅，过流能力弱；由于受潮汐顶托影响，经常排洪不畅，造成洪涝灾害。

滨海区故道的开发、治理首先要解决尾闾河段中泓淤塞、行洪不畅、排涝无力的问题；第二要解决海岸线严重蚀退，国土沦为汪洋的问题；第三要解决滨海区日益紧缺的淡水资源问题。这三方面的问题都严重制约着该区域的经济发展。

解决第一个问题，30 年代曾开挖中山河导洪入海。但真正解决还要靠两个途径，一是修河口挡潮闸，防止潮汐上溯，形成异重流淤积；二是开挖中泓，改变漫滩行洪的无控制状态，同时人工截掉畸形河弯，增强河道行洪能力。

解决第二个问题的关键是修建海岸防护工程，如护岸、丁坝、防浪桩等，治海保滩，遏制海岸线的蚀退。这一工作自 1960 年开始至今，已初见成效。

解决第三个问题的措施在修建挡潮闸时已部分解决。因为挡潮闸不但可挡潮上溯，又可拦淡水下泄，因此一闸两用，拦截潮汐、蓄贮淡水。要加速滨海区经济发展，单靠河槽蓄淡作用是不够的，还应另辟蓄水区，既可贮水又能提高滨海区淡水的地下水位，防止海水通过渗流内侵。

80 年代以来，滨海人民全方位治理开发故道尾闾段。他们开挖中泓，修建多级节制闸，梯级控制，既解决了水资源匮乏问题，又解决了分级灌溉问题。同时他们利用开挖中泓腾出的两侧滩地，修建“非”形鱼塘，发展水产养殖。原来荒置的滩涂上修建了大量的水产养殖场，有力地推动了当地农业、渔业等多种经济的发展。

目前，由于资金和隶属关系问题，故道尾闾段的巨大经济潜力还未充分发挥出来。梯级灌溉、海岸防护、滩涂开发工作也都有待进一步完善解决。

另外新苏北总渠的开挖、中山港的兴建都会对滨海区的区域经济发展带来巨大的活力和希望，但这一切还应从宏观经济角度予以统筹考虑。

3　结语

徐州以下的黄河故道，有着特殊的地理位置与河床形态条件。它不但在该区水系中是一个不可缺少的主角，同时担负着故道内外广大区域的行洪、排涝、引水、调水、蓄水等重要的任务。故道的开发、治理对区域经济发展有着重要影响。当地人民在长期的开发、治理实践中，摸索并创造出了一套行之有效的办法，总结出了许多宝贵经验，取得很大成效。但还应看到，限于当前社会发展、技术水平、资金、行政协调关系等方面的原因，治理的宏观规划尚不够全面，可持续发展问题还要认真研究，巨大的潜力还尚待挖掘。但可以预言，只要下功夫进行故道的综合开发治理，不断提高认识水平，黄河故道区域经济的腾飞是指日可待的。

参考文献

［1］张文合．流域开发论［M］．北京：水利电力出版社，1994.
［2］徐海亮．明清黄河故道演变分析［M］．北京：环境科学出版社，1990.
［3］孙东坡．冲积河流特性及河流反应的研究［M］．万国学术出版社，1996.
［4］刘再兴．区域经济学［M］．北京：中国人民大学出版社，1990.
［5］谢鉴衡．河床演变与河道整治［M］．北京：水利电力出版社，1989.

其　　他

治黄规划需要长远考虑

——现黄河入海流路与黄河明清故道入海流路的比较研究

滕国柱

1 黄河河口的淤积对渤海的威胁

现在黄河下游河道虽是不断淤积抬高的地上河，但比明清故道还低些。有人估计现行河道还可安全行河数十年以上，我们的近期治黄规划大体上是建立在这个基础上的。但是，从长远的观点看，现行河道及其入海流路仍然是不够理想的。

黄河是一条举世罕见的多沙河流，它每年输入海中的泥沙达10亿t左右，由于黄河河口近海海域均为浅海，黄河填海造陆的作用十分显著，如何利用这一巨大的造陆作用，使其更有利于我国长远的国土建设，而又能避免不利的影响，是一个值得深入研究的问题。

渤海是我国的一个内海，其中有我国北方重要港埠塘沽港和秦皇岛港等。黄河在历史上除金、元、明、清数百年间走南线入黄海外，其余大多时间流入渤海，不断地填淤着这一内海。不过，历史上黄河泛滥改道频繁，大量泥沙因决口淤积在华北平原上，其每年入海的沙量远比现在少，造陆的作用也远不及现在。近代，特别从人民治黄以来，大力完善、强化堤防，几十年伏秋大汛未发生决口，使得黄河的入海沙量空前增加。按近期治黄规划安排，干流骨干工程实施后，可暂时减少下游河道的淤积；然而据分析，入海的沙量不仅不会减少，随着下游河道的治理，还有进一步增加的趋势。而渤海海域多为水深在 30 m 以内之浅海，因而使河口的淤积造陆现象更为突出。从地理学的角度看，黄河的淤积对渤海的生存正在构成严重的威胁。

据粗略估算，渤海总面积约 8 万 km^2，在海平面以下的总容积约 14 600 亿 m^3。按现今河口淤积速度，年增加土地面积以 26.7 km^2 计，将渤海全部淤完需 2900 年；如按年入海沙量 10 亿 t（约 7.1 亿 m^3）计，则淤满整个渤海需 2000 年。这样看好像渤海的寿命还很长，现在还用不着为它担心。实际并非如此，现在的渤海只要再淤积一小部分，其严重性就会显现出来。试从塘沽港到山东蓬莱（或烟台市）连一直线，将其以南海域作为一个单元来考虑，其总面积约 2.34 万km^2，总容积约 2 600 亿 m^3。若每年有 10 亿 t 的泥沙淤积，则仅可维持 360 年。实际上等不到这一海域全部淤满，可能在 300 年之内，塘沽港即会受到严重威胁。如果进一步淤积使渤海南半部（从辽东半岛顶端向西划一直线将渤海分为南北两半）淤满，渤海的北半部将变成一个内陆湖，塘沽、秦皇岛等港埠都将丧失入海通道。此时黄河口延伸到辽东半岛顶端附近，大连港亦将受到严重威胁。这种情况一旦出现，我国北方京、津、冀、辽等地区的经济发展将会受到巨大影响！

由此看来，黄河现行的入海流路，并不是一条有利于长治久安的理想流路。

2　黄河远期入海流路放在哪里好

从黄河下游地区的地形看，黄河入海流路主要有北入渤海和南入黄海两大出路。入渤海流路即以现行河道为代表，入海口的位置在山东垦利县东北大汶流海堡以北；入黄海流路则可以明清故道为代表，其入海口的位置在江苏省连云港以南黄海中段海域。比较此两线路的异同，大体情况如下。

从河口泥沙淤积、填海造陆、增加国土面积方面说，渤海与黄海的近海海域均为浅海，估计两线路的造陆效益基本相同。再从河口淤积延伸、增加河道长度、减缓河道比降、加快下游河道淤积速度方面进行比较（计算两线路的河长，均以兰考东坝头为起点），则北线陆地直线河长约 500 km，河口至渤海口 50 m 深海区的河长约 180 km，两者合计 680 km；南线陆地河长约 520 km，河口至 50 m 深海区河长 160 km，两者合计亦为 680 km。这就是说，在对下游河道的溯源淤积影响方面两线路也是基本相同的。

两线路的主要区别是黄海外延海域比渤海开阔，黄河走南线，在黄海长期淤海造陆无大的不利影响，可以避免北线淤塞内海之弊。

据此，初步认为黄河远期的入海流路应以行南线入黄海为好。

3　应广泛研究各种治黄方案和建议

对于黄河泥沙的处理，过去一般认为输送入海就无事了。现在看来将泥沙输送入海也不是毫无代价的。实际上，黄河大量的泥沙，究竟如何处理才能在上中下游既有利于当前生产，又有利于或无害于今后发展，还是一个没有解决的问题。因此，黄河的治理规划，除对近期治理方案和措施认真研究外，对一些远期的治理方案或治理途径，也要抽一定力量进行长期地系统地研究，以使远期规划与近期规划相结合，更好地指导近期的治理工作。笔者认为，以下一些方案或途径还是值得进一步研究的。

一是高浓度输沙入海方案。曾有人主张利用小浪底水库可以控制黄河下游来沙的有利条件，通过一定的工程措施，造成较稳定的高含沙水流，然后通过管道或明渠输送入海。此方案如能成立，可另建管道输沙，现有下游河道的淤积将会大量减少，使之不淤或微淤，达到稳定下游河道的目的。至于输沙管道的出口，如上述可考虑走南线入黄海。当然，黄河泥沙量大，工程投资可能是很大的。但采用其他方法投资也不少，这是一个经济比较的问题。首先可在技术可能性方面进行深入研究，然后再全面论证比较。

二是在西北黄土流失区修建拦泥坝的方案。控制面积在几十平方千米以下的淤地坝已在陕北等地大量修建，在技术上不存在大的问题。为要进一步推广，今后仍需在投资补助及农业税收政策上适当改进。对于控制流域面积在几百平方千米以上的大型拦泥坝，现在还处于实验阶段。从实验情况看，技术上并不存在不可克服的困难，主要还是投资等社会经济方面的问题。因为大型拦泥坝，当地群众无力自办，库区淤地在运用初期也不能种植，即便到库区淤地可以种植的正常运用期，其收获保证率也不是很高的。另外库区内还可能存在淹没损失问题。因此对大型拦泥坝工程的投资及库区种植的税收等问题，更需要有一套特殊的政策，才有利于其实施和发展。由于大型拦泥坝的控制面积大，并不要求初期种植淤地，其适应性也比小型淤地坝强，在大部分水土流失严重地区均可考虑兴建。这种拦泥坝不但可以拦泥淤地，使除害与兴利相结合，从远景发展看，还可以将黄土流失区深沟峡谷的险恶地形改造成为浅沟宽敞的良好地形，使黄土流失区广大群众的生产、生活条件得到巨大改善。

三是对黄河下游两岸进行放淤的研究。我们曾经调查黄河中游地区的赵老峪、大黑河等地区的引洪放淤，并认为是成功的。可惜的是，中游适合放淤的地区太少，放淤的泥沙数量有限。而黄河下游有已形成的地上河道，两岸有大面积的平原灌区，具有天然有利的放淤地形。过去已有一些单位或个人提出过下游放淤的建议，并进行了一些试验工作。我们可在已有基础上，继续进行深入的研究。

4 结语

a. 对于黄河这样一条特殊的多沙河流，治理规划应尽量考虑长远些。诚然由于黄河泥沙量大，能安排几十年不出大的问题也是不容易的，而且要付出巨大的代价。也正因为如此，才更应争取早日有一个长远规划或远期安排，以使近期治理与远期目标不相矛盾。否则，由于我国四化建设发展迅速，下游沿黄地区日新月异，如无长远规划指导，难免出现被动或失误，可能要付出更大的代价。故不可满足于几十年的安排，也不可以近期功利为最大目标，甚至认为考虑过多、过远的问题会影响实现近期目标。事无远虑，必有近忧。对于黄河这样一条重要的河流，300 年后将发生的危机，虽不可说已是迫在眉睫，但也是应当引起重视的时候了。

b. 对于各种治黄方案或意见，除上面提出的几项外，其他还可能有不少值得研究的意见。这些意见或建议可能是不完备的或互相矛盾的。但是考虑到黄河泥沙特别多，问题复杂，单靠一两项措施可能是不够的，很可能需要多种措施，在各自适当的范围内发挥作用，互相配合，才能解决黄河的问题。因之，广泛吸收各种意见或建议，综合归纳，进行长期系统的研究，才有利于克服我们认识上可能存在的局限性，使治黄规划建立在更加科学可靠的基础上。

c. 关于黄河入海流路问题，本文所述只是一种探索性意见，还需要配合各种治黄方案作进一步的研究。

黄河明清故道考察日记摘录

由黄河水利委员会（以下简称黄委会）、华北水利水电学院、深圳大学区域经济研究所联合组成的黄河故道考察队，于 1996 年 5 月 7 日—5 月 25 日，途经河南、安徽、江苏、山东四省的 36 个县市，行程 3 300 多 km，现场考察了明清黄河故道有关遗址、沿线文物古迹和现有水利工程设施等共计 109 处次。考察内容涉及黄河故道的现状、各地对黄河故道的规划治理及开发利用情况、当地水资源状况等。为使有关人士对黄河故道和此次考察活动有所了解和认识，特摘录部分考察日记内容。

5 月 7 日

下午，考察队从郑州始发，出发前，考察队员参观了黄河博物馆，并与黄委会庄景林副主任、徐福龄高级工程师等进行了座谈，合影。见插页图 1。

5 月 8 日

考察及途经地区：河南开封市（县）、兰考县、民权县

主要考察点：

三义寨引黄闸　该闸位于黄河南岸高滩上，1958 年兴建，设计引水流量 530 m^3/s，主要为商丘地区黄河故道内的梯级水库提供灌溉水源。多年平均引水量为 2.022 亿 m^3。该闸正在放水，流量约 10 m^3/s，见插页图 3。

东坝头险工抢险　据兰考黄河河务局陈局长介绍：东坝头是黄河下游最大转弯处，是历来险工和控导工程之重，此次险情于 5 月 1 号出现，流量为 500～600 m^3/s，出险地点在东坝头控导工程

2 坝（该坝投资 600 多万元），出险原因是今年元月份出现的斜河顶冲 1 坝与 2 坝之间麦田，成“人袖”之势而造成险情，每天塌落麦田约 10 m，如果一直持续小水，估计险情将继续发展；至今抢险已持续 7 天，动用石方已达 1 000 m^3，现场有许多拖拉机满载柳枝待命。

杨庄险工　此处位于 1855 年铜瓦厢决口地带；黄委会老专家徐福龄教授在有关文献中提到：“兰考杨庄一带……141＋000—152＋000 堤段的背河地面，为明清故道左岸的老滩，在 1855 年铜瓦厢决口初期，据推算在口门的跌差为 6 m，现在背河老滩仍比 1983 年的临河滩面平均高出 2.19 m。”

崔庄堤段　据兰考河务局陪同人员介绍，此处原有明清故堤一段，已被现黄河大堤所利用。据观察，该故堤长 50 m 左右，呈东西向，堤下故道河槽的高程估计在 69.5 m 左右（黄海基面）。

兰考县境内故堤　在杨庄至兰考县城公路（宽约 6 m，属柏油路）的东侧，可见断续明清故堤，较地面高 2～5 m 不等。据当地农民称：大堤最近两年（1993 年左右）才被允许取土，故随处可见当地村民在堤上种植庄稼和利用大堤之土制砖等情况。见插页图 4。

民权县境内的野鸡岗乡常马口村故堤及河床　此处距南边的陇海铁路约有 500 m 左右，故堤堤上及背河堤根均建有民房，大堤较堤外高出 6～8 m，较堤内河床高约 2～3 m，据当地村民称，此地距北面的明清故堤约 20 km，灌溉用水来自三义寨引黄闸。

5 月 9 日

考察及途经地区：河南民权县、商丘县（市）、虞城县

主要考察点：

任庄水库　此水库位于民权县城东北方向，是利用黄河故道河槽所修建的首座水库。水库的南堤即是黄河故道的南故堤。该

水库是林七水库的一部分，建于1958年，正常蓄水位63.5m，库容（包括林七水库）为2 540万 m^3，水源主要来自三义寨引黄闸。任庄堤段在过去曾是明清黄河的险工地段，现保存十分完整，此堤段建有民宁（民权、宁陵）干渠渠首闸。此水闸可使近2.7万 hm^2 的耕地受益，现该闸正在放水，水质较好。见插页图7。

林七水库大坝　此坝将林七水库与吴屯水库隔开。林七水库碧水蓝天，岸边绿草黄花，令人心旷神怡。紧挨林七水库大坝北侧，有寺庙一座，名“葵丘寺”。葵丘寺是春秋时期齐桓公召集宋、曹、卫、陈、郑、鲁、许等八国诸侯会盟的遗址。

吴屯水库　吴屯水库拦河坝长650 m，距林七大坝10 km，正常蓄水位62 m，蓄水量1 850万 m^3，属黄河故道内第三级水库。其下属郑阁水库范围，此地距明清黄河北故堤15 km，南故堤5 km，合计约20 km。

郑阁水库　郑阁水库距商丘市17 km，其拦水大坝上有一界碑，南为河南商丘，北为山东曹县，大坝北侧可见一引水口（属山东曹县）。水库岸边有许多游船，据介绍，每逢节假日便有一些商丘市民来此游览。该水库1958年建成，正常蓄水位59.5 m，蓄水量1 200万 m^3，控制流域面积500 km^2。

另据了解，商丘境内的黄河故道总长133 km，有11座引黄涵闸，每闸引黄设计流量均在20～30 m^3/s 之间；由于黄河故道较高，商丘地区的诸多自然小河也多发源于黄河南故堤堤背洼地。

商丘县刘口集镇处的黄河故道　鲁、豫两省在此交界，故道河槽上修有公路桥，长约百米，此处距上游郑阁水库约10 km左右，郑阁水库向虞城县供水从此经过。

利民镇　利民镇古称“虞国”，1953年前为虞城老县城，城距南故堤2～3 km。虞城县水利局有关人士介绍，本地区引黄的实施，起到了两个作用，一是灌溉了农田，二是抬高了地下水位1.5 m，故南故堤下随处可见许多满水小池塘。

利民镇以北南大堤　此处大堤（插页图 5）较明显、完整。据有关陪同人员介绍，虞城县曾于 1989 年、1990 年整修故黄河南大堤。此举目的有二：一是保护大堤；二是阻截雨水进入堤背以免造成洪灾损失。另外，由于故河道滩地多属淤泥，土质较好，再加上没有盐碱化，故收成一般较堤背为好。为防止因故道内水量较多而引起堤背以外土地盐碱化，虞城县采用了开挖“截渗沟”的工程措施。截渗沟深 3.5 m，底宽 4 m，坡度 1∶3，距堤根距离 100 m。

石庄水库　此水库是商丘地区在黄河故道内兴建的第七级水库。以水库大坝中心为界，西为山东，东为河南，不知何故，隶属山东地界的水库大坝上种满了小麦，该库正常蓄水位 54 m，蓄水量 2 500 m^3，配有石庄水闸，用于泄洪或引水。石庄水库其下即为王安庄水库，属上述八级水库中库容量最大水库，库容量为 4 500 万m^3。

考察小结与说明　商丘地区位于豫东平原，地处鲁、豫、皖三省要冲，乃历代兵家必争之地。全区辖商丘、民权、宁陵、睢县、柘城、虞城、夏邑、永城县和商丘市，总人口 614.9 万人，土地面积 10 120 km^2，海拔高程 30～70 m。此区内有黄河冲积平原面积 9 249.6 km^2，占全区总面积的 91.4%。商丘地区黄河故道起自民权县的坝窝，途经民权、宁陵、商丘、虞城至山东省单县大姜庄南出境，长 136 km，流域面积 1 408 km^2，其中本区流域面积 866.4 km^2。故道为高滩悬河，一般高出堤南侧背河洼地 6～8 m，两堤间距平均 6～7 km，最宽处 20 km，最窄处 5 km。河床一般宽 1～2 km。呈东偏南流向，黄海高程 70～54 m，平均坡降 1/7 500。

1958 年河南、山东两省报请中央批准，共同兴建三义寨人民跃进渠、渠首大闸。其中商丘地区动员民工 60 万人，完成了自兰考县二坝寨至民权县坝窝引黄总干渠、黄河故道 5 座水库（林七、吴屯、郑阁、石庄、王安庄）和 9 座节制闸、5 座分水闸等输水、灌溉工程，共作土方约 9 700 万 m^3。至 1961 年 4 月，共引黄灌溉农田 30.8 万 hm^2 次。但是，由于引黄自流灌溉控制工程不配套，有灌无排，抬高了地下水位，致使土地次生盐碱化，因此第一次引黄灌溉工程下马。1974 年 5 月，在接受前次教训的基础上，商丘地区又开始第二次引黄灌溉，改地上渠灌溉为深沟灌溉，并采取渠灌与井灌相结合的方式，对引黄总干渠清淤疏浚，并进行灌区配套。现引黄输水工程包括总干渠 1 条，长 56 km；干渠 10 条，长 600 km；支渠 37 条，斗渠 1 031 条，农渠 15 150 条。

5 月 10 日

考察及途经地区：河南商丘市（县）、虞城县、安徽省砀山县

主要考察点：

砀山县简介　砀山县面积 1 192 km^2，为四省六县所包围，黄河故道由该县西北部入境，全长 46.6 km。砀山县又称“梨都”，在全县 6 万 hm^2 土地中，梨园种植面积就达 4 万 hm^2，占 2/3，其中有一棵当地群众称之为“梨树王”的梨树，已有 180 余年的历史，单树产梨 2 000 kg，最大单梨重 2 kg 左右。每年的春季，这里三花（梨花、桃花、油菜花）齐放，煞是好看，故每年的 4 月 8 日这里都要举办“梨花节”。

岳庄水库　位于砀山县境内岳庄村附近的黄河故道内。此地距上游的王安庄水库 16 km。岳庄水库于 1984 年由建筑部门移交县水利局管理使用，但受水源所限，仅 3 年即无水可用，现基本处于闲置状态，杂草丛生，水量极少。见插页图 8。

黄河故道内的蓄水沟　砀山县水利局于 1995 年开挖蓄水沟。目的是拦蓄故道内径流以作灌溉之用。其长度为 6.4 km，底宽 100 m，深 4～4.5 m，分上下两段，底部高程分别为 41 m 和 40.5 m，开挖土方 240 万 m^3；在位于砀山至江苏丰县的公路附近蓄水沟的南侧，可见一公路沿故道向东延伸并已初具规模。

砀山县境内周寨村附近的故黄河北堤　砀山至江苏丰县的公路在这里穿堤而过，此处大堤长期受自然和人为因素破坏已面目全非，由此往北约百米地势明显偏低；受1978年7月24日黄河故道所出现的大水影响，人们又在故堤之外修筑一堤，以防止黄河故道来水对丰县造成洪灾损失。故此处可见两道大堤。

砀山县故黄河综合治理工程指挥部　在指挥部内，有两个铁锚和瓷碗碎片若干，其中在瓷碗碎片上还有“大明成化年间制”字样。

5月11日

考察及途经地区：安徽省砀山县、江苏省萧县、铜山县、徐州市

主要考察点：

砀山县境内“毛城埠”　此地距位于北边的黄河故道约10 km，西有利民河，东有文家河，明清黄河的减水通道（又称分洪河）即从此经过，此水道现已废弃不用，但地势、形态仍很明显。在水道一侧可见一明显洼地，据当地老人言，这里过去曾有许多较大石块裸露在外，地下亦曾挖出许多，显然，这里是用作分洪的减水坝遗址。

江苏萧县杨楼镇以北南故堤及河槽　杨楼镇东有小柏油路向北约200 m即为故道南大堤，大堤保存较为完好；继续北行2 km左右可见一桥架于故黄河主槽之上，桥下主槽蓄水较多，据当地村民介绍，1983年曾对故道主槽进行开挖，用于拦蓄地表水，开挖宽度约300 m，其下直到三大家闸坝，开挖的总长度约12 km. 三大家闸坝以下黄河故道江苏铜山县亦挖，但宽度较窄；当地村民又称，此地蓄水主要供下游徐州等地用水，而本地因灌溉设施不配套难以利用。

萧县三大家闸坝　该闸坝建于黄河故道中泓之上，左岸有一小屋系一小型电灌站，上写“黄河故道”字样。三大家闸坝长度约为300 m，坝左端有一路碑，上写“驶入刘套镇”字样。三大家闸共4孔，闸下开挖宽度明显较窄。右岸也有小型电灌站1座，建于1991年4月。

5月12日

考察及途径地区：徐州市

主要考察点：

徐州市区内黄河故道　可见黄河故道地势明显高于两侧城区，顺黄河西路（此路在黄河故道右岸）北行，有和平桥、利济桥、青年桥、济众桥、大马路桥分别建于黄河故道之上，故道两旁高楼林立，人来人往，一派繁荣景象，见插页图10。故道河槽水面宽40～100 m不等，水不流动且污染严重，令人遗憾；在故道河水中还可以看到一座淮海战役时国民党所修的碉堡。

市区大马路桥西端　此处有一铜质牛雕像，栩栩如生；在桥旁，有“治理黄河故道”碑一座，碑记如下：“汉武帝元光三年（公元前132年）黄河决于濮阳瓠子下东南入泗水，流经徐州二十四年，其后北徙。南宋年间（1194年）黄河夺泗入淮改道徐州。清咸丰五年（1855年），黄河从兰阳决口，再度北徙在徐州留下一条黄河故道。徐州人民抗洪治水百折不回，历经艰辛，然旧时代政治腐败，终不竟治黄夙愿。解放前故黄河河道失修，河床淤塞，堤防残缺，干旱时节风沙弥漫，每逢霪雨河水泛滥，徐州百姓深受其害。新中国成立后，徐州市人民政府综合治理黄河故道达14次之多。50年代修筑了庆云桥至鸡咀坝段的大堤，辟建了丁楼、九里山、七里沟果园，1978年后挖深河床，拓宽河道，砌筑护堤，增设加固堤防，改建新建桥梁。现河宽70～100 m，河堤平均标高39 m，泄洪能力达150 m^3/s。1984年后又相继开挖了徐新运河、丁万河以对古黄河补水和分洪，为美化穿越市区长达7 km的黄河故道……（其下略）1987年7月立。”

5月13日

考察及途经地区：徐州市、铜山县

主要考察点：

铜山县境内拾屯乡丁楼村附近的丁楼闸　此闸建于废黄河故道中泓之上，闸3孔，每孔净宽6 m，下泄流量100～150 m^3/s，于1979年建成，属徐州以上铜山境内废黄河上的第二级控制闸，配合丁万河分洪工程和周庄闸的控制运用，以保徐州市区废黄河防洪安全，此处又属丁万河源头所在。

闸口（过去称十八里闸）　位于砀山至徐州公路旁，系清代减水闸遗址，可见其导流墙尚存，宽度约1 m，由三合土（用石灰、沙、糯米汁混合而成）作为建筑材料。据估计，整个减水闸宽度约有100 m。

丁万河工程管理处　此处是丁万河大弧山抽水站所在地。丁万河上自黄河故道的丁楼，下至京杭大运河万寨河口，横穿徐州市郊区朱庄、铜山拾屯、夹河乡，全长12.4 km，它是黄河故道分洪、输送灌溉水、河道中淤和发展航运的综合效益工程，丁万河河道共分丁楼—大弧山、大弧山—天齐闸、天齐闸—京杭大运河三个阶梯。“丁万河的建成，将大大改善铜山和郊区有关乡镇的水利条件，当黄河故道丁楼闸出现较大洪水危及徐州市城区安全时，丁万河大弧山分洪50 m^3/s，强迫行洪80 m^3/s，以减轻黄河故道来水对徐州的压力。当遇大旱季节，丁万河又能抽大运河水补给黄河故道和云龙湖水库枯季用水，发展铜山拾屯、夹河乡、汉王、三堡乡2万 hm^2 农田灌溉，而且还可引水搞好市区河道，冲淡污染水源等……”。

闸壁（又称“苏闸”）　此处是明清黄河的减水闸遗址，闸下有当年分洪冲出的深潭，周围有两个村庄，名为朱洼、周洼。据当地一老人言，这里有几块石碑，分别有“…宣泄黄流、纳百川、苏三闸嘉靖年间”等字样。几块碑曾架在潭边支撑抽水机，因村庄扩大，已被杂土掩埋。崇祯年间这里曾分泄洪水，由于水大流急，其下有一桥（名荆山桥）被冲坏3孔，岸边一小庙也被冲起的大量泥沙淤没，现冲刷坑仍很明显，建闸所用的部分石块也裸露在外，体积较大，凹凸相接。

万寨港　有“京杭运河第一港”之称，由此处可见运河之上船只穿梭不息和码头装煤繁忙景象。

5月14日

考察及途经地区：徐州市、铜山县、睢宁县

主要考察点：

铜山县境内水口水库　位于张集乡水口村和小店村，依明清黄河南故堤而建。该水库是张集乡引蓄明清黄河水发展灌溉的小型平原水库，分南北两库，总面积2.6 km^2。水库兴利水位34 m，库容609万 m^3。

城头橡胶坝　此坝坐落于铜山县张集乡城头村南约1.5 km处的明清黄河中泓上，属铜山县境内的第一座新式坝体，1986年6月建成，见插页图11。兴建该坝的目的是调节明清黄河中泓水位和下泄流量。其设计排涝面积138 km^2；坝长23.56 m，并建有交通桥一座。

吕梁乡凤冠山　这里建有“淮海战役狼山阻击战烈士陵园”，山顶有一古碑，上写“疏凿吕梁洪记”，另外还有其他纪念碑等。

崔贺庄水库　此水库属中型水库，位于铜山县伊庄乡明清黄河堰下，帮房亭河上游，依大黑山、小黑山、拖拉山和黄河故堤而建。崔贺庄水库集水面积21 km^2，库区面积6.8 km^2，总库容3 388m^3，于1972年12月开始兴建，1979年春全部完工，配套建筑有进水闸1座、泄洪涵洞1座、灌溉涵洞2座。崔贺庄水库主要是调蓄黄河故道洪水，在雨水正常情况下，引水入库拦蓄，供

农田灌溉之用；遇较大暴雨，则调度一部分洪水入库滞蓄后泄入帮房亭河，以减轻黄河故道下游中泓的洪峰流量。

庙山闸　该闸位于铜山县吴桥乡境内与睢宁交界处，在黄河北堤附近，过去有一黄河分洪道，受泄洪影响，这里原有一局部冲刷坑，很深，用铜丝4两未能测到其深度。庙山闸1991年8月竣工，其上为温庄闸，下为峰山坝，其间汇流面积37 824 m^2。此闸兴建缘于徐洪河干河开挖截断黄河故道后，其上游来水无出路，为解决此问题，需建白马湖防洪工程，以便黄河故道来水的一部分入白马湖水库，设计分洪流量140 m^3/s。

庆安水库进水闸　庆安水库是紧挨黄河故道堤南的一座水库，是古邳黄河闸枢纽的组成部分。其进水闸位于庆安水库北端，共6孔，最大进洪流量1 600 m^3/s。闸下庆安水库岸边，有当地村民正在洗衣服和捕捞鱼虾。庆安水库于1959年4月建成。坝顶高程31.6 m，总库容6 030万 m^3，其中防洪库容2 190万 m^3，兴利库容4 770万 m^3。

黄河北闸　此闸于1992年4月建成。徐洪河在此地（位于袁圩水库附近）截断黄河故道，目的是为适应徐洪河开通的要求。

考察小结与说明　徐州以上（含徐州）现明清黄河分上、下两段，上段自河南省兰考三义寨至徐州市丰县二坝300余km，承接豫、皖、鲁三省1 658 km^2 来水，经徐州市丰、沛两县原黄河分洪道进入昭阳湖，该段河道长60.5 km，称之为大沙河。下段自丰县坝沿途流经江苏省萧县和徐州市的丰县、铜山，穿越徐州市区、市郊，进入铜山县和睢宁县，最后在袁圩水库的东北侧流入淮阴市的宿迁县，河道全长194 km，流域面积885 km^2。明清黄河大堤堤距一般为4～6 km，西部在萧县和铜山县何桥附近，最宽达12 km。徐州城区之窄处70～100 m。流域呈狭长带形，河道中泓在大堤内迂回弯曲，滩面高程从上游丰县二坝46 m，降至睢宁县袁圩27 m，平均坡降为1/10 000。沿线土质大部分粉沙土和小部分沙壤土。

黄河故道自新中国成立以来有三次较大洪水，分别出现于1963年、1971年和1982年，三次大洪水均对徐州城区造成巨大经济损失。明清黄河滩地约有耕地3.7万hm^2，人口30万人，因原有生产条件较差，河道排洪能力不足，防洪标准低，干旱年份又严重缺水，农业产量比全市平均产量低20%～40%。20世纪60年代以来，当地人民在故道两侧兴建梯级控制水库，发展灌溉，清除行洪障碍，曾多次局部开挖中泓（主槽）。从1984年开始，沿线各县为开发荒地，改造低产田，按照行洪、排水、蓄水、调水的要求，全线拓浚中泓。现黄河故道中泓在二坝以下已建有梯级控制工程8座，分别是：①萧县三大闸；②铜山县的周庄闸枢纽；③丁楼闸枢纽（由丁楼闸和丁万河分洪工程组成）；④郊区的李庄闸；⑤铜山县的城头橡胶坝；⑥温庄闸控制枢纽（由温庄闸和崔贺庄水库及进排水系统组成）；⑦睢宁县的峰山枢纽（由峰山橡胶坝和白马湖分洪工程组成）；⑧古邳黄河闸枢纽（由黄河节制闸，庆安水库和古邳扬水站组成）。中泓两侧也已有中小型水库14座，其中铜山县的崔贺庄水库和睢宁县的庆安水库库容分别达到3 388万m^3和6 030万m^3，对黄河故道洪水的滞蓄作用较为明显。

为适应徐洪河开通的要求，在袁圩水库附近切断黄河故道，为使黄河故道洪水有出路，并考虑徐州城区防洪安全，城内只限泄洪100～150 m^3/s等情况，故在徐州城区（废黄河）上游兴建丁万河分洪工程向不老河分洪50～80 m^3/s，另外还曾在周庄闸枢纽范围新开一条郑集河分洪工程，以将徐州城区上游的洪水向微山湖分泄，但未实施。徐州城区以下至徐洪河之间，黄河故道洪水除向崔贺庄水库和庆安水库进水外，还有白马湖分洪和魏工分洪两条出路。

5月15日

考察及途经地区：睢宁县、宿迁市

主要考察点：

宿迁市皂河镇界的黄河故道河槽　此地可见一窑厂正利用故道内泥土制砖等，故道内部分水塘系取土制砖时所留。

皂河镇街西村的故黄河北大堤　此处距宿迁约有 20 km，故堤南为黄河故道河槽，北为京杭大运河。在此地可见到许多准备制砖用的巨大土堆。据当地老人言，故堤原较高，因当地制砖取土而被扒低 3 m 左右，在取土时，曾挖出几百年前所留堵口用的木桩。另外，这里正在改建一座依附黄河故堤、从大运河汊河引水的皂河提灌站。

骆马湖　岸边湖面上一片繁忙的收虾景象。据有关文献得知，骆马湖在明代万历年间曾作为古黄河调蓄洪水之用。

宿迁市简介　宿迁紧临黄河故道北岸，传说过去“洪水暴浸，一宿迁城”，因名宿迁。在清康熙年间，宿迁黄河南北两岸，险工林立，南岸有 4 处，北岸有 3 处，康熙皇帝曾 2 次到宿迁巡查黄河河工。

骆马湖东堤处的洋河滩泄洪闸　此闸是骆马湖的分水闸，现正改建为电站，利用通过骆马湖的沂河水结合灌溉发电。由此处观看骆马湖，夕阳西下，波光粼粼，风光宜人。

5月16日

考察及途经地区：宿迁市、泗洪县、盱眙县、泗阳县

主要考察点：

明祖陵　此陵是朱元璋祖父实际殁葬地，1385 年建，1413 年成，1680 年黄河夺淮毁于洪水，淹没水下达 300 多年之久，1963 年春旱时才露出水面，现陵前仍残留部分石像。当时曾发掘此陵，

但因积水难以抽排，遂告停止。

泗阳城郊黄河故道主槽　故道中泓之上建有一桥连通人民路，当地人称之为黄河桥，故道主槽曾于1975年挖过一次，从大运河引水。

泗阳县简介　过去又称桃源县，位于泗水之滨，濒临黄河南岸。是黄河下游历史上受黄河灾害最多的县份。1938年县城由黄河故道南岸迁至北岸的众兴镇。这一段的黄河故道，是原泗水的老河道，因城迁老泗水的北岸，故县名改为泗阳。受黄河决口水淹影响，原桃源之旧县址终年积水如湖，四面地势高昂，当地人形象地称老县城为“锅底湖”。见插页图12—13。

5月17日

考察及途经地区：泗阳县、淮阴市

主要考察点：

泗阳县临河乡沿堤村黄河故道主槽　此地有一桥，桥名“郑仓桥”，桥南西侧有一干涸的鱼塘，据说是因为当地村民争着承包，矛盾较大以致无法落实，干脆让它干了。泗阳县境内黄河主槽的宽度平均820 m，因为河槽蓄水量小，故进行了开挖，称之为“河中河”。泗阳县从90年代开始对废黄河进行开发，每乡都成立了相应的机构，故在郑仓桥的北侧有一门匾，上写“废黄河万亩连片开发区”，在其旁边有一大院，门牌上写有“郑楼乡农业资源综合规划开发办公室”字样。另据介绍；泗阳县于1991年、1993年、1994年在黄河故道内相继修建了陈圩、大兴镇、高弯3座5孔漫水闸，设计流量均为150 m^3/s。另外，在主槽开挖处也相继修建了8座桥。从周围地形来看，通往泗阳县城的公路均建在黄河南故堤之上，路旁数十米即是故黄河主槽，流水淙淙，清澈见底。

淮阴市黄河故道简介　淮阴市位于江苏省北中部、黄河故道北岸。京杭大运河、黄河故道（原泗水）、淮河及其他有关河流以洪泽湖为纽带在其境内交汇。地势高亢的黄河故道作为分水岭横亘市境中部，北属沂、沭、泗水系，汇于灌河，入黄海，南为淮河水系，汇于洪泽湖，主泄长江，次泄黄海。境内黄河故道长227.4 km，流域面积625 km^2，以淮阴县杨庄为界分为上、下两段，其中杨庄以上河段大体是被黄河所夺的古泗水故道，由徐州市睢宁县入淮阴市宿迁县，经泗阳到淮阴县杨庄；杨庄以下河段流经淮阴、淮安、涟水、阜宁、滨海、响水等县，淮阴市境内黄河故道长97.4 km，汇水面积295 km^2。该段除承担河槽区间排水外，还承泄淮、沂、泗流域的部分洪水。值得一提的还有位于淮阴市西南的洪泽湖，该湖处于黄河故道的右岸，面积约1 960 km^2，淮河从江苏盱眙进入洪泽湖，据有关文献记载，洪泽湖原名富陵湖，唐时才有洪泽之名。在元、明以后，黄河夺淮，洪泽湖扩大，遂成巨泽。洪泽湖东岸有大堰一道，称为高家堰。据说是东汉陈登创建，主要是阻拦淮水，并使其北出“清口”（在淮阴市清江浦）会泗水入海，以保淮南安全。自南宋以后，黄河南徙夺泗入淮，“清口”为黄、淮会合之处，又是滞船出入运河的咽喉。由于黄河水大势强，常常倒灌“清口”，使淮水不能外出，洪泽湖成为全淮的旅寓，一旦高家堰不保，则淮水东注，淮南俱为鱼鳖。故宋、明两代对高家堰迭次加修，甚为重视。明万历年间河道总督潘季驯治河时，主张坚守高家堰，不使西来的淮水从位于高家堰上的周桥分水闸坝放出，把它聚宿在洪泽湖内，这样“淮强黄弱”，清水即由“清口”会黄东注于海，并力刷沙，则海口不浚自通，这也就是现今仍著称于世的治河方略“藉清刷黄”的由来。在清代，都把治河的重点放在“清口”一带，康熙及乾隆也多次下江南到“清口”、高家堰视察。现今淮河下游因被黄河长期淤塞，只有一小部分来水分沂河入海，大部分经高家堰的三闸（高良涧闸、三河闸、二河闸）流入长江，使淮河变成了长江的支流。

淮阴闸　淮阴闸属淮水北调入沂工程的重要组成部分，设计分洪流量 3 000 m^3/s。该工程的引水河道系人工开挖，其中，从位于洪泽湖畔的二河闸至此地的淮阴闸叫二河，从淮阴闸至新沂河叫淮沭河，从新沂河至连云港叫浦新河。兴建该工程的目的主要是淮河发生大洪水时分洪入新沂河，减轻洪泽湖防洪压力，平时调水到淮北灌溉土地，保证连云港淡水供应等。

"窑河闸"处的黄河故道河槽　在此处长 5～6 km 的黄河故道上下均被有关闸、坝截断，故道河槽内存水均为死水，截断目的是因为故道河槽较二河高 3～4 m，黄河故道一遇洪水，槽中泥沙便被水冲至二河，造成二河堵塞。

淮阴市区的北京路桥　建于黄河故道河槽之上，通过杨庄闸引至涟水县、滨海县等地区的淮水即由此经过。

5 月 18 日

考察及途经地区：淮阴市

主要考察点：

高良涧越闸　此闸于 1966 年 11 月建成，是人运河和二河之间相互调节水量的控制闸。

二河闸　此闸于 1959 年修建，计 38 孔，在洪泽湖蒋坝水位至 14.5 m 时开闸泄洪，设计分洪流量 3 000 m^3/s，校核流量 9 000 m^3/s。

洪泽湖畔的周桥大塘　这里有一座毛泽东"一定要把淮河修好"的题词纪念碑。在堤侧还修有月堤。据说康熙、乾隆皇帝均到过此地进行巡查。在宋、明两代这里曾修有周桥分水闸坝，用于宣泄进入洪泽湖的淮河来水，故在此地有一深塘，其底高程达 −25 m（此地周围高程 8 m 左右），为保证此处洪泽湖大堤安全，清代修筑了月堤。

三河闸　此闸东端位于洪泽县与盱眙县交界处，有纪念碑一座，碑上有双牛雕像，下写“镇水铁牛”，1989年题，这两个仅存的铁牛均来自洪泽湖畔的高家堰。据有关文献介绍，在康熙年间沿高家堰修了16座铁牛，铁牛上铸有这样的诗句：“维金克木蛟龙藏，维土制水龟蛇降，铸犀作镇奠淮扬，永除昏垫报吾皇。”三河闸是洪泽湖的主要出口，见插页图15。其下河段即通过宝应湖、高邮湖的入江水道总长约180多km。该闸于1952年9月—1953年7月修建，总计63孔，每孔净宽10 m，闸段总长697.75 m，设计流量8 000 m^3/s，1954年汛后进行加固，实际设计流量为12 000 m^3/s。1936年在三河闸处国民政府曾打桩准备建闸，因抗日战争爆发遂告停止。在三河闸管理处院内一角落处，可见许多残破不全的石碑、石狮雕像等近30余块，均是从洪泽湖堤上收集而来，现置之一隅不予修整开发，十分可惜。

5月19日

考察及途经地区：淮阴市、淮安县、涟水县

主要考察点：

淮阴市区的越闸和清江大闸　现名为若飞桥（为纪念王若飞同志而命名），位于里运河上。若飞桥的一部分石头与洪泽湖畔高家堰的石头一样。此处的越闸和清江大闸原是明清两代控制里运河河水之用，也可通船。

宁连（南京至连云港）一级公路上的黄河大桥　此地距淮阴市区约6 km，此处黄河故道堤距较窄，目估宽度约500 m左右，河道主槽可辨。在大桥南岸有一村庄，村名“道士庄”。

淮阴市区的清晏园　清晏园是中国漕运史上有名的官宦园林、明清两代官衙。现淮阴市将其辟为公园。清晏园内现存有御碑亭（“碑上写有‘澹泊宁静’四字”）、《荷芳书院》河督署以及古碑等众多历史文物古迹，仿佛使人进入一个中国古代治河历史博物馆，此地不失为一个当代水利工作者得以了解和学习古代水利史的绝

好去处。

杨庄活动闸　此闸距二河约 3 km，往东即为黄河故道，可见堤距很窄，估计有 500 m 左右。此闸 1935 年修建，新中国成立后又进行了改建，设计引水流量 200 m^3/s，此闸是利用黄河故道往涟水、滨海等地进行输水的控制闸。

淮阴通往涟水的公路　长约 32 km，大部建于黄河故堤之上，公路两侧可见较明显“临背差”。

5月20日

考察及途经地区：涟水县、响水县、滨海县

主要考察点：

涟水县保滩镇杨闸村　此地属黄河故道滩地，宽约 1.5 km，在此处可见许多鱼塘正搞特种养殖（主要是螃蟹），养殖水面约 33 hm^2，属涟水县黄河故道三百工程（百里林带、百里果园、百里鱼塘）中百里鱼塘的一部分。

涟水县自来水公司　该公司坐落于黄河故道北岸。进公司门口南行下坡约 40 m，穿过抽水泵房即到黄河故道河槽，此处来水经处理主要供县城居民使用，抽水站共有 3 个水泵，日产水 13 000 t，高峰达 40 000 t。其工业用水则主要抽取地下水。1993 年大旱，故道上游来水偏少，只好建坝拦水，可见此处同样存在水源紧缺问题。见插页图 16。

二塘黄河故道主槽　对岸即是淮安县境内。此处是黄河故道最窄处，曾决过口。现今来水较大时也极易出险，故修有“水箭”以便将主流挑至对岸，这里共修有“水箭”7 道。东行约 1 km，可见有二堤共存，即内堤（原大堤）和外堤（月堤），二堤南北相距约 50～70 m，东西长约 4 km。堤外有一大水塘，系明清决口时所留。

响水县黄圩乡云梯村　距响水县城 25 km 左右。此地有一石

碑，上写“故云梯关遗址”，系盐城市人民政府、响水县人民政府1990年7月7日所立。这里还有一六角亭，亭内有一石碑，上写“古云梯关”，嘉庆十五年十月三韩马慧裕书。据当地一位68岁的王秀明老人讲，此地原有一庙宇，内有大禹王、龙王、八百罗汉等塑像，后拆除。另外，在此地一农房前，可见一古代马槽及部分残缺石碑，在一石碑上写有“…入海之路畅安流顺归全河受其福少梗塞则上游溃溢之患四出不可救…”等字样。在六角亭南20 m处有遗留碑座三个。

黄圩乡政府　大门处三楼设有“云梯关陈列室”，室内有石碑一块，上写“云梯关”，墙上有许多介绍玄梯关的文字材料和图样。

云梯关简介　云梯关坐落在响水县黄圩乡云梯村。《阜宁县志》记载，宋元以前，北沙即为海口。自黄河夺淮合流入海，淤沙渐涨，有土套十余，形若云梯，遂名“云梯关”。有江淮平原第一关之称。约有数千年的历史记载，为我国东南沿海古老的海关。清光绪《阜宁县志》称之曰“千古之木舆”，是历代王朝在东南沿海的经济、军事、交通、文化中心。清嘉庆、乾隆两帝分别赐此关以“朝宗普庆”“利导东渐”匾额。唐代诗人杜甫，宋代书法家米芾、词人苏轼，清代诗人龚自珍都曾赏游过此关，并留下千古名句。史志记载表明，公元1194年黄河决口，南流夺淮，古云梯关成为黄河入海口。公元1855年，黄河又改道由山东入海，导致泗水下游河道淤塞，淮水入海无路，连年泛滥成灾，为治理水患，清廷曾多次派员来此，河督大员长年驻扎此关负责治理疏浚，促进了云梯关地区的经济繁荣和云梯关的建设。随着历史地貌沧海桑田的变迁，海岸线逐年东移，云梯关也由盛到衰，禹王庙、望海楼亦毁于战火之中，现仅存遗址和部分碑石。

5月21日

考察及途经地区：滨海县、盐城市

主要考察点：

淤黄河闸　位于黄河故道的入海口处，见插页图20。此处可见海水呈浅黄浑浊状，显然是海岸线受海水侵蚀后退的必然反映。滨海县水利局同志在此地介绍了有关情况，见插页图19。滨海县境内的黄河故道全长81 km，滩地最高处高程5～6 m，南北堤距600 m左右。位于废黄河入海口的淤黄河闸建于1985年6月，主要作用是“挡潮蓄淡”，即阻挡潮汐顺黄河故道上溯造成不利影响，并拦蓄黄河故道区间来水对故道滩地农作物进行灌溉。在1985年之前，这里的潮汐可上溯至八滩附近。由于1855年以后黄河改由山东入海，受海洋动力作用，在1855—1967年历时112年的时间内，滨海县境内海岸蚀退达21 km，考虑到这种情况，滨海县在1967年之后成立了滨海县治海工程处，进行保岸保堤工作。黄河故道的规划开发工作起始于1985年，首先开挖中泓，并在八滩附近修建一座单孔节制闸，孔径6 m，距中山桥17 km左右。闸下开挖中泓宽100 m，余者近500 m开展水产养殖。滩地则多种植水稻。由于黄河故道以北、中山河以东地区成独立水系，水源缺乏，故于1959年开挖翻身河从中山河引水以保证此地区的灌溉。由于废黄河弯曲、宽浅，河床阻力较大，造成泄流不畅，故另行开挖中山河以使废黄河来水能顺利下泄。

翻身河口　可见众多渔船通过翻身河口进入茫茫大海，另外，此处海岸的护岸工程也已初具规模。

滨海闸　即中山河挡潮闸，此闸位于滨海县与响水县交界处，归响水县管理。1959—1960年修建，21孔，每孔净宽4 m，最大下泄流量230 m^3/s，由此处到套子口（即黄河故道与中山河交界处）约8 km。

黄河故道与中山河的交汇处　这里有淤黄河进水闸（单孔）一座。在此处黄河故道以南，是陆集乡的竹林村，以北为凡集乡的小鬼滩。

界碑乡西北盛庄附近的黄河故道中泓　据说这里曾进行人工河道裁弯。目前表现明显的中泓宽度仅 100 m 左右，其余滩地均种植了小麦、棉花、花生等农作物。据当地村民讲，此处无水源，仅靠部分低洼地蓄水，基本靠天吃饭。

5 月 22 日—25 日

考察队返回郑州途中

主要考察点：

丰县李寨乡“丰黄公路”处的黄河故堤（北堤）　堤外有一小河，名“南支河”。据当地人讲，60 年代以前，这里的大堤较高，比周围地面高出近 5～8 m。

丰县赵庄镇赵庄村处的太行渠　太行渠系依太行堤北堤而挖，在丰县境内的长度近 20 km，这里由于南高北低，故太行渠南堤很小。

单县毛庄乡蒋堤村黄河故道北大堤　单县—虞城公路由此处穿过。此段故堤临背差较大，约在 6 m 以上。人为挖堤取土的痕迹明显，挖后与原大堤高差有 3 m 左右。

单县浮岗村南的浮岗水库　浮岗水库系 1958 年利用其南部的太行堤和黄河故道所建，后废弃。1995 年底至 1996 年春季又开始动工重建，包括其灌区在内，运用土方 1 350 万 m^3，投资 3 000 多万元，东西长 11.34 km，南北宽 1.34～2.60 km，面积 18.75 km^2。其蓄水来源主要有二：一是三义寨引黄闸来水，二是闫谭引黄闸来水。此水库一旦蓄水运用，可基本解决单县的灌溉用水问题。

（考察日记由王开荣整理）

第一线　新视角

新三义寨引黄供水工程
——河南水利改革的重大成果

李化德

商丘地区位于河南省东部，地处黄淮平原腹地，土地面积 10 120 km^2，耕地面积 956.2 万亩，多年平均降雨量 724.9 mm。商丘气候温和，沃野千顷，物产丰富，粮、棉、油皆盛。由于气候和地理环境影响，商丘又是一个洪、涝、旱、碱、沙等自然灾害频发的地区。据统计，1950—2017 年，商丘平均每年水灾面积 132.59 万亩，受旱面积 268.04 万亩。其中 1949—1985 年平均年旱灾受灾面积 153.9 万亩；1986—1997 年的 12 年间，年受旱面积达 582.37 万亩，旱灾已成为影响商丘农业生产的主要自然灾害。水源枯竭、水环境恶化，工、农业用水和人畜饮水安全受到严重威胁，水资源的不足，已成为制约商丘的经济建设和社会发展的主要因素。

为了抵御干旱灾害，商丘人民在党和政府的大力支持和领导下，开展了不屈不挠、艰苦卓绝的抗旱斗争，60 年的引黄史就是最好的体现。特别是 1992 年，河南省委、省政府决定实施的新三义寨引黄供水工程，成为商丘有史以来规模最大、投资最多、建设持续时间最长的水利工程。说规模最大，工程涉及渠首闸改建，新建分水枢纽、引水干渠，改、扩建引黄调蓄工程，灌区节水改造与续建配套、田间工程配套等。说投资最多，工程累计投资达 20 亿元。说建设持续时间最长，从 1992 年至今，国家财政对新三义寨引黄工程的投资从未中断，如灌区节水改造与续建配套工程，从 1997 年至 2018 年，连续安排 24 期，累计投资达 4.83 亿元；此外，安排资金对黄河故道 8 座调蓄水库进行除险加固，连续投资达 3.82 亿元。从 1994 年至今，新三义寨引黄供水工程已累计引水 48 亿 m^3，发挥了很好的灌溉、补源、居民生活供水、生态补水等工程效益。新三义寨引黄供水工程已成为商丘经济建设和社会发展的重要水资源支撑，是商丘的生命线。新三义寨引黄供水工程的实施和发展，完全得益于国家水利改革的好政策。

笔者从 1988 年至 2003 年，先后担任商丘市水利局工程管理处主任、商丘市引黄管理局局长、商丘市水利局副局长，参与和负责引黄工作 15 年，亲闻、亲历了商丘引黄工作的发展和改革历程。

商丘地区引黄大致可以分为三个阶段，一是 1958 年至 1961 年，为引黄创始阶段；二是 1974 年至 1992 年，为引黄恢复阶段；三是 1992 年以后，为引黄大力发展阶段。

一、1958 年引黄

1958 年，河南、山东两省报请中央批准，共同兴建三义寨引黄工程，设计引水流量 520 m^3，设计蓄水 40 亿 m^3，设计灌溉面积 1 980 万亩。其中商丘地区计划引水 210 m^3/s，设计灌溉面积 887.9 万亩。商丘地区规划建设故道任庄、林七、吴屯、郑阁、刘口、马楼、石庄、王安庄 8 座梯级水库，设计库容 2 亿 m^3；计划修建坝窝、断堤头、任庄、龙门、潘口、刘口、张堤口、洪河头等 13 座背河洼地调蓄水库，设计库容 6.22 亿 m^3；修建一干～十干 10 条干渠，总长度 600 km，设计分水流量 225 m^3/s。工程于 1958 年 3 月 10 日开工，省、地成立了东坝头引黄灌溉工程指挥部，豫、鲁两省的商丘、开封（1958 年 12 月，商丘、开封两专区合并为开封专区，1962 年元月恢复商丘、开封专区）、菏泽三专区

21个县参加施工。仅商丘专区就动员民工60万人。当年完成了三义寨渠首闸、兰考至民权引黄总干渠、黄河故道6座水库、9座节制闸、5座分水闸，并开工建设坝窝、断堤头、任庄、龙门、潘口、张堤口等背河洼地调蓄水库工程。1958年8月15日，三义寨渠首闸通水，从开工到通水时间不到半年，建设速度惊人，可谓是“大跃进”时代的“大跃进”工程，是水利建设的一大创举。

商丘地区第一次引黄灌溉，从1958年8月至1961年4月，引水506天，共引水量47.44亿m^3，灌溉面积462万亩，平均年引水量高达12亿m^3。由于当时灌排工程不配套，盲目采用大引、大蓄、大水漫灌等不合理的引、灌方式，加之未经沉沙和排灌工序，造成河道淤积，排水不畅，地下水位抬升，大面积耕地次生盐碱化。据1963年普查，全区盐碱地面积达320.03万亩，占全区耕地面积的31.7%，其中次生盐碱地面积130.68万亩。土地盐碱化严重影响了农业生产，引黄灌溉工程被迫下马，已建水库大坝扒口排水，未完水库工程全部停工。

1958年引黄工程利用黄河故道输水，修建故道和背河洼地水库调蓄，建设十大干渠分水，笔者认为其规划是极为科学合理的，当年规划建设的工程，至今仍在发挥着不可替代的作用。

二、恢复引黄

为了抗旱的需要，商丘在1974年以后又逐步恢复引黄，恢复了林七、吴屯、郑阁、石庄、王安庄5座水库，先后8次疏挖、清淤引黄总干渠，修复分水闸和引水干渠，至1993年累计引水16.217亿m^3，年均引水0.85亿m^3。

由于引黄总干渠地处开封地区兰考县境内，行政区划不统一，灌区未设立统一管理机构、工程设计不合理等因素，商丘引水十分艰难，引水矛盾十分突出，严重制约灌区发展。为此，河南省曾于1977年10月至1980年8月调整行政区划，把兰考县划归商丘地区管辖，其间4年引水7.9亿m^3，占1974年恢复引黄20年用水量的50%。

三、新三义寨引黄供水工程——水利改革的重大成果

1. 方案论证

为了适应水利改革发展的形势，加快河南省引黄步伐，尽快解决开封、商丘地区水资源紧缺的问题，河南省委、省政府决定进一步改建三义寨引黄供水工程。1984年，河南省水利厅、河南省水利学会共同组织召开“三义寨引黄供水工程现场考察会”。会议认为，建设三义寨引黄供水工程，在战略上、技术上是可行的，经济上是合理的，建议及早着手进行规划工作，制定出一个总体发展规划。1985年，河南省水利厅将“三义寨引黄供水工程规划”列入省1986年度前期工作任务，并委托河南省水利勘测设计院负责，开封、商丘参加，共同查勘、收集资料、分析论证、确定方案、编制工程规划。至1992年，省水利勘测设计院先后提出包括调整区划、修建提水站等22个设计方案，进行了长达8年的论证。

笔者作为商丘的代表之一，曾多次参与方案论证。商丘地区根据以往40年的引黄经历，深知区划不统一是制约商丘引黄发展的重要因素。区划统一的1958年至1961年，商丘四年引水量47.44亿m^3，平均年引水近12亿m^3；1977年至1980年期间引水7.9亿m^3，平均年引水2亿m^3，其中1977年就引水5.4亿m^3。所以商丘当时竭力主张调整行政区划，把兰考县重新划归商丘地区管辖，力争达到工程效益的最大化。但由于区划调整矛盾突出，商丘的意见最终没有被采纳。

1992年9月，河南省政府第29次常务会议最终批准实施“中

南线结合”的三义寨引黄供水工程，定名为“新三义寨引黄工程”。工程建设方案为：老闸（渠首闸）引水，闸后三分，设兰考、商丘、兰杞三条干渠。商丘干渠自三分枢纽至兰考县毛古寨，长 20.52 km，毛古寨以下设东分干和南分干，各分干设沉沙条渠。规划商丘地区正常灌区 51.51 万亩，补水灌区 162.99 万亩，净用水量 4.046 亿 m^3，毛用水量 6.3 亿 m^3，其中农业用水 4.31 亿 m^3，工业用水 1.01 亿 m^3，居民生活用水 0.98 亿 m^3。

中南线结合的新三义寨引黄工程方案具有三大优点，一是商丘有了相对独立的引水渠道，商丘干渠在兰考境内不设节制闸，不设分水口门，减少了引水矛盾；二是设立了沉沙条渠，配备了清淤机械，集中沉沙，机械清淤，可以减少渠道、河道、水库的淤积，并对清出的泥沙加以保护和利用，避免产生风沙灾害，从此也免除了商丘人民为了引黄多年背井离乡、长途跋涉、手拉肩扛的劳役之苦；三是省水利厅成立豫东水利工程管理局三义寨分局，统一管理三义寨引黄工程，扭转了各自为政、无序引水的现象，为新三义寨引黄工程的运行管理和建设发展提供了可靠保障。

2. 工程实施

1）干渠土方工程施工。1992 年 11 月 10 日，商丘地区承建的总干渠、商丘干渠、东分干渠、沉沙条渠、入水库干渠土方工程开工。11 月 14 日上午，河南省政府在商丘干渠施工段举行新三义寨引黄工程开工仪式，水利部农水司副司长乔玉成、省长李长春、省人大常委会主任杨析综等党、政、军领导及商丘、开封两地区领导出席，并参加劳动。

新三义寨引黄输水干渠一期工程包括总干渠、商丘干渠、东分干渠、沉沙条渠、入水库干渠，长度 54 km。输水干渠土方工程施工是商丘地区自 1958 年引黄工程以来，又一次大规模的开展引黄工程。商丘地委、行署成立了引黄工程指挥部，组织民权、睢县、宁陵、商丘县、虞城、柘城、夏邑 7 个县 40 万民工（工程量按受益面积分配，永城县、商丘市出资不出工)，抽调干部4 300多名，出动机动车辆15 000多部，架子车80 000多辆，群众集资近1亿元，广大干部、民工发挥红旗渠精神，战严寒、斗流沙、披星戴月、夜以继日，工程于1993年1月5日全线竣工，历时57天，完成土方928万m^3。

笔者当时任工程指挥部办公室主任，亲历了这场规模宏大的水利工程建设，当时人山人海、轰轰烈烈、艰苦卓绝的施工场面至今仍历历在目。

40万民工奋战在引黄工地上

施工难度最大的是7 km长的沉沙条渠。渠底宽100 m，挖深5～7 m,由于地处老黄河故道，地下水位高，地质结构复杂多变，有的渠段土质为粉细砂，遇水即成流沙，有的为稀泥、黏泥，有的粉砂包含黏泥夹层，加之单侧出土，土方集中，爬坡高，运距远，工程十分艰难。针对上述情况，地区引黄工程指挥部多次召开技术研讨会和工地现场会，采取打井和超深垄沟排水的办法对付流沙；采取掺干土、出稀泥的办法对付稀泥，人拉肩扛，历尽艰辛，圆满完成了施工任务。参加沉沙条渠施工的是睢县、宁陵、商丘县，三县上工人数分别为 3.5 万、4 万和 8 万。15.5 万人，50 多个日日夜夜，战流沙、斗淤泥，留下了许多可歌可泣的事迹，涌现了许多舍小家、为大家，艰苦奋斗的英雄人物，有的甚至献出了生命，他们为商丘的引黄事业和水利建设做出了突出贡献，我们应该永远记住他们。

2）干渠配套建筑物施工。新三义寨引黄干渠一期土方工程完成后，1993 年开始实施干渠建筑物配套工程，建筑物工程主要包括三分枢纽等闸桥工程；三分枢纽以下商丘、兰考干渠三堤两渠段和商丘东分干渠的渠道衬砌工程；管理设施等。河南省水利厅成立新三义寨引黄工程建设管理局，负责建筑物施工。建管局局长由水利厅引黄办公室主任兼任，豫东水利工程管理局、兰考县政府、商丘市水利局各出一名领导担任副局长。笔者代表商丘出任建管局副局长，主要负责组织东分干渠道衬砌和东分干以下渠段的桥梁、涵闸工程施工。

东分干渠道混凝土衬砌施工时，遭遇大雪天气，气温下降到 −16℃，10 余千米长的施工战线，难以实行现场保温，工程质量难以控制。笔者当时请示省水利厅，是否暂停施工，省厅答复施工不能停，必须保证按时完工、按时通水。当时工程队只好采取热水加食盐拌和混凝土的办法，渠坡混凝土浇筑后，立即覆盖 20 cm 以上的沙土保温，最大限度地保证工程质量，并按时完成了工程任务。

干渠配套建筑物共完成桥梁 37 座，排水涵 35 座，进水闸 8 座，跌水 1 处，渠道衬砌 31.176 km，三义寨分局、三分枢纽等管理设施，完成投资 1.8 亿元。

1994 年 4 月 9 日，河南省水利厅在三分枢纽召开新三义寨引黄工程试通水典礼，原省委书记李长春、省政协副主席刘玉洁以及省直、商丘、开封有关单位和领导参加了开闸放水仪式。

新三义寨引黄供水工程通水后，李长春同志在当时省水利厅厅长马德全、商丘地区行署专员史培德、副专员袁宝星等同志陪同下，视察新三义寨引黄供水工程。李长春同志沿商丘干渠、东分干、沉沙条渠一路察看，并同沿渠提水浇地的群众亲切交谈，群众对新三义寨引黄供水工程无不交口称赞，赞扬政府为群众办了一件大好事。李长春同志在谈到引黄供水工程对商丘工农业生产和经济建设的作用时指出，引黄工程实际上是商丘的生命线，商丘应珍惜这个来之不易的工程，把它管好、用好。

1994 年新三义寨引黄工程试通水成功

引黄中线沉沙条渠

3）南分干工程实施。2001年，省水利厅成立新三义寨引黄供水南线工程建设管理局，负责实施新三义寨引黄供水南分干工程。南分干从兰考县境商丘干渠毛古寨枢纽沿黄河故道南大堤背河洼地往东，至民权县境古宋河口，全长40.81 km，引水流量30 m^3/s。该工程于2008年完成，2009年通水，工程总投资1.42亿元。至此，商丘引黄供水工程中南线结合方案的引水干渠全部完成，具备了中、南线同时引水的条件。

4）水库、灌区骨干工程配套工程。为充分发挥引黄工程效益，商丘地区在完成上游输水工程的同时，开展了大规模的配套工程建设，其中规模大，投资多的项目有黄河故道水库除险加固工程、灌区节水改造与续建配套工程和农业综合开发灌区水利骨干配套工程。

自2008年开始，国家把商丘黄河故道水库列入国家中小型水库除险加固计划，先后安排了林七、吴屯、郑阁、石庄、王安庄、刘口、任庄、马楼8座水库除险加固，累计投资3.82亿元，设计蓄水量1.46亿 m^3。

商丘引黄南分干渠

吴屯水库库区

除险加固后的郑阁水库节制闸

1999 年至 2018 年，国家共安排商丘三义寨灌区 24 期大中型灌区节水改造与续建配套工程，共修建水闸 122 座、桥梁 206 座、提灌站 5 座、量水设施 3 座、其他建筑物 117 座，整治渠道 368.28 km，衬砌渠道 58.26 km，累计投资 4.83 亿元。

1999 年，笔者负责组织实施国家发改委、水利部安排的农业综合开发灌区水利骨干工程，项目分布在梁园区、睢阳区、虞城县、宁陵县，疏挖干支渠长度 159.14 km；维修重建桥梁 32 座、水闸 32 座、提灌站 3 座、量水设施 4 处，工程总投资 2 879.8 万元，其中国家农发资金 900 万元，省财政配套 450 万元，市财政配套 124 万元，县区财政和群众自筹 1 405.8 万元。

乘水利改革之强劲东风，商丘人民在中央、省、市各级党和政府的领导和大力支持下，经过 30 年的艰苦奋斗，商丘引黄供水工程建设稳步推进，截至目前，引黄供水工程具有引水干渠一条，引水分干渠 2 条；调蓄水库 8 座；灌区干渠 19 条、分干 34 条、支渠 72 条、斗、农渠 8 709 条；干支渠配套建筑物 1 645 座，斗、农渠配套建筑物 10 246 座；灌区骨干河道修建节制闸 42 座，设计蓄水量约 1 亿 m^3；湖泊 7 个，蓄水量约 0.5 亿 m^3，形成了较为完善的引、蓄、灌、补供水体系。

商丘新三义寨引黄供水工程从 1994 年通水至 2017 年底，累计引水 48 亿 m^3，灌区累计灌溉面积 3 500 万亩，补源面积 5 500 万亩；年工业供水 0.05 亿 m^3；年居民生活用水 0.3 亿 m^3，以引黄水为水源的商丘市第四水厂，目前日供水量 10 万吨，今后要逐步扩建，达到 30 万～40 万吨的供水规模；年河道生态补水 0.3 亿～0.4 亿 m^3，营造水清河绿的生态环境。同时引黄补源也遏制了浅层地下水下降和污染的势头。引黄供水工程发挥了显著的经济、社会和生态效益，是商丘经济社会发展的重要支撑，成为商丘名副其实的生命线。

四、运行管理

1、管理机构。为了适应水利改革和商丘引黄的发展，1988 年 3 月，地区水利局将工管科、水库管理处、沱河管理处合并，成立工程管理处，笔者任管理处主任，管理处负责全区引黄和黄河故道水库管理工作。1991 年 11 月，成立商丘市引黄管理局，为副处级单位，我任管理局局长，管理局下设办公室、引灌科、工程科 3 个科室和坝窝、任庄、林七、吴屯、郑阁 5 个管理所，编制 56 人。目前，商丘市引黄管理机构为引黄工程管理处，副处级公益性事业单位，下设办公室、财务科、引灌科、工程科 4 个科室和坝窝、林七、吴屯、郑阁、南线 5 个管理站、所，人员编制 90 人。

2、管理理念。引黄供水工程的管理工作千头万绪，要把工程管好、用好、发挥效益，有许多工作要做，值得一提的是，我们创立的两个管理理念在引黄管理工作中发挥了很好的作用。一是“一抓三促”，即抓引水促思想转变、抓引水促工程配套、抓引水促工程效益。新三义寨工程实施以前，商丘有相当一部分干部、群众对引黄持否定态度，认为引黄工作投入大、效益小，年年出工不见水，劳民伤财，不如拿引黄的钱用来打井配套。所以，新三义寨工程通水后，首要任务就是抓引水，让干部群众见到黄河水、用到黄河水，看到引黄工程的效益，从而转变干部群众对引黄工作的认识，提高引黄工程配套的积极性。二是工程建设遵循“引得进、蓄得住、分得出、用得上”的原则。首先要保证引水渠道畅通，包括工程畅通和环境畅通；其次要有足够的蓄水能力，在黄河水量大、别人不用水的时候，我们多引多蓄，以备后用；分得出、用得上就是搞好干渠和面上工程配套，保证把水送到田间、地头。

在这种管理理念的指导下，商丘市千方百计增加引黄调蓄能力，恢复新建故道水库 3 座，提高河道节制闸蓄水位，对睢阳区、睢县、柘城等县城湖进行改造扩容，增加蓄水能力 1 亿多 m^3，引黄配套实现了跨越式发展。

五、补足短板，持续发展

不容置疑，商丘引黄已经取得了很大的成绩，对商丘经济建设和社会发展做出了很大贡献。但是，笔者也深深感到，商丘引黄也存在一定的短板和危机，引水条件不断恶化，调蓄能力严重不足，管理不够严格和科学等，制约引黄工程的效益发挥。只有及早着手，下力气解决这些短板，才能使引黄事业持续发展，才能为商丘经济建设和社会发展提供可靠的水资源保证。

1. 切实确立黄河故道水源地的战略地位。商丘市及沿黄河故道县、乡历届政府向来重视黄河故道的开发，但出发点各不相同，有的偏重水产养殖，有的偏重旅游，有的偏重林业、农业，占用水库水面种植、养殖，修建旅游设施等现象不断发生，致使水库蓄水面积、蓄水量日益减少。笔者建议市领导要切实确立黄河故道水源地的战略地位，黄河故道的开发建设必须以水源建设为中心，任何占用水库水面、影响水库水质的开发项目应该严厉制止。建议对涉及引黄供水的河道、渠道、水库、水闸、湖泊等工程进行划边定界、立法保护。

2. 努力改善引水条件。由于黄河小浪底水库的使用，黄河河道主河槽下切，三义寨渠首闸引水条件不断恶化，加之商丘干渠兰考县境内修建翻水坝、分水口、提灌站等工程，改变了原来引水方案的设计原则，加剧了商丘引水难度，用水矛盾日益突出，部分灌区已多年见不到黄河水，甚至影响城市居民生活供水安全。建议尽快增建渠首提水站，协调解决商丘干渠引水矛盾，研究中线沉沙池移至坝窝闸以下、南线利用坝窝水库沉沙的可行性，并尽快实施，努力改善商丘引水条件。

3. 扩大引黄调蓄能力。由于故道水库的淤积、侵占，水库设计库容已损失60%以上，蓄水量不足1亿m^3。建议对现有水库进行清淤扩容；恢复坝窝、龙门、潘口、张堤口等背河洼地水库；扩大补源区河道节制闸和湖泊蓄水能力，以扭转引黄工程调蓄能力不足的被动局面，利用非灌溉季节和上游不用水的时机多引多蓄。

4. 确保商丘引水定额。近年来，商丘的引水定额不断被缩减，目前只有2.8亿m^3，致使农业和农村供水大量减少，这与新三义寨引黄工程规划中确定的供水定额相差很大。新三义寨引黄工程规划商丘地区正常灌区51.51万亩，补水灌区162.99万亩，净用水量4.046亿m^3，毛用水量6.3亿m^3，其中农业用水4.31亿m^3，工业用水1.01亿m^3，居民生活用水0.98亿m^3。这应该是由省政府确认的商丘引黄用水的水权。30年来，国家投资3.82亿元对8座引黄调蓄水库进行除险加固，投资4.83亿元对引黄灌区进行节水改造和续建配套，商丘市动员各方力量和资源，不遗余力地按照这个目标进行工程配套建设，现在商丘用水定额被缩减，致使引水量不足，许多灌区多年见不到水、工程闲置，甚至影响居民供水安全，严重挫伤干部群众引黄积极性。笔者认为，我们不能一方面投资引黄供水工程建设，一方面消减引黄供水指标，大量压缩农业供水。应该维护1992年水利改革的成果，经省政府批准的工程规划、用水指标不应该随意更改，避免造成工程闲置、投资浪费、失信于民的局面，更好地助力商丘乡村振兴战略实施，助力美丽乡村建设和农村脱贫攻坚工作，为商丘经济建设和社会发展提供可靠的水资源保障。

5. 提高引黄供水工程管理水平。引黄供水是一项复杂的系统工程，涉及多个用水部门，应提高现代化管理水平，实现对引水、蓄水、分水、水质等情况进行实时监控和信息化管理，实现水资源的优化配置；完成工程确权划界，强化工程管理，我们不能一方面投资水库除险加固，一方面放弃水库库区管理，任由侵占的情况发生，致使水库无法正常蓄水；应完善工程管护、水费征收、沉沙池清淤等管理制度，建立可持续发展的运行管理机制，最大限度地发挥工程效益。

（本文作者李化德，河南省虞城县人，1947 年 3 月生，教授级高级工程师。曾任商丘市引黄管理局局长、商丘市水利局副局长、商丘市水利学会理事长。）

二〇一八年六月

淮安段黄河故道历史演变与保护管理

卫爱玲　韩玉喜　石文静

黄河是我国的第二长河，黄河流域曾作为中国政治、经济和文化中心，被誉为中华文化的摇篮。自远古以来黄河即为多泥沙河流，有“善淤、善徙、善决”的特点。在中国历史上，黄河灾害频繁，江苏省淮安市曾因黄河夺淮灾害频繁成为“黄泛区”，前后历经约 700 年。

江苏淮安境内黄河故道（亦称废黄河、古黄河、古淮河），虽历经沧海桑田，如今依旧生机盎然，成为世界文化遗产中国大运河的重要节点。淮安段黄河故道从淮阴区杨庄闸至涟水县石湖，经过市经济开发区、淮阴区、清江浦区、涟水县，河道长 97.4 km，堤防总长 165.55 km。淮安杨庄以下黄河故道从未废弃断流，持续发挥着灌溉、泄洪等作用，二十世纪七十年代以来，黄河故道不仅担负汛期排洪，而且增加了沿岸区间排涝任务。黄河故道（古淮河）目前是淮安市区、淮阴区和涟水县生活饮用水水源地。

多年来，淮安为拥有天蓝、地绿、水净的美好家园，坚持走可持续发展的创新路径，从根本上治理淮河“水患”，并结合淮河生态经济带建设，在更加开阔的苏北发展坐标中，为黄河故道的可持续发展注入新动能，展现出碧波长流、绿色长青的崭新景象。

一、历史与演变

（一）黄河夺淮概述

今天的淮安段黄河故道，原为公元 12 世纪黄河夺淮入海前汴、泗和淮河下游河道。黄河夺淮前，淮河独立入海，尾闾畅通。1128年后，黄河南徙，侵占了淮安以下的淮河河道，淮河成为黄河支流。南宋绍熙五年（1194年），黄河大决于阳武（今河南省原阳县境内），绝大部分洪水向东奔流至徐州冲入泗水，从淮安以下进入淮河。黄河在淮安袁集桂塘附近与淮河交汇处称大清口，在码头镇的交汇处称小清口。公元1351年，元代的水利专家贾鲁开始对黄河进行综合整治。贾鲁采用疏塞并举，先疏后塞的方法多次对黄河故道进行治理，最后形成了一条自河南封丘至徐州夺淮入海的黄河故道，称“贾鲁河”。从明嘉靖二十五年（1546年）到清咸丰五年（1855年）的300年间，黄河基本沿贾鲁故道夺泗入淮，东出云梯关入海。明代嘉靖年间，大清口被黄河泥沙淤垫，黄河流经小清口会淮。清咸丰五年（1855年），黄河改道山东利津入渤海。

（二）古代治黄导淮济运方略

为了保证漕运畅通，清口上下成为明、清两朝统治者全力以赴治理黄、淮、运的关键地段。黄河夺淮初期，黄河泥沙多沿泛区停滞沉淀，入淮时已成清流，淮阴以下河床尚未淤高，黄、淮尚能勉强入海。元代时在洪泽屯田，大收灌溉之利，这时沿淮尚无较大的防御工程。到了明代，黄河夺淮日久，黄河泥沙随河东下，下游河道逐渐淤积，尾闾不畅。明永乐初年，平江伯陈瑄督运，于1415年（永乐十三年）筑淮安大河南堤，防黄河南决。明隆庆、万历年间四任河道总督的潘季驯因实情而提出了“束水攻沙”“蓄清刷黄”的治水方略，这一方略在洪泽湖——清口水利枢纽工程建设上得到实施。这一工程以高家堰阻挡淮河向东泛滥，形成有较高水位的洪泽湖水库，通过清口较高流速水流的冲刷，维持黄淮合流后良好的河流形态，其水工科技为当时最高水平。黄、淮、运经过潘季驯的整治，淮以高家堰为障，以全淮敌黄，出清口，黄淮合流，出云梯关入海。1676年（康熙十五年），清口以下河道被淤，漕运严重受阻。面对这样严峻的局势，康熙帝任命当时的安徽巡抚靳辅为河道总督。靳辅在十年中主持兴建了一系列治黄、治淮工程，使黄河、运道出现了小安的局面。

黄河700年夺淮，将沂沭泗河从淮河分离，留下了洪泽湖以及下游水道不畅的淮河。

二、建设与治理

（一）近代治理业绩

淮安杨庄以下段黄河故道为原淮河故道，“水深阔，行巨艨”，泄水行于地面以下，两岸并有堤防。黄河夺淮以后，洪水夹带大量泥沙，日益积淀，使河床逐渐抬高。淮河下游故道的严重淤垫是在黄河入淮路线固定以后形成的。至18世纪末期，河床淤高有10 m以上，由地下行水变为地面行水，已无力承泄黄河洪水。

为整治淮河，近代史上的著名人物曾国藩、左宗棠、李鸿章、曾国荃等都呼吁过导淮；清末状元、著名实业家张謇还组织实地勘查淮河，制订导淮计划，并为此奔波20多年；伟大的革命先行者孙中山也不止一次地筹划过导淮计划。1928年，国民政府在全国经济建设委员会内设有整理导淮图案委员会。次年，成立了导淮委员会，首先恢复并增设了一批水文站，又组织查勘队。1930年5月，邀请国内外专家，研究制订了导淮工程计划。

1935年，全国经济委员会设置了中央水工试验所，1936年1月第一次由我国自行开展了淮阴杨庄活动坝水工模型试验。1936年9月，由前导淮委员会设计，修建了我国第一座采用升降式闸门来控制流量的现代水工建筑物——杨庄活动坝，以控制淮水入海量，并可调节运河水位。

（二）中华人民共和国成立后建设初步成果

中华人民共和国成立后，淮安按照洪、涝、沙、旱、碱综合治理，全面开发的原则，对黄河故道全线实施分段整治。上段河道治理采用“分段整治、自找出路”的办法；下段因行洪需要，修建了控制性建筑物，实施沿线险工段加固处理等，但没有对河道沿线进行系统治理。

淮安杨庄以上段黄河故道，由于国家没有统一的整治方案，沿线市、县自力更生做了许多工程。其先后三次大规模开挖中泓，结合修建、加固两岸圩堤，堤防岸线实施水土保持，城区段兴建沿河公园。在河道堤脚外至高地截水沟之间建成圩区，种植水稻或者养鱼，在截水沟之外的高滩地，发展粮、果、林、桑生产，呈立体开发状态，取得较好效果。1987 年，根据“梯级开发、分段治理、排水供水自找出路”的治理原则，统一布置沿线按照设计中泓底宽 50 m，两岸滩面宽各 20 m，边坡 1∶3，整理开挖中泓，各县交界处河槽维持现状，不得设障阻水。为避免黄河故道携带泥沙淤垫二河及中运河，于 1974 年 4 月，在码头镇西 3.5 km 处，兴建瑶河闸，将黄河故道原排入二河的涝水引入张福河进入洪泽湖。

杨庄活动坝在抗日战争时期遭到破坏，中华人民共和国成立后，1951 年治淮委员会重建了杨庄闸，以控制淮沂泗入黄河故道的水量，节制中运河航运水位，按最大行洪 500 m^3/s 标准施工。

1976—1979 年，在杨庄闸北侧建活动坝水电站 1 座，常年向下游送灌溉水和利用水力发电。杨庄活动坝是第一座泄洪入海的水闸，至今仍然是黄河故道现存河道上的控制工程之一，其主要作用是在汛期承担排泄淮河或沂泗洪水 500 m^3/s，灌溉季节可输送灌溉水解决废黄河两岸农田用水问题，枯水时可控制中运河水位以利航运。1978 年以后，黄河故道一般只用作送灌溉水和排涝，在特大洪水年份可排洪 200 m^3/s。

三、保护与管理

（一）河道管理与提升

目前，淮安境内黄河故道与京杭大运河、里运河、盐河“四河穿城”，河道沿线有北京路水厂、淮阴区水厂、开发区徐杨水厂、涟水县自来水厂共4处饮用水取水口，为全市约150万人民群众提供饮用水保障，全线为二级水源地保护区，取水口上下游规定范围内为一级水源地保护区。同时，黄河故道解决了下游约162万亩农田灌溉问题。

为了保护黄河故道水资源和和提升水生态功能，淮安段黄河故道在2001—2005年期间，实施了废黄河除险加固工程。2006年以后，实施了涟水县保滩肖渡、徐集新庄、朱陈苗圃、黄营六堡等废黄河险工段建设，除险加固1 000 m。2013年，淮安市黄河故道综合治理工程全面启动，工程通过河道岸坡防护、险工及雨淋冲沟治理、水土保持等措施，稳定河势，消除险工，减少水土流失，提高防洪排涝能力，为黄河故道地区综合开发提供水利基础支撑，促进区域经济社会发展，项目总投资达5.52亿元。

（二）工程建设

2011年3月开工建设的古黄河（后改称古淮河）水利枢纽工程，其功能是控制水位，兼顾南北交通和水能综合利用，改善水环境，保障区域供水安全。该工程位于淮安市涟水县城南门大桥以东约3 km处，工程包括节制闸、水电站、公路桥枢纽，2016年2月建成投运，获2015—2016年度中国水利工程优质（大禹）奖。古黄河水利枢纽工程建成蓄水后，淮安境内河道区间水位抬高1～2 m。依托自然形成的浅滩与河岸线，增加湿地面积约160公顷，进一步提升湿地植被生态保育，有效蓄保了水土，提高了水环境容量，为人居环境建设提供了良好的生态支撑。

（三）依法保护

近年来，为保护和改善黄河故道生态环境，有效保护黄河故道的水资源水安全，淮安市出台了一系列政策法规。2010 年，淮安市人大常委会出台了《关于加强饮用水水源地保护的决定》；2011 年，市政府修订了《淮安市饮用水水源保护办法》；2014 年，市政府法制办对《淮安市饮用水水源保护办法》贯彻实施情况进行了后评估；2015 年对全市所有 8 个城市水源地进行了全面的安全评估，并交办有关县区和单位整改。2016 年，淮安获得地方立法权之后，市人大开展的第一部立法工作即《古淮河保护条例》立法，将黄河故道保护区分为重点保护区和一般保护区。重点保护区包括黄河故道全部水域和部分陆域，重点保护区陆域外延一百米至五百米为一般保护区。要求各级人民政府及有关部门加强黄河故道保护宣传教育，倡导生态文明，提高公众保护意识，对黄河故道有关保护规划编制应当符合国民经济和社会发展规划、城乡规划、土地利用规划、环境保护规划，妥善处理保护与经济社会文化生态建设、与居民生产生活的关系。

（四）专项检查

针对古淮河沿线目前存在的违反河道管理和水源地保护规定的设施、项目和开发利用行为，淮安市政府会同环保、住建等部门开展专项执法检查，全面排查古淮河沿线有无违法建设项目、有无影响饮水安全的排污口、有无种植养殖等污染水源的情况，重点排查沿线排水口及非水源保护设施。开展古淮河饮用水水源地日检、旬测工作，建立水源地巡查组织网络体系和日常巡查工作制度。成立市、县（区）水源地巡查队伍，建立水源地巡查微信群，实行日巡查和不定期督查相结合方式，及时发现和处理古淮河沿线的安全隐患以及违章种植和倾倒垃圾等违规行为，运用视频监视、无人机巡查等手段，快速有效地获取河道实时动态信息，及时通报水源地突发和违法情况，提高安全隐患和违法行为的查报率。

（五）生态建设与共享

为了落实习近平总书记有关生态保护和高质量发展的指示要求，淮安围绕把黄河故道地区建设成为农业现代化、城乡一体化、生态和谐化的城乡统筹发展理念，充分利用故道沿线生态环境优势，培育了一大批农业观光采摘园、农家乐专业村、美丽乡村旅游区等特色项目。如今，多处集“农业生产、科技示范、生态休闲、科普教育”于一体的生态型、现代化的综合农业园初见端倪。同时以水体和水利工程为依托，积极拓展水利服务功能，在黄河故道沿线，以水为媒，新修多项景观、生态工程，为地方百姓提供观光、休闲、亲水及水情教育场所。有闻名省内外的南北地理分界线、西游记主题乐园、淮安龙宫大白鲸嬉水世界，有体现水利特色、普及水情教育的国家级水土保持示范园、国家级水利风景区樱花园、古淮河水利风景区，有城市绿肺——柳树湾、母爱公园、黄河故道河滨绿地，这些沿河而建、与河共生的工程、景区将黄河故道生态廊道城区段打造成了生态、景观、游憩三位一体的城市公共空间。

忆往事，黄河虽然是淮安一个匆匆过客，但它给这片土地留下了太多的故事。而如今，淮安黄河故道已由历史上的“灾难河”变为安澜之河、生态之河、幸福之河。

参考文献

[1] 淮阴市水利志编纂委员会. 淮阴市水利志[M]. 北京：方志出版社，2004.

[2] 江苏省水利厅. 江苏江河湖泊志[M]. 南京：江苏凤凰教育出版社，2018.

[3] 彭安玉. 苏北明清黄河故道开发现状及其政策建议[J]. 中国农史，2011（1）：112-119.
[4] 张义丰，宁远. 黄河故道的开发利用与发展前景[J]. 地理译报（地理科学进展），1997（1）.

加快黄河明清故道综合开发思路研究
——以山东菏泽市为例

吴光炜

（菏泽市发展和改革委员会，山东菏泽 274020）

摘　要： 黄河明清故道菏泽段综合开发涉及经济、社会和生态诸方面，既具有周期长、投资大和困难多的特点，又具有政策性、复杂性和示范性的特征。当前和今后一个时期，菏泽市应坚持特色产业带动、科技引领示范和可持续发展的原则，充分发挥气候条件、基础资源和历史文化等比较优势，采取超前规划、政策支持和科技支撑等有效措施，加快综合开发步伐，力争将黄河故道打造成特色农业走廊、绿色生态走廊和文化旅游走廊等。

关键词： 黄河故道；综合开发；思路；政策；措施

黄河明清故道是黄河 1128 年南泛侵泗夺淮入海，1855 年北徙山东利津入海后形成的一段古河床，它西起河南开封市兰考县，东至江苏盐城市滨海县入海口，全长 730 多 km。经豫鲁皖苏 4 省、8 个地级市、25 个县区、444 个乡镇，区域内总人口 2 643 万，其中农业人口 1 922 万，具有时间久、沿线长和区域广等特点。鉴于此，本文仅就黄河故道菏泽段综合开发的思路进行研究，以期为上级部门决策提供参考。

一、黄河明清故道综合开发的基本情况

菏泽市位于山东省西南部，黄河明清故道菏泽段东西长 145

km，总面积为 2 431.87 km^2，涉及东明县、曹县和单县 3 个县，33 个乡镇，1 193 个行政村，人口高达 156 万。该区域地势自西南向东北逐渐降低，呈簸箕形；地表呈现起伏、岗洼相间的地貌特征；土体构成以砂体型为主。经过多年的综合开发，黄河故道的生态、生产和生活等条件均发生了较大变化，并取得了显著成效。

（一）建设了一批基础设施工程。一是对黄河故道区域内的刘民路、临商路、定砀路、单虞路进行了拓宽升级，并新修乡间公路，基本实现了村村通公路。二是建设了 20 MW、10 MW 的光伏发电站各 1 处和输电变电等设施，并完成了农电网升级改造工程。三是兴建了大型水库 1 座（浮龙湖水库）、中型水库 3 座（界牌水库、戴老家水库、太行堤水库），并形成了纵横交错的太行堤河、二堤河、红卫河、杨河、南引黄干渠等。

（二）形成了一批高效农业基地。结合黄河故道的资源特征，大力发展绿色、有机、安全的种植业、畜牧业和渔业等，建设了优质芦笋生产基地 1 处、万亩油用牡丹生产基地 2 处和千头以上奶牛标准化养殖基地 11 处以及省级渔业资源示范基地等，初步形成了粮食、畜牧和花卉等农业生产示范基地体系。

（三）发展了一批加工生产企业。围绕黄河故道农副产品增值提效，积极发展了一批农副产品加工生产企业。如已建成一批以砀山梨为主的林果加工生产企业，以芦笋为主的蔬菜加工生产企业，以青山羊为主的畜牧加工生产企业，以奶牛养殖为主的乳品加工生产企业，以小麦为主的粮食加工生产企业，以桐木为主的木材加工生产企业等。

（四）开发了一批旅游精品景区。如黄河故道湿地旅游精品景区，主要包括万亩水面、万亩荷塘、万亩稻田、万亩森林，是我国“首席平原森林湿地”，也是集农业观光、休闲娱乐和乡村度假等多种功能为一体的新型旅游项目。例如浮龙湖旅游精品景区，是山东省第二大平原水库，最大库容 1.04 亿 m^3，具有国家水利风景区、国家湿地公园和国家“AAAA”级旅游景区等称谓。

（五）实施了一批生态保护项目。从黄河故道的实际出发，先后实施了湿地综合治理保护工程、长江防护林体系建设和生态乡村建设（包括城乡环卫一体化）等一批生态保护项目，使黄河故道荷塘连片、绿草茵茵、杨柳成林，有效发挥了涵养水源、调蓄洪水和调节气候等作用，并提高了生态效益。

（六）完善了一批公共服务网络。一是完善了公共教育服务网络，基本建成了中学、小学和幼教的教育体系；二是完善了公共卫生服务网络，基本建成了县、乡镇、村三级医疗卫生体系；三是完善了公共文化服务网络，基本建成以文化大院为主，文化广场和图书阅览室为辅的公共文化体系；同时，还基本建成了公共养老服务等体系。

二、目前存在的主要问题及困难

近年来，各级政府虽然加大了对黄河明清故道综合开发的力度，但受历史、区位和交通等多种因素的制约，沿线经济发展仍然滞后，基础设施仍然薄弱，群众生活水平仍然较低，并存在着诸多的问题及困难，直接影响了综合开发的进程。

（一）缺少综合开发规划。黄河故道菏泽段至今没有综合开发规划，导致出现开发的随意性、无序性、单一性，未做到生态保护与综合开发相结合、经济发展与承载能力相结合、长期战略与短期计划相结合，甚至有的投资者为追求利益最大化，在开发的过程中出现破坏生态环境的行为。

（二）综合开发程度不高。黄河故道菏泽段呈现单一开发较多、综合开发较少的现象，并且开发的技术含量较低。据初步调查，区域内有可利用而尚未开发的土地资源22万亩；在已开发利用的土地资源中有近200万亩为中低产田，产出效益低下；同时，还有开发利用程度较低的 24 万亩湿地。

（三）基础设施建设滞后。黄河故道菏泽段区域内虽有京九铁路、德商高速公路和 105 国道等穿境而过，但至今没有一条跨县区贯通的高等级公路，已对综合开发带来了负面影响；由于缺乏统筹协调，黄河故道区域内的中泓水道至今未贯通，水面被分割多块，给综合开发带来了一定的困难。

（四）农民收入相对较低。黄河故道菏泽段由于第二产业和第三产业发展较慢，又加之第一产业效益不高，造成区域内的农民收入相对较低。如 2013 年农民人均纯收入仅为 8 000 元，比菏泽市平均水平低 1 000 多元，比山东省平均水平低 2 000 多元，并且这种差距呈现进一步扩大趋势。

（五）项目审批遇到困难。目前，黄河故道综合开发仅处于呼吁、上报、争取阶段，并未进入国家战略规划层面，使得项目审批遇到了较大困难（未列入规划项目，国家一般不予审批），更谈不上获得国家政策的特殊支持，结果导致黄河故道综合开发项目对金融、工商和社会资金的吸引力下降。

（六）资金投入严重不足。据了解，国家和山东省均未建立专项资金用于黄河故道综合开发，又加之菏泽市为欠发达地区，财政资金投入十分有限，故项目建设主要依靠从行业部门争取的专项资金来进行，并且资金数额也较少。近几年，由于资金投入严重不足，使得黄河故道菏泽段综合开发项目进度较慢。

三、黄河明清故道综合开发的有利条件

在政府引导、金融支持和市场推动下，黄河明清故道菏泽段综合开发已取得阶段性成果，又加之其自身气候条件、基础资源和历史文化等比较优势，可以说黄河故道菏泽段已具备加快综合开发的条件。

（一）具有适宜的气候条件。黄河故道区域属于半湿润、季风型、大陆性气候，光照充足，热量丰富，四季分明，太阳能辐射总量为116.2 kcal/cm^2，年平均气温为13.9℃，无霜期为206天，年均降雨量为737 mm，主要集中在7～9月份。这种适宜的气候条件，将有利于粮食、果蔬和花卉等农作物的科学种植。

（二）具有丰富的水产资源。黄河故道鱼类资源有30多种，主要为草鱼、鲢鱼和鲤鱼等；甲壳类水产10多种，主要为中华圆田螺，背角无齿蚌和秀丽白虾等；水生植物10多种，主要为莲藕、菱角、芦苇以及眼子菜、舍鱼藻、菹草等。这种丰富的水资源，将有利于鱼类、甲壳类和植物类等水产品加工业的规模膨胀。

（三）具有悠久的历史文化。黄河故道是中华文明的重要发祥地，历史上数度成为中原地区的政治、经济和文化中心，在这一地区留下了大量的文化古迹和宝贵的非物质文化遗产。仅单县境内就有马堌堆、李堌堆和孙堌堆等13处龙山文化遗址，文台、琴台和仙台等诸多名胜古迹；同时还有深厚的文化底蕴，唐代大诗人李白、杜甫、高适、陶沔曾联袂来单，留下了许多不朽的诗篇。这种悠久的历史文化，将有利于特色、人文和历史等文化旅游的可持续发展。

（四）具有良好的产业基础。一是已建成了一批粮食种植、果蔬生产和畜牧养殖等标准化的农业生产基地，并正在发挥着示范作用；二是已建成了一批林木加工、肉食加工和蔬菜加工等规模以上工业企业，并正在发挥着带动作用；三是已建成一批金融保险、商贸物流和文化旅游等现代服务产业，并正在发挥着引领作用。这种良好的产业基础，将有利于调整、优化和升级产业结构。

（五）具有较大的影响效应。李克强、张高丽和徐绍史等国家领导人分别就黄河故道综合开发作出重要批示，特别是李克强总理在2015年3月“两会”期间指出：“由于历史上黄河改道等客观因素，以徐州为中心的淮海地区，包括苏北、鲁西南、豫东、皖北这块地区，一直都是相对比较贫困的地区，也是革命老区。对淮海地区的发展，我们确实应该给予高度重视。”引起了社会的极大关注。这种较大的影响效应，将有利于获得政策、资金和项目的倾斜支持。

（六）具有强烈的开发需求。一心一意谋发展，聚精会神搞开发，已成为黄河故道区域群众的共识。通过对黄河故道的综合开发，尽快改善生产生活条件，摘掉欠发达的帽子，与全国人民一道进入小康社会的需求十分强烈。想综合开发、盼综合开发、促综合开发已成为自觉行动。主要体现在对黄河故道综合开发环境营造、项目储备和措施落实等方面。这种强烈的开发需求，将有利于实现科学开发、加快开发和综合开发等。

四、加快黄河故道综合开发的思路

鉴于黄河明清故道菏泽段综合开发的基本情况、目前存在的主要问题及困难和具有的有利条件，当前和今后一个时期，菏泽市应坚持特色产业带动、科技引领示范和可持续发展等原则，加快综合开发步伐，力争将黄河故道打造成特色农业走廊、绿色生态走廊和文化旅游走廊等，真正使其造福沿线群众。

（一）加大土地综合开发力度。一方面针对区域内可利用而尚未开发的土地资源，按照国土整治置换建设用地的政策要求，加快中泓两侧荒地、荒坡和工矿废弃地的综合开发步伐，积极为农业发展拓展新空间；另一方面针对区域内已开发但为中低产田的土地资源，通过综合开发治理、配套设施建设和高产农田创建等方式，着力提高农业生产能力；同时，整合开发资金，突出开发重点，加大开发力度，力争使黄河故道综合开发再上新台阶。

（二）大力发展特色优势农业。充分发挥黄河故道资源优势，积极发展优质粮食、高效林果、特色瓜菜等主导产业和畜禽养殖、花卉苗木、绿色水产等特色产业。着力发展无公害、绿色和有机农产品，并以基地建设为重点，积极扩大农产品出口规模。同时，加强农产品品牌创建，积极申报地理标志、驰名商标和名牌农产品，打造农产品区域公共品牌，加快形成标志效应、品牌效应和规模效应等，以切实提高市场竞争力。

（三）推动农产品加工业升级。一是对现有的粮食、畜牧和果蔬等农产品加工企业，加大技术改造力度，促进产品更新、换代和升级，进一步提高企业市场竞争力。二是围绕特色、绿色和有机等农产品基地发展，加快农产品加工项目建设，促进企业规模膨胀，进一步提高农产品加工率。三是按照企业加基地、基地连农户的产业化模式，积极培育农产品加工龙头企业，加快建设农产品加工集中区，并建立健全企业、基地和农户的风险共担、利益共享、融合发展的长效机制，进一步提高产业化经营水平。

（四）积极开发文化旅游资源。深入挖掘黄河故道沿线历史遗存、名人古迹和自然景观等特色旅游资源，大力发展风光旅游、文化旅游和农业生态旅游等，并积极打造主题旅游品牌。一方面对已形成的黄河故道湿地、浮龙湖和荷塘等旅游景区，要继续强化硬件配套和软件建设，着力提高接待能力、档次和水平；另一方面依托现有的水域、绿地和森林等生态资源，抓好湿地生态、休闲度假和民俗体验等一批文化旅游项目建设，并与周边旅游景区有机结合、优势互补和错位发展，以尽快融入区域大旅游格局中去。

（五）改善水利交通设施条件。按照防洪、排涝和浇灌的要求，要加快开挖疏浚中泓，以解决河流分段阻隔的问题；并加强堤岸护坡及配套桥闸建设，抓好大中型灌区续建配套，实现与周边水系的沟通互联，切实提高黄河故道行水蓄水和防洪、排涝、浇灌等能力。同时，沿黄河故道一侧，加快建设一条高等级公路，以贯穿其沿线各县区；并加快构建沿线交通网络，实现两侧道路与高速、国省道、县区公路、镇村公路及沿线主要旅游景区的互连互通，以满足黄河故道区域内生产和生活的需要。

（六）加快打造绿色生态走廊。遵循生态优先、科学修复、合理利用的原则，加快黄河故道绿色生态走廊建设。采取常绿苗木与落叶树种有机结合的方式，重点抓好生态林、经济林和农用林等工程建设，着力提高种树造林面积。同时，加强黄河故道生态保护，强化沿线河湖截污、面源污染控制和水面综合治理等措施，全面优化提升生态环境，努力实现生态系统健康、景观资源丰富和自然环境优美的发展目标。

五、黄河明清故道综合开发的政策措施

就黄河明清故道菏泽段综合开发而言，它涉及经济、社会和生态诸方面，既具有周期长、投资大和困难多等特点，又具有政策性、复杂性和示范性等特征。因此，各级各部门一定要高度重视、超前规划、强化支持，努力将其思路真正落到实处。

（一）提高综合开发意识。加快黄河故道综合开发，是一项功在当代、利在千秋的战略工程、系统工程、民生工程，也是推进区域经济联动发展、资源要素优化组合和充分发挥后发优势的新路子，对于增加农民收入、拓展发展空间、改变欠发达面貌具有十分重要的意义。各级各部门一定要提高黄河故道综合开发的意识，增强紧迫感、责任感和使命感，制定路线图、列出时间表、实行责任制，全力搞好综合开发。

（二）科学制定发展规划。黄河故道菏泽段的综合开发已进入新的阶段，则需要有一个视角更高、层面更深和领域更宽的发展规划来引领、指导和定位。所以，菏泽市要在认真调查研究的基础上，根据国家宏观调控政策，结合欠发达实际，运用现代发展理论，科学制定黄河故道发展规划。规划要按照因地制宜、生态

绿色、集约发展的原则，并与农村经济、文化旅游和环境保护等规划搞好有机衔接，力争使制定的规划具有前瞻性、科学性和可操作性。

（三）研究出台配套政策。由于黄河故道菏泽段区域经济欠发达，集中了大量贫困人口，又加之未被列入国家制定的重点扶贫开发片区，从现实情况分析，仅靠区域自身的力量，来搞好综合开发难度较大、问题较多、见效较慢。为此，菏泽市一是要积极向国家、省汇报黄河故道综合开发面临的困难与问题，努力争取政策支持；二是要研究出台黄河故道综合开发的配套政策，在人力、物力和财力上给予倾斜支持，以确保尽快见到成效。

（四）加大资金投入力度。菏泽市财政要增加对黄河故道综合开发的资金投入，重点支持治水改土、生态保护和现代农业发展，以充分发挥导向作用。沿线的东明县、曹县和单县也要加大财政投入力度，重点改善交通、水利和电力等基础设施条件，促进农业生产能力提升。采取财政贴息等方式，鼓励金融机构增加信贷投放，重点加强对农业龙头企业的信贷支持。按照“谁投资、谁受益”的原则，鼓励和引导社会资本投入，加快形成政府引导、金融支持和社会投入的多元化融资格局。

（五）增强科技支撑能力。结合黄河故道综合开发的实际，集中推广一批先进实用技术。如间作套种、节水灌溉、保护地栽培、水果优质高产、畜禽和水产精养、林木速生丰产等农业新技术，努力提高科技在综合开发中的贡献率。同时，采取多形式、多方式、多渠道，对黄河故道综合开发搞好科技帮扶。如科研机构可选派科技人员深入黄河故道，开展科技指导、咨询和服务；高等院校可为黄河故道群众搞好科技培训，提高科技的应用能力；并支持和鼓励科技型企业到黄河故道发展，带动群众依靠科技脱贫致富。

（六）推动上升国家战略。中国国际经济交流中心就黄河故道综合开发进行专题研究，所形成的课题报告得到了国家领导人的批示："请发改委会同有关部门阅研。"菏泽市要以国家领导人重要批示为契机，与相关市携手将黄河故道综合开发在纳入本市"十四五"规划基础上，再争取纳入有关省"十四五"规划，并合力推动纳入国家"十四五"规划，进而上升为国家战略，为改变黄河故道沿线落后面貌、实现区域"洼地"崛起和经济协调发展奠定坚实基础。

（作者简介：吴光炜（1959— ），男，山东菏泽人，高级工程师，菏泽学院兼职教授，研究方向：区域经济。）

加强太行堤水库管理之我见

王俊萍　山东省曹县太行堤水利工程管理处

近年来，各级政府和有关部门非常重视太行堤水库管理工作，加大了基础设施的投资力度，多方筹集资金，对病险水库进行除险加固，逐步解决了太行堤水库管理存在的问题，取得了明显的社会效益和经济效益。本文结合实践对太行堤水库管理问题进行探讨，以供参考。

一、发展现状

太行堤水库是按照1955年第一届全国人民代表大会第二次会议通过的黄河综合治理远景规划，由豫鲁两省共同协商，经中央批准兴建的。1958年在黄河南岸的三义寨附近（河南省兰考县境内）兴建引黄闸1座，引水流量520 m^3/s，通过黄河故道送水，以解决开封、商丘、菏泽三地区灌溉用水问题。当时山东即提出在废黄河北堤和太行堤之间的曹县境内，兴建太行堤水库，引黄蓄水9.4亿m^3；在单县、成武两县境内，兴建浮岗、智楼和党楼小型平原水库，分别蓄水0.95、0.4、0.22亿m^3。这些水库建成后，在菏泽地区南部几个县境内，可发展灌溉面积600万亩。水电部（现水利部）研究确定，在保证黄河防洪安全的前提下，同意两省意见，但人、财、物由两省解决，并负责组织实施。

太行堤水库工程主要有引水工程即三义寨引黄闸（设计引水流量为520 m^3/s）、输水和沉沙工程。自渠首闸建总输沙渠一条，长6.6 km，下设一级沉沙池和二级沉沙区，经过泥沙处理后，通过总干渠输水，于曹县白茅集将水送入太行堤水库；蓄水工程，根据分配山东省负责引黄流量 218 m^3/s，水量 16.8 亿 m^3 的蓄水任务，除利用黄河故道、零星洼地及坑塘蓄水外，主要利用太行堤、浮岗、党楼、智楼水库以及黄河故道蓄水。

二、存在问题

由于太行堤水库建设时受各方面的条件限制，工程设计标准较低，有些甚至没有进行设计，而且大部分以群众运动方式修建，经过几十年的运行使用，工程设施普遍存在老化和损坏，严重影响工程的安全运行和经济效益的发挥，威胁着水库下游人民群众的生命和财产安全，给工程管理方面带来不少问题。

(一) 工程设施方面

1. 挡水坝。一般是均质黏土坝，标准较低，一些小（二）型水库没有进行设计就进行施工，工程设施建筑物没有达到相应的级别标准。如挡水坝高度或坝顶宽度不够，坝的坡度过程，坝坡稳定安全系数低。相当一部分挡水坝的坝基清基不彻底，缺少反滤层，坝基渗漏较大。坝体与两岸的山坡交接处，没有排水沟，山坡集水冲刷坝体。坝的上游坡面没有块石或混凝土块护坡，受水库风浪冲刷。

2. 溢洪道。一般为开敞式宽顶堰溢洪道，在原山坡开挖而成。经长期的运行使用，有些两侧没有导墙、底板没衬砌的溢洪道，大部分均被破坏；而有导墙和底板的也被冲刷损坏。另外，溢洪道宽度不够宽，设计泄洪流量小，溢洪道堰顶高程与坝顶高程的高差偏小，遇到特大暴雨时，水库最高水位几乎接近坝顶。

3. 放水涵管。分为斜涵管（或放水闸）和平涵管。涵管一般为方形浆砌体结构，经过几十年的运行使用，大部分涵管都漏水严重，渗漏水不断带走或冲刷孔洞周围的坝体土质，造成坝体有空洞，最后形成坝体塌方。

4. 渠道。大部分是沿地形开挖而成，多为自流灌溉农田。渠道普遍没有进行防渗处理，渠道渗漏水量大，加上农田灌溉用水多采取漫灌、串灌、渠道间歇供水，边坡塌方沉陷较多，使渠道淤塞严重，渠道水有效利用系数低。

5. 进库道路。小型水库多远离交通干线，建库时的进库道路多是不上等级、路面狭窄、坑洼不平、弯多坡陡的临时道路。经过几十年的使用，一些水库原有道路已不能通车，即使能通车，遇到下雨也是路面泥泞，边坡塌方，车辆无法通行。容易贻误抢险时间，产生严重后果。

（二）工程管理方面

太行堤水库是在计划经济时期建设的，在观念上没有把水当作商品，而是无偿提供用水服务，不收取水费，水库的运行管理费用由地方政府负责解决。

随着市场经济的发展，农村体制与经济体系发生了根本变化，水利工程管理单位职能也发生了变化。用水对象由原来的农村集体单位变成了个体农户，水库运行管理维护费用要靠收水费来维持。要向习惯于无偿供水的农户收取水费和派工维护工程变得非常困难，加之水库管理体制不顺，管理混乱，个别水库无人管护，一些水库设施遭受人为破坏严重，难以发挥水库工程应有的工程效益。

三、对策建议

太行堤水库的建设为山东曹县以及周边的经济发展，特别是农业生产作出了较大的贡献。但是因为历史的原因，建成后的太行堤水库始终存在诸多安全隐患，其安全状况十分令人担忧。在今后的发展中，应采取以下措施：

（一）明确责任主体，落实安全责任。根据国家相关规定，国家所有的小型水库，其管理单位（或主管机关）是水库安全管理的责任主体。小型水库安全管理的各项责任必须有明确的责任主体。小型水库安全管理的责任主体包括相应的地方人民政府、水行政主管部门、水库主管部门或水库所有者（业主）及水库管理单位。农村集体组织所有的小型水库，所在地的乡镇人民政府承担其主管部门 的职责 。

（二）建立健全水库安全管理制度。通过落实管养经费，保障日常运行管理工作正常开展。建立健全运行管理各项制度，包括调度运用、巡视检查、维修养护、应急预案等。针对规章与技术标准针对性差的情况，完善小型水库安全鉴定或认定制度，切实掌握小型水库安全状况。对功能基本缺失，风险大又没有条件加固的病险小型水库，积极实施降等甚至报废处理。

（三）加强培训，不断提高管理人员素质。目前我国在水库管理上，明显出现水库管理人员中的技术人员缺乏，专业知识欠缺，有些水库为了节省开支聘用文化水平较低的当地村民看护的情况，由于缺乏相关专业知识和技术，水库一旦出现安全隐患，管理人员无法进行及时有效的处理，导致问题越来越大。因此，水库管理部门应加强对水库管理人员的培训。通过培训，使水库管理人员熟练掌握水库大坝运行观测、度汛预案编制、洪水调度运用和大坝应急抢险等水库管理知识，以此提高水库管理水平。根据国家相关规定，小型水库管理人员必须取得“全国小型水库岗位培训合格证书”后才能上岗承担管理工作。

（四）增强水库本身调洪能力。水库自建成以来已运行很多年，由于没有正常的维修养护经费，水库放水设备失灵，观测设备破坏严重，大坝出现沉陷和位移、坝体渗漏变形，抗滑稳定达不到规范要求。因此，在建立健全相关制度及对管理人员的培训等基础上，还要加强水库自身的工程修复，以增强水库本身的调洪能力。

总之，水库安全运行已成为当前一项十分紧迫的任务。水库安全管理涉及国家与人民的利益，我们要充分认识做好水库安全管理工作的极端重要性和紧迫性，进一步明确职责，落实责任，加强领导，强化措施，切实强化水库安全管理工作，确保工程安全运行和人民群众生命财产的安全。

小浪底水库和南水北调中线工程的建成运营为开发利用黄河明清故道提供了有利条件

刘会远①

很高兴菏泽市成立了黄河研究院，并把黄河明清故道的开发研究纳入了“大黄河”的研究范围。

现在的黄河下游流路是1855年铜瓦厢决堤，黄河从河南向北夺山东大清河入海而形成的。一进入山东就是东明，接着流经鄄城，都是菏泽管辖的范围。而黄河明清故道的原流向从开封向东，南岸是河南的兰考、商丘……而北岸这边山东的曹县、单县，也属于菏泽市。

特别应该提到的是山东方面不但与河南合作，在1958年利用黄河故道共同兴建了引黄河水的三义寨人民跃进渠；而且同时期，在山东境内，利用北岸的遥堤——太行堤与故道之间洼碱地带，引黄河水相继建成了一批水库②。

因黄河下游是地上悬河，按现在狭义的流域概念，黄河下游及黄河故道两岸的堤坝外侧都不属于黄河流域。然而，虽不能汇集滩区以外的雨水，却可以有效地向外分水。按照2019年9月18日中央领导亲自抓的关于黄河的会议所形成的共识，黄河流域生

---

① 主要根据刘会远2020年9月2号在菏泽黄河研究院和菏泽学院所做学术报告部分内容整理。并经2020年9月8日“黄河研究院规划专家论证会（郑州）”、2021年10月对黄河明清故道部分地区的二次考察，特别是10月10日“黄河明清故道生态保护和水资源开发利用座谈会（商丘）”与专家们交流后进行了补充。

② 见本书综合篇《黄河明清故道是可综合开发利用的宝贵资源——黄河明清故道考察总结报告》第14-15页。

态保护和高质量发展是重大国家战略，并责成国家发改委会同有关方面编制规划纲要……显然，菏泽黄河研究院把黄河明清故道的开发研究纳入了“大黄河”的研究范围，是符合这一时代要求的。

1996年，由黄河水利委员会、华北水利水电学院（现华北水利水电大学）、深圳大学（水利、地理、区域经济、文化艺术等方面）专家组成的考察队，全程考察了黄河明清故道。两年后，汇集研究成果的《黄河明清故道考察研究》一书由河海大学出版社出版。

现在，配合国家战略，综合性、多学科交叉融合地“研究、保护和开发利用”黄河明清故道的时机到了。

明清黄河故道是大黄河流域系统不可或缺的有机组成部分，是基于空间均衡原则以建设“幸福黄河”的主战场之一；同时，深化明清黄河故道研究，对于传承治河传统和黄河文化也具有重大意义。明清黄河历经宋、元、明、清四个朝代，时间跨度有700余年（1128年至1855年），其间诞生的治河思想、方略（包括筑堤束水、籍清刷黄、分疏洪水）、技术、措施乃至体制，以及遗存的大量治河工程，均是黄河文化的重要组成部分。研究和保护明清黄河故道，可为当代黄河的长治久安、生态保护和流域高质量发展提供有益借鉴和文化、技术支撑。

现在，小浪底水库、南水北调中线工程等已建成并运行多年。这样，在发扬明朝潘季驯、清朝靳辅一脉相承的“束水攻沙”“籍清刷黄”等治黄传统，开发利用黄河明清故道时，可混合使用新的技术手段。

那么，开发利用黄河明清故道有哪些重要意义呢？

1　从宏观上与现黄河的比较

1.1　黄河泥沙淤积造陆的不同后果

现黄河携带大量泥沙入渤海，使入海口每年都增加大量土地。但因为渤海是我们的内海，增加的土地是以内海的萎缩为代价的。自 1855 年至 2018 年，黄河三角洲共经历了 160 余年的演化过程，其中实际行河时间 130 多年，其间累计来水 53 000 多亿 m^3，来沙约 1 359 亿 t，造陆面积超过 2 600 km^2（也就是说渤海面积萎缩了 2 600 km^2）①。

同时，黄河明清故道入海口因为得不到泥沙的补充，在海洋动力（潮汐、风暴等）作用下，本来就是由黄河泥沙淤出来的并不牢固的海岸线不断蚀退。1855 年黄河北归以后，苏北原黄河三角洲岸线大规模侵蚀后退，截至 20 世纪末，损失近 1 400 km^2，约占原来三角洲面积的 1/6②。

况且，关于黄海大陆架及专属经济区，中国与朝鲜、韩国存在争议③。那么，为了加强中国的谈判地位，让黄河的泥沙主要经过明清故道入黄海，并依靠这些泥沙在黄海中建立支点对中国是有利的④。

---

① 这些数据是在 2020 年 9 月 8 日“黄河研究院规划专家论证会（郑州）”上，由黄委会水科院河口问题专家王开荣提供。

② 同上。

③ 仅举中韩之间的一个争端为例：黄海大陆架，中国与韩国为相向共架国。其间有靠近朝鲜半岛一边、两侧底土不同的中国古黄河河道相区分，所以中国主张按自然延伸原则划界，即按古黄河河道与韩国划分黄海大陆架。但韩国主张按中间线原则划界。若按韩国的主张，中间线以西，全都是浅海，渔业资源比较匮乏……

④ 详见收入本书第一部分的拙作《依托黄河中下游及明清故道开发黄淮海海现代水利大系统》8.2 部分“开发黄河的设想”。下文还会多次引用，不重复文章全名，只提：收入本书综合篇的拙作。

1.2 对气候的影响

大家都知道受大西洋暖流影响，与我国东北同纬度的西欧诸国比较温暖潮湿。其实，太平洋暖流黑潮的分支黄海海流（特别是延伸进入渤海）对华北、东北的气候也是有影响的。黄河带来的泥沙造成渤海西南面的海岸线向前突出，会使渤海南半部（由黄海海流入渤海湾后造成的）逆时针环流受到影响（从略）①。

1.3 对环渤海经济圈的影响

在李鹏总理时代，曾强调过环渤海经济区的发展，不但重视对天津等老港的投资，锦州、黄骅等新港也得到了快速发展。一直延续到温家宝总理时代，天津新港成了国家发展的重点项目。

但是，根据前述有关学者提供的数据，1855 年以来，黄河带来的泥沙已使黄河三角洲新增加的陆地面积超过 2 600 km^2。黄委会专家滕国柱担心，受此影响，塘沽港至山东蓬莱或烟台一线以西、以南海域慢慢淤积，届时，塘沽港即会受到严重威胁。如果淤积进一步扩大，渤海的北半部将变成一个内陆湖，塘沽港、秦皇岛等环渤海港埠将丧失入海通道，就连靠近黄海口的大连港也将受到严重威胁。这种情况一旦出现，我国北方京、津、冀、辽等地区的经济发展将会受到巨大影响②。

换句话来说，渤海将有大量港口报废，或者因疏浚航道成本过高而造成海运大量萎缩，只能行驶排水量较小的船舶。这必将对整个环渤海经济圈的经济发展造成严重影响。

而让黄河泥沙主要经黄河明清故道排入黄海，则不存在环渤海港口群和经济圈受到影响的问题。

---

① 同上注所引拙作 8.1 部分探讨了黄海海流对我国华北、东北气候等方面的影响。这次学术报告虽有发展，但考虑到篇幅问题，此处从略。

② 参见收入本书故道开发篇的《治黄规划需要长远考虑——现黄河入海流路与黄河明清故道入海流路的比较研究》一文。

2 小浪底水库和南水北调中线工程等为开发利用黄河明清故道提供了新的支撑

2.1 继承明清两代“束水攻沙”的传统

实际上从明朝潘季驯到清朝靳辅一脉相承的“束水攻沙”的经验已被我们继承。现在每年在洪水季节到来前，小浪底等水库要放水腾出纳洪的库容，我们现在叫“调水调沙”。也就是比较精准控制地放水排沙（当然，小浪底水库的死库容容纳了不少泥沙，所以现在小浪底放出来的水含沙量已大大减少①），使黄河的中泓保持能带走大量泥沙的流速，使淤积在河道上的泥沙减少。

2.2 调水调沙带来的新问题

但是，三义寨引黄工程的主要受益区河南商丘和兰考反映，小浪底水库调水调沙后，黄河主河槽刷深了 3～4 m。②以至于三义寨引水口大半年时间引不上水来，只有调水调沙和泄洪的几个月可以引水。这个问题在山东菏泽的九个引黄闸也存在。不过，对于菏泽现黄河的滩区来说，利大于弊。过去 1 800 m^3/s 流量就要

---

① 刘国法，刘艳丽，张雨在《新农民》2011 年 3 月上半月刊发表的《闫潭灌区引黄现状及对策》一文中指出：黄河水在“小浪底工程运行后，平均含沙量由 2000 年的 8.02 kg/m^3，2008 年平均含沙量下降到 2.61 kg/m^3”。

② 2021 年 10 月 10 日，在商丘举行的“黄河明清故道生态保护和水资源开发利用”座谈会上，商丘市水利局总工程师王卫宁在报告中提到“黄河主河槽刷深了 3～4 m”。自小浪底调水调沙后，有不少学者持续关注黄河主河槽刷深的问题。如海卫华，刘海阔发表在《现代农业科技》2009 年第 19 期的《黄河调水调沙对闫潭前进闸引水的影响》一文，“黄河调水调沙以来，河底冲刷越来越深。以 2000 年、2008 年为例，调水调沙前的 2000 年河底高程为 66.95 m，调水调沙后的 2008 年河底高程为 64.74 m，河底下降了 2.21 m”；而更早一些，张永利，霍明静，尹磊，吴复建发表在《山东水利》2006 年 5 月的《黄河调水调沙对菏泽闫潭引黄灌区前进防沙闸引水的影响》一文提到，“据高村水文站测量，菏泽黄河河底降低了 1.18 m”。也就是说，从小浪底水库开始调水调沙的 2002 年到张永利等人发表文章的 2006 年，河底高程降低了 1.18 m，再到海卫华等文章提到的 2008 年，同一处河底下降了 2.21 m。按照这个下降速度，商丘水利局王总工说的可能还保守了一些。

漫滩了，现在汛期 4 000～5 000 m^3/s 的流量，都不会漫滩。证明主河槽确实刷深刷宽了。这是一项了不起的成就，黄河的好处不说，为害的重要因素就是地上悬河，而主河槽刷深了 3～4 m，减弱了黄河的悬。

但小浪底水库在死库容淤满之前，每年汛期之前为腾出纳洪库容而进行的调水调沙，还会继续刷深主河槽。如果中泓真的能保持在距两岸堤坝等距离的中间，应该对两岸的堤防体系不会有大的威胁。但中泓是摇摆的，如果贴近一侧堤坝，可能会造成堤坝的损毁。可以想象一下，如果再刷深 3～4 m，那南水北调中线从河床下穿过黄河的涵洞等各种穿黄工程都将损毁或安全系数大大降低。那时，黄河已基本不是地上河了。两岸的大堤以及多年来所淤高的堤背，在视觉上将形成两条山脉，而主河槽则在山谷中穿行，这些望着像山的堤坝系统，可能会形成不少垮塌、滑坡。

问题是大约 2030 年，小浪底水库死库容淤满泥沙后，又会大量向下游排沙，排沙量应相当于小浪底水库建成前。那么，调水调沙和新增加的泥沙淤积能达到平衡吗？如果黄河又恢复逐年抬高的趋势，而原来在高河滩基础上修建的堤防体系又损坏了的话，就会有新的威胁。

2.3　解决的办法是阶段性地利用黄河故道调水调沙

前面第 1 部分算过账，让黄河的泥沙入黄海对中华民族更有利。而现在小浪底水库调水调沙造成的主河槽被刷深的速度比较快而带来的问题，又反过来成为促使我们利用黄河故道的积极因素。

目前黄河明清故道堤防体系还可以利用，对故道主要的破坏是徐州为从洪泽湖引水而修建的徐洪河，完全可以用立体交叉的方式来解决。如果利用黄河明清故道来调水调沙，当黄河故道刷深两米左右，洪泽湖蓄积的淮河水（最初主要是高水位时的洪水）就可以回到当年黄淮共用的河道。要早考虑到这一点，前几年投巨资沿苏北灌溉总渠修的淮河入海通道，可以减小工程规模。现在既然已经建成，因黄河明清故道可以承担一定的分洪任务，与苏北灌溉总渠并流的淮河新入海通道，可以从容地考虑多功能开发[①]。

有人可能要问，现黄河主河槽已经因为小浪底水库调水调沙而刷深了 3～4 m，那为什么只设想黄河明清故道主河槽刷深 2 m 呢？

因为洪泽湖本身是一个地上湖，其湖底的高程是 10～11 m[②]，洪泽湖是江苏省里下河地区的主要水库，有关管理部门一直努力将洪泽湖水位维持在 12 m 多，所以在另外采取技术手段、降低洪泽湖湖底高程之前，还得维系目前这个地上湖的现状，使其有足够的库容，满足里下河地区的用水需求。

当然，洪泽湖与黄河明清故道之间有淮阴水利枢纽进行控制，黄河明清故道在调水调沙中，主槽刷深超过 2 m，洪泽湖保有较高水位也是可以控制的。刷深多少比较合适，还需要在实践中摸索。况且，杨庄移动坝下游不远的黄河明清故道中，2016 年 2 月才建成投运的古黄河（后改称古淮河）水利枢纽工程，“其功能是控制水位，兼顾南北交通和水能综合利用，改善水环境，保障区域供水安全”。[③] 主槽刷深过多，可能会影响这个水利枢纽的运作。所以，调水调沙的分寸要审慎精确地来掌握。

利用黄河故道调水调沙，既能实现让黄河的泥沙主要入黄海这个目的，又可以解决淮河的一些问题。

---

① 收入本书综合篇的拙作《依托黄河中下游及明清故道开发黄淮海海现代水利大系统》7.2.2.4 部分做了一些设想。

② 引自彭泽云，丁祖荣，丁在尚在《中国科技论坛》（2003 年 11 月）第 6 期发表的《根治淮河流域洪涝旱灾害新方案战略分析》一文。

③ 见本书“第一线 新视角”篇中卫爱玲等《淮安段黄河故道历史演变与保护管理》一文和彩图 27、28、29。

黄河明清故道入海口在江苏，如果让黄河回归明清故道，会影响山东的经济发展和生态状况。因此，利用明清故道调水调沙也不能让黄河山东段断流。受益的河南必须有所付出，在兰考搞三个交替使用的沉沙池，将初步沉淀了泥沙的较清的黄河水排回现黄河河道。其费用可由黄河故道沿线受益区分摊（可参考新三义寨引水工程东分干渠沉沙条渠的运作方式，见彩图 21、22）[①]。

2.4 应重视潘季驯、靳辅“籍清刷黄”的经验

除了束水攻沙，潘季驯还有一条重要经验“籍清刷黄”，就是修筑并不断加高洪泽湖大堤，使其成为地上湖，把淮河水逼回旧河道，也就是黄河明清故道，这样就加强了黄河下游“束水攻沙”的效果。

现黄河河道没有利用淮河水刷黄的条件，因而可以说黄河明清故道有更强的输沙能力。

另外，南水北调中线工程在郑州附近穿越黄河处，已预留了向黄河排水的设施。小浪底调水调沙形成的激流，到郑州附近因渗漏而造成水量减少，输沙能力减弱，可利用南水北调中线工程适当补水。

这样，我们就比潘季驯、靳辅多了一个“籍清刷黄”的条件，虽然南水北调中线工程水量比淮河差很多，但毕竟多了一些清水帮助这股含沙量大的激流到达洪泽湖“籍清刷黄”处。

小浪底水库的调水调沙之后，接着就是洪水季节的到来。让黄河明清故道分洪，山东也应该可以接受。这样，洪水可以巩固输沙的成果，而且从调水调沙开始至洪水结束，黄河明清故道每年就可以有几个月行水时间。

---

① 详见收入本书的“第一线新视角”篇的李化德《新三义寨引黄供水工程——河南水利改革的重大成果》一文。

3 阶段性恢复黄河明清故道有利于世界文化遗产大运河的开发和周边地区经济的发展

2014 年 6 月 22 日，第 38 届世界遗产大会宣布，大运河项目成功入选世界文化遗产名录，成为了中国第 46 个世界遗产项目。

但是，自 1855 年黄河改道前后，漕运就改走海路，再从天津入运河到北京。目前，黄河明清故道以南的大运河经整治依然畅通并被繁忙地使用（例如淮北、苏北的煤等大宗物资就是经运河运往上海等大城市），而大运河黄河明清故道以北变化比较大。一些河段已被淤平，而原来大运河所利用的微山湖等湖泊中的航线经整治后还在使用。

明清两代利用了地上湖——洪泽湖，在为“刷黄”蓄水的同时，水位的抬高也为运河的船只翻越大堤过黄河提供了有利条件。大运河现在的整治计划是千吨级的轮船将可从现黄河东南侧的东平湖直达杭州，也没有考虑翻越现黄河①。从保护文化遗产的角度，并让人们对整体的京杭大运河的运作有一个基本的认识，也应该尝试在黄河故道行水时，哪怕开始是表演性质的演示漕运船只利用地上湖——洪泽湖的高水位翻越黄河明清故道大堤，并逐渐过渡为现代技术手段和传统结合的运河船只过黄河的设施，连接被切断 100 多年的黄河明清故道南北的运河。

黄河明清故道现在被多地利用修筑了河床水库。在有计划的恢复黄河明清故道时，可将这些河床水库横向坝的中部大约中泓的位置拆除，这样会迅速形成有利于疏沙的窄深河槽。而坝的两侧未拆除部分，就成了潘季驯堤坝系统中的格堤，并且要沿河建

---

① 虽不翻越现黄河，但不知这个计划怎么解决翻越黄河明清故道的问题，如果要截断故道，就因小失大了，我们坚决反对！

一系列“平原水库”，替代原河床水库的蓄水功能。利用黄河故道几个月行水的机会，引黄注满这些平原水库，为当地的经济发展和生态建设作出贡献……这方面收入本书的，我二十多年前的旧作已尝试着尽量深入全面地做了探讨[①]。

水是生命之源、生产之要、生态之基。明清黄河故道相关地区（尤其是徐州以上）当地水资源十分匮乏，如何在已规定的黄河水资源调度原则（国务院“87分水方案”）基础上，开源节流（南水北调、洪水资源利用），并充分利用明清黄河故道的输水功能，实现水资源的常态化节约、集约利用，对于全面促进明清黄河故道沿线地区的生态保护和高质量发展具有重大现实意义。

4 应分阶段将黄河明清故道纳入《黄河流域生态保护和高质量发展规划纲要》

2021年10月8日，中共中央、国务院发布了《黄河流域生态保护和高质量发展规划纲要》（以下简称《纲要》），尽管其中涉及“加强黄淮海流域防洪体系协同”，并在谈保障国家粮食安全时提到“在黄淮海平原、汾渭平原、河套灌区等粮食主产区，积极推广优质粮食品种种植，大力建设高标准农田，实施保护性耕作，开展绿色循环高效农业试点示范……打造实时高效的农业产业链供应链”。但都只是和黄河明清故道擦了点边（或者说是一种模糊的囊括）。流域，指由分水线所包围的河流集水区。分地面集水区和地下集水区两类。如果地面集水区和地下集水区相重合，称为闭合流域；如果不重合，则称为非闭合流域。平时所称的流域，一般都指地面集水区。本书中多人多次提出按传统的流域的概念来套黄河下游是不合理的，因为黄河下游是地上河，集水区仅局限

① 见收入本书综合篇的拙作7.2.3.4部分，请特别注意图15。

在两边大堤中间的内滩，黄河两岸大堤以外都不是黄河流域，更不要说明清故道了。

《纲要》还谈到了潘季驯束水攻沙的传统，潘当时治理的黄河可是在现在的明清故道呀！河道总督衙门常设在淮安，现已成为对公众开放的“清晏园”公园，存有大量潘季驯、靳辅等治黄的宝贵资料。

笔者认为，第一步需对《纲要》所使用的“黄河流域”一词给予界定，或者使用本文第七自然段提到的“大黄河流域系统”这个更宽泛的概念。

《纲要》中的规划范围为“黄河干支流流经的青海、四川、甘肃、宁夏、内蒙古、山西、陕西、河南、山东 9 省区相关县级行政区”，这已经比狭义的“流域”（黄河下游地上河部分只限于两边大堤之间）宽泛了。但同样使用著名的三义寨引水工程（属于开封）的兰考县就是“流经”地区，而地级市商丘属下各县就被排除。相邻的山东菏泽地区，同样使用闫潭引水干线的东明县是“流经”地区，曹县、单县被排除。

实际上包括黄河明清故道流经地区的黄淮海平原已被《纲要》纳入“构建形成黄河流域‘一轴两区五极’的发展动力格局……”《纲要》中的“一轴”，是指依托新亚欧大陆桥国际大通道，串联上中下游和新型城市群，以先进制造业为主导，以创新为主要动能的现代化经济廊道，是黄河流域参与全国及国际经济分工的主体。“两区”，是指以黄淮海平原、汾渭平原、河套平原为主要载体的粮食主产区和以山西、鄂尔多斯盆地为主的能源富集区，加快农业、能源现代化发展……”但这是模糊地被纳入。也就是说很可能优惠政策主要给“流经”的县，而被捎带的临近县却只能作贡献。

《纲要》提到要“让黄河成为造福人民的幸福河”，这是很生动的语言。按传统的说法，就是尽可能地兴利避害。幸福是个动态的相对而言的概念，利兴得多而害尽量减少，人们的幸福感就增强。既然黄河下游摆动的幅度北达海河，南入长江，那么我们今天最大限度地兴黄河之利，就应该惠及黄河危害过的地方，特别是黄河明清故道曾流经地区和淮河流域。我们不能让今天狭义的黄河流域幸福，而一旦决口，又把灾难甩给地上河两边黄淮海平原传统的被黄河肆虐过的地区。《黄河明清故道考察研究》一书的作者们提出了不少好的建议，可供决策部门参考。从而使“黄河流域生态保护和高质量发展”也惠及这些地区。比如收入本书的拙作《依托黄河中下游及明清故道开发黄淮海现代水利大系统》”一文 7.2“从系统的整体性出发谈淮河的治理”这一部分就用较大的篇幅谈了这方面的设想。

当然，这种惠及要一步一步地实行，待到南水北调西线工程完工，黄河有了更大的流量，就可以考虑黄河明清故道全年行水，这样可以进一步惠及更多的地区。而恢复后的黄河明清故道最主要的任务还是将黄河的泥沙尽量多地输入黄海。

由于气候变暖、海平面上升，黄河输到黄海（及沿河各地取用的）的泥沙将成为防止地下水被海水侵蚀、巩固海岸线，进而在近海建立开发黄海的支点等方面宝贵的资源。收入本书的“依托黄河中下游及明清故道开发黄海现代水利大系统”一文对于沿岸地区的开发并在黄海中建立支点，也就是文中提出的“女娲伏羲计划”也有深入的探讨①。

笔者想再一次强调：利用黄河明清故道的行洪和引水功能并不是新鲜事。

1855 年，黄河在铜瓦厢决堤北流，巨大的落差造成对铜瓦厢上游河道的溯源冲刷，黄河明清故道与现黄河之间一度形成明显

---

① 见收入本书综合篇的拙作 8.2 部分。几幅插图是循序渐进逐渐丰富的，可先看 196 页图 31。

的高差。然而100多年来，由于泥沙的淤积，现黄河临近1855年决口处的这一段的河床又逐渐抬高。黄河明清故道的行洪和引水功能（在大自然或人为作用下）又显示出来。下面仅举三个例子：

1933年（建在铜瓦厢黄河故道河床上的）小新堤决口，是大自然"神操作"的一次向明清故道分洪，使黄河故道下游沿线高度紧张。但这也是一个重要指标，提示我们：虽然当时黄河明清故道河床高度仍然高于黄河河道，但当大洪水到来时，1933年已可以通过故道分洪。这个指标的另一个意义在于：1855年到1933年是78年；而自黄河明清故道可以分洪的1933年开始，到今天又过去88年了，明清故道的分洪功能一直被闲置，甚至被人们集体遗忘，以至于1996年100名院士呼吁要为黄河准备一个新的河道（参见二版代序）。

至于引水，本文开头第三自然段已提到：山东方面不但与河南合作，在1958年利用黄河故道共同兴建了引黄河水的三义寨人民跃进渠；而且同时期，在山东境内，利用北岸的遥堤——太行堤与故道之间洼碱地带，引黄河水相继建成了一批水库[①]。

1992年11月至1994年，河南方面又继续兴建了新三义寨引黄工程（详见本书"第一线 新视角"篇中李化德《新三义寨引黄供水工程——河南水利改革的重大成果》一文）。

在山东菏泽方面，20世纪70年代兴建的闫潭引黄闸和闫潭送水干线也为曹县、单县建在黄河明清故道内的太行堤水库群和浮岗水库等补水。

而黄河明清故道更下游的江苏淮安市，虽然没有利用其引水，但也让故道发挥了重要作用。2011年3月开工建设的古黄河（后

---

① 见本书综合篇《黄河明清故道是可综合开发利用的宝贵资源——黄河明清故道考察总结报告》第14-15页

改称古淮河）水利枢纽工程，其功能是控制水位，兼顾南北交通和水能综合利用，改善水环境，保障区域供水安全。该工程位于淮安市涟水县城南门大桥以东约3 km处，工程包括节制闸、水电站、公路桥枢纽，2016年2月建成投运，获2015—2016年度中国水利工程优质（大禹）奖。古黄河水利枢纽工程建成蓄水后，淮安境内河道区间水位抬高1～2 m。依托自然形成的浅滩与河岸线，增加湿地面积约160公顷，进一步提升湿地植被生态保育，有效蓄保了水土，提高了水环境容量，为人居环境建设提供了良好的生态支撑。①

从以上三例可以看出，利用黄河明清故道的行洪和引水不是新概念。现在有了小浪底水库、南水北调中线工程运营后的新条件，可以更深入地开发黄河明清故道。

也许有人会提出异议：你这个计划是应对气候变暖，海平面上升的。但地球气候的变化规律我们并没有完全掌握，万一目前气候变暖的趋势逆转，冰河期到来，淡水将以冰雪的固体形态大量封存在南极、北极等寒冷地区，海洋面积将萎缩……

笔者只回答一句：那时，将现出一片辽阔的、属于中国的"黄海"大平原（大陆架又部分变成了大陆），而"女娲伏羲计划"将顺应气候的变化，将伏羲城、黄海港及三个潮汐电站围住的内海改造成为世界上最大的淡水湖，也将成为开发这个大平原的支点……

总之，在更高的层次上研究、开发、利用黄河明清故道，实现并发展二十多年前的设想，条件已渐趋成熟。从而在"大黄河"覆盖的更广泛的地区实现"黄河流域生态保护和高质量发展"的国家战略。

---

① 引自本书"第一线 新视角"篇中卫爱玲等《淮安黄河故道的历史演变与保护管理》一文。